U0175836

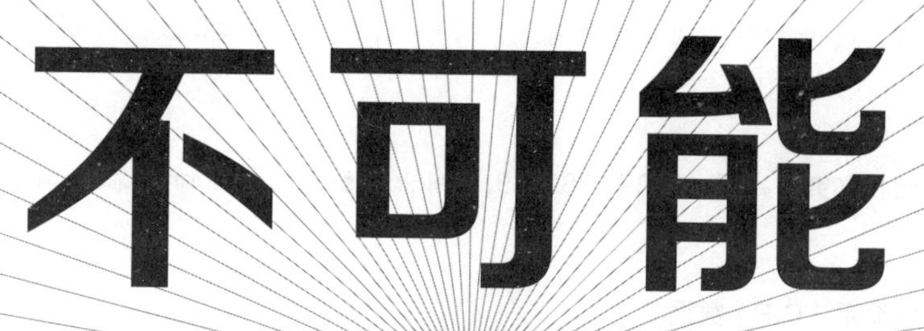

的实在

量子纠缠史话

程鹗 / 著

清華大學出版社
北京

内容简介

本书从物理学家在20世纪初开始认识微观的量子世界追溯其后100多年中量子力学发展的整个历史过程，尤其注重爱因斯坦的突出贡献和他对这个新理论中出现“鬼魅般超距作用”的觉察和质疑。正是因为他的不懈坚持，物理学家逐渐发现并理解了奇葩的量子纠缠现象并在20世纪初将其赋予实际的应用。在这个漫长而曲折反复的历程中，几代科学家群体的个人生活和思想发展与社会环境的变迁交相呼应，构成一个跌宕起伏而扣人心弦的历史故事。

图书在版编目（CIP）数据

不可能的实在：量子纠缠史话 / 程鹗著.— 北京：清华大学出版社，2023.10
ISBN 978-7-302-63312-9

Ⅰ.①不…　Ⅱ.①程…　Ⅲ.①量子力学—研究　Ⅳ.①O413.1

中国国家版本馆CIP数据核字（2023）第060492号

责任编辑：胡洪涛　王　华
封面设计：傅瑞学
责任校对：王淑云
责任印制：曹婉颖

出版发行：清华大学出版社
网　　址：https://www.tup.com.cn, https://www.wqxuetang.com
地　　址：北京清华大学学研大厦A座　　**邮　　编：**100084
社 总 机：010-83470000　　**邮　　购：**010-62786544
投稿与读者服务：010-62776969, c-service@tup.tsinghua.edu.cn
质量反馈：010-62772015, zhiliang@tup.tsinghua.edu.cn
印 装 者：三河市春园印刷有限公司
经　　销：全国新华书店
开　　本：165mm × 235mm　　**印　　张：**27.5　　**字　　数：**475千字
版　　次：2023年11月第1版　　**印　　次：**2023年11月第1次印刷
定　　价：95.00元

产品编号：092314-01

前言

本书是继《捕捉引力波背后的故事》和《宇宙史话》之后，第三本侧重于现代物理学发展历史之“背后的故事”的书籍。与前两本书一样，这里的故事从爱因斯坦在20世纪初作为专利局小职员独自发现量子世界的奥秘开篇，追溯他这一颠覆性思想之后一个多世纪中在物理学界内外的发展脉络，以及随之而起的量子物理学诞生、发展历程。

作为当代最著名的物理学家，爱因斯坦在引力波和宇宙模型的探讨中曾相继失手，在物理思想和学术态度上一错再错，其失误成为物理学史中令人唏嘘的花絮。那也分别是《捕捉引力波背后的故事》和《宇宙史话》中详尽叙述的故事。

这类“爱因斯坦曾经犯过的错误”在大众科学普及性读物中屡见不鲜。而在这个能够吸引读者兴趣的话题中，最为人津津乐道的还是爱因斯坦在量子力学发展过程中的负面形象。也是在20世纪初期，玻尔带领海森堡等年轻一代物理学家发展出崭新的量子理论，根本性地改变了人类对客观世界的既有看法。在这场物理学革命中，已经功成名就的爱因斯坦却无法理解、接受这些新观念，站在对立面一而再再而三地发出不和谐的质疑与反对的声音，从而悲剧性地成为现代物理学进步的绊脚石，最终被主流物理学界遗弃。

这个历史叙述始于第二次世界大战之后的20世纪50年代。量子力学在战时的原子弹和战后晶体管、超导、激光等民用技术上大显身手，正在展示出如日中天的辉煌。讲述这个奇异新理论历史渊源的作品也应运而生。它们将视线聚焦于爱因斯坦和玻尔两位大师在量子观念上几十年各执一词、针锋相对的戏剧性场景，构造出以玻尔为代表的哥本哈根学派击败爱因斯坦的不可理喻而成功建立量子力学的主旋律。

直到20世纪之末，爱因斯坦对量子力学正统思维的挑战才逐渐被后代物理学家重新发掘、认识。他在质疑过程中所提出的诸如“鬼魅般超距作用”“量子纠缠”等奇葩的假想开始成为实验室中的现实。这一出乎意料的转折大大扩展、丰富了人类对量子世界的认识，也印证出爱因斯坦当年的高瞻远瞩。

这个变故也引起科学历史学界的反思。他们意识到已有的玻尔与爱因斯坦论辩记录基本上只是玻尔本人和他那个阵营成员们的一面之词，未能公正地体现爱因斯坦的真实思路和动机。历史由“胜利者”写就。在哥本哈根学派的杰出成就获得讴歌嘉许的同时，爱因斯坦对量子力学的突出贡献和他曾为之呕心沥血的努力却一直被人忽视、遗忘。

物理学家亚伯拉罕·派斯（Abraham Pais）曾分别与玻尔和爱因斯坦共事多年。他后来专注于物理学历史研究，撰写了两位大师的科学传记。回顾与爱因斯坦的多次交谈，派斯感慨：“他谈相对论时颇为超然，而说起量子就满怀激情。”①[1]9

1905年，26岁的爱因斯坦作为专利局职员率先提出光的量子性。那是“量子”作为实在的物理概念第一次见诸科学文献。在那之后十余年里，他在不被学界权威认可、理解的处境中坚持不懈，以一己之力丰富、扩展了这个他认为是“比相对论更具革命性”的新观念，揭示光的“波粒二象性”和量子概念在物理世界的普适性。因此，他是当之无愧的“量子之父”。

在光子的存在被实验证实，量子力学有了严格、精确的数学表述之后，爱因斯坦并未因之欢欣鼓舞。他以更为独到的眼光看到这个新理论中暗藏有不合理的逻辑——或曰不可能的实在——并为之忧虑踌躇。直至逝世，量子之谜依然是他悬而未能解的终身遗憾。

正是这些不同寻常的深思熟虑导致爱因斯坦被自玻尔以降几乎所有物理学家误解，以至于长期以来在千姿百态的“量子史话”中以对立面角色出现。

今天，爱因斯坦曾经认定为不可能的现象已经成为物理世界的客观实在，一度被他视为鬼魅般的量子纠缠也正在大踏步走向实用的技术领域。这个激动人心的新局面恰恰源自他当年犀利的洞察、睿智的“错误”，也正是爱因斯坦以批评的态度为量子理论所做出的最后也可能是最有价值的贡献。量子力学的逻辑体系的确主要是玻尔和他麾下的一批青年物理学家群策群力的结晶，但在量子纠缠问题上，爱因斯坦无疑是无可争议的主角。

本书试图还原爱因斯坦在量子力学发展过程中不可或缺的功绩，并展示在他与玻尔的长期思想交锋背后，人类认识量子以及量子纠缠的一个更为丰富多彩、引人入胜的故事。

作者

2023年10月

① With relativity he spoke with detachment. With quantum he spoke with passion.

目录

第 1 章　无所畏惧的爱因斯坦

1901 年 5 月，22 岁的阿尔伯特·爱因斯坦（Albert Einstein）与他的大学同学、恋人米列娃·玛瑞克（Mileva Maric）相约，到意大利和瑞士边境阿尔卑斯山中的休假胜地科莫湖度过几天难忘的浪漫时光。

不久，爱因斯坦收到米列娃来信，她怀孕了。[2]63-67,72-77; [3]73-76

他立即回信表达了自己的喜悦。不过，他的好心情却另有缘由："我刚刚读到了莱纳德的一篇用紫外光照射产生阴极射线的非常棒的论文。受这篇漂亮文章影响，我欣喜若狂，一定要与你分享。"

在分享了他所认为的作为物理知音更为重要的消息之后，他才转笔到他们俩的私事："亲爱的，你感觉怎样？那男孩好吗？你可以想象我们将来在一起，不受任何干扰，也没有人来对我们发号施令，该会多好？"

其实，爱因斯坦当时的处境相当糟糕。他大学毕业已经一年了还没能找到工作，只是靠在中学临时代课和课外辅导挣点小钱。米列娃的来信让他更迫切地感受到生活的压力。他许诺会加倍努力地去找一份正式工作，即使他不得不屈尊去做一个保险推销员。而一旦他有了足以养家的收入，就会立即向米列娃求婚，承担起丈夫、父亲的责任。

米列娃的状况更为残酷。大学时，她是班上唯一的女生，志高气傲，一心要在物理学这个男人的领地中闯出一条生路。然而，事与愿违，她在毕业考试中栽了跟斗，是唯一的落榜者。她计划复习一年重考，挽救自己的梦想。意外的怀孕显然来得很不是时候。此外，她还不得不面对爱因斯坦母亲对他们关系的极力反对。

世界刚刚进入 20 世纪。在欧洲，未婚先孕、私生子属于大丑闻，甚至会影响到爱因斯坦谋求公职的机会。米列娃在怀孕期间只好孤独地隐居在旅馆里。后来她自己回老家，在父母的庇护下悄悄地完成了分娩。

爱因斯坦曾一厢情愿地想象米列娃所怀的会是个男孩，这时才知道是个女儿。他们为她取名为莉瑟（Lieserl）。两年后，这个名字连同他们有过一个女儿的任何蛛丝马迹便从他们的所有通信、文件中消失，在其后的几十年完全不为人所知。

直到1986年，爱因斯坦逝世30多年后①，米列娃生前保存的两人早期情书被发现，这桩秘闻才进入公众视野。那时已经无法找到任何有关莉瑟的档案记录。历史学家做了大量调查后对莉瑟的下落有诸多猜测。最可能的是她出生后被送给亲友领养，不久因病夭折。[2]73-77,86-88

虽然爱因斯坦在私信里曾经对这个从没见过面的孩子怀有满腔热忱，但他在实际行动上并没有太上心。米列娃怀孕期间，他甚少去看望，任她在旅馆里独居。他更没有陪同米列娃回家或在分娩时去共享喜悦。米列娃回来后，他又违约没有花时间帮助她复习。米列娃重考后再度失败，没能获得大学毕业证书，不得不放弃她从事科学事业的理想。

那时，爱因斯坦心中有更重要的事情，其中就包括他读到的那篇比米列娃怀孕更能让他欣喜若狂的论文。

菲利普·莱纳德（Philipp Lenard）是匈牙利的年轻物理学家，曾经在海因里希·赫兹（Heinrich Hertz）指导下研究电磁波，尤其是紫外线的传播。1887年，20岁的赫兹率先发现电磁波的无线传播，证实詹姆斯·克拉克·麦克斯韦（James Clerk Maxwell）20多年前提出的电磁学理论。在这个过程中，他还意外地发现当某些电磁波尤其是高频率的紫外线照射到金属表面时，会导致金属中发射出与阴极射线管（cathode ray tube）② 中类似的射线。[4]1-2

阴极射线管及其产生的神秘射线是19世纪末热门的物理问题之一。1897年，英国的约瑟夫·约翰·汤姆森爵士（Sir Joseph John Thomson）确认那射线由非常微小的带负电的粒子组成，亦即“电子”。在那个年代，化学家已经有了“原子”“分子”等作为物质基本组成的概念。物理学家则对原子的存在、性质还存有相当的疑惑。汤姆森发现电子的尺寸只是原子的一千多分之一，应该是原子的组成部分。这一发现令人震惊，标志着人类认识基本粒子微观世界的开端。

赫兹没能看到那一天。他在1894年元旦因病去世，年仅36岁。他所发现的紫外线导致金属中电子外溢的现象被称作“光电效应”（photoelectric effect）③。莱纳德继承导师的衣钵，继续研究这一现象。他对仪器、设计进行关键性的改进，做了大量系统测量，很快发现一些令人不解的性质。[4]25,[6]25-29

---

① 米列娃去世更早。

② 阴极射线管是20世纪电视机、计算机终端、示波器等显像装置的关键器件。

③ 这也是今天太阳能电池的原理。

光电效应本身其实很容易理解。虽然那时的物理学家对物质微观结构还只有非常肤浅的认识，但金属既然能够导电，可以想象其中会有电子在运动。阴极射线管便是通过加热让作为阴极的金属中一些电子获得足够的动能逃出，形成射线。电磁波也携带有能量。当它照射到金属表面时，也可以想象到其中一些电子会因为电磁波作用而振荡，获得足够的动能而溢出。

然而，当莱纳德将越来越强的光照射到金属表面时，他没能看到逃出电子的速度随之加快。在麦克斯韦的电磁理论中，电磁波携带的能量由其强度决定。光强比较大的光照在金属表面上，“打下”的电子也会相应地获得更大的动能，因此速度应该会更快一些。但莱纳德发现，无论光强增加到多大，出来的电子速度都很一致，只是被打出的电子数目会随着光强增加。

相反地，他还可以把光强降到非常微弱，不再具备打下电子所需要的能量。但即使在那样的弱光下，他依然能够测量到逃逸的电子，只是数目上寥寥无几。

更奇怪的是，当相当弱的紫外光能引发光电效应时，他用其他频率的可见光却又会一无所获，即使把那些光的强度加得非常之大。

在麦克斯韦的理论中，电磁波是与日常生活中的水波、声波相似的波动。频率——或波长——是波动的一个重要特征，可以决定波被吸收的过程。比如我们的眼睛只能看到可见光，看不见红外线、紫外线等电磁波。同样，我们的耳朵只能听到一定频率范围的声波，而对超声波、次声波没有反应。这是因为我们的眼睛、耳朵的构造决定了它们只与一定频率范围的波发生“共振”（resonance），对其他频率则视而不见、听而不觉。

金属中的电子可以与任何频率的电磁波发生共振，因此不具备眼睛、耳朵那样的选择性。莱纳德发现，每种金属都有着一个特定的频率。如果入射光的频率低于这个频率，无论光强多高也不会有光电效应发生。而任何高于这个频率的光照射，即使光强非常弱也会有电子出现。

这些奇怪的表现无法用麦克斯韦的电磁理论解释。而这正是让年轻的爱因斯坦欣喜若狂之所在。那时，他正在潜心研究马克斯・普朗克（Max Planck）提出不久的一个新理论。爱因斯坦已经看出，普朗克的理论与麦克斯韦电磁理论大相径庭。他预感到麦克斯韦这个经典理论应该会遭遇更多的挑战，而莱纳德的论文正是一个新的佐证。虽然他还远远未能理清这其中的脉络，却已经足以兴奋莫名。因此他急于与女朋友分享，竟将他们未婚先孕的大事放到了第二位。

然而，生活的变故还是让爱因斯坦意识到自己的责任。他没有食言，立即加快了找工作的步伐。在向欧洲几乎所有物理学家投寄求职信而得不到回音之后，他转向更为现实的途径。他的大学同学、最好的朋友马塞尔·格罗斯曼（Marcel Grossman）的父亲在瑞士开工厂，与伯尔尼的专利局局长是好朋友。爱因斯坦便一直催促格罗斯曼协助走他父亲的后门，帮他在专利局谋求一个职位。几个月后，专利局终于发出一份招工广告，其中对雇员的要求明显是为爱因斯坦量身定制。

1902 年 1 月，就在米列娃在老家分娩之际，爱因斯坦在专利局的工作尚未落实便急匆匆地搬家到伯尔尼，开始他的新生活。他在那里又等了半年才被聘任为“三级技术专家”——专利局中最低级别的入门岗位。但对于爱因斯坦来说，这已经足够好了：它不仅是一个有保障的公务员职务，而且其微薄的薪水其实比他梦寐以求的大学助教报酬还略高一些。况且，这好歹还是一个技术性的体面工作，与被迫去卖保险相比不可同日而语。[2]72

那年年底，爱因斯坦父亲因病去世，临终前终于首肯了他与米列娃的婚事。1903 年 1 月，爱因斯坦与米列娃在他们自己组织的所谓“奥林匹亚科学院”好友面前举行了一场简单的婚礼，双方都没有亲属出席（图 1.1）。一年多以后，他们有了第一个儿子，开始清贫但温馨的小家庭生活。

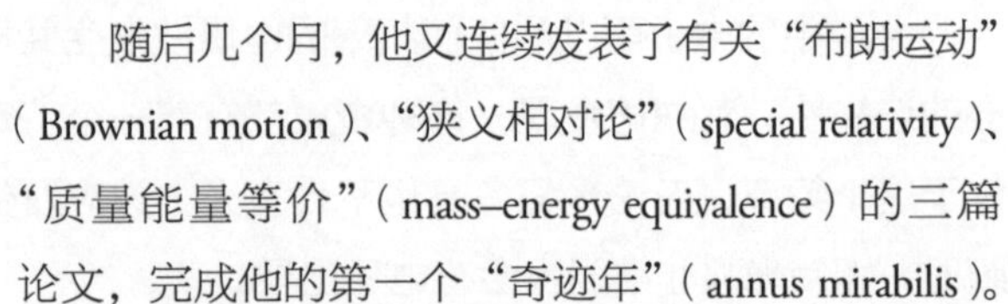

图 1.1　1903 年 1 月，新婚的米列娃（左）和爱因斯坦

还要再过一年，爱因斯坦才在 1905 年 3 月正式寄出他已经思考、斟酌四年之久的解释莱纳德光电效应论文，发表在同年 6 月 9 日的《物理年鉴》（*Annalen der Physik*）上。

随后几个月，他又连续发表了有关“布朗运动”（Brownian motion）、“狭义相对论”（special relativity）、“质量能量等价”（mass–energy equivalence）的三篇论文，完成他的第一个“奇迹年”（annus mirabilis）。这四篇出自专利局低级职员之手、几乎都带有划时代突破意义的论文将奠定他在科学史中的地位。

然而，爱因斯坦的境遇并没有立刻得以改变。他在学术界谋求教职的努力依然频频碰壁，还要在专利局继续蹉跎三年。

爱因斯坦出生于德国西南部的施瓦本公国。那里的人以口音很重、语言难懂

著名，不怎么被其他地区的德国人看重。在他给米列娃的情书中，爱因斯坦经常自称为“英勇的施瓦本人”(valiant Swabian)。那是浪漫诗人路德维希·乌兰德(Ludwig Uhland) 在诗中塑造的一个中世纪骑士形象。诗人激情地宣告：“但是英勇的施瓦本人无所畏惧” ①。[5]4

爱因斯坦之所以大学毕业后走投无路，相当程度上也是他作为施瓦本人的倔强和固执所致。在爱因斯坦进入大学的 19 世纪末，物理学正进入登峰造极的境界。麦克斯韦通过一组漂亮的数学方程统一了电和磁相互作用，揭示电磁波的存在并指出我们日常熟悉的光便是特定频率范围内的电磁波。这是物理学自艾萨克 · 牛顿（ Isaac Newton ）以来最辉煌的成就。同时，麦克斯韦、路德维希 · 玻尔兹曼（ Ludwig Boltzmann ）等人又创立了统计力学，为热力学提供了坚实的数学基础。

从大学三年级开始，爱因斯坦已经开始接触这些物理学前沿。但他发现课堂讲义对这些激动人心的进展只字不提，只是重复着过去的经典。于是他经常旷课，自己到咖啡馆阅读麦克斯韦、玻尔兹曼等人的书籍论文，只是依靠考试前恶补格罗斯曼提供的详尽课堂笔记蒙混过关。他的行为和态度得罪了所有教过他课的物理、数学教授。他们不仅不可能在他毕业时雇他做助教，更不愿意为他这个不会在学术界有任何前途的“懒狗” ② 提供职业推荐。[5]18-20；[2]33-35

在遭遇这番挫折之际，爱因斯坦没有灰心丧气。或为自嘲或为激励，他频繁以英勇的施瓦本人自居，要与米列娃一起独自向整个欧洲物理学界挑战。在得到专利局的稳定工作后，他每周工作六天，每天八小时。业余时间每天还花一小时做家教，挣点钱贴补家用。其余时间除了与他“奥林匹亚科学院”同僚海阔天空，便都用在钻研物理问题上。

在奇迹年的 5 月，爱因斯坦给他“奥林匹亚科学院”朋友写信，回顾、展望他已经发表和正在准备中的四篇论文，很是兴奋、自豪。他刻意强调其中的第一篇光电效应论文真正具有“非常的革命性”(very revolutionary)。[5]66-67;[2]93 他当然不可能料到十多年后正是那篇论文会为他带来诺贝尔物理学奖。但不论那个时候还是今天，更为人所知的是他那第三、第四篇论文，分别开创狭义相对论、揭示质量与能量的等价和转化关系。如同“牛顿力学”和“麦克斯韦电磁学”，相对论成为爱因斯坦物理成就的代名词。

---

① But the valiant Swabian is not afraid.

② 后来帮助爱因斯坦完善狭义相对论四维时空理论的数学教授赫尔曼 · 闵可夫斯基（Hermann Minkowski）对学生时代爱因斯坦的评价。

虽然爱因斯坦当时便认定他的光电效应论文比相对论更具革命性，但他自己也没能完全领会其深远意义。在那篇论文中，他石破天惊地提出光并不是麦克斯韦方程中所描述的电磁波，而是由微小、分立的“光量子”（light quantum）组成。唯有如此，才能理解普朗克的新理论，才能简单、完美地解释莱纳德发现的那些与麦克斯韦理论不符的现象。然而，光量子是什么、遵从什么样的物理定律，他还没有切实的概念。

果然，他的论文很快遭到最先引入“量子”（quantum）概念的普朗克的强烈反对。在那之后几十年中，爱因斯坦不仅面对老一代物理学家的诘问，还会与同辈的尼尔斯·玻尔（Niels Bohr）展开漫长的争辩，并感受新生一代物理学家的责难。当然那时候的爱因斯坦的身名、地位都早已不可与在专利局时同日而语，但他仍然发现自己总是一个人孤独而固执地挑战一个又一个既定或正在确立的物理体制。

伴随着这一过程，人类进入了量子力学的新时代。

26 岁的爱因斯坦无法预知这一切。但即使他明知前路坎坷，也不会犹豫彷徨。因为英勇的施瓦本人无所畏惧。

第 2 章 普朗克的绝望之举

光是人类生活中不可或缺的因素。西方圣经中的上帝在开天辟地后，第一件事就是创造了光:“上帝说要有光，于是就有了光。”只是这个“就有了”的光是什么，上帝没有解释。从古希腊开始，人类对自身如何能借助光看到五彩缤纷的世界提出过各种猜测，莫衷一是。

17 世纪的牛顿以发明微积分、经典动力学闻名，是那个时代很少有的注重理论的物理学家[①]。他自己也曾亲手做过一些实验，主要是研究光的特性。他通过系统的棱镜实验证明颜色是光本身的性质[②]，并提出光束其实是由微小、肉眼看不见的粒子（corpuscle）组成。

这种粒子在真空或媒体中传播时不受任何作用力，因此按照他的惯性定律会走直线。当它们穿越不同媒介的界面时，牛顿假设这些粒子会受到一种未知的力作用，因而方向发生偏移，即“折射”（refraction）。他提出不同颜色的光微粒的质量略有不同：红光最大、紫光最小。根据他的动力学，它们受力后有不同的加速度，因此偏移程度不同。这样他便能解释棱镜分离白光中各种颜色的“色散”（dispersion）现象。

当时人们已经观测到光还会发生“衍射”（diffraction），即光在经过障碍物时不是完全按照障碍物边界所确定的直线行进，而是会有微弱的一部分光“绕”进了障碍物的阴影里。牛顿同样把它归因于障碍物边界对光粒子的作用力。

相对于折射，牛顿对衍射的解释十分牵强。而衍射恰恰是波动的特征。我们在大厅里听演唱，歌声不会被厅中的柱子挡住，因为声波可以通过衍射绕到柱子的后面。与牛顿同时代的罗伯特·虎克（Robert Hooke）、克里斯蒂安·惠更斯（Christiaan Huygens）等人早就提出光也是一种波，并非牛顿的微粒。

光的微粒说、波动说便成为 17、18 世纪的一大科学争执。虽然惠更斯的波动理论在解释光的折射、衍射行为中更为自然，但牛顿的威望保证了他的微粒说一直略占上风。[7]218-223

---

① 当时被称作数学家。

② 关于牛顿的棱镜实验，参阅《宇宙史话》第 4 章。

直到 1803 年 11 月 24 日，牛顿去世 70 多年后的一天。伦敦的英国皇家学会迎来了一位新的年轻天才。托马斯·杨（Thomas Young）那时刚刚 30 岁。他 14 岁时就把圣经翻译成 13 种不同语言。20 岁时自己解剖牛眼，发现眼睛聚焦、成像的秘密，开创了生理光学。接着，他留学德国，在哥廷根大学获得“物理、手术、助产”博士学位。后来，他在研究物理、治病救人之余，兴趣又转向语言学，是最早翻译埃及象形文字（hieroglyph）、提出“印欧语系”（Indo-European languages）概念的先驱之一。因此，他被誉为“最后一个什么都懂的人”[①]，可能是最早赢得这个称号的历史人物之一。

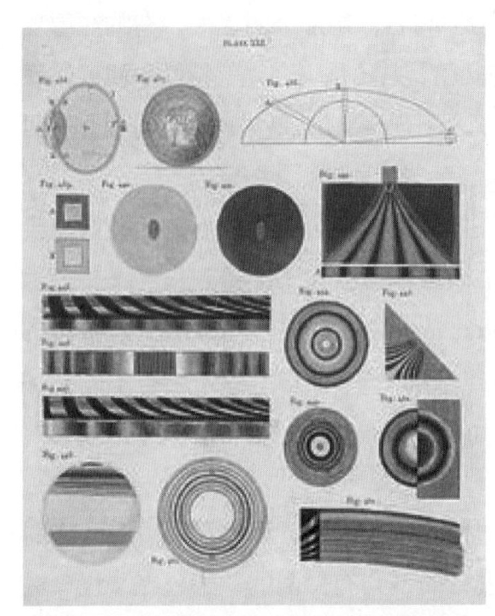

图 2.1　杨在 1807 年出版的专著中的一些插图。上方有眼睛的构造，下面是光的各种干涉条纹

那天在皇家学会，杨展示的是一个极其简单、如他所言“只要有太阳光就能做”的实验。他拉上所有窗帘，使屋子里一片漆黑。接着，他在窗帘上扎一个小洞，放进一束纤细的阳光。然后，他将一个宽约两毫米的小纸片伸进光束，观看纸片的影子。那个纸片应该完全挡住那两毫米的光束，留下相应的黑影——最多只是黑影边缘上有一些来自衍射的模糊。

杨展示的结果正好相反。纸片影子的正中应该最黑的地方却是明亮的。从影子中间到边缘有着一道道彩色的条纹。杨解释说，这其中的彩色是因为太阳光的色散。如果他在光束前面置放棱镜，只用它产生的单色光做这个实验，那么他们在影子处看到的就会是明暗相间的条纹（图 2.1）。

这样的条纹物理学家非常熟悉。观察被风吹皱的池水，能看到水波的荡漾。如果水波经过一块石头，就会在石头后面看到与原来的水波不一样的细碎波纹。那是由于水波分别从石头的两边绕过，在石头后面相遇时互相干扰，造成水波有些地方增强有些地方减弱的效果。这个现象叫作“干涉”（interference），也是波动的一个特征。

---

① The Last Man who Knew Everything.

杨所展示的，便是光束从纸片的两边“绕”过后在背面发生了干涉现象。牛顿的微粒说好歹能勉强解释光的折射和衍射，对干涉却完全无能为力。杨的这场演讲标志着微粒说终于退出历史舞台。惠更斯的波动说被普遍接受：光束不是由微粒组成，而是一种波。[6]13-15

半个多世纪后，1864 年 12 月 8 日，站在皇家学会同一个讲台上的是苏格兰人麦克斯韦。那时杨已经去世。

麦克斯韦在会上阐述了他那著名的方程组，实现了电和磁相互作用的完美统一。在他之前，迈克尔·法拉第（Michael Faraday）已经通过实验发现变化的电场会产生磁场，变化的磁场也能产生电场。在麦克斯韦方程里，这两个过程相辅相成，形成连续传播的电磁波。当麦克斯韦计算这个电磁波的传播速度时，惊喜地发现便是当时已知的光速。于是，他骄傲地宣布，光其实就是一种电磁波。

1869 年的麦克斯韦（左）和夫人

这一重大发现震惊了整个物理学界。柏林的普鲁士科学院在 1879 年公开悬赏，重奖能在 1882 年 3 月 1 日前证实麦克斯韦电磁波的人。没有人赢得这个奖。当时做了一番准备但畏难而退的赫兹迟至五年后的 1887 年才完成这一壮举。他还同时发现了光电效应。[6]24-26

赫兹在试验中实现的便是我们今天日常生活中熟悉的无线电波。与光波一样，那也是电磁波的一种。作为纪念，电磁波的频率便是以“赫兹”作为单位。当被问及这种电波会有什么实际用途时，赫兹无可奈何地答道：“没有任何用处。这只是一个实验，证明了麦克斯韦的正确。”

虽然赫兹在这里严重地缺乏前瞻力，他对科学的信心则毫不含糊。两年后，他骄傲地宣布：“就人类观点而言，光的波动理论已经确定无疑。”①[4]190

在 19 世纪末，乐观是物理学家的共性。他们普遍认为物理学已经达到完善境界，剩下的只是进行越来越精确的具体测量。1900 年 4 月 27 日，发明绝对温

---

① The wave theory of light is from the point of view of human beings a certainty.

度制的开尔文勋爵（William Thomson, 1st Baron Kelvin）在皇家学会上发表了一篇后来流传广泛的演讲，指出在物理学的晴朗天空中，只剩下两朵乌云尚待解决，即“以太”（aether）和“黑体辐射”（black-body radiation）这两个未解的难题。

这两朵乌云恰恰都源自麦克斯韦的电磁学理论。

水波来自水分子的集体振荡，声波则是空气分子的集体振荡。波动不是一种独立的运动，需要某种承载波的媒介物质以协同的振荡方式形成、传播。如果光是波动，自然也需要一个媒介。这正是当初牛顿反对波动说的关键原因：光从太阳、星星来到地球，很难想象路途上的宇宙空间会充满着我们无所觉察的媒介物质。如果真有的话，它的作用应该会在太阳系星体运动中反映出来。牛顿的引力、动力学在天体运动中的精确成功说明没有这样的物质存在。

惠更斯只好假想有一种看不见摸不着的以太。它像水、空气一样通过振荡传递光波，但除此之外却不参与任何物理作用，因此不影响牛顿力学的应用。然而，所有寻找以太的努力都失败了。1887 年，美国物理学家阿尔伯特·迈克尔逊（Albert Michelson）和爱德华·莫雷（Edward Morley）进行了精确的干涉仪实验，没能发现地球和以太之间的相对运动，基本上排除了以太存在的可能。

这第一朵乌云最终被爱因斯坦在 1905 年发表的第三篇论文驱散。他指出，麦克斯韦理论中的电磁波与水波、声波有显著的不同，可以自己在真空中传播而不需要任何媒介物质。由此带来的相对速度问题则可以通过他新创立的狭义相对论圆满解决。

另一朵乌云，则如同爱因斯坦所言，需要比相对论更具有革命性的观念突破。

黑体辐射是 18 世纪中叶德国物理学家古斯塔夫·基尔霍夫（Gustav Kirchhoff）发现的一个规律。

当铁匠将铁器放在炉火中加热时，原来暗黑、不发光的铁器会随着温度升高逐步呈现橘黄、通红等色彩。经验丰富的工匠只要看看颜色就能判断出铁器所在的温度，俗称“看火色”。作为物理学家，基尔霍夫将这个生活经验提炼成一个抽象的物理问题，叫作黑体辐射。

他所说的黑体是理想化的材料，能够完全吸收来自外界任何频率的热辐射，没有任何反射，因而叫作“黑体”。同时，黑体可以通过自身的热辐射与所在环境达成热平衡，即保持同一温度。根据简单的热力学定律，基尔霍夫推断，这样的黑体热辐射强度只取决于与频率和温度，与物体本身是金属还是木炭、固体还是液体等没有关系。[8]

这样，在任何给定的温度下，黑体辐射在每个频率上的辐射强度都会是一定的，可以画出一条普适的频谱曲线。基尔霍夫自己没能推算出这个曲线的形状。但他强调这是一个极其重要的研究领域，希望物理学家为此努力。

几乎同时，麦克斯韦发现了电磁理论。于是，基尔霍夫黑体的热辐射也就是包括发光在内的电磁辐射。我们平时看不到周围物体的发光，不是因为它们没有热辐射，而是室温下的黑体辐射主要处于红外线波段，只有带上特殊的红外夜视仪才能观察到。当物体被加热到 500 摄氏度高温时，其热辐射的高峰才会从红外光转为可见光。这时，我们能直接看到它发光，颜色也会随温度升高逐渐从紫蓝演变成红色。

理想的黑体是一个抽象概念，并不真的存在。① 但日常生活中物体，包括铁匠炉中的铁器、砖窑里的土坯，都在一定程度上接近于黑体，也就可以看火色。不仅如此，我们通过看“火色”还能知道太阳的表面温度在 5000 摄氏度以上。

1906 年的普朗克

在基尔霍夫之后几十年里，德国的物理学家果然将黑体辐射作为重点科研项目，设计出各种方法测量其频谱。1893 年，柏林大学的威廉・维恩（Wilhelm Wien）在实验基础上总结出一个经验公式，可以很好地拟合当时的数据。

那时，普朗克已经是 40 岁出头的中年人，在柏林大学接替了基尔霍夫的教授席位②。他为维恩这个公式赋予热力学的理论基础，使其成为黑体辐射的正统理论。该公式也因此被称为“普朗克 – 维恩定律”。对这个突破，普朗克信心满满。他在 1899 年的德国物理学会会议上夸下海口：这个定律其实与热力学第二定律等价。如果出问题，那么整个热力学体系也就会麻烦了。

他这句大话竟然没能挺过一年。1900 年 10 月 7 日，柏林工业大学的实验物理教授海因里希・鲁本斯（Heinrich Rubens）夫妇应邀来到普朗克家做客。在两

① 将近一个世纪之后，天文物理学家证实我们的宇宙作为一个整体的确是一个标准的黑体。参阅《宇宙史话》第 25 章。

② 基尔霍夫去世后，柏林大学相继试图聘请玻尔兹曼和赫兹继任，均被拒绝。[8]

位夫人聊天之际，两个物理学家躲进了书房。鲁本斯透露，他们在黑体辐射测量上已经推进到新的、更低频率的远红外波段，得到的数据与普朗克–维恩定律所预测的相差极大。

普朗克深感事体重大。那天晚上他一个人在家仔细研读这些新数据，很快发现他只要修改一下普朗克–维恩定律的数学形式，就能同时与过去和新的数据完美符合。问题是，他已然宣布既有的定律是热力学的唯一结论。现在他又如何才能解释这个变化！

更要命的是他没有时间。

仅仅12天后，德国物理学会召开大会。鲁本斯的合作者做了他们最新成果的报告。他们展示的曲线果然与普朗克–维恩定律大相径庭。之后，普朗克不得不站出来应对。他坦承一年前的大话可能说过了头，热力学第二定律也许并不能确定地推出普朗克–维恩定律。在新的实验数据面前，后者显然不够正确。

接着，他话锋一转：请容许我展示一个新的规律。他随即亮出那天晚上根据新数据所推出的新公式，果然与实验数据契合得几乎天衣无缝。

普朗克的新公式是在已知实验结果的情况下倒推、拟合而得，作为理论学家属于“作弊”。为了能找到一个理论上站得住脚的缘由，他在紧接着的几个星期里绞尽了脑汁。终于，在12月14日的又一次会议上，他给出了一个至少是数学推导上的根据。他说，如果我们在计算中假设黑体吸收、发射电磁波时的能量有一个与频率成正比的最小值，就可以得出那个完美的新公式。

他把那个最小值叫作“量子”（quantum）①。

可能因为新的公式与实验结果符合得太优美，在座的物理学家没有纠结普朗克的推导过程。从那之后，这个新公式被正式称为黑体辐射的“普朗克定律”。而那之前的“普朗克-维恩定律”则悄然退位为“维恩定律”，仿佛从来不曾与普朗克有过任何瓜葛。

普朗克大松了一口气。他后来回忆道：“那是一个绝望之举……我知道这是一个非常基础的问题，我也知道答案。但我必须不惜一切代价找出一个理论解释，只是不能违反热力学的第一、第二定律。”[8],[9]22-24,[5]5-14

他没想到，远在瑞士的伯尔尼，一个专利局小职员却看穿了他耍的马虎眼，并从中窥见实现革命性突破的契机。

---

① 这个名词在德语里只是“数量”的意思。

第 3 章　乌云背后的亮光

19 世纪后期，物理学不仅在走向辉煌的顶点，也开始形成正规化的教育体系。欧洲的大学纷纷告别教授独自经营的小作坊模式，成立起有规模的实验室。英国的剑桥大学在 1874 年也有了物理实验室。他们聘请麦克斯韦出掌第一任教授，也就是实验室主任。

麦克斯韦在任内花了很多时间整理 100 年前的英国化学、物理学家亨利·卡文迪什（Henry Cavendish）大量从未发表的笔记，对这位前辈深为叹服。他决定将实验室命名为卡文迪什实验室。当然，这个实验室的创建资金也来自卡文迪什家族一位贵族的捐赠。[10]

1879 年，年仅 48 岁的麦克斯韦病逝。虽然他自己的工作不像卡文迪什当年那样完全不为人所知，但那时电磁波还未被证实，而且他的电磁、统计等理论的重大意义也没来得及被物理学界充分领会。

在卡文迪什实验室接替麦克斯韦的是瑞利男爵［约翰·威廉·斯特拉特（John William Strutt），3rd Baron Rayleigh］。今天的人如果对这个名字有印象，多半是因为解释“天空为什么是蓝色”时不可避免会提到的“瑞利散射”（Rayleigh scattering）。当然瑞利的贡献远不止光散射理论。1904 年，他因为发现大气中的氩元素和对气体密度的研究获得诺贝尔物理学奖。

1900 年 6 月，当普朗克还在为他和维恩的黑体辐射定律得意之时，瑞利已经看出了内中的蹊跷：当黑体的温度升高时，辐射频谱的峰值会从红外光向更高频率的可见光转移，同时各个频率上的辐射强度也应该有不同程度的增高。但在普朗克 - 维恩定律中，低频段的辐射强度随温度升高却会减少。瑞利觉得这不合理，因此也对普朗克夸下的海口大不以为然，认为后者所谓基于热力学定律的推导不过只是个猜测。

瑞利自己找到一个更简单的方法。

因为理想化的黑体并不存在，19 世纪的物理学家找到了一个绝妙的近似，就是在一个封闭的腔体上开一个小洞。外界经过这个洞进入腔体的辐射很难再逃出来，因而不存在发射；而腔体内部的热辐射总会从洞中逸出。这样，在腔体保持一定温度下测量从洞中出来的热辐射，便可以测量黑体的频谱。

在麦克斯韦揭示热辐射就是电磁波之后，瑞利觉得结合麦克斯韦和玻尔兹曼的统计理论可以直接推导出黑体辐射的规律：黑体的空腔内布满了电磁波，就像是一定体积内的气体。那正是统计物理的用武之地。

统计力学中有一个简单但强有力的“能均分定理”（equipartition theorem）：在一个处于热平衡的系统中，各个运动自由度都会具备同样的动能，与温度成正比。虽然叫作“定理”，这一法则却并不是通过严格的数学推导而来，而是基于对平衡态的理解：如果某一个自由度的动能大于另一个自由度，该系统便没有处在平衡态。动能会自动从前一自由度传送到后一个。所以，这更是一个“原理”，在 19 世纪末被广泛运用、接受。

瑞利认为他只要好好地数一数空腔内电磁波的自由度，就可以通过能均分定理推导出黑体的辐射频谱。这一下不打紧，他很快得出一个非常简单，同时却也异乎寻常的结论：辐射的强度与频率的平方成正比。也就是频率越高辐射越强，导致几乎所有能量都会集中在紫外光等高频段。这样，如果把所有频率的辐射强度全算上，黑体辐射的总能量是无穷大。

这显然是一个荒唐的结果。瑞利在他最初的论文中不得不无中生有地引进一个附加因子消除高频段的辐射强度，并强调他的推导只适用于低频段。但他的这个推导的确简单直接，是能均分定理的必然结果，比普朗克所打的包票更为靠谱。由此导致的结论清楚地表明热力学能均分定理出了大问题。几年后，物理学家保罗·埃伦菲斯特（Paul Ehrenfest）把它形象地称作“紫外灾难”（ultraviolet catastrophe）。[5]94-102

也正因为这个问题的严重，开尔文把它列为物理学的第二朵乌云。

瑞利直到五年后的 1905 年才给出完整的定量公式。但他这时又犯了一个低级错误，被年轻得多的同行詹姆斯·金斯（Sir James Jeans）指出。因此修正后的公式被称为“瑞利－金斯定律”（图 3.1）。这个定律虽然简单明了，却只能在低频率极限的一个小范围可以与实验数据符合，整体上却惨不忍睹，远远不如原始的维恩定律。

无论是维恩还是瑞利，他们的定律都在 1900 年底被普朗克发表的新黑体辐射定律取代。普朗克定律因为与实验数据完美的符合而被普遍接受，没有受到什么质疑。

直到五年后。

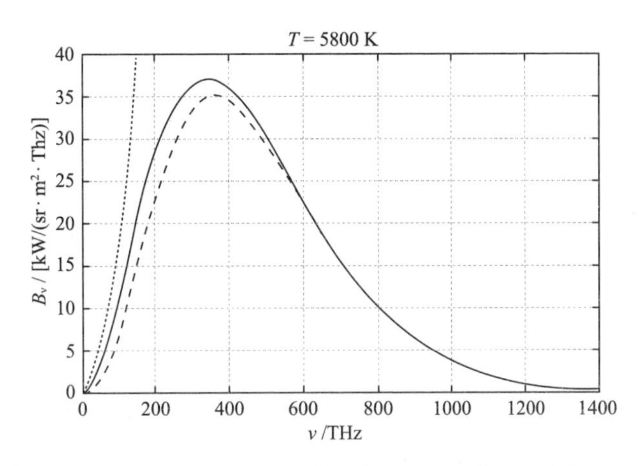

图 3.1　绝对温度 5800 开氏度的黑体辐射频谱（横坐标为频率，纵坐标为强度）。实线是普朗克定律（与实验完全符合），短画线为维恩定律，点虚线则是瑞利 – 金斯定律的结果

爱因斯坦在 1905 年发表的第一篇论文后来被普遍称为“光电效应论文”（图 3.2）。其实，这篇题为《关于光的产生与变换的一个启发性观点》[①] 的论文有 17 页的篇幅，关于莱纳德光电效应实验的解释在第 14 页才出现。那只是爱因斯坦列举的可以为他新观点佐证的几个实例之一。

论文的主要内容其实是对普朗克五年前提出的黑体辐射理论的分析，并以此提出关于光的本质的“启发性观点”。爱因斯坦开篇便旗帜鲜明地指出：光的波动理论在描述纯光学现象上已经自证完美，也许永远不会被新的理论取代。然而，也可以想象在光的产生、变换方面，波动理论会导致一些矛盾。他因而指出，对于黑体辐射、荧光、光电效应这些现象，如果假设光的能量在空间是不连续的，就会容易理解得多。

132

6. *Über einen*
die Erzeugung und Verwandlung des Lichtes
betreffenden heuristischen Gesichtspunkt;
von A. Einstein.

Zwischen den theoretischen Vorstellungen, welche sich die Physiker über die Gase und andere ponderable Körper gebildet haben, und der Maxwellschen Theorie der elektromagnetischen Prozesse im sogenannten leeren Raume besteht ein tiefgreifender formaler Unterschied. Während wir uns nämlich den Zustand eines Körpers durch die Lagen und Geschwindigkeiten einer zwar sehr großen, jedoch endlichen Anzahl von Atomen und Elektronen für vollkommen bestimmt ansehen, bedienen wir uns zur Bestimmung des elektromagnetischen Zustandes eines Raumes kontinuierlicher räumlicher Funktionen, so daß also eine endliche Anzahl von Größen nicht als genügend anzusehen ist zur vollständigen Festlegung des elektromagnetischen Zustandes eines Raumes. Nach der Maxwellschen Theorie ist bei allen rein elektromagnetischen Erscheinungen, also auch beim Licht, die Energie als kontinuierliche Raumfunktion aufzufassen, während die Energie eines ponderabeln Körpers nach der gegenwärtigen Auffassung der Physiker als eine über die Atome und Elektronen erstreckte Summe darzustellen ist. Die Energie eines ponderabeln Körpers kann nicht in beliebig viele, beliebig kleine Teile zerfallen, während sich die Energie eines von einer punktförmigen Lichtquelle ausgesandten Lichtstrahles nach der Maxwellschen Theorie (oder allgemeiner nach jeder Undulationstheorie) des Lichtes auf ein stets wachsendes Volumen sich kontinuierlich verteilt.

Die mit kontinuierlichen Raumfunktionen operierende Undulationstheorie des Lichtes hat sich zur Darstellung der rein optischen Phänomene vortrefflich bewährt und wird wohl nie durch eine andere Theorie ersetzt werden. Es ist jedoch im Auge zu behalten, daß sich die optischen Beobachtungen auf zeitliche Mittelwerte, nicht aber auf Momentanwerte beziehen, und es ist trotz der vollständigen Bestätigung der Theorie der Beugung, Reflexion, Brechung, Dispersion etc. durch das

图 3.2　爱因斯坦 1905 年发表的“光电效应论文”

爱因斯坦接着阐述了他的新思想：“根据这里

① “On a Heuristic Point of View about the Creation and Conversion of Light”

提出的假设，当光从一个光源向外发出时，其能量不是连续地分布到越来越广泛的空间，而是由一些有限数目的能量子组成。能量子只存在于空间中局域的点上，在运动时不会再拆分，也只能作为整体被吸收或产生。”

这是一个与麦克斯韦电磁波所描述的光截然相反的看法。波动的光在空间上是连续、弥漫的，不会局域于任何点。光波传播时其能量（即光强）随着传播范围的增大会逐渐衰减（拆分），并能以任意小的分量被吸收、发射。

在光的波动说已经统治了整整一个世纪并被无数的实验证实后，爱因斯坦竟然“复活”了牛顿的微粒说。

爱因斯坦这篇论文分为九节。第一节的小标题是“关于黑体辐射理论的困难”。他并不知道瑞利在五年前的论文，但与瑞利一样意识到普朗克逻辑的不靠谱而独立地发现了瑞利的定律。[①] 有所不同的是，他没有像瑞利那样试图凭空找一个避免“紫外灾难”的附加因子，而是直接宣布这个结果表明经典电磁、统计理论有着重大缺陷，亟须新的思维方式。

这时的爱因斯坦当然比普朗克更具优势。他不仅拥有近似成立的维恩定律和实际的测量结果，还有普朗克已经拟合的，与数据天衣无缝的数学公式，即已知的“答案”。他所需要做的，不是寻求一个新的公式，而只是如何从理论上合理地诠释已有的普朗克定律。

瑞利和爱因斯坦根据经典的能均分定理推算黑体空腔中辐射时的主要工作是计算各个频率上所能有的模式数目，那就是自由度。想象一根提琴的弦，当两头分别被琴和演奏者的手指固定之后，它所能演奏出的曲调——频率——是有限的。琴弦的波动频率必须能恰好在那两头没有振动，形成所谓的“驻波”（standing wave）。

显然，在一定长度的琴弦上，驻波的波长会有限制，不可能超过弦长本身。[②] 而反过来，波长越短，就越容易在琴弦上形成驻波。

黑体辐射的空腔同样有一定大小，热辐射便是其中的驻波。因为频率是波长的倒数，空腔中辐射的频率有一个下限。但在高频部分，其驻波的数目会越来越多：自由度的数目随频率增长。这样，如果按照能均分定理给每一个自由度同样的能量，便导致辐射能随频率而增长，即紫外灾难。

认识到这一点，爱因斯坦便重新审视恰恰是在那个高频段与实验数据符合得

① 那时瑞利还没有发表定量的公式，也还没有金斯的订正。因此，“瑞利 - 金斯定律”应该被命名为“瑞利 – 爱因斯坦 – 金斯定律”。

② 严格来说是不能超过弦长两倍。

相当好的维恩定律。

他利用这个已知的定律倒推回去，赫然发现空腔里的辐射其实与普通的理想气体统计规律一致，唯一的区别只是空腔中的辐射不像气体会有一个确定的原子数目。取而代之的是一个奇异的组合：总能量除以一个参数。而这个参数不是别的，正是普朗克绝望之中引入的那个与频率成正比的最小值：量子。

爱因斯坦恍然大悟。他在论文中写道：单一频率的光在热力学中表现得就如同有固定数目的能量子。因此，应该考虑光在产生、转化过程中也会表现得像分立的能量子一样。

也就是说，光其实是由光量子组成。单个的光量子具有与普朗克的量子一样的能量，与光的频率成正比。它们不会再拆分，而是被整体地吸收或产生。①

这就是他论文题目中的“启发性观点”。[5]70-76,[8]

爱因斯坦深知这个观点的革命性。因此，他在论文的最后几节提供了更多的证据。其中之一便是五年前曾让他欣喜若狂的光电效应。

莱纳德实验发现的那一系列麦克斯韦理论无法解释的现象在这个新观点面前均迎刃而解：与光的电磁波理论不同，爱因斯坦的光量子所携带的能量取决于频率。因此紫外光的光量子能量比可见光的大很多。金属表面的电子不是在与电磁波的共振中获得能量，而是整体地吸收一个光量子的能量而逸出。在吸收一个紫外光量子足以逃逸的金属里，吸收一个可见光的光量子却未必能获得足够的能量。因此，光电效应与入射光的频率息息相关。

同时，入射光的光强体现的是光量子的数目②。这样，即使把紫外光的光强降低到微乎其微，只要还存在光量子能被电子吸收，就可以观察到光电效应。相反，如果可见光的光量子能量不足以“打下”电子，那么即使把光强加得再大，用再多的光量子轰击，也打不下一粒电子——因为电子一次只能吸收一个光量子。

莱纳德这些让人们摸不着头脑的结果，在爱因斯坦这里得来全不费工夫。

除光电效应之外，爱因斯坦还顺便解决了另一个历史问题。半个世纪以前，爱尔兰贵族吉奥格雷・斯托克斯（Sir George Stokes, 1st Baronet）研究一些能发荧

---

① 爱因斯坦一直把他的光微粒叫作能量子或光量子。直到 1926 年物理学界才开始采用一个新的名字：“光子”（photon）。

② 也因此决定光的总能量。

光的矿石，得出结论荧光是矿石吸收了入射光之后二度发射的光。他发现，荧光的频率总会比入射光的频率低。有些矿石似乎不需要入射光就能发光，那是因为它们吸收了不可见的紫外光而转换发射出可见光。这个“荧光规律”（Stokes' rule）一直令人不解：矿石吸收入射光后发出不同频率的荧光不奇怪，但为什么它们就不能发出频率更高的荧光？

在爱因斯坦的新观点中，光的频率便是光量子的能量。斯托克斯的定律也就变得很显然：荧光体在吸收一个光量子再发射另一个光量子的过程中能量可能会有损失但不会增加。因此荧光的频率（能量）必然低于入射光。[5]76-79;[8]

爱因斯坦在这篇论文中其实没怎么涉及普朗克和普朗克定律。他只是必要性地简单复述了一下普朗克的推导，不痛不痒地承认其结果与现有的实验完全符合。

这非常不像爱因斯坦作为施瓦本人的风格。在那些年里，他已经得罪的远远不只是自己大学的教授们，还包括物理学界的诸多名流。

就在四年前，他发现莱比锡大学的物理学家保罗·德鲁德（Paul Drude）的一个错误，立即毫不留情地去信批驳。他那时还处于失业困境，因此也没忘记同时附上一封求职信。德鲁德大度地回应，解释自己并没犯错，而且与他同系的玻尔兹曼也表示同意。当然，他也没有理睬那封求职信。爱因斯坦大为恼火，在私信里将德鲁德连带玻尔兹曼都骂了个狗血淋头，发誓要发表论文狠踹这些学术权威的屁股。①[5]44-45,73;[2]67-72

作为刚刚以平庸成绩勉强大学毕业、找不到工作的社会青年，爱因斯坦的表现完美地诠释了“英勇的施瓦本人无所畏惧”的精神。

1905 年的爱因斯坦在专利局工作时并不孤单。大学期间认识的好朋友米歇尔·贝索（Michele Besso）比爱因斯坦大六岁，是个工程师。他也在爱因斯坦的鼓动下到专利局谋生。两人志同道合。爱因斯坦只要有了新思想都会立即与贝索分享，认定后者是他最好的讨论对象。在那年后来发表的狭义相对论论文中，他还曾特意致谢了贝索的帮助。②[2]61-62

当时不为人所知的是贝索在爱因斯坦光电效应论文中提供的帮助超过了倾听

---

① 爱因斯坦给德鲁德的信件失传，他的质疑是否成立不得而知。他随后的确发表过讨论玻尔兹曼统计理论的论文，后来自己也承认没有什么学术价值。

② 在那年的四篇划时代论文中，贝索是他唯一的致谢对象。这也凸显了爱因斯坦孤军奋战的处境。

和对谈。更为成熟、稳重的贝索劝说爱因斯坦删去了直接批驳普朗克的内容。20多年后，贝索曾在一封信中回顾那段青春岁月。在已经知道这篇论文的历史性地位后，贝索向爱因斯坦承认："在帮助你编辑关于量子问题的通讯时，我剥夺了你的一部分荣耀；但另一方面，我也为你争取到一个朋友：普朗克。"

于是，如果没有贝索的"帮助"，爱因斯坦的论文中会如何评论普朗克成为一个历史之谜。因为没有明确与普朗克"划清界限"，爱因斯坦的论文被看作普朗克率先提出的"量子论"进一步延伸，失去了其革命性的锋芒。当量子力学在20 年后开始异军突起时，普朗克被普遍认作其鼻祖。贝索因此颇为后悔，他认为这个桂冠应该非爱因斯坦莫属，而只是因为爱因斯坦采纳了他出于圆滑的建议而失落。[5]73

当然，贝索的那个"另一方面"也同样合情合理。虽然施瓦本人无所畏惧，在专利局中蹉跎的爱因斯坦也确实得罪不起物理学界所有的泰斗。在他后来的物理生涯中，贝索帮他争取到的朋友普朗克确实提供了相当大的帮助。

第 4 章　爱因斯坦的比热 ①

1907 年夏季的一天，爱因斯坦在专利局上班时被告知有人来访。他匆匆下楼到大厅里转了一圈，既没看到熟悉的面孔，也没人来打招呼，只好回到楼上的岗位。不久，他又被告知楼下有访客在等。再度下楼后，果然有个人迎了上来，自我介绍是从柏林来的马克斯·劳厄（Max Laue）。

劳厄是普朗克的助手 ②。他和普朗克都已经与爱因斯坦通信联络一两年了，但还素未谋面。劳厄这次是受普朗克之托专程来伯尔尼拜访。他先去了当地的大学，意外地发现那里并没有“爱因斯坦教授”。等打听到爱因斯坦在专利局后，他也没想到对方会是一个年轻小伙子。所以爱因斯坦第一次下楼时他没相认。

奇迹年的四篇论文已经问世一年半了。那年爱因斯坦还向苏黎世大学提交了另一篇论文，获得博士学位。他原以为这些论文会引起轰动，很快让他重返学术界，结果却相当失望。只有一个年轻没名气的副教授约翰内斯·斯塔克（Johannes Stark）曾邀请他去做实验室助理。因为提供的薪酬远不如专利局，爱因斯坦谢绝了。[5]135 他新得的博士头衔倒是在专利局管了点用，让他从“三级技术专家”提升为“二级技术专家”，工资上涨了 15%。

劳厄的不请自来重新点燃他的希望。他立刻请了假，陪同劳厄在伯尔尼的街头漫步，兴致勃勃地谈论物理学的最新进展。他还慷慨地为劳厄敬上他几乎不离口的烟。劳厄实在无法忍受这专利局职员的廉价货，在过桥时假装失手弃之于河中。[11]34-37,[2]140-143

爱因斯坦的兴奋也很短暂。劳厄走后，他的生活重归平静，没有等来预期中的学术界佳音。

作为《物理年鉴》负责理论物理的编辑，普朗克对爱因斯坦发表的一系列论文有着先睹为快的便利。他很快成为最早发现、介绍爱因斯坦的体制内物理学家。

---

① 比热（specific heat）即现称比热容（specific heat capacity）。本书根据历史史实使用比热一词。

② 那时的助手大体相当于今天的博士后。

不过他的热情集中于爱因斯坦奇迹年的第三篇论文。那篇论文在 1905 年 9 月问世后，普朗克立即在柏林大学举办了一个讲座。那是相对论 [①] 第一次登上学术大雅之堂。紧接着，普朗克在 1906 年初发表论文，证明狭义相对论符合物理学传统的“最小作用量原理”（principle of least action）。这便是出自爱因斯坦之外的第一篇相对论学术论文。[5]88;[2]132,140-141

在其后两年里，普朗克几乎所有的科研都围绕着相对论进行。作为他的爱徒，劳厄在之后四年中也连续发表了八篇关于相对论的论文。[2]142

但他们都没有触及爱因斯坦的第一篇论文：量子理论。

爱因斯坦从一开始就清楚量子理论比相对论更具备革命性，也就更难以被接受。在普朗克——量子的所谓始作俑者——身上，他的预想得到证实。

在爱因斯坦提出相对论之前，以太的存在与否、迈克尔逊和莫雷的实验结果等作为开尔文的第一朵乌云已经在物理学界引起重视。当时的老牌物理学家，比如荷兰的亨德里克·洛伦兹（Hendrik Lorentz）和法国的亨利·庞加莱（Henri Poincare）都已经相当接近揭开这个谜。狭义相对论中著名的“钟慢尺缩”现象的数学方程就是由洛伦兹率先提出，因而叫作“洛伦兹变换”（Lorentz transformation）。庞加莱也已经在试图摒弃绝对的空间、时间概念。只是在爱因斯坦之前，他们都没能迈出最后的决定性跨越，从根本上颠覆经典物理的传统观念。[2]133

无疑，爱因斯坦在相对论上的贡献也是革命性的，开创了现代物理的时空新理念。但他的这个突破同时也具备一种水到渠成的必然，如他自己所言是麦克斯韦、洛伦兹电动力学的自然延伸。所以，即使是保守的普朗克也早有思想准备，立刻接受了这个新理论。

而量子概念却犹如横空出世，惊世骇俗。它的革命性让所有物理学家措手不及。

劳厄拜访爱因斯坦时，光电效应论文已经问世了整整两年。经过几个小时的散步交谈，劳厄不得不对这位只比他大半年的小职员刮目相看。他觉得爱因斯坦似乎已经彻底颠覆了整个经典物理的基础。

不过，在量子问题上，劳厄还是坚持他和导师普朗克的意见。

普朗克没有在他 1900 年发表的论文中提及瑞利半年前根据能均分定理所做

① “相对论”这个名称便是普朗克率先使用的。爱因斯坦起初曾把它叫作“不变论”（invariance theory）。

的论证。他自己似乎也没有尝试过那个途径。当时的普朗克还信不过玻尔兹曼的统计理论。他坚信黑体空腔中的电磁波已经由麦克斯韦方程精确地描述，没有必要再动用靠不住的统计手段。①

为了得出他从实验数据拟合而得的黑体辐射公式，普朗克不得不舍近求远地计算作为空腔内壁的“实际”物体的统计规律。他假设内壁由以各种频率做振荡的谐振子构成，通过共振吸收、发射电磁波，与空腔内的电磁波达到热平衡。正是在这一过程中，他不得不绝望地引入一个新的法则：这些谐振子在吸收、发射电磁波时的能量交换不能随意，只能以他那与频率成正比的“量子”为基本单位进行。

五年后，爱因斯坦提出光其实就是由单个、分离的光量子组成，它们的能量正好就是普朗克引入的量子。他列举光电效应、荧光现象作为佐证，但没有直接评判普朗克的逻辑。那固然是由于好友贝索的干预，也因为他自己还没来得及把握其中的奥妙。当时，他以为自己提出的只是与普朗克不同的另一个理解。

一年后，爱因斯坦在 1906 年又发表了一篇论文，才系统地理清了其中的逻辑关系：他的光量子其实是普朗克推导黑体辐射公式过程中不可或缺的关键部分，只是普朗克自己没能意识到而一笔带过。其实，黑体内壁的谐振子只能以量子为单位吸收、发射电磁波，不是因为那些谐振子有这么一个莫名其妙的怪癖，而是因为自然界只存在有这样的光量子能被吸收、发射。[8],[5]90-93

显然，这在逻辑上更为自然、顺畅。同时，它也是物理学史上最具革命性的新观点之一。

在论证了这一点之后，爱因斯坦并没忘记继续为普朗克邀功请赏：“在我看来，这些考虑并不否定普朗克的辐射理论。相反，它说明普朗克先生通过他的辐射理论在物理学中引入了一个崭新的假设性概念：光量子假说。”

可惜，普朗克却是绝对不愿意买这个账。一年多后，劳厄来访时依然强调，所谓的量子不过是电磁波被吸收、发射时的一个奇怪现象，绝对不能像爱因斯坦描述的适用于电磁波本身。普朗克也直接给爱因斯坦回信坚持：“量子只在吸收、发射地点存在。我不探讨它们在真空中的意义，而只假设真空中的过程已经由麦克斯韦方程准确地描述。”[2]141-142,[5]80

普朗克和劳厄都没注意到，那时的爱因斯坦其实已经进一步扩展了量子的适

---

① 爱因斯坦后来评论说，普朗克这是幸运地歪打正着。如果他走了瑞利、爱因斯坦同样的路，也许会在遭遇紫外灾难后裹足不前，完全与量子无缘。

用领域。

还是 15 岁的少年时，爱因斯坦做过两个重大决定：他不但自作主张从中学退学（图 4.1），还因为不愿意服兵役干脆放弃了德国国籍。他向父母保证会靠自学考取不需要中学文凭的苏黎世联邦理工学院。一年后，他因为法语和文科科目成绩太差未能过关。但他在数学、物理科目中表现出的才华赢得了物理教授海因里希·韦伯（Heinrich Weber）的青睐。韦伯建议他干脆留在苏黎世旁听他的课程。但爱因斯坦还是选择了在朋友家寄宿，一边在当地中学补习一边与房东的女儿热火朝天地恋爱。又一年后，他如愿以偿，以优异成绩考上苏黎世联邦理工学院。但他的初恋却随着他在大学里遇上米列娃而告终。①[2]22-31

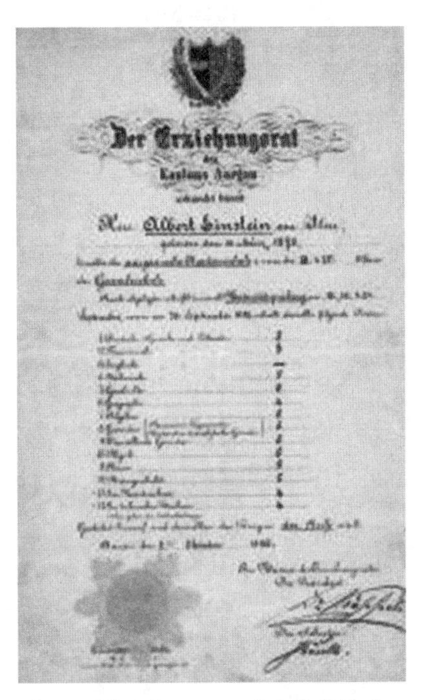
Der Erziehungsrat
Albert Einstein

图 4.1　爱因斯坦 1896 年在中学补习一年后的成绩单。他在代数、几何、物理、历史分别得了 6 分，化学为 5 分

韦伯是爱因斯坦的第一个科学偶像。大学期间，爱因斯坦总共修了 15 门韦伯教授的课程，成绩都非常好。尤其是前两年，他认为韦伯的课程最为精彩，总是满怀热情全力以赴并赞不绝口。

但在爱因斯坦逐渐成长为无所畏惧的施瓦本人时，他对韦伯后两年讲授的课程越来越不满，抱怨教学内容至少落后了 50 年。叛逆的爱因斯坦频繁翘课，甚至拒绝按规矩称呼韦伯“教授先生”，代之以不礼貌的“韦伯先生”。韦伯曾经无可奈何地感叹：“爱因斯坦，你是一个非常聪明的孩子，特别聪明的孩子。但你有一个非常大的毛病：你从来不允许别人告诉你任何事情。”[5]16-19,[2]33-34

爱因斯坦当时不知道，韦伯先生也曾经有过年轻的时候。

---

① 虽然爱因斯坦与这个初恋女友的恋情无疾而终，他们两家的渊源却没有中断。经他介绍，贝索娶了那个女友的姐姐。爱因斯坦自己的妹妹后来也嫁给那个女友的弟弟。

在担任苏黎世联邦理工学院教授之前，韦伯最出名的工作是在柏林大学给著名物理学家赫尔曼·冯·亥姆霍兹（Hermann von Helmholtz）① 当助手时所做的一系列实验，精确测量了固体的“比热”（specific heat）和温度的关系。

比热是一个基本的热学概念。我们要让水热起来，需要给它提供热量。将 1 克水的温度升高 1 摄氏度所需要的热量就是水的比热。这其实是一个现代人在日常生活中已经熟悉的热量单位：卡（calorie）②。

很容易想象，加热不同的物体所需要的热量应该会不一样。但早在 19 世纪初，法国物理学家皮埃尔·杜隆（Pierre Dulong）和亚历克西斯·帕蒂（Alexis Petit）却发现各种固体金属材料大致有着同样的比热。那似乎是一个普适的常数，不仅与材料无关，也与物体的温度无关。

这个奇怪的现象直到几十年后才由玻尔兹曼用他的统计理论解释。玻尔兹曼假设固体中原子的热运动是不同频率的振动，温度是这种振动所储存的热能的标志。这样，固体温度升高所需要的热量可以通过能均分定理计算。因为原子在固体中振动的自由度数目是一样的，所以比热不会随材料、温度等因素改变，是一个常数。

果然，玻尔兹曼的计算得出了与杜隆和帕蒂实际测量一致的数值。那是经典统计物理的一大成就。

可是，也在同时，实验物理学家逐渐发现有一些固体材料的比热并不与杜隆和帕蒂发现的数值一致。它们会随温度变化。

年轻的韦伯进行了一系列大胆的创新，从 −100 摄氏度的低温到 1000 摄氏度高温之间完整地测量了钻石等固体的比热。③ 他发现，钻石的比热只是在极高温时才趋近杜隆和帕蒂的常数。温度不够高时，比热会随温度的降低而递减。这与玻尔兹曼的理论矛盾。[8],[5]103-110

韦伯因为这些出色的实验获得苏黎世联邦理工学院教授席位后便淡出了科研领域，演变为爱因斯坦眼中的老古董。他从来没有在课程中谈及自己的工作，爱因斯坦还是在专利局的参考资料中才发现老师当年的辉煌。但更让他感兴趣的是这又是一个能均分定理失效的例子，与黑体辐射中的紫外灾难有异曲同工之妙。

爱因斯坦意识到这个灾难的确来自经典的能均分定理本身。在空腔中，因为高频率、短波长的波能有更多的驻波模式，就有更多自由度。根据能均分定理，

---

① 普朗克、赫兹、维恩、迈克尔逊都是亥姆霍兹的学生。

② 1 卡 =4.186 焦耳。

③ 那时还没有制冷设备。他只能依靠冬天自然的冰雪做低温实验。

处于平衡态的系统在每个自由度都会具备同样的能量。这样，能量便会越来越集中于高频段，导致紫外灾难。

经典波动理论中，频率只是波动模式的一个标志，没有更显著的物理意义。但普朗克提出的能量子第一次让频率与能量挂上了钩。高频率的能量子的能量比低频率的会大得多。在爱因斯坦的重新推导中，当同样的能量均分到高频率和低频率的波动模式时，会导致高频的能量子在数目上远远少于低频的能量子。

如果温度本身就比较低，以至于达不到单个高频能量子所需要的能量，那个高频的自由度上便不会存在任何能量子，也就不会为黑体辐射做任何贡献。这样，室温的辐射中没有可见光。即使温度高了，也不足以“激发”紫外线等高频率的辐射。这些高频的自由度被“冻结”了，压根就不参与能量的均分，也就避免了紫外灾难。同样地，这样计算得出的能量子的数目——无论是在低频还是高频段——都会是有限的，不至于导致总能量的无穷大。

这正是黑体辐射中被普朗克当作数学手段而隐匿了的物理机制。

爱因斯坦进一步领悟，这个自由度被冻结的机制不仅会存在于电磁波中，也会出现在任何振荡模型里。固体的比热便是现成的一个例子。

只有在相当高的温度下，固体中的振荡自由度才会被全部激发，因而有着能均分定理带来的普适比热数值。杜隆和帕蒂研究的那些金属只是恰好在室温下就已经达到了这个条件。韦伯的钻石则不然，需要高得多的温度才能趋近这个条件。当温度不够高时，固体内高频率的振动像黑体中的紫外辐射一样没能被激发，也就不会参与热运动。因此，固体的比热会随温度降低而逐渐减少：越来越多的自由度在低温下被冻结。

他还做出进一步的预测：当温度降至绝对零度——物理上温度的最低限——时，固体中的所有自由度都会被彻底“冻结”，不存在任何热运动，其比热也会因之降至零。

顺着这个新思路，爱因斯坦构造了一个数学上非常简单化的模型，定性地描述了固体比热随温度的变化，与韦伯的实验结果相当吻合。

有意思的是，爱因斯坦这篇论文中不仅采用了被他看不起的韦伯的成果

---

① 爱因斯坦一辈子发表的论文中只有两篇有理论与实验比较的图，这是其中第一篇。另一篇也是关于比热问题。

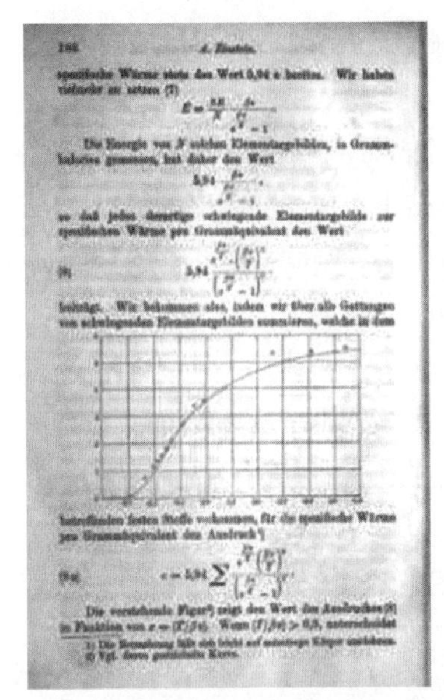

图 4.2　爱因斯坦 1907 年论文中的一页。其中插图为钻石比热与温度的关系。图中圆点来自韦伯的实验，曲线则是爱因斯坦根据他的新理论拟合而得 ①[8]

（图 4.2），也援引了他同样不屑的德鲁德的相关观点。在那之前，德鲁德已经创立了金属中的自由电子理论，解决了金属导电、导热等一系列问题 ①。爱因斯坦指出，德鲁德的自由电子是固体中新的、玻尔兹曼当时不知道的自由度。如果将这些自由度也包括在计算之内，能均分定理便无法得出杜隆和帕蒂的常数。只有在新的量子理论中，才可能有自圆其说的解释：那些自由电子对固体的比热没有贡献，同样是因为它们的自由度未能被激发。[12]

爱因斯坦这篇论文发表时，韦伯早已退休。德鲁德也没能看到当初对他很冒犯的爱因斯坦这一新表现。作为正在脱颖而出的年轻才俊，德鲁德在 1906 年成为柏林大学物理所负责人，同时也进入了普鲁士科学院。不过正值事业登峰造极之际，他出乎意料地自杀身亡，年仅 42 岁。[13]

爱因斯坦这篇《普朗克的辐射理论和比热理论》② 的论文于 1906 年底投寄，1907 年初问世。这是量子理论在固体物理中的第一个应用，由此开创了量子固体物理学。

在这篇论文中，爱因斯坦旗帜鲜明地指出，这个“普朗克的”辐射理论应该是普适的。它不仅适用于电磁波的吸收、发射，真空中的电磁波，还适用于固体中与电磁波完全无关的原子振荡。因为物理科学中所有领域都存在某种振荡的模式，爱因斯坦认为它们都将成为新理论的用武之地。在他的眼里，已经开始有了一个崭新、奇异的量子世界。

在那个年代，这个新世界还只存在于这一个孤独、固执的施瓦本人的目光中。

---

① 那时汤姆森发现电子只过了区区三年。

② “Planck’s Theory of Radiation and the Theory of Specific Heat”

第 5 章　光的本性

1906 年，德国老牌的慕尼黑大学迎来一位新秀，接替早已离任的玻尔兹曼主持理论物理。还不到 40 岁的阿诺德·索末菲（Arnold Sommerfeld）与普朗克齐名，已经成为德国理论物理学界的中坚。与普朗克一样，他也对爱因斯坦摸不着头脑。

还是在 1907 年夏，索末菲曾给德高望重的洛伦兹写信，期望他能系统地为爱因斯坦的新理论指点迷津。索末菲在信中表示可以看出爱因斯坦是个难得的天才。同时也觉得他实在不可理喻，建造的是“无法解构、无法想象的教条”①。这在科学研究领域很不健康。他甚至还推测爱因斯坦的思维方式是否是他作为犹太人之本性使然。

不过，索末菲很快摈弃他带有种族性的偏见，也与爱因斯坦建立了频繁的通信联系，成为学术、生活中的挚友。无论在公开场合还是私下，以洛伦兹、普朗克、索末菲为代表的权威们态度相当一致。他们都对爱因斯坦的光量子理论非常之不以为然。同时他们也都接受了狭义相对论，并因之倾慕这个专利局年轻职员的才华。[2]142,[5]125-126

在他们的共同推介下，爱因斯坦的声名开始在学术界传开，成为会议上的热门话题。只是爱因斯坦自己还无缘这些会议，他依然整天端坐在专利局的办公桌前。

1909 年 3 月 14 日，爱因斯坦度过 30 岁生日，进入而立之年。

那年，爱因斯坦曾通过提交论文获得博士学位的苏黎世大学有了一个副教授空缺。他被推荐为候选人之一，只是排名并不靠前。即使是在几位“更合格”的候选人因各种原因相继出局之后，他的机会依然不容乐观。爱因斯坦做了极大的努力，还精心准备了一堂示范性授课以消除教授们对他教学能力的疑虑。终于过关后，他意外地发现这个堂堂大学副教授的工资居然还低于他在专利局的薪酬。经过一番讨价还价，学校勉强同意以专利局同等工资聘请他。[5]123-124,127

---

① unconstructable and unvisualizable dogmatism.

当爱因斯坦向专利局递交辞呈时，他的上司听他说是要去大学高就不禁莞尔。从一个专利局职员转为大学教授实属闻所未闻，上司觉得爱因斯坦不是在胡编乱造就是被鬼迷了心窍。[5]130

从 1902 年开始，爱因斯坦在专利局度过了七年青春岁月。他在这期间的"业余"科研成果相当惊人，基本上每年都会发表至少五六篇论文。也许，他其实得益于这个特殊的环境。这里没有他深恶痛绝的教授权威指手画脚，没有学术界年轻人面临的职场压力。他甚至对学界主流的兴趣方向也不甚了了，得以自在地信马由缰，在物理学各个前沿领域纵横驰骋。[5]122-123,[2]143-144

在本职工作中，他经手过大量五花八门的专利申请。绝大多数他可以一眼看出其中的不合理，不需要浪费太多时间。他一般只需要两个小时就能完成一天的工作量，剩下的时间可以干私活。像课堂上开小差的学生一样，他桌面上铺满的专利文件下藏着自己的演算纸，不时地埋头研究，只在上司踱步过来时急急忙忙地掩藏。

有时，他也会在专利申请中看到一些别出心裁的新主意，引发他对涉及的物理现象无尽遐思，进入某个"思想实验"（thought experiment）境界。

那年头，欧洲各地的钟点尚未统一，给火车运行带来莫大麻烦。他批阅了一系列如何在各地火车站之间调准、同步时钟的专利申请。伴随着隔壁火车站悠扬的报时钟声，他理清了不同地点时钟背后的奥秘，发明狭义相对论。也是在专利局的桌前，他产生了走向广义相对论的关键思想。①[2]126,145

他还完善了经典热力学和统计物理，提出计算"阿伏伽德罗常量"（Avogadro number）的新途径，解释了布朗运动，等等。但最让他操心的还是普朗克的能量子和辐射理论。

除了那个心地善良但对物理学最多不过一知半解的好友贝索，与世隔绝的爱因斯坦没有人可以对等地讨论物理问题。伯尔尼唯一的公共图书馆星期天关门，也让他几乎无法查找科学文献。当他应邀撰写关于相对论的综述时，他不得不在文章中抱歉自己因为不熟悉资料而可能的遗漏。

进入学术界的梦想成真之际，爱因斯坦着实苦乐参半。很多年后，他依旧怀念专利局的时光，称那个催生了他最多精彩思想的地方为世外桃源般的"世俗修道院"。

---

① 详见《宇宙史话》第 1 章。

两个月后，离开了“修道院”的爱因斯坦第一次参加学术界活动。那年的德国科学界年会在奥地利的小镇萨尔茨堡召开。爱因斯坦还没来得及到苏黎世大学报到，因此尚未正式成为学术界一员。但在普朗克的安排下，刚刚 30 岁的爱因斯坦在会议最后一天做主题报告。这是一个相当大的荣誉。

1909 年 9 月 21 日下午，爱因斯坦步上会议室的讲台。一百多名科学家正翘首以待，第一次目睹这个神秘青年的风采。那济济一堂中除劳厄外都是爱因斯坦的初次相识者，包括普朗克、索末菲、维恩、鲁本斯等名人大家。

普朗克主持那天的会议。他几乎立刻就陷入失落之中。他原本希望爱因斯坦利用这个机会综述那已经名闻遐迩的相对论，为其处女秀博个头彩。爱因斯坦亮出的题目却是《关于辐射本性和组成的观点演变》①。普朗克觉得这实在是哪壶不开提哪壶。

然而，对爱因斯坦来说，辐射——电磁波和光——的本性，才是当下最重要、最值得研讨的课题。

当爱因斯坦发表光电效应论文时，他提出的光量子概念还称不上理论，甚至连假说都算不上，只是一个不成熟的“启发性观点”。这个观点过去四年里一直在他脑海中演变、充实，这时已经越来越成型。

这个观点之所以奇异，是因为它与杨在 1803 年用那个简单的干涉实验推翻牛顿的光微粒说之后的整整一个世纪的理论、实践直接相违。在赫兹之后，麦克斯韦的电磁理论一枝独秀，已然成为无可辩驳的科学真理。爱因斯坦在提出光量子的同时，也一再强调麦克斯韦理论在光的传播等问题上早已被证实，可能永远不会被取代。

这样，光如何既在传播时表现为波动，又会在其他场合表现为粒子，成为令爱因斯坦寝食不安的难题。这个困扰不解决，不仅他不可能说服普朗克等老一辈，量子理论本身也无法自圆其说。

在讲台上，爱因斯坦回顾这一矛盾，再次指出描述黑体辐射的普朗克定律与麦克斯韦电磁理论的不相容。四年来，他一直在寻求一个从麦克斯韦方程出发逻辑地推导出普朗克黑体辐射定律的方法，却完全失败了。他总结道，如果遵循经典理论，必然会导致瑞利的紫外灾难，没有别的出路。但物理现实却在顽固地宣

① “On the Development of our Views concerning the Nature and Constitution of Radiation”

告，只有普朗克定律才是正确的。

于是，他决定反其道而行之。

其实，爱因斯坦在那年年初已经发表了一篇题为《关于辐射问题的现状》[①] 的论文来描述他的新发现。那篇论文没能引起人们注意。于是，他在这次会议上当面阐述。

这一次，他研究的是光的压强。

压强是一个基本的物理概念。由原子、分子组成的气体的压强与温度、密度的关系是 19 世纪热力学的热门。在那个世纪末，根据玻尔兹曼的统计分布计算气体的压强已经轻而易举。

波动也会有压强。声波的压强推动耳膜，才让我们听到声音。作为电磁波的光也有压强。我们看到彗星长长的尾巴，那就是它在太阳附近融化、分解的冰粒被太阳光的压强“吹”出来的效果。麦克斯韦方程在预测电磁波的同时，也精确描述了它的压强。

但爱因斯坦的出发点却大不一样。他不准备预先设定光是麦克斯韦的电磁波还是由光量子组成的气体。他只认定黑体空腔中的光满足普朗克定律。从这个已经被验证的实在出发，他可以反过来计算光的压强。

这是一个非常新颖的“反向”思路。

这也是一个非常简单的计算。就在普朗克担心他又会看到一个支持光量子的新证据时，爱因斯坦却展示出一个出乎意料的结果：遵从普朗克定律的光的压强在数学形式上由两个独立的项相加而成。

爱因斯坦这时渐入佳境。他像魔术师终于向孩子们揭开谜底一样地宣布，这两个项各有来历。一项来自麦克斯韦方程：经典波动理论所描述的电磁波压强；而另一项，却是假设电磁波完全是光量子组成的气体时会有的压强。它们不是非此即彼，而是在黑体空腔中同时存在着。

如果温度非常高，普朗克定律简化为瑞利 - 金斯定律。这时光的压强完全来自麦克斯韦方程那一项，即光表现犹如波动。反之，如果温度非常低，普朗克定律简化为维恩定律。这时的电磁波的压强则只来自另一项：光表现得如同粒子组成的气体。

在这两个极端之间，黑体空腔中的光由更为完整的普朗克定律描述。它的压

---

① “On the Present Status of the Problem of Radiation”

强是同时存在的两个项的总和：那里面的光既不完全是波动，也不完全是粒子，而是同时既是波又是粒子。

对普朗克等一众学者来说，这是一个出乎意料的震惊。对于物理学，这是一个比能量子还更具革命性的新观念。

爱因斯坦满怀信心地宣布，普朗克定律说明光在麦克斯韦的波动之外，还同时含有粒子特征。波动和微粒不能再继续被认为是两个互为排斥、水火不相容的特性。物理学家需要放弃现有的辐射理论，寻找一个新的、和谐地包容波动和粒子性质的光理论。

爱因斯坦认为这应该是理论物理学下一步必须解决的难题，在对光的本质和组成的认识上必须有一个根本性的改变。[8];[14];[5]126-128,136-140;[2]155-157

当然，年轻的爱因斯坦还是过于乐观。

他讲完之后，主持会议的普朗克立刻站起来回应。他礼貌地感谢爱因斯坦的演讲，但随即毫不含糊地表示反对。普朗克依然坚持量子只是在光吸收、发射时的现象。爱因斯坦鼓吹真空中的辐射、光波本身由量子组成，势必会导致对麦克斯韦理论的放弃。这在普朗克看来是走得太远，没有必要。

普朗克定下基调之后，在座的其他物理学家也都跟着表达了反对意见。只有年轻的斯塔克发言支持爱因斯坦。于是，爱因斯坦的这番极富启迪性的挑战又一次被主流物理学界忽视。

其实，爱因斯坦从来没有放弃麦克斯韦理论的打算。

在私下通信中，爱因斯坦曾屡次辩解他不是对方想象的“光粒子极端主义”者。他的光量子也完全不是牛顿微粒说的复活。牛顿的微粒是肉眼看不见的有质量的粒子，遵从牛顿定律。这早已被杨和后来无数人的实验否定。爱因斯坦很清楚，在光的干涉、衍射等波动特性上，麦克斯韦方程的确是无可替代的。

然而，黑体辐射、光电效应等现象也暴露了麦克斯韦理论的不足。他的压强计算表明现实中的光还具有麦克斯韦方程中缺失的“另一项”。这个缺陷不可忽视。因此，他设想如果能找到合适的方式推广麦克斯韦方程，就应该能同时描述电磁波的波动、粒子特性，让它们和谐共处。这样，已经被实验证明的普朗克辐射定律就能够有一个坚实的理论基础。

那年，他与洛伦兹频繁通信讨论。在电磁学中已经浸淫了几十年的洛伦兹警告爱因斯坦，麦克斯韦方程组是一个极其优美又完整的体系，牵一发而动全身，

很难再添砖加瓦、锦上添花。那是一条走不通的死路。[5]131-135

的确，在牛顿力学遭遇爱因斯坦相对论的强劲挑战之时，麦克斯韦描述电磁学的方程组安然无恙。它在洛伦兹那一代物理学家中依然享有崇高的地位。玻尔兹曼就曾惊叹："难道是上帝写下了这一系列方程吗？"[5]153

但即使那真是上帝的杰作，英勇的施瓦本人也无所畏惧。

第 6 章　索尔维的会议

1909 年 10 月，爱因斯坦一家从伯尔尼搬回苏黎世，在他们当年作为大学情侣的旧地开始心情舒畅的新生活。米列娃很快怀上了他们第二个儿子。

对爱因斯坦来说，教学是一个新的挑战。还在专利局期间，他曾几经努力争取到伯尔尼大学一个没有工资的代课职位。第一学期，没有学生来上他的课。好朋友贝索拉了另外两个专利局朋友来捧场。第二学期，刚有了一个学生却很快就退了课。课堂里除了那几个朋友，就只是自己对物理学一窍不通的好妹妹。因为无法向这些人收费，他只好停了课。[11]54 也难怪苏黎世大学的教授们会对他的教学能力放心不下。

有了正规教职后，爱因斯坦在苏黎世大学全力以赴，每天花很大精力备课。他的工资不高，因此依旧衣着邋遢不修边幅。但与其他教授不同，他完全没有架子，在课堂上积极与学生互动，还经常邀请学生课后去酒吧咖啡馆神侃，因而大受欢迎。只是有一天他猛然醒悟：重新回到学术殿堂之后，他能用来思考物理问题的时间反而比在专利局时少了很多。[5]130

虽然他已经名声在外，苏黎世大学的同道对这个新来的副教授并没多加注意。直到有一天，爱因斯坦再次迎来一位不速之客。

早在爱因斯坦奇迹年的年底，柏林大学的沃尔特·能斯特（Walther Nernst）提出了一个大胆的猜想：所有物体在温度降至绝对零度时，它的“熵”（entropy）都会变成零。熵是一个热力学概念，是对物体有序程度的衡量。普朗克当初用以推导黑体辐射的热力学第二定律便是关于熵的：孤立系统中的熵总会增加，即越来越无序。

能斯特比同校的普朗克稍微年轻，但名气已经不相上下。他的研究领域更接近化学，是当时正兴起的“物理化学”专业的领军人物。他把自己的猜想称为“定理”，其实并没有任何理论或实验上的证据。为了寻找根据，能斯特对低温下固体的比热发生了兴趣。

爱因斯坦当初在专利局资料中只查到了导师韦伯的数据。他不知道在韦伯之后不久，苏格兰的詹姆斯·杜瓦（James Dewar）也做过比热测量。与韦伯靠天吃饭而必须苦等寒冬季节不同，杜瓦开创了低温制冷技术。他率先实现了氧气、氢气在极低温下的液化，并以发明沿用至今的保温瓶——“杜瓦瓶”——而著名。也是在1905年，杜瓦发表了极其低温下的比热数据，大大扩展了韦伯的结果。爱因斯坦也算侥幸，他的简单模型与韦伯的数据符合得非常好，但如果包括了杜瓦的新成果反倒会显得差强人意。[8]

爱因斯坦的比热论文在1907年发表后一直无人问津。在萨尔茨堡会议上，他因为专注于光的本质也没有在演讲中提及这个重要发现。倒是没有去开会的能斯特在1910年偶然发现了那篇论文，顿时如获至宝。因为爱因斯坦关于比热在绝对零度时趋于零的预测与他那熵趋于零的猜想几乎等价，而爱因斯坦提供了背后的物理原因。

1910年3月初，能斯特亲自跑到苏黎世与爱因斯坦会面。这个大名人的到来在名不见经传的苏黎世大学引起不小的轰动，总算让当地教授们对他们身边的年轻副教授刮目相看。

正是在那之后，爱因斯坦的比热理论才引起广泛注意。能斯特和他的学生们进行系统的低温比热测量，肯定了爱因斯坦的预测。不久，爱因斯坦简单化的定性模型由索末菲和他的学生彼得·德拜（Peter Debye）推广成严格的定量理论。

而能斯特猜想的“定理”更是一跃成为热力学的第三定律，现代物理学的基石之一。量子的概念由此进入了热力学。

爱因斯坦小家庭在苏黎世的幸福生活没能持续多久。很快，他接到来自远方的好消息：捷克的布拉格大学有一个正教授席位，几经斟酌之后决定聘请爱因斯坦。

那时大学里的副教授不是独立的职位，只是辅助相应正教授的附属。正教授席位因此非同小可。对爱因斯坦来说，这是他职业生涯的大飞跃。虽然妻子米列娃因为不愿意离开苏黎世的温馨环境而极力反对，他还是不愿意舍弃这个来之不易的机会。捷克当时属于奥匈帝国，有着一整套陈规陋习。爱因斯坦不得不收敛起他那施瓦本人的倔强，既同意加入奥地利国籍，又违心地在文件中撤回他没有宗教信仰的选项，填上了自己隶属信奉摩西（Moses）的犹太教（Mosaism）。[2]163-164

1911年1月，他成为布拉格大学的教授。工资也涨了1倍。

那年秋天，比利时的实业家欧内斯特·索尔维（Ernest Solvay）在能斯特的游说下拿出一笔资金，由普朗克和能斯特出面遍洒英雄帖，邀请了19位最杰出的物理学家聚会讨论他们面临的最迫切问题：辐射与量子。年仅32岁的爱因斯坦是收到请柬的最年轻一位。他还应邀在会上做专题报告。

图6.1　1911年第一届物理索尔维会议参加者合影。其中前排坐着的有能斯特（左一）、索尔维（左三）[①]、洛伦兹（左四）、维恩（左七）、居里夫人（左八）、庞加莱（左九），后排站立着有普朗克（左二）、鲁本斯（左三）、索末菲（左四）、金斯（左十一）、卢瑟福（左十二）、爱因斯坦（左十四）、郎之万（左十五）

这样的高档次国际学术会议在当时是绝无仅有（图6.1）。在索尔维的财力支持下，教授们下榻布鲁塞尔最豪华的饭店，享受最高级的招待。在那一个星期里，他们没有任何生活羁绊，可以尽情地争论物理问题。

10月29日，会议开幕。已经73岁高龄的索尔维洋洋洒洒地论述了他的世界观和对科学发展的看法。物理精英们正襟危坐，在礼貌地聆听、感谢他的指导之后才开始他们的议程。

出于能斯特的安排，爱因斯坦的报告在最后一天，题目是《比热问题的现状》。虽然会议的主题是"辐射与量子"，他惊讶地发现光量子概念并没有被排上日程。于是，他在介绍了自己四年前研究比热的成果后又自作主张地用相当的篇幅讨论黑体辐射同时是波动和微粒的本质，继续两年前在萨尔茨堡的话题。

这一次轮到德高望重的主持人洛伦兹站出来回应。他也再次指出爱因斯坦的观点完全与麦克斯韦理论矛盾，似乎不值一哂。那年年初，爱因斯坦在搬家去布拉格途中曾专门绕道荷兰拜访洛伦兹。他们虽然在量子问题上意见相左，但这年龄上相差了四分之一世纪的两人已经成为互相倾慕的好友。

这是爱因斯坦第一次在国际级专家面前亮相。他曾经对这个难得的机会满怀希望，结果却颇为失落。在他眼里，与会者大多老生常谈、了无新意。几天下来，他在学术上毫无收益。

但他也不是完全空手而归。他在这次会议上第一次见到法国的玛丽·居里

---

① 照片中索尔维的脑袋明显比较大。他照相时并不在场，是后期添加进去的。

夫人（Marie Curie）以及与她同来、她已故丈夫当年的学生保罗·郎之万（Paul Langevin）。就在会议期间，诺贝尔奖委员会宣布将那年的诺贝尔化学奖授予居里夫人，表彰她发现、分离镭元素等贡献。这是居里夫人继与丈夫一起获得1903年诺贝尔物理学奖后第二次获得这个殊荣。爱因斯坦对居里夫人仰慕已久，在会议上一见如故，开始他们延续终身的友谊。

爱因斯坦对索尔维会议的失望也许更多来源于自己的心境。会议的主题“辐射与量子”正是他最关心的课题。然而，1911年的爱因斯坦已经不是1909年萨尔茨堡会议上那个朝气蓬勃的施瓦本青年。在这两年里，他一直致力于寻找推广麦克斯韦方程，使其容纳光量子的途径。但他屡战屡败，已经觉得身心俱疲、山穷水尽，再也找不到突破口。也许，洛伦兹的确一语成谶：麦克斯韦方程不可撼动。[5]153-154

在这个群英荟萃的场合，他也没能捕捉到新的思想火花。

米列娃的预感没有错，布拉格那个陌生的地方的确不适合他们。爱因斯坦在那里无论工作还是生活都不太如意，远不如在苏黎世时的惬意。他办公室的窗外倒是一个宁静、漂亮的公园。他经常看到一些人或规规矩矩、若有所思地散步，或激情地辩论。但奇怪的是早晨那里全是女性而下午全是男性。他打听之后才知道原来隔壁是一家疯人院。爱因斯坦不禁对来访者感慨：你看，楼下也还有一些不是整天操心着量子理论的疯子。[2]166

苏黎世也在记挂着爱因斯坦。当年曾在大学考试、专利局职位上帮过大忙的好朋友格罗斯曼已经是他们母校苏黎世联邦理工学院的数学教授。他联合当地学者为爱因斯坦在那里争取到一个正教授职位（图6.2）。在布拉格不到一年之后，爱因斯坦再次搬家，衣锦还“乡”。他们的导师韦伯那时正好去世，避免了不必要的尴尬。爱因斯坦冷酷地评论：韦伯的去世对学校来说是件有利的事情。[16]118,[2]175-177

图6.2　1913年，回到母校担任教授的爱因斯坦（左）与他一位新同事和同事的女儿在节日的街头演出

其实，苏黎世也已经容纳不

下这颗正冉冉升起的新星了。

1913 年 7 月的一天，能斯特再次来到苏黎世。这次他还带来了普朗克。两位学术名流携手到这偏僻所在，只有一个目的：说服爱因斯坦接受他们的聘请去柏林大学。

自从两年前第一次来这里见到爱因斯坦之后，能斯特就对这个他称之为“玻尔兹曼再世”的年轻人深为倾服，当时就有了将他招揽至柏林大学的念头。能斯特不仅是一位卓有成就的科学家，还是一位善于经营、运作的活动家，同时在学界、政界、商界游刃有余。在科研之外，他曾发明一种电灯，赚过大钱。在他和普朗克联手操作下，他们为爱因斯坦量身定制了一个非同寻常的席位。

虽然爱因斯坦还年轻，但能斯特和普朗克保证他会立即被接收为普鲁士科学院成员，并能通过科学院领取一笔薪金。同时，爱因斯坦会被聘为柏林大学的教授和即将成立的理论物理研究所主任。在丰厚的工资之外，他们解释那会是一个不需要承担任何教学任务的教授席位、不需要经手任何行政管理的主任职务。这样，爱因斯坦可以全心全意、随心所欲地专注于自己的科研。这在当时的大学里是前所未有的特殊待遇，尤其是一个刚刚才过而立之年的后起之秀。为了促成这个席位，富裕的能斯特还自掏腰包捐了款。

这一切的确都投准了爱因斯坦所好。不到两年的教授生涯已经让他感觉教学的疲倦，正巴不得能摆脱这个负担。为了表现矜持，他让那两位大教授坐火车出游，自己好有点时间“慎重考虑”。他许诺会带上花在车站迎候他们归来：红花意味着他决定接受聘请，白花则表明他要留在苏黎世。当普朗克和能斯特回来时，他们非常高兴地看到站台上微笑着的爱因斯坦，手里举着一枝红玫瑰。[2]178-179

为了兑现诺言，普朗克、能斯特、鲁本斯和另一位柏林大学教授、也参加了索尔维会议的德国物理学会主席埃米尔·瓦尔堡（Emil Warburg）联手给普鲁士科学院写了一封提名信。他们一再强调爱因斯坦是一个不寻常的天才，因此需要、也值得非凡的待遇。在信中，他们热情洋溢地对爱因斯坦赞不绝口，指出“在日益丰富的现代物理中，几乎不存在一个爱因斯坦没有做出过显著贡献的领域。”

同时，他们也没忘了指出这个年轻人的不足之处：“有时候，他可能会在推测中迷失目标，比如他的光量子假说。但这并不能当作贬低他的根据。因为要在科学中引进真正的新思想，就不能不经常地冒一些风险。”[12,8]

1913 年，距离普朗克绝望之际引入量子概念已经过去了十二年，爱因斯坦提出光量子概念也有了八年之久。以他一己之力，爱因斯坦将量子概念从电磁波推广到原子振动、热力学，揭开了一个新的普适理论的序幕。但此时此刻，在这些权威人物的眼里，他的这些努力并不是革命性的创新，而只是一个可以被谅解的鲁莽。

那十来年里，爱因斯坦一直是量子理论的独行侠，一个不可理喻的施瓦本人。

1911 年索尔维会议的主题是“辐射与量子”，但与会者并没有花太多功夫谈论量子。金斯关于黑体辐射的报告居然完全没有提及新的量子理论故而让爱因斯坦深为失望。显然，普朗克对量子的理解还只局限于解决黑体辐射这一实际问题的手段。他和能斯特邀请的名单也表明了这一点。他们中仅有个别人没有参与过黑体辐射研究，而只因为他们在其他领域的贡献受邀。

虽然居里夫人因为诺贝尔奖引起了轰动，但她几乎没有参与会议的学术讨论。因为她所从事的放射性研究和发现的新元素与“辐射与量子”没有关系。同样地，来自英国、获得诺贝尔奖不久的欧内斯特·卢瑟福（Ernest Rutherford）也插不上嘴。没有人提及他半年前刚发表的相当新颖、奇异的原子模型。那也与量子沾不上边。

但至少卢瑟福自己觉得非常有收获。这是他第一次近距离接触量子理论。通过爱因斯坦的讲解，加上能斯特的推崇，卢瑟福体会到量子概念的重要。他回到曼彻斯特后就禁不住向一位碰巧来访的年轻人滔滔不绝地转述了在会上听到的一切。[16]71

那个小伙子来自丹麦，名叫玻尔。

第7章　卢瑟福的嬗变

当开尔文在20世纪到来之际描述以太和黑体辐射两朵乌云时，物理学的天空其实并不是那么晴朗，还有更多的乌云在聚集。在“辐射与量子”的索尔维会议上，物理学界的精英们只关心了黑体辐射。在他们视野之外，还有其他五花八门的辐射现象正引起另外的物理学家注意、疑惑。

在19世纪，“辐射”是一个相当广义的概念，泛指所有可以向外发出“东西”的现象。在常见的光和热的辐射之外，阴极射线也是一种辐射。在汤姆森确定那是电子束之前，那个肉眼看不见的射线只是以在屏幕上激发荧光、在照相底片上留下斑点显示其存在，是一种神秘未知的现象。这种魔术般的诡异一度是物理学家热衷向公众演示科学神奇的道具。

1895年年底，德国的威廉·伦琴（Wilhelm Rontgen）偶然注意到在阴极射线管附近但并不在射线路径上的底片也会被曝光，从而发现了还有另外的辐射存在。同样，他不知道那是什么，干脆就命名为“X射线”。当他在无意中把手伸进新射线的路径时，他惊愕地发现他的手没能完全挡住射线，底片上留下的是手掌内部骨头的图像。这种神秘的X射线具备透视功能。

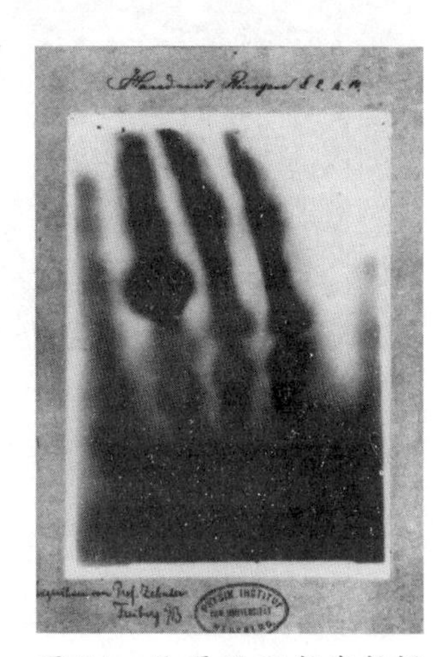

图7.1　伦琴用X射线拍摄的他妻子的手掌，照片上清晰地显示了骨骼和手指上的戒指

伦琴随即拍摄了一批他妻子的手掌照片（图7.1）。他在1896年元旦那天将这些“毛骨悚然”的照片分寄给各地的同事和媒体，造成巨大轰动。因为这个发现，他成为第一位诺贝尔物理学奖获得者。

这个意外的发现掀起了一场寻找、辨认射线的热潮。法国的亨利·贝克勒尔（Henri Becquerel）自然也想看看他所研究的铀矿石的辐射是否也是X射线。

无论是阴极射线还是各种矿石的荧光、磷光，它们都是在吸收了外来光或电的能量之后被激发而产生。贝克勒尔的铀便是吸收太阳光之后延迟释放的磷光——至少他当时这么认为。不巧，他准备好实验时赶上了巴黎持续的阴天，没有阳光可用。无奈，他还是冲洗了底片，却赫然发现没有经过阳光照射的矿石照样产生过辐射。[21]32-39,[17]41-42

对于物理学家来说，这个现象更为毛骨悚然：铀矿石似乎是在没有任何外因作用下，自作主张地发出了射线。

很快，居里夫妇验证了贝克勒尔的发现。他们还找到了更多能自发产生辐射的矿物。他们把这个新现象叫作“放射性”（radioactivity）。贝克勒尔和居里夫妇因之分享了1903年诺贝尔物理学奖。

矿石没有生命，不可能有自主的行为。开尔文觉得这过于荒诞，干脆置之不理，没有把放射性当作新世纪物理学悬而未决的乌云之一。

瑞利也收到了索尔维会议的邀请，但他没有与会。早在1884年，他在主持卡文迪什实验室五年后急流勇退，辞职专心于自己的兴趣，离开了物理领域。接任他这一职位的是汤姆森。在传统的英国，那是一个非常出乎意料的人选。尽管汤姆森被认作天才，但他那时毕竟才28岁，刚刚获得硕士学位。

图7.2　19世纪末卡文迪什实验室人员合影。前排左四是汤姆森。①后排左四是卢瑟福

年轻的汤姆森上任后大胆改革，扩大实验室规模并大力扶植年轻人（图7.2）。他打破常规，不再只招收剑桥毕业的学生。1895年，最早的两个“外人”进入实验室。其中之一是24岁、从新西兰远道而来的卢瑟福。

卢瑟福的父母都在英国出生。他们小时候随各自家庭在英国对新西兰的殖民开发热潮中移民。卢瑟福在新西兰的农庄出生、长大。他从小聪明好学，是家里十来个、附近上百个孩子中唯一考上大学的。毕业后，他还是在自家菜园刨挖土豆时收到获得英国留学奖学金的电报，当时就兴奋地对妈妈大喊：“这是我这辈子挖的最后一颗土豆。”

卢瑟福在大学期间就对赫兹发现的无线电波非常感兴趣，自己动手组装过器

---

① 前排左三是郎之万。

件。到卡文迪什实验室后他大展身手，很快制作出新型接收器将无线电的传播距离增加到几百米，使之进入实用领域。家境贫寒的卢瑟福满怀信心，要以这个有着非凡价值的新技术改变自己的命运。

导师汤姆森却在此时借用圣经语句谆谆教诲：作为科学家，你不能同时侍奉上帝和玛门（Mammon）①。在他的感召下，卢瑟福选择了上帝和科学，放弃无线电技术。不久，意大利的富家子弟古列尔莫·马可尼（Guglielmo Marconi）后来居上，成为“无线电之父”。马可尼不仅发了财，还获得 1909 年诺贝尔物理学奖。

汤姆森其实早就注意到阴极射线管有时会造成邻近的荧光屏闪亮。他没有去探究，错失了发现 X 射线的机会。这时他更加努力地研究阴极射线。卢瑟福协助汤姆森逐步排除阴极射线是“德国人”以为的电磁波的可能性，最终确定它们是电子。汤姆森因而获得 1906 年诺贝尔物理学奖。

在那之后，卢瑟福开始了自己的独立科研，探究贝克勒尔和居里夫妇发现的放射性。他做了系统的试验，在射线路径上放置不同厚度的障碍，观察射线的穿透能力。这样，他很快辨别出矿石的辐射既不是伦琴的 X 射线，也不是阴极射线的电子，而是含有两种不同的未知射线。英文的 X 已经被用过了。他按照希腊字母表将它们分别命名为阿尔法（α）射线和贝塔（β）射线。前者很容易被障碍物吸收，后者则穿透能力强得多。后来，又一种不同的射线被发现，便被称为伽马（γ）射线。

这时，他已经在卡文迪什实验室工作了三年。虽然对大学毕业生来说这并不长，但他出色的成绩已经足以让汤姆森推荐他获得加拿大麦吉尔大学的教授职位。这个远在天边的席位终于让他摆脱了贫穷困境，得以回家迎娶一直在等待他的大学时代房东的女儿。他们结婚后携手奔赴他人生的第三个大陆。[17]36-42;[18]

19 世纪末的加拿大是一个科学的蛮荒之地。蒙特利尔市附近的香烟企业为提升当地的名望捐款在麦吉尔大学设立了新的教授席位。卢瑟福上任后以汤姆森为榜样建立实验室，召集起一拨年轻人开了张。

他很快发现了一种新的放射性元素：钍。他的注意力也随之从射线本身转向发生辐射的矿物，指导也是来自英国的学生弗里德里克·索迪（Frederick Soddy）分析钍辐射后的遗留物。化学专业的索迪发现那遗留物的化学性质与钍几乎相反，是完全不同的物质。

---

① 代表财富和贪婪的假神。

于是，他们一起提出放射性的机制：不稳定的原子会破碎，其中小部分碎片通过射线被释放，剩余部分则变成不同的、更稳定的原子。在这个过程中，一种元素转变成了另一种元素，即发生了“嬗变”（transmutation）。

当贝克勒尔和居里夫妇最早观察到放射性现象时，他们曾对这个不需要外界激发而能够持续释放能量的现象大惑不解，甚至幻想过人类终于找到了取之不尽的新能源。这也是开尔文等人的疑虑：这个过程违反能量守恒定律，绝不可能。卢瑟福发现的嬗变过程至少部分地解决了这一疑难：放射性的能量并非无中生有，更不会用之不竭。与其他普通燃料相似，其能量来自不稳定原子的消耗。随着放射性的进行，原有的不稳定原子会越来越少，最终会耗尽。

果然，在和索迪一起埋头苦干，测量、收集了大量的放射性数据之后，卢瑟福总结出一个规律：无论是什么放射性物质，其辐射量都会随时间呈指数递减，表明矿物中“燃料”在消耗。每过一定时间，辐射量都会减少到原来的一半。这个特征时间叫作“半衰期”（half-life）。半衰期很短的矿石很快就会耗尽燃料；半衰期长的材料则能长时间保持辐射。[17]42-44

但原子嬗变本身又是一个惊人的新观点。

1906 年 9 月 5 日，匈牙利维也纳大学的玻尔兹曼在合家度假时趁妻子女儿在海水里游泳之际上吊自尽。那是他过去的同事德鲁德自杀的两个月后。

年轻的德鲁德在事业巅峰时突然自杀非常出乎意料。玻尔兹曼选择这个结局却不那么意外，他亲近的同事、朋友一直都在担心会有这么一天。年届花甲的玻尔兹曼在世纪之交时身体健康每况愈下，心理压力更是难以承受。在他辉煌的科学生涯渐入尾声之际，他越来越担忧自己的毕生努力只是白忙了一场，毫无价值。

当然，玻尔兹曼的统计力学那时已经炉火纯青，成为经典物理学不可或缺的一部分。即使最初有所保留的普朗克也接受了这个理论。但让玻尔兹曼纠结不已的是原子的存在还无法被直接证实。那正是统计力学的基础。假如日常的固体、液体、气体不是由分立的原子组成，统计力学就只是无的放矢：如果没有巨大数目的随机个体存在，统计便无从谈起。

原子是否存在，是物理、化学界旷日持久的争议。尽管他在辩论中屡占上风，但玻尔兹曼对同行持续的抵触依然相当纠结。尤其无法忍受的是同在维也纳大学的著名物理学家、哲学家恩斯特·马赫（Ernst Mach）。主张“逻辑实证”（logical positivism）的马赫顽固地坚持原子不可能存在，因为我们无法观察到它们。他们的争执让玻尔兹曼身心俱疲，曾经一度离开维也纳大学，直到马赫退休后才回来。但他的心结依旧，无法解脱。[19]38-39;[20]21-22

原子其实是一个非常古老的概念。早在古希腊，哲人们设想原子是物质的最基本单位。这个思想在 19 世纪由化学家——尤其是英国的约翰 · 道尔顿（John Dalton）——赋予了科学的内涵：原子是化学元素的最小组成，恒定不变。相同或不同的原子可以组成各种各样的分子，并在一定条件下会重新组合，那便是化学反应。在那之后，原子作为基本概念，在化学家中已经没有疑问。

物理学家却没有接受。他们倒不尽是出自马赫式的实证考量，而是对这个“化学家的原子”没有感觉：既无法确定其存在，也无从了解其物理性质。

还是爱因斯坦出手打破了这个僵局。1905 年，爱因斯坦在那个奇迹年发表的第二篇论文解释了布朗运动。他指出生物学家早就观察到的花粉在液体中的随机运动来自水分子或其他原子与花粉的碰撞，因而表明液体中原子、分子的存在。再次运用统计理论，他计算出花粉运动的距离与时间的关系，提出一个可以实际验证的结论。

三年后，法国的吉恩 · 佩兰（Jean Perrin）付诸实践，仔细地测量了花粉的布朗运动，证实爱因斯坦的预测。这是爱因斯坦发表的一连串理论预测中第一个被证实的。佩兰后来因此获得诺贝尔物理学奖，也参加了 1911 年的索尔维会议。在那之后，肉眼看不见的原子的存在得到广泛接受，不再存疑。玻尔兹曼却已经离世两年，没有能看到那一天。[21]28-29

1911 年初，爱因斯坦借去维也纳布拉格大学办理手续时拜访了马赫。马赫的逻辑实证哲学——以及他对牛顿绝对时空观念的批判——是爱因斯坦大学期间的“奥林匹亚科学院”经常辩论的主题，对他后来发展狭义相对论有着显著的影响。马赫那时已经 73 岁高龄，几乎完全失聪。他们没能深度交谈。爱因斯坦指出假设气体由原子组成能得出与实验相符的结论，而离开原子的概念却不可能，这是否足够证明原子的存在。马赫很勉强地同意那是一个可以接受的假设。[2]164

汤姆森相信原子的存在。在发现了只有原子 1/1000 大小的电子后，他肯定电子是原子的一部分。因为电子带着负电荷，他设想原子的其他部分带有正电，与之抵消。这样，他在开尔文的启发下想象原子是一块英国人熟悉的叫作“布丁”（pudding）的甜点：某种带正电的未知物质是连绵的奶冻，中间镶嵌着一些小小的葡萄干便是电子。这是第一个原子的物理模型。

汤姆森的阴极射线、莱纳德的光电效应等现象都表明电子在外力作用下可以从原子中逃逸出来，就像葡萄干被从奶冻中剥落。所以原子并不像希腊先哲以及现代化学家所认为的那么坚固、恒定。但卢瑟福提出的一种原子整个地变成另一种原子的嬗变却还是令人不可思议。

人类在上千年中一直在寻找“点石成金”的可能，即将一种廉价的元素转换成更为值钱的另一种元素。牛顿也曾痴迷于炼金术。但所有的这类尝试都失败了。整个 19 世纪的化学实验表明，作为元素的表征，原子有着固定的特质，不会变更。因此，卢瑟福和索迪的嬗变也被普遍指责为炼金术，属于伪科学。但好在他们有坚实的实验证据作为后盾，能证明原子的嬗变的确在发生。

尽管在加拿大的科研风生水起，成就斐然，卢瑟福还是感觉到当地的孤立和闭塞。十多年后，他终于在 1907 年回到英国，成为曼彻斯特大学的教授。那正是一百年前道尔顿曾经孜孜不倦地埋头实验、奠定原子论的城市。

一年后，卢瑟福获知他得了诺贝尔奖。这本身并没有多大悬念，令他惊愕不已的是他得到的却是诺贝尔化学奖。与许多物理学家一样，卢瑟福认为当时只有物理才是真正的科学。其他学科，包括化学、生物等，都还只是在“集邮”。这时他不禁啼笑皆非，感叹这些年观察到多种嬗变，发生得最快的莫过于自己从物理学家被嬗变为化学家。[16]76-77

那年，瑞典化学家、他们第一个“自己的”诺贝尔奖获得者斯万特·阿伦尼乌斯（Svante Arrhenius）主持物理和化学奖的审批。他别出心裁，要炮制一个“原子年”主题，准备将那年的物理学奖授予普朗克①、化学奖授予卢瑟福。卢瑟福的提名一帆风顺，普朗克却非常不走运。在最后关头，洛伦兹碰巧发表了一篇质疑普朗克推导黑体辐射过程的论文。虽然他只是重炒爱因斯坦的冷饭，并无新意，但他的名声足以让瑞典的诺贝尔奖委员会成员们犹豫不决。他们临时把普朗克撤下，将那年的诺贝尔物理学奖授予发明彩色摄影的法国人加布里埃尔·里普曼（Gabriel Lippmann）②，一个不重要但保险的人选。[5]111-121

普朗克还要再等上整整十年才能得到他的奖。倒是维恩以黑体辐射的贡献在三年后先得了奖。

卢瑟福在关注放射性材料嬗变的同时也没忘了那些射线本身。他辨识出 β 射

① 普朗克的黑体辐射定律可以用来精确地测量阿伏伽德罗常量，从而确定原子的质量。
② 里普曼和普朗克都曾经是基尔霍夫的学生。

线是与阴极射线一样的电子束，只是能量更高。而后来发现的γ射线则和伦琴发现的X射线都是与可见光、紫外光一样的电磁波，只不过频率更高一筹。带正电的α射线很让他踌躇。他很早就猜想到那是由失去了电子的氦原子组成的粒子束，但一直苦于无法验证。直到在曼彻斯特，他终于设计出一个精巧、简单的实验一举成功。他的时机倒也正好，就在诺贝尔颁奖仪式上公开了这个重大发现。①[17]42-44

卢瑟福对这个α射线情有独钟。相比于高能的β、γ射线，α射线没有太大的穿透力。但它的质量大得多，可以作为现成的高速原子束去与其他原子碰撞，探测原子之间的相互作用。于是，他带着几个学生在曼彻斯特又开始了繁复、系统的实验，用α射线穿透金箔，在各个角度上计数，收集α粒子被金原子散射的数据（图 7.3）。他的学生汉斯·盖革（Hans Geiger）为此发明了著名的“盖革计数器”（Geiger counter），直到今天依然是探测放射性的首选仪器。

图 7.3　1908 年，卢瑟福（右）和盖革在曼彻斯特大学的实验室里

由于金箔非常薄，绝大多数的α粒子直线穿透，似乎毫无障碍。它们中只有少数被散射而偏离原来的方向。散射的角度越大，那里出现的α粒子就越少。

一天，卢瑟福灵机一动，指示学生重新安排仪器的布局，看看会不会有往反方向弹回来的α粒子。他们都不相信会有这样的可能，但卢瑟福追求的是严谨。调整了观测的方向后，他们一下子却都目瞪口呆。还真有非常少量的α粒子被金箔反弹了回来。

卢瑟福也是同样地震惊：这就像用几十厘米口径的大炮轰击一张手纸，却看到有炮弹被反弹回来击中了自己。带有小小葡萄干的奶冻不可能有这样的威力。[17]47-49

显然，金箔中的原子不是他导师汤姆森心目中的布丁。

---

① 氦元素最早是通过光谱在太阳上发现的，后来在地球的铀矿石中找到。那便是来自铀放射出的α射线。

第8章 卢瑟福的原子

1905年2月，当瑞士专利局里的爱因斯坦开始陆续寄出他那几篇划时代的论文时，19岁的玻尔还是哥本哈根大学二年级学生。他参加了一次全国性竞赛，赢得金奖。

丹麦也是一个偏僻所在，全国只有一所正规的大学。玻尔的父亲是学校里很有名气的生理学教授，曾两次获得诺贝尔生理学或医学奖的提名。玻尔的母亲则是大家闺秀，她父亲是当地显赫的银行家、政客。玻尔因而出生于丹麦最富裕阶层，从小在仆人、保姆簇拥的环境中长大。他也频繁受到父亲众多知识界朋友的思想影响。[16]67-68,[17]54-56

丹麦科学院每年组织一次大学生竞赛。那年的物理考题是根据瑞利早年的一个设想测量液体的表面张力。玻尔得天独厚，利用父亲实验室的条件设计、进行了实验，赢得金质奖章。他所作的论文颇有价值，在英国的学术杂志上正式发表。

这个经历让他喜欢上了物理，毕业后继续在学校里唯一的物理教授指导下攻读硕士、博士学位。博士学位答辩时，他又创了一个费时最短的纪录。因为连他的导师都不得不承认整个丹麦还没有人——包括导师自己——懂得玻尔的课题。

出于地理渊源，丹麦的优秀学子传统上会去德国留学镀金。玻尔的父亲当年在莱比锡大学获得学位。他弟弟也去了哥廷根大学。玻尔博士毕业时，他父亲不幸英年早逝，但已经帮助他获得了一项由嘉士伯啤酒公司——丹麦绝无仅有的国际级骄傲——提供的奖学金，可以出国游学一年。[16]69-70,[17]62-64

玻尔选择的却是英国的剑桥。那里曾经有过牛顿和麦克斯韦，是物理学的圣地。那里还有他崇拜的汤姆森，现代电子理论的泰斗。

1911年9月，26岁的玻尔走进了已经大名鼎鼎的卡文迪什实验室。

他那篇在丹麦没人能懂的博士论文研究的是金属中的电子，分析了汤姆森、德鲁德、洛伦兹等人的理论及缺陷。甫一抵达，他便抱着特意找人翻译成英文的论文去拜访汤姆森，用结结巴巴的英语介绍自己的成果。他还特意指着其中一页说:“这里我发现了你的一个错误。”

汤姆森那时55岁，不再年轻。他对这个外来小青年的唐突不以为忤，客气地收下了论文，许诺会抽时间阅读。

慕名而来的玻尔不知道汤姆森已经“移情别恋”。除了继续发展他的原子模型，汤姆森的注意力早从阴极射线的电子转向阳极射线——阴极射线管中反方向射出的带正电的离子。玻尔也被安排做这方面的实验，但他兴致索然，还是用更多的时间琢磨他的电子理论。

时间在很快地流逝。玻尔刚到时的兴奋没有能延续多久。他注意到自己那篇论文在汤姆森堆满文件的桌子上积累灰尘，没有被翻动过。他也发现汤姆森整天忙于事务而无暇科研。卡文迪什实验室也同样地弥漫着英国绅士般的老气横秋。

玻尔的父亲虽然是德国大学出身，却对英国的文化一往情深，在剑桥很有一些学生、朋友。他们热情地接待了这个故友的孩子，让年轻的玻尔宾至如归。他在那里社交生活颇为丰富，还参加了当地的足球队。他同时也热衷于旁听汤姆森、金斯等人的物理课程，广泛阅读物理文献和英国文学著作。让他最为烦恼的还是他的英文太差，更因为言语木讷的性格，他很难与人交流，尤其是他所尊敬的汤姆森。

11 月初的一天，玻尔前往曼彻斯特大学拜访一位曾经是他父亲学生的生理学教授。刚刚从索尔维会议回来的卢瑟福恰好过来串门。卢瑟福与这个不期而遇的小伙子一见如故，以他特有的大嗓门竹筒倒豆子般地介绍了他在会议上听到的新鲜、神奇的量子理论。

年底，卢瑟福作为老校友又回到卡文迪什实验室，在晚宴上与年轻人打成一片。正处于事业巅峰的卢瑟福朝气蓬勃神采飞扬，在玻尔的眼里与稳重、内敛的汤姆森完全相反。很快，玻尔取得卢瑟福和汤姆森的同意，几个月后离开卡文迪什，转往曼彻斯特学习更新潮的放射性。[16]70-71,230;[22]

曼彻斯特是随着工业革命崛起的蓝领重镇。那里为数不多的知识界人士时常聚会交流科学问题。在卢瑟福去索尔维会议半年前的一次大会上，一个商人绘声绘色地回顾他如何在进口的香蕉包装中发现了蛇的一个新品种，得意扬扬地让听众传看了那条蛇。接下来发言的是卢瑟福。他没有什么可以展示，只能形象地描述：原子不是一个均匀的布丁，而是空空荡荡，中间有一个极小极小的核，“就像这么个大讲堂中间的一只苍蝇”。[17]50

通过 α 粒子的散射，卢瑟福和他的助手、学生们正在逐步认识原子的可能结构。他推断原子之中必须有一个带正电而且质量高度集中的核，才会有足够的排斥力和动量将粒子反弹回来。所以，与汤姆森的布丁相反，他提出原子是由一个“原子核”和它外面的电子组成。原子核与电子之间像演讲大厅一样空空如也，因此绝大多数 α 粒子可以通行无阻。少量的粒子因为接近原子核会被散射而偏离方向。极少数的倒霉蛋可能迎头撞上原子核被原路弹回（图 8.1）。

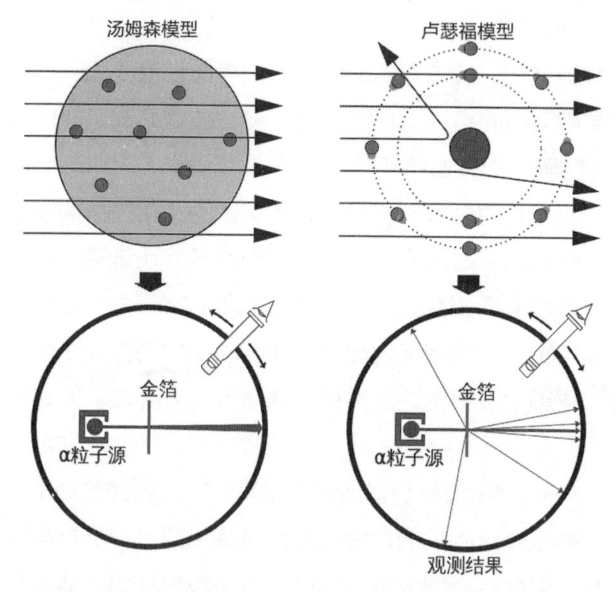

图 8.1　汤姆森和卢瑟福的原子模型在 α 粒子散射实验中的示意图。左框为汤姆森模型，所有粒子直线穿透金箔中的原子。右框为卢瑟福模型，少数粒子会遭遇原子核的大角度散射【图来自 Wikimedia：Kurzon】

这个新的原子模型相当争气。卢瑟福据此计算出的散射结果与盖革和其他学生测量的数据完全一致。原子核的存在因而可以确定无疑。

令他头疼的却是原子核之外的电子。汤姆森的布丁将电子镶嵌在均匀分布的正电荷中间，彼此受力可以达到平衡。卢瑟福把带负电的电子与带正电的原子核分开了，它们之间的吸引力会立刻让它们加速靠近而合并。当然，物理学家早就熟悉这个问题：太阳与行星之间存在万有引力，但行星可以通过围绕太阳公转而形成稳定的平衡态。电荷作用力与万有引力有着相同的数学形式，因此电子也可以有同样的轨道运动。早在卢瑟福提出原子核概念之前，就有人设想过一个类似土星环形状的原子模型。[17]50-51;[22]

然而，电磁相互作用却有着特殊的麻烦。如果电子在运动，就会按照麦克斯韦的理论发射电磁波而消耗能量。这样，电子的速度会越来越慢，轨道半径越来越小，很快会坠入原子核而不复存在。①

于是，电子无论是静止还是运动，卢瑟福都无法自圆其说。他的新原子模型不稳定，从而不可能在现实中存在，也就无法被物理学界接受。在随后的索尔维会议上，没有人提及他的这个模型。

玻尔直到 1912 年 4 月才离开卡文迪什实验室搬到曼彻斯特。他那一年的奖学金只剩下了四个月。虽然急于出成果，但他在新实验室的生活也没有太多改变。白天，他上着一门盖革教授的放射性测量基础课。晚上，他依然兢兢业业地琢磨他的金属电子理论问题。不过，受新环境的影响，他的注意力逐渐转向了放射性和原子问题。

卢瑟福"接收"玻尔的决定很令他身边的人不解。他不仅轻视物理学之外的所有科学，还尤其看不上理论物理学家。而玻尔显然更倾向于理论研究。但卢瑟福依然对他另眼相看："玻尔不一样，他是踢足球的。"②[16]83

玻尔的"不一样"很快就有了表现。他了解到卢瑟福、索迪等已经发现了多种多样的放射性元素，却很难合适地分门归类。因为它们互相之间非常相似，无法用化学方法分离。

道尔顿提出原子论时，区分不同原子的物理性质只有一个：原子量，也就是原子的质量。俄国的德米特里·门捷列夫（Dmitri Mendeleev）后来发现元素的化学性质有一定的规律，制作出元素周期表。表中的元素也是以原子量的大小排列，原子量不同的原子属于不同的元素。

玻尔在分析了新的数据后提出那些无法分离的其实是同一种元素，只是原子量不同。他认为元素的辨别不是原子量，而是其电子的数目。③ 他兴冲冲地找卢瑟福报告，认为这是一个可以证明他那个原子模型的证据。卢瑟福却没有附和，

① 其实，公转着的行星也同样会因为发射引力波而失去轨道稳定性，但那时引力波概念尚未出现。当然，引力波极其微弱，可以忽略不计。参阅《捕捉引力波背后的故事》第 6 章。

② 大学期间，玻尔和他弟弟都是当地有名的足球明星。玻尔是守门员。他后来成为数学家的弟弟是前锋，曾作为国家队员代表丹麦在 1908 年奥运会上赢得银牌。40 年后，玻尔以卢瑟福命名的小儿子作为曲棍球员也代表丹麦参加了奥运会。

③ 或相应地，原子核所带正电荷的数量。

告诫年轻的玻尔要谨慎，不能随意以不充足的实验数据做出结论。①

玻尔起初颇为自信。但在碰了几次壁后，不善言辞的他害怕惹恼了卢瑟福只好放弃了。

一年后，索迪独立地提出了同样的思想。因为不同原子量的原子可以属于同一个元素，在周期表中占据同一个位置，这个新概念叫作“同位素”（isotope）。周期表中的元素则改为由电子数目——“原子序数”——排列②。改写了元素周期表的索迪后来以此赢得诺贝尔化学奖。

玻尔没有气馁，对卢瑟福反而更为敬重。[17]67-69,[16]84-89

卢瑟福的实验室里还有一位专攻理论的年轻人。他比玻尔小两岁，有着一个显赫的大名：查尔斯·高尔顿·达尔文（Charles Galton Darwin）。他是进化论鼻祖、“真正的”查尔斯·达尔文（Charles Darwin）的孙子，那时正在研究 α 粒子实验的另一面。

卢瑟福自己最关注的是那些被原子核散射、弹回的极少数粒子。他只需要考虑粒子与原子核的相互作用，原子核之外的电子可以忽略不计。达尔文则相反。他关心那些绝大多数没有被散射、直线穿透金箔的粒子。它们穿越了原子中间的虚空，但不可避免地会受到外围电子的影响。他希望能通过这些粒子的能量损失来探测那些电子的分布。因为它们的路径离原子核比较远，这时倒可以忽略原子核的作用。

玻尔看到论文后立即就意识到达尔文的方法有漏洞。他向卢瑟福提出可以做一个更全面的研究，同时兼顾原子核和电子的作用，一并计算它们对 α 粒子的总体效应。他觉得这个问题不复杂，几天工夫就能完成。卢瑟福这次十分鼓励，特准玻尔不用去实验室上班，专心在家做计算。

正是在这个时候玻尔才发现卢瑟福的新原子模型之根本不可能：他没法设计出一个稳定的原子核与电子和平共处的结构，也就无从计算它们共同对 α 粒子的作用。这显然不是一个几天之内能解决的问题。而他留学的时间也到期了。[16]89-90

1912 年 8 月 1 日，玻尔在哥本哈根市政厅与等了他一年的女友玛格丽特·诺

---

① 毕竟，原子中的电子数目在那时还没有定论。汤姆森最初曾设想原子的质量来自电子，因此每一个原子都会有几千个电子。卢瑟福的散射实验否定了这个推测，后来才逐渐确定原子的电子数目大致是原子量的一半。那时还没有质子、中子的概念。

② 最早提出原子序数概念的其实是一个业余物理爱好者，荷兰的律师安东尼乌斯·范登布罗克（Antonius van den Broek）。

伦德（Margrethe Norlund）登记成婚。他们只花了两分钟就完成了手续。玻尔这时已经摒弃宗教退出了教会，也就没有举办传统的教堂婚礼。

他们原定去挪威度蜜月。但玻尔临时变卦，拽着新娘子去了曼彻斯特（图 8.2）。在那里，他花了两个星期终于与卢瑟福一起完成 α 粒子吸收、散射论文的定稿。玻尔对这篇论文并不满意：那只是对达尔文工作的一点改进。在论文最后，他预告很快会另外发表专门探讨原子结构的新论文。在给卢瑟福留下一篇简短的笔记之后，他才与新婚妻子去苏格兰欢度剩下的两星期蜜月。

图 8.2　在曼彻斯特的玻尔夫妇

回到丹麦的玻尔虽然没有像爱因斯坦当年那样在职场处处碰壁，但他的处境其实也强不了多少。那里的学术职务稀少，没有空缺。他只能在小学院里代课教授初级课程。在与卢瑟福的通信中，他不时抱怨没有时间继续研究原子结构，为不断的拖延道歉。[16]94-95

在离开曼彻斯特之前，玻尔在原子结构上的确已经有了新的想法。在用太阳系作为原子的类比时，他注意到一个不那么明显的区别：原子有着一定的大小。

太阳系——或任何类似天体系统——中各个行星的轨道位置是偶然形成的，来自最初的星体物质分布。在太阳的引力场中，行星、彗星的轨道可大可小。整个太阳系也就不存在预先设定的大小。

当卢瑟福确定原子核的大小只是大会堂中一只苍蝇那么微不足道时，原子的大小只能由外围电子的轨道半径决定。然而，与万有引力类似，电荷作用只涉及质量和电荷两个参数，它们无论如何组合不出一个长度单位。于是，电子与行星一样，轨道可以是任意的大小。如果现实中的原子有确定的尺寸，那必然来自电磁理论之外的物理规律。

这不是玻尔第一次发现经典理论的不完备。早在他那篇没人读过的博士论文中，他就曾提到传统的电子理论无法完全解释金属的导电、导热及磁性现象。但这时，他对新物理规律的来源已经有了更明确的认识。卢瑟福转述的索尔维会议见闻给他留下过深刻的印象：当经典理论走投无路时，只能打破旧的桎梏，像普朗克、爱因斯坦那样引进全新的规则——哪怕这新规则多么不可思议。

普朗克引进的新规则是能量子的能量与频率成正比，二者之间的系数已经被称为“普朗克常数”。当玻尔把这个常数与原有的质量、电荷一起组合时，发现果然能够凑出一个长度单位。而且，这个长度与已知的原子大小非常接近。他非常兴奋：电子的轨道大小不随意，是由新的量子规律决定①。[23]

也是在这时，玻尔突然在文献中发现已经有一篇用同样的办法设计电子轨道的论文，作者是他认识的约翰·尼科尔森（John Nicholson）。并且，尼科尔森还更进了一步，将电子轨道运动的角动量与普朗克常数联系，认为只有角动量是普朗克常数整数倍的极少数轨道才是可行的②。他把这个模型套用在天文观测中发现的日冕光谱上，似乎挺合拍。

尼科尔森是玻尔在卡文迪什实验室见到的众多年轻人之一。他比玻尔只大四岁，这时已经成为伦敦国王学院的数学教授。尼科尔森也是在研究了索尔维会议的纪要之后提出了将电子轨道“量子化”的建议。他的论文发表在英国天文学会的月刊上，在物理学界没人注意，半年之后才被玻尔发现。玻尔大为惊愕。他印象中的尼科尔森的学术能力不堪恭维，没想到会突然有此一举。好在除了电子轨道这个要点，那篇论文的出发点和逻辑都相当混乱，并没有可取之处。玻尔暗自庆幸他还没有失去机会，正好可以从中去粗取精，继续构造自己更合理的原子模型。[16]97-98,[17]72,[22]

尼科尔森的论文还给了玻尔另一个启示。能探究原子内部结构的方法不只是α粒子散射，还有现成的光谱数据。后者其实更为重要。

---

① 他所用的这个以物理量的单位发现物理性质的方法叫作“量纲分析”（dimensional analysis）。

② 严格来说，是普朗克常数除以两倍圆周率的整数。

第 9 章 玻尔的原子

基尔霍夫在 19 世纪时已经明白他那个完全由温度决定、普适的黑体辐射只适用于固态、液态或密度非常高的气态物体。如果将同样的材料磨制成稀疏的微粒在火焰中燃烧，它们产生的辐射会迥然不同。

他在海德堡大学的同伴、化学家罗伯特·本生（Robert Bunsen）为此发明了“本生灯”（Bunsen burner）。他们在火焰中观察到的光谱不再是每个频率上都有一定光强的连续分布，而是一片黑暗：基本上所有频率上都没有光亮，只在某几个特定频率上存在纤细、明亮的谱线。这些谱线所在的频率随不同元素而异，但每种元素都有着自己的特征频率，犹如人的指纹。

在那之前，德国的玻璃工匠约瑟夫·冯·弗劳恩霍夫（Joseph von Fraunhofer）已经发现棱镜分离出的太阳光谱中有一些细微、频率位置固定的暗线。基尔霍夫发觉那些暗线与他和本生发现的亮线一一对应：它们是同一个指纹的明暗两面。他意识到这是因为元素不仅会发出特定频率的光，也会吸收同样频率的光。

光谱分析立即成为化学家最有力的工具之一，可以非常方便地辨认物质的内在成分。天文学家也紧跟而上，用光谱探测可望而不可即的太阳、恒星的元素组成和它们的运动速度。①

物理学家却还是摸不着头脑。无论物体处于什么状态，其内部的运动都会有着不同的速度、频率，因此所发射、吸收的电磁波应该有着黑体辐射那样的连续光谱。无法想象它们会对某些特定的频率情有独钟，只发射、吸收那些频率的电磁波而对其他频率视而不见。

在 19 世纪末，连续的黑体辐射由于与工业生产息息相关成为德国物理学的一大热门，最终导致普朗克发明能量子的绝望之举。相应的分立光谱却因为无从解读，几乎没人提及。这也是另一朵被开尔文忽视的乌云。

与当时的年轻物理学家一样，玻尔对元素分立的光谱只有泛泛的了解，从来没有细究过。尼科尔森也是从天文观测出发研究这一问题。那篇论文给玻尔带来

① 参阅《宇宙史话》第 4 章。

新的启示，让他意识到分立光谱与黑体辐射的截然不同：它不是源于宏观物体中的热运动，而是直接来自微观的原子本身，与原子的内部结构息息相关。

玻尔于是沿着尼科尔森已有的思路构造出一个全新的原子模型。他的着眼点是最简单的氢原子。

氢在元素周期表中排第一位，那时已经由卢瑟福的实验证实它的原子序数是1，即只有一个电子。相应地，氢原子核[①]带有一个正电荷。按照卢瑟福的想象，电子在正负电荷的相互吸引中绕着原子核公转。

作为最简单的模型，玻尔假设电子的轨道是标准的圆形。这样的轨道只需要一个参数：半径。一旦给定半径，就可以简单地计算出电子的能量、角动量等物理参数。当然，半径可大可小，这样的电子轨道有无穷多个。

玻尔采用了尼科尔森的主意，只选取电子的角动量恰好是普朗克常数整数倍的那些轨道作为"允许"的轨道，其他所有轨道都被"禁止"。这样，电子只能在那极少数轨道上运行，别无选择。

同时，他规定在这些轨道上运动的电子不得发生任何电磁辐射，也就不会有能量损失，可以稳定、永久地运行。这样，卢瑟福原子的不稳定性便被一笔勾销，不复存在。

正在他忙着如此这般时，一位大学同学从哥廷根大学留学回来。听了玻尔的一番描述，那位研究光谱学的同学好奇地问道："你这样能解释氢原子光谱的巴尔默系列吗？"

玻尔压根不知道巴尔默系列是什么。

约翰·巴尔默（Johann Balmer）是19世纪中叶瑞士一所女子中学的普通老师，本不会为人所知。但他酷爱琢磨各种与数字有关的规律。一个同事见他闲着无聊，鼓动他去寻找氢原子光谱线的规律。那时，物理学家已经辨认出氢原子的四条谱线，并相当精确地测量出它们的波长。那四个波长的数值看起来彼此毫无关联，相当随机。年届花甲的巴尔默仔细推敲，居然找出一个数学公式将四个数字联系了起来。

当然，用一个相当复杂的公式凑出四个数据点不是难事。但巴尔默依据他的公式推断氢原子另外还有一条谱线。他当时不知道那条谱线已经被找到，完全符

---

① 即质子，但那时还没有质子的概念。

合他预测的数值。氢原子的那五条谱线因此一并被命名为巴尔默系列。

不仅如此，巴尔默还指出这不是氢原子唯一的谱线系列，另外还会有两个系列存在。但因为那些系列不在可见光波段，分别属于紫外线、红外线，它们直到 20 世纪初——巴尔默去世很久之后——才被陆续发现、证实。

后来，物理学家里约翰内斯·里德伯（Johannes Rydberg）将巴尔默的公式改写成另一形式，将原来所用的波长改作其倒数频率。这样，巴尔默的公式看起来稍微简单一点：每条谱线的频率可以表示为一个常数乘以两个整数平方的倒数之差。[5]101-102

这依然是一个很奇怪的公式。那个叫作“里德伯常数”的数值完全没有来源。而那“两个整数平方的倒数之差”更是莫名其妙。这个公式为什么能够精确地给出氢原子的光谱线，依然是不解之谜。

经过老同学的提醒，玻尔一看到这个里德伯公式立即恍然大悟。

在他的新模型中，被允许的轨道如同一个梯子的一系列横档。与爬梯子的人一样，电子只能处在某一个横档上，不能悬浮于两个横档之间的虚空。当电子处于某个轨道上时，它的角动量是普朗克常数的整数倍，能量则与那个整数的平方成反比。

于是，“两个整数平方的倒数之差”正好相应于两个轨道之间的能量差别。按照普朗克的能量子关系，这个能量差可以换算成电磁波的频率。他立即做了推算，果然发现他的模型推导出了那个谁都不知道来历的里德伯常数：它是一个由电子质量、电荷、光速等已知物理参数加上普朗克常数的一个奇妙组合。

这样，玻尔又发现了一条新规则：电子可以在被允许的轨道之间“跳跃”，就像人上下梯子时改换所踩的横档。当电子从能量高的轨道跳到能量低的轨道时，会将剩余的能量以普朗克能量子的形式释放成电磁波。反之，从低能量轨道跳到高能量轨道时，电子会相应地吸收一个同样频率的能量子。

这个过程因此满足能量的守恒，也直截了当地解释了基尔霍夫、本生的明亮谱线和弗劳恩霍夫的暗谱线。

只是，玻尔这时也几乎彻底地背叛了麦克斯韦的电磁理论。他的原子模型基于一连串没有根据的新规则：电子在允许的轨道上运动时不会产生辐射；它们永远不能踏足这些轨道之外的空间；它们却又能够在不同轨道之间跳跃，跳跃时会发射或吸收一定频率的电磁波（图 9.1）。

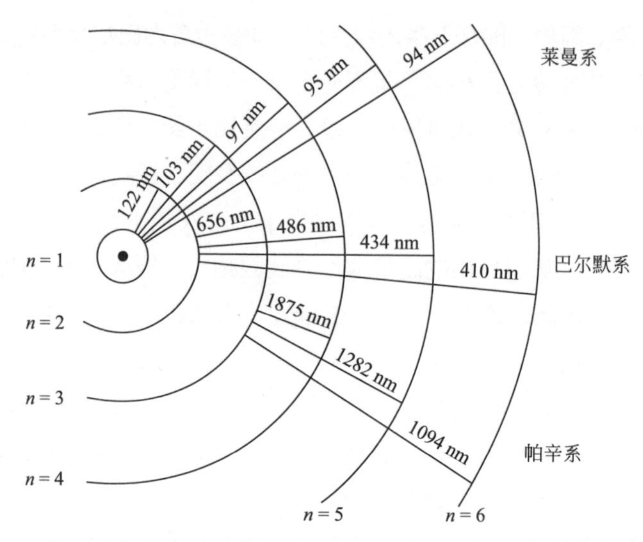

图 9.1 玻尔的氢原子模型示意图。圆点是原子核，同心圆是由整数标度的允许轨道，它们之间的能量差形成不同的辐射光谱系列（中间为巴尔默系列），数字是各谱线的波长

玻尔清楚他没法解释这一切，尤其是电子在不同轨道之间的跳跃。因为物理学中没有任何理论能描述这样的跳跃，他只好强调那是某种一蹴而就的瞬时变异，即“量子跃迁”。除了发射或吸收了电磁波，这个量子的跃迁没有任何可描述的中间过程。

1913 年 3 月初，玻尔将论文稿寄给曼彻斯特的卢瑟福，请求他推荐发表。那时英国的学术刊物规定小字辈的论文必须由老资格教授转交才能发表，也属于一种专家审稿。

卢瑟福很快回了信。他对玻尔的这个新原子模型很感兴趣，但实在搞不懂其中的物理机制。他问道，电子处在高能量的轨道上时，下面有几个低能量的轨道，它如何决定往哪个轨道跳？在跳出去那一瞬间，它知道应该在哪里停下吗？

玻尔当然不可能回答这样的问题。卢瑟福也明白，这是一个非常超前的理论，会有许多无法解释的地方，就如同自己那个不可能稳定的原子模型。他们都很清楚，原子是稳定的。原子核、电子是客观存在的。原子会发射、吸收特定频率的电磁波。这些都是实验已经确定的事实。在经典理论无法解释的情况下，抛弃或至少绕过已有理论，创立新的物理规则，是普朗克、爱因斯坦已经开辟的道路。玻尔正是在试图迈出下一步。

所以，卢瑟福没有挑剔，爽快地同意为玻尔提交论文。他还主动提出可以帮助修改、润色稿件中蹩脚的英语。大概还意犹未尽，卢瑟福告诉玻尔他的论文篇幅实在太长。按照英国传统，科技论文讲究言简意赅，不宜有太多的言辞累赘。玻尔的这个稿子内容应该能删减掉一半。"大概你不会介意我以自己的判断力为你做些删节吧？"

这最后的一句话才把玻尔吓得几乎魂飞魄散。

玻尔从小不善言辞，尤其疏于写作。从很小时开始，他就依赖于宠爱他的母亲。做作业时，他喜欢自己口授，由妈妈记笔记交差。

大学期间参加那次科学竞赛时，他父亲注意到他整晚整晚地在实验室测量这测量那，眼看期限要到了也不愿意动笔。他只得强行将儿子赶出实验室，关到乡下别墅专心写论文。即便如此，玻尔还是拉上弟弟为他记笔记才勉强赶在截止日期前交了卷。

玻尔从那时起就养成了习惯，思考问题时不断地踱步，口中念念有词，由母亲或弟弟记下整理成文。他的硕士、博士论文都是母亲这样一遍又一遍地记录整理而成。没有了这样的拐棍，他独自在英国的那一年甚是难受，也没能完成一篇正式的论文。好在他很快回了家。新婚的妻子玛格丽特义不容辞地接替了母亲的职责，成为他的贴身全职秘书，即使是在蜜月中也不例外。

玻尔也没有事先打好腹稿再按部就班地口授出来，总是天马行空想到哪儿就是哪儿。这样，每篇论文都是一个耗时巨大的工程。每一句话、每个单词都要反复推敲，一改再改。据他自己回忆，他的博士论文至少有过 14 个不同版本。①[16]69;[17]56-57,63;[22]

所以，当玻尔看到卢瑟福毛遂自荐要对他这来之不易的劳动成果大刀阔斧修改时，他感到了莫大的威胁——即使对方是他最尊敬的导师。况且这时他已经做了一番修改，篇幅不仅没有缩减反而还变得更长了。他急忙给卢瑟福回信，表明将立即启程前往英国面议。

玻尔并不是第一次遭遇这个麻烦。当初他到卡文迪什实验室留学时曾极力争取在英国正式发表他的博士论文，最终未能如愿。主要原因就是编辑要求他大幅删减论文的篇幅。[22]

当玻尔终于敲响卢瑟福的家门时，卢瑟福立即置家中的访客不顾，师徒俩

---

① 一次，他弟弟看到他案头有一封给朋友的信，便好心要顺道帮他邮寄。玻尔立即夺回，说那才是改过几遍的初稿，还需要再修改几遍。

躲进了小书房。随后的几天里，他们每天晚上都在争论。玻尔倔强地为他每一个词句辩护，寸土不让。直到“表现出了天使般耐心”① 的卢瑟福筋疲力尽，缴械投降。[16]104-106,[5]173

1913 年 7 月，玻尔的论文《关于原子和分子的构成》② 正式发表。这篇逃过卢瑟福剪刀的文章共 25 页，还只是他要连续发表的三部曲之第一篇。作为标准的“玻尔式”论文，文中只有 20 多个方程式，其余都是洋洋洒洒，在卢瑟福眼中纯属重复多余的文字叙述。

两个月后，玻尔得以在英国科学促进会年会上第一次公开讲解他的发现。那次会议济济一堂，汤姆森、卢瑟福、金斯等人均出席，洛伦兹、居里夫人也远道而来，就连 70 岁的瑞利也到场了。

这些大人物对玻尔的原子模型无所适从。瑞利绅士般地表示，上了 70 岁的老家伙不应该再在新理论上胡乱插嘴。但他在私底下表示无法认同，觉得玻尔只是在耍数学游戏，不可能是物理。汤姆森批评人为地选取特定的电子轨道没有根据，也完全没有必要。只有金斯比较开通，他指出玻尔的模型在解释光谱线上的成功已经表明了其价值。

其实，玻尔新出炉的理论在会议之前还得到了一个新的证实。他研究的是只有一个电子的氢原子。当有两个电子的氦原子失去其中一个电子时，剩下的氦离子也几乎等同于氢原子，只是原子核的电荷、质量不同。玻尔的模型可以同样地计算氦离子应有的光谱线，他指出那就是哈佛天文学家爱德华·皮克林（Edward Pickering）③ 在星光中测量到的一个谱线系列。就在这次会议之前，卢瑟福手下的年轻人已经在实验室中证实那的确是氦离子的光谱。这证明玻尔对氢原子光谱的诠释并不是瞎猫撞上死老鼠的侥幸。[5]176

即便如此，他这个新理论还是很难被接受。在海峡对面的欧洲大陆，地位正在急剧上升的劳厄坚持在轨道上运动的电子必须产生辐射，因为那是麦克斯韦理论的根基。埃伦菲斯特则向洛伦兹抱怨玻尔这种随心所欲的理论让他绝望，意欲放弃物理学。

爱因斯坦是在一次会议上听到朋友转述玻尔新模型的。他的第一反应是这不可能，因为他自己也曾尝试过，但发现是条死路。当他接着听到氦离子光谱的

---

① 玻尔后来的描述。

② “On the Constitution of Atoms and Molecules”

③ 关于皮克林和他在哈佛的“后宫”，参阅《宇宙史话》第 6 章。

结果时，不由瞪大了眼珠："那这就是最伟大的发现之一。"[16]106-108,[21]52-54,[5]179-180

索尔维在 1911 年出资举办了物理学精英会议后意犹未尽，两年后又召开了第二次会议。参加者的名单没有太多变化，只是增加了老将汤姆森和新秀劳厄。这次会议的主题是"物质的结构"，依然由洛伦兹主持。

汤姆森报告了他那个布丁模型的新进展。洛伦兹对他的老调重弹很不耐烦。他当场打断汤姆森，指出他的模型与经典物理完全合拍，但现在已经清楚地知道经典理论必然会导致瑞利的紫外灾难。要想完整地解释辐射问题——洛伦兹断言——必须违反经典物理。

卢瑟福这次也得到了发言机会，介绍他自己的原子模型。然而，真正背叛了经典物理的玻尔还没有被邀请的资格，他的新模型没能在会上亮相。[5]171-172

但玻尔还是不断地接到好消息。他曾与卢瑟福实验室中的小青年亨利・莫斯利（Henry Moseley）谈论过 X 射线问题。玻尔觉得他的原子模型能够解释 X 射线的来源：那是原子低能量轨道上的电子被外力打跑后高能量轨道上电子跳跃下来填补空位时发射的电磁波。因为轨道之间能量相差悬殊而有了频率非常高的 X 光。

勤奋的莫斯利夜以继日地在实验室里努力，在 1913 年底果然证实了玻尔的猜想，还顺带着发现了元素周期表上几个缺漏的新元素。

几个月后柏林大学的两个年轻人詹姆斯・弗兰克（James Franck）和古斯塔夫・赫兹（Gustav Hertz）① 又通过电子与水银蒸汽的碰撞实验发现水银原子的能量不连续，有着分立的数值，正像是玻尔那梯子的一根根横档。玻尔随即证实他们测量的数值与他模型的预测一致。

弗兰克和赫兹的这个实验不仅证实玻尔原子模型的能量阶梯——"能级"（energy level）——的存在，还第一次观察到电子的动能与相应光辐射频率的关系，为能量子概念提供了直接证据。爱因斯坦在听了弗兰克的讲解后惊艳不已："这可爱得让人想哭！"② 弗兰克和赫兹后来获得 1925 年诺贝尔物理学奖。[24]

带着一个个新进展，玻尔在 1914 年 7 月来到德国，巡回推广他的原子模型。在哥廷根和慕尼黑大学，他分别见到年轻教授马克斯・玻恩（Max Born）和年长的索末菲。起初他们对他的理论满怀疑惑，但在听取玻尔亲自讲解后才有了信心。

---

① 他是证实电磁波的那个赫兹的侄子。

② It's so lovely, it makes you cry!

两位教授当时都在潜心研究爱因斯坦的相对论，之后不约而同地鼓励自己的学生转向原子理论。

在学术演讲之后，玻尔和弟弟一起前往阿尔卑斯山开始他们计划已久的长途登山、远足之旅。很快，他们看到沿途的人们纷纷放弃度假赶着回家，报纸上报道的形势正日益吃紧。兄弟俩匆忙下山抢乘火车、轮渡回丹麦。途经柏林时，玻尔看到满街兴奋异常的人群，不由感叹：“对军事行动的激情是德国人根深蒂固的习俗。”[21]55-57

那天，德国向俄国宣战，第一次世界大战爆发。

第 10 章　爱因斯坦的光子

离开专利局的“修道院”成为令人尊敬的大学教授之后，爱因斯坦的社会地位显著提高。他日常生活中的朋友日渐增多，其中自然也不乏红颜知己。与此同时，他和妻子米列娃的关系每况愈下。作为两个孩子的母亲，米列娃对自己的家庭主妇境遇越来越难以忍受，时常焦躁发脾气，以至于爱因斯坦和来访的客人都认定她患有精神分裂症。爱因斯坦参加索尔维会议尤其让米列娃既兴奋又嫉妒。她渴望自己也能躬逢其盛，与世界一流物理学家面对面交流。但爱因斯坦已经对她失去耐心。[2]172

爱因斯坦在苏黎世的站台上向普朗克和能斯特举起红玫瑰之前并没有回家与米列娃商量。他清楚米列娃对苏黎世情有独钟，绝不愿意再次搬家。但他自己心意已决。柏林是德国的科学、文化中心。柏林大学拥有着普朗克、能斯特、维恩、鲁本斯等一流学者。他们提供的特殊待遇更是令他无法拒绝。

1914 年 4 月，爱因斯坦到柏林走马上任。有了丰厚的薪金，米列娃为他们一家挑选了一间宽敞舒适的公寓，还有一个阁楼作为爱因斯坦的书房（图 10.1）。

然而，不到三个月，米列娃就带着两个孩子离家出走，躲进哈伯的家里。哈伯夫妇这时已经成为爱因斯坦夫妇的亲密朋友，不得不承担起婚姻调解员的角色。后来爱因斯坦郑重其事地撰写了一份合同，共四大款十来条，涵盖做饭、洗衣等日常责任和两人公开、私密关系林林总总，正式将米列娃贬至比保姆、仆人还不如的地位。

图 10.1　爱因斯坦在柏林家中书房里

米列娃屈辱地签了字，带孩子回家。但即使这么一个不平等条约也没能维持几天的和平。经过哈伯夫妇的再次斡旋，他们终于达成一份分居协议。7 月

29 日，米列娃带着两个孩子在爱因斯坦最好的朋友贝索陪同下离开柏林，重回苏黎世生活。在火车站告别后，爱因斯坦才真情流露，在哈伯面前孩子般痛哭了大半天。[2]184-188,[16]119-120

三天后，玻尔兄弟俩也在那火车站匆匆而过。他们无暇去拜会爱因斯坦。

第一次世界大战的骤然爆发彻底摧毁了爱因斯坦向往已久的柏林学术、文化环境。他惊讶地看到普朗克、能斯特、哈伯、维恩，还有伦琴、莱纳德等都参与了 93 名德国知识分子联名的一封公开信，为德意志的军国传统及在这场战争中的侵略行为辩护。

为了柏林这个职位，爱因斯坦已经恢复了少年时放弃的德国国籍。但他依然反对军事暴力，秉持和平主义立场。他参与了一些和平团体活动，还在另一封针锋相对的公开信上签了名。那封信只征集到区区五个签名，没有任何影响。

在他身边，已经 50 岁的能斯特穿上军装，由妻子监督在自家院子里操练行军、敬礼。随后，他开着自己的车子上前线，志愿为军队提供通信、救护等服务。他跟随着德国军队深入法国领土，直到看见天边出现巴黎的城市灯火。

从前线归来，能斯特试图为军队研制不致命的毒气供战场使用，但发觉哈伯已经抢了先。哈伯是本生的学生，几年前在合成氨的化工技术上取得成功，为化肥、炸药生产做出重大贡献。战争开始后，他又潜心氯气的研制和使用，为前线提供一种新式武器。已经从英国归来的盖革与弗兰克、赫兹等年轻物理学家也都参与了这一项目。他们跟随哈伯开创在战场上大规模施放致命毒气的先河。[17]91-95,[16]120-121,[2]205-209,[5]168-169

爱因斯坦无意卷入政治、战争的旋涡。除了偶尔表示异议，他选择了自己躲进物理学的避风港。在这个剧烈动荡的时刻，他的科学事业与家庭生活一样，也正处在一个关键的十字路口。

当爱因斯坦在 1905 年用量子概念解释光电效应时，他的新思想因过于惊世骇俗无法让人接受。在那篇论文中，他还提出一个直截了当的预测：金属中逸出的电子最大动能会与入射光的频率成正比，其系数正好就是普朗克常数。

这是一个非常明确的检验手段。它不仅能验证爱因斯坦的理论，还能从光电效应中测量出普朗克常数。那会是普朗克的量子概念普适性的有力证据。非常遗憾，当时莱纳德等人的实验设备缺乏足够的精度，无法证实这一预测。倒是远在美国的芝加哥大学，罗伯特 · 密立根（Robert Millikan）埋头苦干了近十年才在

1914 年得以成功。

密立根专注于精确测量最基础的物理常数，已经在几年前通过著名的“油滴实验”（oil drop experiment）测量出电子的电荷数值而声名远扬。光电效应却是一个更为困难的测量。密立根其实并不相信爱因斯坦的理论，认定光的波动性无可置疑。但他最终大失所望，不得不报告实验结果与爱因斯坦的预测完全相符，“尽管这个没有道理的理论违背了我们所理解的光的一切。”

不过在那之后，密立根与当时大多数物理学家一样依然坚持爱因斯坦的量子理论站不住脚。[21]67,[8]

在 1909 年的萨尔茨堡会议后，爱因斯坦在一步步推进量子概念的进程中遭遇了不可逾越的障碍。他实在找不出在麦克斯韦方程中引入量子因素的途径，因此无法构造一个完整的光量子理论。故而 1911 年的索尔维会议后，他决定搁置这个让他几年中一无所获的努力，改弦易辙专注于他在专利局时产生的“最快乐的想法”，推广他的相对论。经过四年艰苦的不懈努力，他在 1915 年年底成功地推出广义相对论场方程。①[5]153-160

作为一个崭新的理论，广义相对论的横空出世颇令人惊叹。但作为一个优美的数学体系，它也“高高在上”，除了解释水星近日点进动的异常之外，似乎与世无涉。费了极大功夫将他招到柏林大学的能斯特不以为然，调侃爱因斯坦在不相干的领域瞎搅浑水，捡芝麻丢了西瓜，将量子理论的前沿拱手让给了玻尔。[5]181

的确，爱因斯坦没有想到一个名不见经传的丹麦小伙子会趁他无暇顾及时在原子模型上实现了量子理论的重大突破。

当他第一次听到朋友描述的玻尔模型时，爱因斯坦立刻就明白了玻尔是如何取得了这个历史性的突破。

在经典物理中，物体吸收、发射电磁波是通过共振的机制。它们中的电子以某个频率进行周期运动，可以吸收或发射同一频率的电磁波。这就如同收音机寻找不同电台时的调谐过程。

电子绕原子核公转的圆周运动也是周期运动。绕轨道一整圈所需的时间是周期，其倒数便是频率。因此，这个电子应该会以这一频率吸收、发射电磁波。然而，玻尔却规定了这个轨道运动是稳定的，既不会发射也不吸收电磁波。发射、吸收

---

① 爱因斯坦发现广义相对论的过程请参阅《宇宙史话》第 1 章。

电磁波发生在电子在两个不同轨道之间“跃迁”的过程，其频率与电子的轨道运动没有关系，却取决于两个轨道的能量之差值。

这是一个全新的物理概念，没有任何来源。爱因斯坦自己就从来没有想到可以有这样的机制，因而曾经在这条思路上浅尝辄止，未能找到突破点。在听到玻尔模型成功预测氦离子光谱之后，他喃喃自语：“看来这会是真的——电子的辐射频率与它运动的频率没有关系。”于是，他惊叹这是“最伟大的发现之一”。[5]179-180

爱因斯坦毕竟是爱因斯坦。他不仅立即领悟了玻尔这个革命性的创见，也同时意识到玻尔同样存在浅尝辄止的缺陷。1916 年，广义相对论大局已定之后，他又把注意力转回这个一直让他魂牵梦绕的量子问题。

玻尔对原子结构的几条硬性规定让他得以解释氢原子、氦离子的光谱，但他没能对电子在轨道间的跃迁，对吸收、发射电磁波做出任何物理描述。他眼中只有一个孤立的原子。

然而，电子吸收能量跳上高能量的轨道需要一个前提：原子周围有着合适的能量子存在。爱因斯坦认为这不是原子独自的行为，而是作为物质的原子与作为辐射的电磁场之间相互作用的过程。大量的原子处于电磁场的包围中，它们通过对电磁波不断地发射和吸收达到热平衡。

这样，电子在向高能量轨道上跃迁时，是因为受到了电磁场中能量子的激发。这依然类似于传统的共振，只是共振频率与电子正在进行的轨道运动不再有关系。爱因斯坦把这个过程叫作“受激吸收”（stimulated absorption）。因为它的发生取决于周边电磁场中有多少可供吸收的能量子存在，其可能性与所需频率上的电磁场强度成正比。

反之，当电子处于高能量的轨道上时，爱因斯坦指出它往下跳时会有两种不同的模式。其一是与吸收时同样，因为与电磁场的共振而跃迁。这是受激吸收的反向过程，叫作“受激辐射”（stimulated emission）。其可能性同样会与电磁场在该频率上的强度成正比。

但即使没有电磁场的存在，高能量的电子自己也能跳下来，以达到热力学上更稳定的低能量态。他把这个过程定义为“自发辐射”（spontaneous emission）。这个过程与电磁场无关，是原子自身的行为。

有了这些具体的物理过程，看它们如何达到平衡态正是爱因斯坦的拿手好戏：这就是他过去在布朗运动、电磁波压强中已经得心应手的统计现象。于是他很快推算出一个惊人的结果：只要按照玻尔的假设，被吸收或发射的能量等于两个轨道之间的能量差别，与之热平衡的电磁场就是一个符合普朗克定律的黑体辐射场！

这样，爱因斯坦第一次严格地推导出了普朗克定律。这个新的推导过程浑然天成，不像普朗克的绝望之举那样依赖于数学戏法。他也不再需要普朗克假想的谐振子，取而代之的是玻尔的原子。这是黑体辐射中物质与辐射相互作用最接近实际的模型。

因此，爱因斯坦颇为得意地指出：这个推导只有几个非常简单的假设，引用最朴素的物理原理，推导本身丝毫不费功夫，便得出了过去需要大动干戈才能得出的普朗克定律。说明这是一个可靠的模型，“很可能会成为未来理论发展的基石”。[5]184-187

普朗克定律在原子与光的相互作用中自然的出现是爱因斯坦又一个里程碑式的成就，表明玻尔的轨道跃迁绝非空穴来风。但更进一步，爱因斯坦还发现当电子在发射、吸收能量子时，它失去或得到的不仅仅是那一份能量，还伴随有一份动量。与能量一样，这个动量的数值也与能量子的频率成正比。

普朗克心目中的“量子”只是一个“份额”的意思。他的原意是能量只能一份一份地被吸收或发射，不能比这个份额更小。对他而言，这只是一个纯粹的数学手段，没有任何物理含义。

爱因斯坦这时的能量子不仅有一定的能量，还同时有一定的动量。这便与电子、原子等无异，是一个实实在在、物理的粒子。

七年前，当他从电磁场的压强计算得出黑体辐射同时具备波和粒子的特性时，他没有具体去追究一下那像粒子一样的压强是怎么出现的。直到这时，他才恍然大悟：光量子与电子一样可以通过撞击传递动量，便产生了压强。

他没有为此去生造一个“光子”的名称，仍然一如既往地将他的能量子称为“光量子”。但他已经确信无疑，这光量子是真真实实的粒子，也就是今天所说的光子。[25]8,14;[5]187-192

与能量不同，动量不仅仅是一个数值，而且还有方向①。当原子发出一个光子时，它必须是针对某个方向释放，给它一定的动量。同理，它也只能吸收来自某一个方向的光子。

---

① 也就是数学中的“矢量”。

我们在黑暗中开灯，整个屋子会同时明亮起来。因为光速非常大，我们无法察觉这中间的过程。如果我们想象光的速度很慢，就能“看到”光从灯泡中出来同时向四面八方扩散。就像水池中间被投进一块石头时的水波，经典物理中灯泡发出的光是以一个球形的波从灯泡漫延至房间里每一个角落。

然而，如果光源只是一个单独的原子，爱因斯坦指出它发的光不可能是一个球形波，而是一次只能向一个方向发出一个光子。灯泡里有着太多的原子。它们各自随机地向各个方向发射光子，合在一起的总体效果才让我们感觉到一个球面的波。

他再一次颠覆了光的波动学说。

在 1916 和 1917 两年间，爱因斯坦针对辐射问题接连发表了三篇论文。最后一篇，《关于辐射的量子理论》① 集之大成，是现代辐射理论的开山之作。

十年后，英国的后起之秀保罗·狄拉克（Paul Dirac）在已经成熟了的量子力学基础上结合爱因斯坦的狭义相对论发展出量子电动力学，全面完善了辐射理论。也是在那之后，爱因斯坦的先见之明才真正为人了解：狄拉克发现爱因斯坦当初所做的几个假设完全合理，被他的新理论逐一证实。

半个世纪后，爱因斯坦的受激辐射概念导致了激光 ② 的出现。在那之后，他所描述的光被吸收、发射中伴随的动量转移又带来了现代的激光制冷技术。

但即使是爱因斯坦，他在 1917 年时也不可能想象到这辉煌的未来。那时他对另一个问题深为困惑。在那篇论文的结尾，他忧心忡忡地写道：“这个理论最薄弱的所在，是它把辐射的时机和方向都归结于‘机会’。”

早在 20 年前，居里夫妇在描述放射性现象时曾感慨，“自发的辐射是一个神秘的谜，一个深奥的惊愕。”[5]114 具有放射性的不稳定原子为什么会衰变，在什么时候衰变，这些问题 20 年后依然没有答案。

卢瑟福发现的半衰期可以定量测定衰变的过程：在一定时间内，一半的原子会发生衰变。但哪一半原子会衰变，这个决定由谁做、如何做出？如果只有一粒原子，它在那个半衰期结束时会有 50% 的概率发生了衰变。这粒原子如何决定在什么时候衰变，或干脆不衰变？

---

① “On the Quantum Theory of Radiation”

② 激光的全名很拗口：“通过辐射的受激辐射产生的光放大”（light amplification by stimulated emission of radiation）。

爱因斯坦的辐射理论也充满了这样的“机会”：电子无论是吸收还是发射光子都有着一定的可能性，或者完全自发或者与电磁场的密度有关。具体到一个电子，它什么时候吸收光子，什么时候发射光子，往哪个方向发射光子……都完全是随机的事件。

卢瑟福第一次看到玻尔的模型时就曾疑惑电子跃迁时如何能知道在哪一个轨道上停下来。让爱因斯坦更为纠结的是，电子如何能知道什么时候应该起跳？与玻尔一样，他也没有答案。偏偏他自己的理论证明了自发辐射的存在。因为如果没有这个机制，原子就无法与电磁场达到热平衡。在论文中，他犹犹豫豫地猜测那可能是与放射性一样，源自某种未知的物理机制。

作为有自主思维能力的人类，我们做随机选择时经常会以扔硬币来定夺。原子当然没有这个本事。难道，冥冥之中会有什么神奇的力量在为原子掷骰子？

第 11 章　索末菲的原子

玻尔回到丹麦后没多久就接到卢瑟福的来信。卢瑟福聊家常似地告诉玻尔，实验室里专注理论研究的达尔文要离开了。他们在登广告招新人，但都不尽如人意。他希望能找到一个具备独创能力的年轻人。玻尔立刻就领会了导师没有明说的言下之意。

玻尔这时在哥本哈根大学担任讲师，职责主要是给医科学生上普通物理课。他觉得很无聊，正在争取一个教授席位。虽然拥有卢瑟福强力的推荐信和本校同行的一致支持，这机会在丹麦一时半会儿还是可望而不可即。他于是请了一年假，在 1914 年 9 月携同妻子兼贴身秘书玛格丽特再度来到曼彻斯特，继续在卢瑟福实验室中任职。那里却已经物是人非。[16]109-110

半年前，卢瑟福因为显著的成就获得英国国王晋封骑士爵位。第一次世界大战开始后，他的精力集中在用声呐探测潜水艇的绝密项目上，无暇再顾及纯科学研究。他的实验室里那些来自世界各地的年轻人也都失去踪影。盖革正在为德国的毒气战效力。达尔文已经参军，在物理学家劳伦斯·布拉格（Lawrence Bragg）领导下研究通过监听敌方开炮噪声确定其火炮阵地的方位，卓有成效。[26]

战争爆发时，莫斯利正在澳大利亚开会、度假。他当即设法回国，辞去已得到的牛津大学职位，义不容辞地“插队”入伍担任通信兵。1915 年 8 月 10 日，他在土耳其战场上用电话传递信息时被狙击手击中头部，时年 27 岁。

他的牺牲在科学界引起轰动。卢瑟福在《自然》（*Nature*）杂志上发表长篇讣告，称誉莫斯利为“极少见的天生的实验物理学家”。[27] 在历数莫斯利的贡献后，卢瑟福痛心地指出，不加甄别地将这样的人才送上前线充当普通士兵是国家之悲剧。① 大西洋彼岸的密立根也撰写悼词，悲愤交加地指出：仅此一例损失就足以证明这场战争的荒唐和罪恶。

1914 年和 1915 年的诺贝尔物理学奖相继授给了德国的劳厄和英国的布拉格及他的父亲。他们都是因为 X 射线散射实验的成果得奖。而莫斯利率先用 X 射线验证玻尔的原子模型，早已被公认为未来的诺贝尔奖获得者，却过早地离

---

① 可能受此影响，英国政府后来修改了有关政策。

世。①[17]86,96-97

丹麦是中立国，玻尔对这一切只能袖手旁观，不被允许参与任何与军事有关的行动。他主动承担了更多的教学任务，尽力而为地继续研究他的原子。在他的新模型问世之后，卢瑟福、索末菲等人都非常好奇、期待地看他是否能再进一步，解释光谱中更深一层的奥秘，即所谓的“精细结构”(fine structure)。

早在 1887 年，通过精密测量否定了以太存在的迈克尔逊②和莫雷同时也报告，他们仪器的精度让他们看到氢原子那些纤细的光谱线不尽是一条条的线。如果仔细地分辨，一条谱线其实是由两条挤在一起的更细的线组成。那便是氢原子光谱的精细结构。

稍后，荷兰的彼得·塞曼 (Pieter Zeeman) 又有了新发现：如果在磁场中测量，一些原子的原本单一的光谱线也会“分裂”成两条或更多的细线。他的导师洛伦兹根据经典电子理论为这一现象提供了解释。他们俩因为这个“塞曼效应”分享了 1902 年诺贝尔物理学奖。

洛伦兹的理论只适用于磁场作用下的塞曼效应，无法解释氢原子谱线本身的精细结构。这个理论同时也表明电场对原子的作用太弱，不会出现类似的效果。十多年后，斯塔克却在 1913 年发现电场中原子的光谱线其实也会分裂，与洛伦兹的理论不符。斯塔克后来在 1919 年因为这个“斯塔克效应”得到诺贝尔物理学奖。

显然，玻尔的原子模型也需要能解释光谱线中这些精细结构的来源，超越洛伦兹的经典理论。但这次，玻尔一筹莫展，始终没能找到头绪。在他的模型中，光谱线的频率来自两个轨道间的能量差。这些轨道彼此分离，井然有序。他无法想象怎么可能出现异常接近又稍微有区别的两个或更多频率。

两年过去了。虽然他只请了一年假，可 1916 年时玻尔还在曼彻斯特。这时家乡传来好消息：哥本哈根大学终于为他专设了一个理论物理教授席位。于是，他和妻子打道回府。没多久，他收到了索末菲从慕尼黑寄来的论文。

索末菲那年已经 48 岁，开始进入老一代教授的行列。在没有等到玻尔的进展后，他自己找到了答案。

---

① 诺贝尔奖只颁发给在世的人选。

② 迈克尔逊在 1907 年荣获得诺贝尔物理学奖，是美国第一个获奖者。

为了在数学上简化，玻尔的电子轨道是标准的圆形。它只有一个参数：半径。索末菲认为像行星一样，电子也可以在一定的椭圆轨道上公转，保持与圆形轨道同样的角动量而满足玻尔的条件。这样的椭圆轨道并不多，可以一一找出。椭圆有两个参数：除了半径大小，还有一个偏心率描述其偏离圆形的程度。偏心率为零的椭圆就是圆形；偏心率越大，椭圆的形状就变得越扁平。

电相互作用与万有引力有一个共同的特点。在椭圆轨道上运行的电子或行星有着同样的能量，与相应的圆形轨道无异。但索末菲意识到电子与行星不同。它的公转速度非常快，需要考虑狭义相对论效应。不同偏心率椭圆轨道上电子的速度会有所变化，相对论修正也就略有差异。这样，即使同样大小的椭圆轨道上电子的能量也会有细微的差别。当一个电子分别从这些轨道上向另一个轨道跃迁时，它经历的能量差也会略微不同，发射的光子频率也随之有细微偏差。这在光谱中便表现为更为精细的谱线结构。

果然，索末菲的计算精确地给出了氢原子光谱的测量数据。他还因此发现了一个所谓“精细结构常数”，其重要性要在几十年后才引起广泛注意（图 11.1）。

太阳系的所有行星轨道都在同一个平面上，这可能是形成这个星系的早期旋转星云动力学使然。索末菲觉得电子绕原子核的轨道却没有必要局限于一个平面。它们可以是“立体”的，有不同的空间取向。因为对称性，同样的椭圆轨道在不同的取向上有着相同的能量。电子在它们之间跃迁时的能量差相同，只会产生同一条光谱线。但如果外加一个磁场或电场，这个对称性就会被破坏。电子在不同取向的轨道上运动时因为与外加电场、磁场方向的角度不同有着略微不同的能量，这就会导致光谱线分裂。这样，他又完美地解释了塞曼效应和斯塔克效应。

图 11.1　慕尼黑大学的索末菲纪念头像。下面的公式是他的精细结构常数（照片来自 Benutzer: Donaulustig）

玻尔那简单的原子模型在索末菲手上一下子变得丰富多彩。原来只用一个整数表示的轨道、能级现在需要三个整数，分别标识轨道的大小、偏心率和倾斜角度。这也正是电子轨道运动的三个不同自由度。用这三个整数值可以完全确定电子的轨道。它们被称为电子轨道的“量子数”（quantum number）。

解释氢原子精细结构和塞曼、斯塔克效应的成功极大地彰显了玻尔原子模型的威力。在那之后，这个奇葩的新理论被广为接受，不再被怀疑。它经常被正式地称呼为“玻尔 – 索末菲模型”，有时甚至被直接叫作“索末菲模型”。[16]111-114,[5]183-184,[21]58-61

在柏林的爱因斯坦也收到了索末菲寄来的论文，即刻兴奋地回信表示拜读这篇论文是他职业生涯“最为激动人心的经历”。他从未曾想到狭义相对论竟然会在肉眼不可见的微观原子世界中发挥作用，与量子的概念相结合从而完满地解释现实的测量结果。

索末菲在来信中请教是否还需要考虑广义相对论修正，爱因斯坦告知他那可以完全忽略不计。尽管如此，爱因斯坦还是看出了索末菲模型中的一个不足之处。他在 1917 年 5 月发表论文充实、推广了索末菲的理论基础。这篇在当时未能引人注意的论文要等到 50 年后才被重新发现，成为“量子混沌理论”（quantum chaotic theory）的开端。[5]183-184,201-203

第一次世界大战期间的四年是独自躲在阁楼书房中的爱因斯坦离开专利局后最富有成就的时光。在 1915 年 11 月至 1917 年 2 月的一年多内，他就连续发表了 15 篇科学论文，还出版了一本关于相对论的专著。他不仅完成了广义相对论，还提出了描述整个宇宙的物理模型，开创了现代宇宙学。① 在量子领域，他则第一次明确了光子同时拥有能量和动量的粒子特性，利用玻尔的原子模型从原理出发推导出普朗克定律，并打开了现代光学的新视野。

在这期间，他还与在苏黎世的米列娃就孩子和金钱问题在通信中不断地争吵。

随着战争后期的节节失利，德国境内经济崩溃，出现全民饥荒。大多数人只能靠少量土豆、萝卜度日。爱因斯坦在施瓦本农村的亲戚和中立国瑞士的朋友经常给他邮寄食物接济，使他没有直接遭受饥饿的威胁。但他单身的日子过得非常糟糕。在埋头研究物理之余，他的生活没有一点规律。1917 年 2 月，38 岁的爱因斯坦终于在剧烈的腹痛中病倒不起，体重在两个月内急剧减轻了 25 千克，生命堪危。他自己觉得大概得了癌症，不过对已经及时地完成了相对论倍感欣慰。[2]233

所幸他得的并非不治之症，而是严重的肝病、胃溃疡和结石。经过漫长的调养，爱因斯坦终于逐渐恢复了健康。[5]192-196;[16]122-126

他与妻子的笔墨官司却依然旷日持久。疲惫的爱因斯坦抱怨不知道那令他心

---

① 参阅《宇宙史话》第 1 章。

烦的国家战争和个人婚姻哪一个能先结束。他没预料到答案竟会是几乎同时。

1918 年 11 月 11 日，欧洲实现了全面停火。12 月 23 日，爱因斯坦在柏林的法庭上坦承自己婚内出轨、同居的“不当行为”，得以完成离婚法律手续。为了得到米列娃的首肯，他不仅答应支付自己工资的 70% 作为赡养费，还许诺自己将来若获得诺贝尔奖，奖金会全部转交给米列娃和孩子们①。

好不容易摆脱了婚姻桎梏的爱因斯坦并不愿意再度给自己套上枷锁。但他还是禁不住新欢艾尔莎和她父母的压力，仅仅半年后就与她再结连理——虽然他与米列娃的离婚协议规定他两年内不得再婚。[2]234-239,243

战败后的德国千疮百孔，失去了六百万人口和大量的领土。能斯特的两个儿子都在沙场捐躯。普朗克的大儿子战死，二儿子在法国被俘虏而幸存。哈伯的妻子因为抑郁症和丈夫在化学武器中的角色举枪自杀，他们的一个儿子后来也自杀了。哈伯在那之后继续为国效忠，还在战争结束时获得 1918 年诺贝尔化学奖。

作为中立国，丹麦没有经受战争的祸害。随着欧洲大陆战事的平息，玻尔已经不满足于已有的大学教授席位。他有着一个更大的梦想。

虽然卢瑟福只比玻尔大 14 岁，玻尔不仅尊他为恩师，还视他如慈父。卢瑟福在曼彻斯特的实验室是玻尔最为仰慕的圣地。在被战争打断之前，那里永远有着一群你来我往、朝气蓬勃的年轻人。他们中有来自显赫学者家庭的达尔文，有传统的贵族之后，也有来自生活底层的蓝领子弟。他们有着不同的国家、文化背景，相异的贫富、地位差距。但在那个实验室里，在卢瑟福高亢的嗓门、爽朗的大笑中，他们彼此没有区别、隔阂。大家和谐相处，齐心协力，一心一意地钻研科学的奥秘，寻求下一个突破。

在传统上，德国和英国是欧洲乃至世界的科学中心，地处北欧的丹麦还属于化外之地。玻尔雄心勃勃地要改变这个局面，在自己的家乡仿照偶像方式建立一个同样的科学乐园。回国之后，他一直为此积极奔走游说。

索末菲的论文来得正是时候。玻尔读后与爱因斯坦一样欢欣鼓舞，而他的激动更进一步。索末菲的成功彰显了玻尔原子模型的价值，令他的国际声望再上一层楼。借着这股强劲的东风，玻尔成功地获得学校的支持。他进而说服市政府提

---

① 当时诺贝尔奖的奖金大致是他那不菲的年薪的 17 倍。而且支付的是瑞典克朗，远优于会在恶性通货膨胀下剧烈贬值的德国马克。

供地盘，并得到嘉士伯基金会的大力资助，可以大兴土木修建一个“哥本哈根大学理论物理研究所”。

为了这个梦想，玻尔费尽了心血。他甚至不辞劳苦，亲自设计研究所的大楼。与他口授论文的过程一样，他时常改变主意，数易其稿，以至于建筑工程拖延了一年多。直到 1921 年初才正式投入使用。

他设计的大楼共有四层，虽然不是很大但五脏俱全，兼顾生活和工作（图 11.2）。玻尔和玛格丽特已经有了两个孩子，一家四口住在楼内的一间公寓中。顶楼上还保留着几个小公寓供短期来访的宾客使用。其他房间则分别作为办公室、实验室，外加一个小巧的图书馆。楼内还设有一张乒乓球台——酷爱运动的玻尔也是乒乓好手。他经常在那里大显身手，轻而易举地击败几乎所有的年轻人。

图 11.2　玻尔研究所大楼

最为著名的还是一个阶梯教室式的会议室。之后的几十年里，无数知名、尚未成名或未能出名的青年物理学家将在那里陈述自己的新理论、新创见，接受玻尔等专家的检阅、评判。[16]111,115;[9]26;[21]61-62

从一开始，这个新研究所的正式名称就被人忽略。它被广泛、亲切地称作“玻尔研究所”。①

早在研究所落成之前，玻尔就已经在 1919 年年底邀请索末菲来哥本哈根访问、讲学（图 11.3）。这一看似理所当然的简单举动在当时却有着特殊的意义。

深受战争祸害的欧洲诸国在战后都对德国采取了孤立、封锁政策。即使在学术界，德国科学家与外界的联系也基本上被切断。作为中立国成员，玻尔没有情感负担。他致力于协助恢复科学界的交流。这样，索末菲成为战后最早接到国外讲学邀请的德国科学家之一。

图 11.3　1919 年，玻尔（右）陪同来访的索末菲游览丹麦名胜

① 1965 年，作为对已经去世的玻尔诞生 80 周年纪念，研究所被正式更名为“尼尔斯·玻尔研究所”。

这个动向也引起了爱因斯坦的注意。他早已心仪这位从未谋面、在量子理论后来居上的丹麦青年。于是他向普朗克提议邀请玻尔访问柏林，继续打开国际联络通道。

1920 年 4 月 27 日，因为激动、紧张而有点惴惴不安的玻尔乘火车来到柏林，看到站台上普朗克和爱因斯坦——量子的始作俑者——正微笑着向他招手。[16]129-130

第 12 章　哥廷根的玻尔节

1919 年底，德国的《柏林画报》（*Berliner Illustrirte Zeitung*）以爱因斯坦的大幅肖像作封面，宣告他为“世界历史上的新人物。他关于自然的理论堪与尼古拉斯·哥白尼（Nicolaus Copernicus）、约翰内斯·开普勒（Johannes Kepler）、牛顿比肩”（图 12.1）。

图 12.1　1919 年 12 月 14 日的《柏林画报》封面

即使是英国、美国、法国这些第一次世界大战中的敌对国家也不甘落后，几乎所有大小报刊都以封面文章、通栏标题宣传这位理论物理学家。

战争已经结束一年了。英国天文学家亚瑟·爱丁顿（Arthur Eddington）刚刚公布他半年前带队远征南半球观测的日全食结果。他们拍摄的照片证明了爱因斯坦基于广义相对论的预测：引力会导致光线的弯曲。汤姆森宣布这是人类思想史上最伟大成就之一。[5]204-206,[2]263-267,[16]126-128

一时间，当初曾被迫在专利局栖身的爱因斯坦成为全球最著名的科学家，超越洛伦兹、普朗克等他所敬重的长辈，卢瑟福、居里夫人等同代精英，甚至历史上几乎所有的巨擘。

在战争失败、经济崩溃的阴影中，这是一个少有的可以让德国人振奋、自豪的好消息。从政府到民间，爱因斯坦成为独一无二的国家英雄。

玻尔是在这场媒体风暴的五个月后抵达柏林的。与普朗克和爱因斯坦初次见面让他颇为忐忑不安。但他的紧张在下车之际便云消雾散，因为他们三人从站台会面伊始便展开了无休无止的物理讨论，即刻间让玻尔觉得宾至如归。

玻尔在普朗克家留宿，也经常到爱因斯坦家中晚餐。在柏林大学，他做了一场学术报告，讲解了他（及索末菲）的原子模型。在讲述电子通过轨道跃迁吸收、发射电磁波时，他认真地声明只谈这个机制而不涉及那被吸收或发射的电磁波的本质。台下就座的爱因斯坦笑而不语。

德国大学里有着严格的等级观念。讲台下靠前的座位为教授、老师专属，研究生、本科生只能挤在最后几排座位和过道里。玻尔的德语不灵，也没有卢瑟福那爽朗的大嗓门，还天生的不善言辞。学生们抱怨压根没法听见他在讲台上的嘟嘟囔囔。他们邀请玻尔专门开个小灶，禁止教师参与。玻尔欣然接受，与年轻人一起共度了他在柏林最愉快的一晚。

当他们在站台第一次握手时，爱因斯坦 41 岁，玻尔 35 岁。已经是世界名人的爱因斯坦在玻尔眼中没有什么特别，他们只是作为物理学家从早到晚不断地辩论着。玻尔已经熟悉了爱因斯坦在他原子模型基础上发展的辐射理论，对其揭示出的自发、受激辐射机制深为叹服。但他没有接受其中的光子概念。与普朗克一致，玻尔坚持电子所吸收、发射的就是——也只能是——麦克斯韦所描述的经典电磁波，只是能量上有着量子式的份额。

玻尔也无法理解爱因斯坦为什么对他自己揭示的自发辐射中的随机因素会那么忧心忡忡。在玻尔看来，那是一个自然的物理现象，没必要大惊小怪。

他们谁也没能说服对方。两人在当时都不曾料到，这个话题将成为他们未来二三十年经久不息的争执。但他们都确信，对方才智敏捷、心地善良，是可以结交一辈子的好朋友。[2]324-325,[16]130-132

像几乎所有名人一样，爱因斯坦口头上会时常抱怨成为明星所带来的烦恼。实际上，他相当迎合、享受这个众星捧月的新生活。他那一头不羁的乱发、不修边幅的着装、随心所欲的做派、常挂嘴边的微笑、时而冒出金句的口才都与传统的德国学者形象大相径庭，更是从正统到娱乐各界记者梦寐以求的追捧对象。[2]268-269

不过，爱因斯坦的麻烦不只是在非本职工作上消耗了太多的时间和精力，盛名也让他成为一个靶子。

1920 年 8 月，一个新出现的组织在著名的柏林爱乐音乐厅举行大会，声讨以爱因斯坦为代表的“犹太物理学”，维护德国科学的纯洁性。他们批驳的对象是令爱因斯坦名扬全球的相对论，同时也指控他抄袭剽窃。

会议中途，爱因斯坦在能斯特的陪同下出现在会场，坐在一个包厢里饶有兴趣地聆听了对他的攻击。

事后，能斯特、鲁本斯、劳厄联名发表公开信为爱因斯坦辩护。爱因斯坦自己也写了一篇“自辩”，但很快后悔介入这一争执。他有点操之过急的反应把两位著名物理学家、诺贝尔奖获得者逼上了前台。

1905 年，就在爱因斯坦用量子概念解释光电效应之后，发现该效应的莱纳德在年底获得了诺贝尔物理学奖。虽然早年的爱因斯坦曾经为莱纳德的实验欣喜若狂，甚至超越他对女友未婚先孕的担忧，但他们这十多年中还从来没有直接打过交道。

两人的第一次见面是在 1920 年 9 月 23 日的德国科学家年会上。他们没有握手，甚至没有互相打招呼。那天下午的会议安排了一场辩论，由德高望重的普朗克主持。作为实验物理学家，莱纳德历数相对论的不合情理之处。爱因斯坦则以“情理”也都会随时代变迁作答。在两人理性的论辩逐渐升温、被激怒的爱因斯坦几乎发脾气之际，普朗克及时终止了辩论，举重若轻地调侃相对论还没能延长会议所能有的绝对时间限制。

与莱纳德站在同一战线的还有斯塔克。早年，斯塔克曾是爱因斯坦量子理论几乎唯一的支持者，也是为专利局中的他提供第一个学术界职务的“伯乐”。爱因斯坦那时因为薪酬过低没有接受他的聘请。

现在他们都已今非昔比。斯塔克因为发现原子光谱在电场中分裂的斯塔克效应而获得诺贝尔物理学奖后，已经与莱纳德一样成为德国物理学界的精英。[16]132-133,[2]282-289

在盛名和攻击的双重干扰下，爱因斯坦一反常态地不再专注于他的理论物理。他关心起外面的世界，尤其是自己作为犹太人的身份。当正在努力为犹太人在中东复国，后来成为以色列第一任总统的哈伊姆·魏茨曼（Chaim Weizmann）① 邀请他参与去美国的筹款之行时，爱因斯坦不顾身边朋友、同事的一致反对，欣然接受。

届时，83 岁高龄的索尔维也在恢复被战争打断的秩序，在 1921 年举行第三届索尔维会议。他们没有邀请德国的物理学家，但为爱因斯坦开了个特例。本来已经接受邀请的爱因斯坦因为美国之行只得回绝。哈伯等人颇为不满，指责爱因斯坦轻易放弃了一个为德国学术界争取更多国际交流的机会。爱因斯坦则辩解他是为了抗议会议对德国科学家的抵制。

---

① 魏茨曼曾经是生物化学家，早年在曼彻斯特时是卢瑟福的好朋友。[17]46,86-90

1921 年 4 月 2 日，爱因斯坦和艾尔莎乘坐的邮轮在纽约靠岸。他们还没下船就被蜂拥而上的记者包围，在甲板上拍摄了一系列照（图 12.2）片。随后，他满面春风地在船长室举行记者招待会。

图 12.2　1921 年爱因斯坦（左）与艾尔莎在抵达美国的轮船上

这是爱因斯坦第一次踏足新大陆。在两个月的行程中，他们巡回访问东部各大城市。所到之处，他受到超级明星般的欢迎。很多城市专门为他举行盛大游行庆典。在他访问首都华盛顿之际，参议院专门举行了关于相对论的辩论，众议院则为是否将对相对论的解释收入议会记录争得不可开交。在那里，爱因斯坦得到美国总统沃伦·哈定（Warren Harding）的接见。《纽约时报》（*The New York Times*）随即在头版头条报道总统承认自己不懂爱因斯坦的理论。

除了在普林斯顿大学做了一场讲座，爱因斯坦没有进行学术活动。他的角色只是为魏茨曼吸引人气，联络美国各地的犹太人为在耶路撒冷创建希伯来大学筹款。但被他吸引来的人群显然心有旁骛。他不得不一遍又一遍地向好奇的记者、观众解释匪夷所思的相对论。英语比他强得多的艾尔莎时常出来挡驾。她说无论爱因斯坦解释多少遍，她都没法弄懂相对论。但这对她的生活和幸福完全不具必要性。

虽然这趟旅行声势浩大，但魏茨曼只筹集到 75 万美元，远低于 400 万美元的预期目标。[2]289-301

伴随着爱因斯坦在全球媒体上掀起的旋风，普朗克 1919 年年底在报纸上发表文章指出，只要德国的科学还能像以前一样继续发展，就不可想象德国会被从文明国家行列中剔除。他坚信德国战败后的复兴力量将来自她的科学、文化传统。[21]64-65

哥廷根是德国中部的传统大学城，正是一个能体现德国科学、文化的所在。初夏的六月是那里的黄金季节。自 1920 年起，那里开始了一个新传统：每年夏天举办“国际亨德尔节”，集中排演乔治·亨德尔（George Handel）的歌剧和古典乐曲，成为当地一大盛事。

古老的哥廷根大学也是德国的数学中心。曾经有过不朽的卡尔·高斯（Carl Gauss）和伯恩哈德·黎曼（Bernhard Riemann）。在 20 世纪初，这里有着曾与爱因斯坦展开寻觅广义相对论场方程竞赛的戴维·希尔伯特（David Hilbert）。

物理系的掌门人是年届不惑的玻恩。战争即将爆发之际，玻尔曾经来过哥廷根访问，成功地说服玻恩将研究重点转向量子理论。战后，玻尔的地位急剧上升。他在 1921 年第一次接到索尔维会议的邀请，但因为过度劳累不得不缺席。恢复健康后，他接到玻恩来信，邀请他在 1922 年夏天再次到哥廷根进行为期一周的学术访问、讲课。玻尔义不容辞。

图 12.3　哥廷根“玻尔节”留影。前排就座的是玻恩，后排从左到右为奥森、玻尔、弗兰克和克莱因

依然被孤立的德国物理学界对玻尔来访的激动不亚于欣赏亨德尔的音乐。由于哥廷根的地理位置十分便利，全国各地的物理教授、学生也都纷纷赶来躬逢其盛。他们把这属于自己的喜庆叫作“玻尔节”（图 12.3）。

玻尔带着在哥本哈根的第一个学生、助手奥斯卡·克莱因（Oskar Klein）来访。远在瑞典的物理学家卡尔·奥森（Carl Oseen）也赶来助兴。

在每天一次的讲座中，玻尔系统地阐述了他的量子观念和原子模型，并报告了超越原子光谱范畴的新进展。

虽然卢瑟福曾轻率地否决过他的同位素念头，但玻尔没有失去对元素周期表的兴趣。他那原子模型最初的灵感来自如何判定原子的大小，而不同元素原子的大小呈现出周期表所描述的周期性：最小的是分别只有 1 个、2 个电子的氢、氦，它们大小差不多；有着 3 个电子的锂原子比它们都稍大一些。接下来的 7 个元素又是差不多大小，直到有 11 个电子的钠又大出一截。如此等等。

玻尔对这个规律有一个非常简单、自然的解释：原子的大小是电子所占据的最大轨道的半径。而电子总是要处于能量最低的内层轨道。他再次宣布一个新规定：轨道上能容纳的电子数目是有限的。能量最低的第一级轨道最多只能有 2 个电子，第二级轨道只能容纳 8 个电子，第三级 18 个……这样，氢和氦的电子都在同一个轨道上，它们大小差不多。锂的 3 个电子只能有 2 个在那个最低轨道上，另一个电子必须占据第二级轨道，所以大了一些。同样，从锂到氖，它们又都是差不多大小，因为多出的电子都会处在相同的第二级轨道上。直到钠原子又多出一个不得不占据第三级轨道的电子。

因为这样的层次排列，玻尔这个新理论叫作原子的“壳层模型”（shell model）。它不仅描述元素周期表中横向的周期性，更为周期表纵列——“族”——上的原子具备相似的化学性质提供了解释：同一族的原子在最外层轨道上的电子数目是一样的，正是这个电子数决定了元素的化学性质。氢、锂、钠的最外层轨道上都只有一个电子，它们异常活跃，是排在周期表的第一纵列的“碱金属”；而氦、氖则相反：它们最外层电子正好都将那轨道占满，因此非常稳定，是周期表最后一列的“惰性气体”。

这便是隐藏在元素周期表背后的原理。由此，化学的经验有了物理学的基础。

爱因斯坦早就读到玻尔的论文。他又一次惊叹这简直就是奇迹，是人类理性思维的美妙乐章。[16]133-135,164-165

哥廷根的“玻尔节”名副其实。虽然玻尔远远没有爱因斯坦的名声，他在原子模型上的成就——至少在那 100 多名济济一堂的物理学家眼里——并不亚于爱因斯坦的相对论。他们以钦佩、崇拜的眼光欣赏着年轻大师的风采，聚精会神地聆听他每一句口齿不清、结结巴巴的嘟囔。

这个优雅的场景在第三天的讲座上被一个不和谐的意外打破。当玻尔礼貌地询问听众是否有问题时，靠近最后排的年轻人中立即有人举手提问。这在讲究礼让先后的德国是闻所未闻的举动，满屋子的大教授们不得不集体转身回头观望。他们看到一个身材魁梧的陌生青年，有点咄咄逼人地问了玻尔两个问题：你的模型中电子运动的频率与它发射、吸收电磁波的频率毫无关联，这背后的物理机制是什么？你的模型能解释氢原子、氦离子的光谱，它们都只有一个电子，你能解释有更多电子的原子光谱吗？

玻尔也颇为诧异。他知道这两个问题的分量，只能用更多模棱两可的嘟囔应付了场面。讲座结束后，他特意找到那个小青年，得知他是从慕尼黑来的沃纳·海森堡（Werner Heisenberg）。玻尔对这个名字有印象，来哥廷根之前刚读到过他的一篇论文。

海森堡还只是一个大学二年级的本科生，却已经在慕尼黑大学跟随索末菲做科研。哥廷根是索末菲的母校。他曾在这里接受严格的训练，打下坚实的数学根基。

为了“玻尔节”，他自掏腰包为几个得意门生买了车票前来共襄盛举。海森堡是其中之一。

在那艰苦的年月，海森堡和他的同学们只能就近找人家凑合过夜，天天忍饥挨饿来听玻尔的课。但这也没妨碍他一针见血地当众指出大师的不足之处。玻尔对这个大学生深感兴趣，当即邀请他晚饭后一起出外散步。

第一次见面的两个人在哥廷根漫步了整整三小时。在那个初夏的傍晚，他们谈了很多很多。海森堡不曾预料会有这样的机遇。他后来深情地回忆，那才是他物理生涯的真正开端。[21]83-85,[20]84-85

爱因斯坦没有去哥廷根参加“玻尔节”。

在广义相对论成功后的热潮中，他曾应邀在伦敦《时报》（*The Times*）① 上撰文介绍他自己和他的理论。他幽默地表示他国籍上既是德国人又是瑞士人，而他也是犹太人。如果这个理论成功，他就会被认作德国科学家；反之，他就会变成一个瑞士的犹太人——至少在德国人的眼里。[16]137

内心里，他知道这并不完全是自嘲。在德国，这一天会很快来到，与相对论却没有太大关联。

在战后德国混乱的政局中，反犹太情绪逐渐形成一股社会势力。爱因斯坦感觉到越来越逼近的危险。他停止了讲学，拒绝所有会议邀请和公开场合露面，还特意搬进朋友安排的乡间寓所隐居。就在“玻尔节”的同一个月，爱因斯坦的犹太朋友、政府外交部部长在上班途中被当街刺杀。作为国际明星，爱因斯坦很可能会是下一个目标。[16]134;[2]302-304

但他也不甘于被动躲藏。美国之行的明星待遇让他更向往外面的世界，避开德国的烦躁和危险。正当玻尔在哥廷根大展风采之时，爱因斯坦也做了计划。他接受去日本讲学的邀请，即将再次远渡重洋，进行一场为时大半年的国际旅行。

出发前，他收到来自瑞典的一封信。阿伦尼乌斯不那么隐晦地提醒他：我们可能会需要你在 12 月到斯德哥尔摩来一趟。如果你那时候在日本就不好办了。

爱因斯坦没有为之所动，依然与艾尔莎登上了邮轮。[2]301,306,310;[5]209-212

---

① 经常被误译为《泰晤士报》。

第13章 联袂的诺贝尔奖

瑞典化学家阿尔弗雷德·诺贝尔（Alfred Nobel）通过遗嘱创办他那举世闻名的奖项时，为物理奖设定的标准是“在物理学中最重要的发现或发明”。如何诠释这简单的一句话是被指定审核、发放奖金的瑞典科学院及其评奖委员会成员的职责。

虽然已经出现过牛顿、麦克斯韦那样几乎毕生从事理论研究的大师，[①] 物理学在 20 世纪初还是被看作纯粹的实验科学。所谓“发现或发明”自然地被理解为实验室里、工业生产中实实在在的成果。理论研究中那些看不见摸不着的数学推演不过是为实验提供解释和线索，不属于独立的发现，当然也更说不上是发明。

自 1901 年开始颁发起，诺贝尔物理学奖 20 年来的获奖者几乎是清一色的实验物理学家。理论家屈指可数：1902 年洛伦兹凭借他对塞曼效应的理论解释“沾光”，与在实验中“发现”该效应的塞曼同时得奖；1910 年，荷兰的约翰内斯·范德瓦尔斯（Johannes van der Waals）因为他对气体状态方程的理论“发现”获奖。普朗克在 1908 年功亏一篑固然是他运气不佳，很大程度上也出于评委对其理论“发现”的疑虑。那年“顶替”他获奖的里普曼便是因为“发明”了彩色摄影而理所当然。

那个时代的一些杰出理论家如玻尔兹曼、庞加莱等在世时皆与诺贝尔奖无缘。

1918 年，普朗克终于修得正果，因为“能量子的发现”获奖。那是第一个授予量子概念的诺贝尔奖。

曾几何时，诺贝尔奖也是青年爱因斯坦的梦想。他奇迹年的那四篇论文——布朗运动、光电效应、狭义相对论、质能关系——可以说每一篇都够得奖资格，虽然那些理论预测需要多年以后才陆续得到实验证明。到 1918 年时，他对自己会很快得奖早不再有疑，自信地将预期的奖金作为筹码与前妻米列娃达成离婚协议。但他没料到会一波三折。

早在 1910 年，爱因斯坦还是苏黎世大学不引人注意的新任副教授时，物理化学家威廉·奥斯特瓦尔德（Wilhelm Ostwald）第一次向诺贝尔奖委员会提了他

① 牛顿亲手做的物理实验就是光学棱镜实验。

的名。而仅仅几年前，奥斯特瓦尔德还是爱因斯坦广发求职信得不到回音的众多“愚蠢”权威之一。爱因斯坦的父亲还曾专门给大教授写过一封信，低声下气地为儿子求助。

奥斯特瓦尔德自己在那年获得诺贝尔化学奖。他的提名没有引起注意，那年的诺贝尔物理学奖归了范德瓦尔斯。

自那以后，爱因斯坦几乎每年都会得到多人的提名。与奥斯特瓦尔德一样，提名人大多把他的相对论列为主要贡献。奥斯特瓦尔德还特意提醒诺贝尔奖委员会相对论已经是物理学的基础，并非哲学思辨。年复一年，评委会成员依然觉得相对论只是纸上谈兵，没有足够的实际验证。

这个局面在 1919 年发生了戏剧性的改变。那年，爱丁顿的日全食结果到来得太晚，物理学奖已经授予爱因斯坦当年的盟友、后来的政敌斯塔克。

爱丁顿为广义相对论提供的证据不仅让爱因斯坦名闻遐迩，也令原来有疑虑的物理学家信服。那其中包括老资格的洛伦兹，他立即在下一年提名爱因斯坦。那年，爱因斯坦共获得八个提名，在洛伦兹之外还有爱丁顿、塞曼、瓦尔堡和玻尔等知名人物。普朗克也为他提了名，但因为错过截止日期而无效。

诺贝尔物理学奖揭晓时，全世界物理学家的眼镜同时掉下了鼻梁。获奖者是瑞士的查尔斯・纪尧姆（Charles Guillaume）。他可以说是完全不为人所知，但因为“发明”有助于长度、质量精准测量的合金得奖。

那年负责评选的还是当年曾试图让普朗克和卢瑟福同时得奖的阿伦尼乌斯。他对爱丁顿测量结果的可靠性有所怀疑。在收到那些支持爱因斯坦的提名信同时，他们也收到来自莱纳德等人的各种反对意见。在无从定夺的状态下，他们选择了更符合“发现或发明”标准的纪尧姆。这个人选让那些拼命反对相对论的人也摸不着头脑。

再下一年，爱因斯坦的提名人增至 14 位，包括普朗克、瓦尔堡、爱丁顿、奥森。爱丁顿在提名信中将爱因斯坦与牛顿相提并论，可以说是作为英国人能给予德国科学家的最高评价。

这一次，负责审理的是瑞典的眼科医生、诺贝尔生理学或医学奖获得者奥尔瓦尔・古尔斯特兰德（Allvar Gullstrand）。他对物理不甚了了，却也兢兢业业地做了一番研究，写出 50 页的报告，认定广义相对论的验证还存在大量漏洞，不足以得奖。

即使在瑞典科学院内，这个报告也没能让人信服。但谁也不敢公开违拗德高望重的古尔斯特兰德。他们集体把头埋进沙里，做出一个折中选择：既不把奖颁给爱因斯坦，也不再发给他人，就让那年的诺贝尔物理学奖空缺。

因为过程保密，爱因斯坦当时不可能了解这些内幕。但连年的错失已经让他对诺贝尔奖意兴阑珊。他的国际声望早就超越这个奖能带来的荣誉，奖金也已先期归了前妻。所以，当他在 1922 年 9 月接到阿伦尼乌斯带有强烈暗示的信时丝毫不为所动。[2]310-313,[28]

海森堡做梦也没想到过他会在哥廷根的夏日傍晚与玻尔单独散步。他有太多的问题要问，而最想知道的是这位名人的内心深处对量子理论究竟有着怎样的想法。

与玻尔一样，海森堡出生于知识家庭，父亲是慕尼黑大学的古典哲学、文学教授。与玻尔和他弟弟相似，海森堡有一个年龄非常接近的哥哥。他祖父掌管着德国最出名、普朗克 40 年前曾经上过的中学，那也是他们兄弟俩的学校。两人出类拔萃，学业一帆风顺。而第一次世界大战的到来打搅了宁静的生活。

图 13.1　第一次世界大战后在山中农庄锻炼的少年海森堡（左三）和他的同伴们

高中的海森堡在战时、战后的混乱政局中召集小伙伴组织起队伍，加入当地类似童子军的组织。他们在慕尼黑城内维持秩序、搜寻食物，也经常深入附近的阿尔卑斯山中长途拉练、野营，在农庄里干活，劳筋骨苦心志（图 13.1）。

中学毕业后，他在 1920 年夏天进入慕尼黑大学。受父亲影响，他的兴趣在于哲学和数学。父亲为他安排与学校最著名的数学老教授面谈。教授听海森堡介绍已经自学了相对论，便认定他再也不可能专心数学。于是，他父亲又建议他去找索末菲。

索末菲接纳了海森堡。他在面谈后看出这个新生超群出众、好高骛远，建议他先学会踏踏实实地解决一些实际问题，并让他与早两年入校、同样聪明绝顶的沃尔夫冈·泡利（Wolfgang Pauli）做伴。与勤奋、生活规律、喜欢户外活动的海森堡相反，泡利不爱运动，乐于夜夜声色犬马早上睡懒觉。当然两个年轻人还是即刻成为好朋友。

泡利那时正被导师抓差，替索末菲为一本百科全书撰写关于相对论的综述。那正是海森堡所渴求的大课题。泡利却嗤之以鼻。他告诉海森堡相对论自诞生后就已经是一个完整的理论体系，既没有发挥余地也没有实用价值，在学术上是一条死路。索末菲那时刚着手的原子模型千疮百孔，才是肥沃的学术土壤。海森堡听从了师兄的忠告。

索末菲的确正在焦头烂额之中。他已经解释的塞曼效应有了新变化：有些光谱线的分裂不近情理，出现了他的模型无法解释的所谓“反常塞曼效应”。① 他猜想已有的三个量子数可能还不足以描述电子的轨道，需要再加上一个新的量子数，却一时也找不出头绪。

初生牛犊的海森堡仔细研究了索末菲收集、整理的光谱数据，很快发现一个窍门。如果那新加的第四个量子数不是整数，而是半整数②，他就能凑出相当一部分光谱线的分裂，解释这个反常塞曼效应。

这个举动让泡利和索末菲都大吃一惊，深感绝对不可接受。普朗克量子概念的精髓在于能量或其他物理量可以分为一份一份的量子，也就是可以一个一个地数。如果允许以半整数计数，那么肯定还会出现以四分之一、八分之一等计数。此风一开，量子的概念也许自身难保。

但海森堡有着与几年前玻尔一样的尚方宝剑：无论模型如何没有道理，他可以解释实际的谱线分裂。索末菲只能高抬贵手，批准海森堡发表这个想法。他将论文转寄给爱因斯坦、玻尔等人时专门附信道歉，表示论文存在大问题。只是结果似乎太过重要，他不得不同意发表。玻尔正是在去哥廷根前读到了这篇论文而知道海森堡这个名字。[29],[16]177-181,[21]76-82,[20]83-84

经过这番历练，年轻的海森堡深为困惑。物理——尤其是量子——的研究方式完全不是他中学时想象的那样逻辑清晰、井井有条，既有数学的严谨又蕴含哲学的智慧。恰恰相反，玻尔和索末菲的原子模型逻辑上根本无法自圆其说，只是结果能与实验证据相符。这样通过光谱窥探原子的奥秘几乎与盲人摸象无异。如何知道自己摸对了、摸全了，如何确定此乃真实的物理？

在哥廷根的黄昏中，玻尔表示深有同感。他坦白地告诉海森堡他其实也没有

---

① 名为“反常”只是因为当时的理论无法解释。自然现象本身并没有正常、反常之分。

② 即 1/2，3/2，…

把握，只能依赖自己的直觉摸着石头过河。玻尔已经认识到从熟悉的经典物理世界到量子世界本身也是一个量子式的跃迁，没法在逻辑上按部就班、顺理成章地平滑过渡。他告诉海森堡原子的微观世界也许压根不可理喻，没法用人类语言表达。他们所做的模型不过是在尽可能地描述原子世界那些可以被观察、被理解的小部分。

同样对哲学情有独钟的玻尔还挺神秘地解释，物理就如同诗人的言辞。诗人并不那么关心事实本身，而会更关注于为事实勾画出美妙的图像和意境，建立内在的联系。

虽然不尽理解，玻尔这番推心置腹扭转了青年海森堡对物理学、科学研究的原初想象和成见，开启了他的职业生涯。①

分手时，玻尔邀请海森堡毕业后找机会到他的哥本哈根研究所深造，一起尝试破解这些疑惑。[21]81-82,85-88

1922年11月13日，爱因斯坦乘坐的邮轮赴日本途中在中国的上海短暂停留（图13.2）。他在那里受到当地知识、新闻界人士热烈欢迎，也接到了终于赢得诺贝尔物理学奖的电报。稍早，玻尔在哥本哈根也得到了他自己的喜讯。

图13.2 爱因斯坦（右四）和艾尔莎（左三）在上海逗留期间在当地画家王一亭（右二）家中留影。右一为历史名人于右任

那年，爱因斯坦的诺贝尔奖争议已经近似丑闻。法国的马塞尔·布里渊（Marcel Brillouin）在提名信中诘问：你们要好好想一想，如果50年后人们发现爱因斯坦不在获奖者之列会如何反应？与他一起，包括普朗克、劳厄、索末菲、郎之万、瓦尔堡、奥森等17人为爱因斯坦提了名。

奥森那年加入了评委会。他刚从哥廷根的“玻尔节”回来，挺身而出要设法解开这个死结。一年前，奥森作为同事曾经辅助古尔斯特兰德研究相对论

① 玻尔和海森堡的这番——以及后来多次的——对话内容只有海森堡多年后一面之词的回忆，可能存在有意或无意的不确定。

的现状，知道这位医生在物理上很不靠谱，却极为固执。奥森决定避开相对论这个烫手山芋，改提光电效应。虽然爱因斯坦所依据的量子理论与相对论一样也还未被瑞典科学院成员接受，但奥森强调爱因斯坦“发现”了一个光电效应背后的定律，已经由密立根的实验证实。这完全符合诺贝尔奖的标准。

这样，奥森提议将搁置的 1921 年诺贝尔物理学奖补授给爱因斯坦，表彰他这一发现以及“他对理论物理的贡献”。为了避免误解，他还特意注明：那被表彰的贡献中没有包括未来也许会被证实的相对论和引力理论。①

为了加强效果，奥森建议同时将 1922 年的诺贝尔物理学奖授予玻尔，因为玻尔的原子模型是爱因斯坦光电效应理论的延伸。他成功地赢得了古尔斯特兰德和阿伦尼乌斯的首肯，两个奖项都顺利得以通过。

虽然两年的奖同时公布，玻尔很庆幸他的奖排在爱因斯坦之后，免了在他尊敬的师长之前捷足先登的尴尬。他更兴奋地期待能与爱因斯坦同台领奖共享殊荣，却只能抱憾。当玻尔 12 月 10 日在斯德哥尔摩发表获奖演说时，爱因斯坦还在地球另一端的日本讲学。德国和瑞士为爱因斯坦的国籍发生了争执。外交妥协后，德国驻瑞典大使在仪式上代爱因斯坦领了奖，再由瑞士的大使之后转交给爱因斯坦。

1923 年 7 月，从亚洲回来的爱因斯坦借瑞典的一次会议补做了获奖演讲。他压根没有提及光电效应，而是着重地介绍了相对论，并提出他下一步的宏大构想：寻找一个能兼顾广义相对论（引力）和电磁作用的“统一场论”（unified field theory），期望这样一个全面的理论能够解决量子概念中那些令他寝食不安的难题。[2]313-316;[16]135-138

莱纳德没料到他反对相对论、犹太物理学的不懈努力会导致爱因斯坦最终以他所发现的光电效应得奖。至少在诺贝尔奖说明中，他们俩的名字永远地联系在一起。

虽然有点阴错阳差，但爱因斯坦与玻尔继普朗克之后的联袂获奖奠定了量子在诺贝尔奖殿堂中的位置，也开启了诺贝尔物理学奖接纳理论家的新时代。

与爱因斯坦获奖的跌宕起伏相反，玻尔则一帆风顺。他从 1917 年起就开始被提名，得奖的呼声逐年增高。在获奖的 1922 年，他有着 11 人的提名，完全可

---

① 这个画蛇添足的注释似乎也为爱因斯坦将来以相对论再度得奖预留了机会。但评委会后来再也没有重启这一争端，相对论也就永远地在诺贝尔奖中缺席。

以说是众望所归，毫无异议。

只有那丰富、扩展了玻尔原子模型的索末菲私下里非常纳闷他为什么没能与玻尔分享这一荣誉。在玻尔得奖之后，他一直等待着来自斯德哥尔摩的青睐。从1917 年到他去世的 1951 年，索末菲总共获得 84 次提名，在诺贝尔物理学奖提名数中首屈一指。然终其一生，他也未能跻身这个荣誉行列。[30]

第 14 章　康普顿的实验

与玻尔一席长谈几个月后，海森堡兴冲冲地赶到莱比锡参加德国科学家年会。索末菲早就说过，那个年代物理学界最值得见的只有两个人：爱因斯坦和玻尔。这次会议安排有爱因斯坦的主题讲座，海森堡翘首以盼。

在会场门口，他手里突然被塞了几份传单。那是莱纳德的几个学生在派发攻击以爱因斯坦为代表的犹太物理学的宣传品。海森堡这才得知爱因斯坦还在隐居中，没有来开会。他的学术报告由劳厄代讲。

海森堡深感失望。那天晚上，他发现自己的行李被偷窃一空，只好放弃会议回家。索末菲已经为他的下一步做了安排，去哥廷根的玻恩那里“留学”一年。[21]88-89;[20]84

索末菲自己请了一年的假，远赴美国的威斯康星大学讲学。虽然已经有了国际知名的迈克尔逊和密立根，美国在物理——尤其是理论物理——领域还颇为荒凉。但那里的美元正在显示出成为全球硬通货的地位，对进入恶性通货膨胀的德国人有很强的吸引力。去美国讲学渐成时尚。①

泡利已经毕业，离开慕尼黑到哥廷根担任玻恩的助手。他也是在那里的玻尔节上第一次见到玻尔。玻尔表示他的研究所正需要人手协助以德语撰写论文。泡利二话不说接受了邀请，很快又离开哥廷根前往哥本哈根。[16]162-163

他那时不知道自己正成为一个先行者，依次游历慕尼黑、哥廷根、哥本哈根这三大现代物理重镇。师弟海森堡很快也会走上同样的征途。他们的后面更会是成群结队的青年物理学家。

普朗克在战争结束后就进入了准退休状态。他和能斯特招聘来的爱因斯坦因为广义相对论的成功为柏林大学争得世界性荣誉，但他们计划设立的理论物理研究所却依然只是爱因斯坦自己家里的阁楼书房，唯一的正式雇员是担任秘书的艾尔莎大女儿（艾尔莎前一段婚姻有两个女儿）。与卢瑟福、索末菲、玻恩、玻尔

---

① 爱因斯坦随魏茨曼赴美筹款之前也曾联系在美国（包括威斯康星大学）讲学。但他要价太高，没有被接受。[2]289,297-298

等人身边聚集着年轻人而朝气蓬勃相反，爱因斯坦习惯独来独往。在摆脱了教学负担之后，他没有兴趣提携学生。在盛名带来的社会活动和困扰之下，他的学术活动也不再那么活跃。

1918 年，卢瑟福终于在曼彻斯特争取到一个新席位，热情邀请玻尔去担任理论物理教授。他满心期望能与这位杰出的弟子携手大干一番，建立新的科学中心。但那时玻尔自己的研究所已经破土动工，只能婉拒。[16]115

一年后，63 岁的汤姆森辞去卡文迪什实验室主任职务，专心担任剑桥历史悠久的三一学院院长。在他掌管的 35 年间，卡文迪什实验室赢得 7 个诺贝尔奖，拥有 27 名皇家学会会员，一跃成为领先全球的科研重地。

剑桥毫无悬念地聘请卢瑟福接任汤姆森。卢瑟福也当仁不让。他把从麦吉尔到曼彻斯特锤炼得炉火纯青的风格全盘搬到卡文迪什，掀开历史新的一页。汤姆森也获得许可，时常到实验室继续从事研究工作。

但卢瑟福再也没能找到一个玻尔那样“富有独创才能”的理论家。在他的领导下，卡文迪什实验室继续以各种实验手段探测原子核的结构，成绩斐然。但他们同时也淡出了理论研究。自汤姆森、卢瑟福而始的原子模型早已离开了英伦，伴随玻尔渡过海峡，在索末菲和玻恩的协助下扎根于欧洲大陆。[31],[21]61-62

图 14.1　玻尔夫妇和他们的儿子们

哥本哈根的玻尔研究所也已经初具规模。玻尔仿照卢瑟福风格营造以年轻人为主的科研基地梦想正逐步成为现实。诺贝尔奖大大地提升了他的个人威望，更吸引着欧洲各地的青年争取各种机会来这里镀金。

他和妻子玛格丽特在研究所中的小家庭也在急剧增长。他们一连串地生育了 6 个儿子①（图 14.1）。玛格丽特放弃帮助玻尔写论文的职责，专心管家相夫育子。作为女主人，她也热情地帮助研究所接待、照顾络绎不绝的访客，尤其热衷于为当地

① 其中两个不幸夭折。

姑娘与这些外来的才俊①牵线做媒，成就了好几对姻缘。[9]28-29,54;[32]76;[33]31

至少在本职工作上，玻尔不再需要玛格丽特的协助。克莱因毕业离开后，荷兰小伙汉斯·克莱默（Hans Kramers）接替他作为玻尔长期固定的助手。在研究所里，玻尔也会随时抓住身边的小伙子，让他们在他自言自语或者与人讨论争辩时在旁边记笔记。这对于年轻人来说是一个既兴奋又惶恐的经历。他们可以在最近距离观摩大师的思想过程，同时又必须绝望地试图捕捉玻尔那每一句口齿不清的嘟嘟囔囔。

无可争辩的是玻尔在这里享有至高无上的尊重和崇拜。泡利到来不久就发现，在玻尔研究所里，“玻尔是真主安拉，克莱默是他的使者”。[21]97

在身边的年轻人用他的原子模型积极地向光谱实验呈现的各种难题发动进攻时，玻尔的注意力越来越集中于量子理论的基础问题。索末菲在慕尼黑带着泡利和海森堡“随意”添加量子数甚至半量子数拼凑光谱线的做法固然是在继承着他的衣钵，但也让他与海森堡一样地疑惑。如何才能知道什么是真实的物理？

为了有所依据，玻尔提出一个“对应原理”（correspondence principle）：量子世界虽然独具风采，但它在一定条件下必须回归熟悉的经典世界，与经典物理的概念一一对应。

在极限情况下回归经典是物理新理论的常规。爱因斯坦的相对论根本性地颠覆了牛顿的时空观，与日常生活的经验格格不入。但在运动速度远远小于光速时，狭义相对论的运动方程逼近牛顿动力学方程，相对论效应只是微不足道的高阶修正。广义相对论也一样：当质量非常小时，时空的弯曲可以忽略而重新回到牛顿的世界。

量子是微观原子世界的新理论。玻尔指出它也不能与熟悉的日常世界完全脱节，而必须存在“对应”。比如在原子模型中，如果电子的能量足够大，占据的轨道非常高，那里的量子数很大，轨道之间的间距非常小，便趋近经典的连续运动。他和索末菲最初引入的三个量子数正好对应于经典物理中三维空间的运动自由度。

所以，索末菲后来引入的那第四个量子数就无法理解，因为它在经典物理中找不到对应的自由度。

---

① 无一例外均为男性。

玻尔认为对应原理是鉴别新理论的试金石，但其他物理学家却还是一头雾水。正如玻尔在散步时对海森堡坦白，量子世界不像相对论那样可以由速度、质量的大小自然地过渡到经典理论。这个对应原理只是玻尔的泛泛而谈，没有数学方程可以应用。

首当其冲的索末菲摸不着头脑。他觉得那纯粹是玻尔手中的一根随意挥舞的魔棒。克莱默也吹嘘道，对应原理只会在哥本哈根灵验，出了玻尔的地盘立即失效。[21]86-88;[9]113-114

索末菲到美国讲学的目的是赚点坚实的美元。他没有指望会在这学术不毛之地得到额外的收获。然而，他在1922年11月芝加哥的学术会议上却得到一个惊喜：圣路易斯市华盛顿大学的亚瑟·康普顿（Arthur Compton）报告了一个新发现。

康普顿在第一次世界大战之后曾到卡文迪什实验室留学。那时卢瑟福刚回来主事，汤姆森也经常在实验室工作。康普顿对他们印象深刻，跟着学习了光散射原理和X射线技术。回美国后，他年仅27岁就担任了华盛顿大学的物理系主任。

瑞利和汤姆森不仅是卡文迪什实验室的两代掌门人，也是光散射现象的鼻祖。瑞利分析太阳光被空气中分子散射的过程，以“瑞利散射”解释了天空为什么呈现蓝色。汤姆森则研究了光与他发现的电子的散射过程，即“汤姆森散射”。在这两个散射过程中，光是麦克斯韦描述的电磁波。与通常的折射相同，不同频率的光在这些过程中会有不同的散射角度，也就是色散。但它们作为电磁波特征的频率不会变化。

图14.2　康普顿在讲解他的散射实验

康普顿在圣路易斯用X射线照射石墨中的电子，进行一个与光电效应相似的实验（图14.2）。不同的是他没有在意被打下的电子，而是测量那些被电子散射后的X光。他惊异地发现它们的频率与入射的X光频率不一样。散射光的频率比入射光频率稍小，两者之差由散射的角度决定。

这是一个很奇怪的现象。麦克斯韦的理论中不存在电磁波在传播、反射过程中发生频率变化的机制。康普顿只能转而诉诸量子理论：如果 X 射线是爱因斯坦所说的那个既有能量又有动量的光子，它与电子相遇时就不再是光的散射，而是两个粒子的直接碰撞。碰撞时，粒子各自会有能量和动量的改变。这个变化对于电子是速度的改变，而对于光子则是频率会发生变化——因为爱因斯坦光子的能量、动量都与频率成正比。散射光的频率变小是因为入射的光子把自己的一部分能量和动量传递给了电子。

这样，光子与电子的碰撞是一个简单的物理过程，只需要用能量和动量的守恒定律就可以轻易求解。果然，康普顿发现这样计算出的结果与他的实验数据完全相符。

在芝加哥会议上做了报告后，康普顿将论文投寄给美国的《物理评论》（*Physical Review*）期刊，直到半年后才得以发表。这家偏僻地方的杂志在欧洲本来不会引人注意。但远在论文问世之前，欧洲的物理学家就已经从索末菲兴奋的来信中得知了这个“康普顿散射”的发现。[16]138-141,[21]96-97

1923 年 7 月，爱因斯坦在瑞典发表了他那迟到的诺贝尔获奖演讲后就近来到哥本哈根。这次轮到玻尔在火车站迎接。时隔三年后，他们第二次握手。

两人坐上有轨电车，立刻就展开了激烈的辩论，似乎他们的交谈从来就没有中断过。过了一会儿，玻尔发现已经坐过了站。他们随即换乘反方向的车，不久又再次错过了下车。[16]41,[9]126

那是爱因斯坦第一次也是最后一次访问哥本哈根。他们在电车上争辩的内容不为人所知，但可以想象会与康普顿的实验有关。半年之后，物理学家已经确定这一效应无法用麦克斯韦的电磁波解释，只有光量子理论才能准确地给出实验结果：那是一个光子和一个电子的单独碰撞。

时隔六年后，物理学界终于完全接受了爱因斯坦的光子。只有玻尔还是个顽固的例外。

克莱默刚来到哥本哈根时，玻尔曾让他研究一下爱因斯坦的辐射论文。玻尔的原子模型可以解释光谱线的频率，却无法推导每条谱线的强度。爱因斯坦理论中的自发、受激辐射都是以一定的可能性发生。但他没能给出具体计算这些可能性的途径。如果能找出推算的方法，就可以得出相应谱线的强度，填补一个巨大的缺陷。

不料，克莱默研读论文之后对其中的光量子概念产生了浓厚的兴趣。他想象这样的一个光“粒子”与另一个“实在”的粒子发生碰撞会是怎样的情形，立刻就推导出康普顿后来才发现的公式。他兴冲冲地找玻尔汇报，这是他刚刚起步的科研生涯第一个有意义的突破。

性格温和的玻尔听后几乎大发雷霆。在他心目中，爱因斯坦那篇论文精彩非凡，就是其中光量子不可接受。如果承认那样的光子存在，麦克斯韦的电磁学就会被彻底推翻。那是玻尔绝对不愿意看到的。他不厌其烦，花了一整天工夫对克莱默软硬兼施，从科学、哲学高度反复论证光子不可能存在，说服他承认误入了歧途。

克莱默当晚就住进了医院。

住院几天恢复后，克莱默绝口不再提光子。他还烧毁了笔记，强迫自己忘却这段痛苦的经历。在那之后，克莱默继续忠实地担任玻尔的助手。在后来的职业生涯中，他有所贡献，但再也没能表现出创新的锐气。[21]97-99

稍后不久，年轻的约翰·斯莱特（John Slater）在哈佛博士毕业后也来到哥本哈根镀金。他是第一个来到这里的美国人，带着自己的新思想：爱因斯坦的光子是存在的，但同时也会有某一种波在引导光子的行为，使其运动符合麦克斯韦的波动理论。

这次轮到克莱默教训新手。他义正词严地驳斥斯莱特的想法，阐述玻尔那光子不可能存在的信念。但玻尔和克莱默也认为斯莱特的文稿中尚有可取之处，值得花工夫修改后发表。于是，他们展开了一场典型的玻尔式科研运作：日复一日，他们三人待在一间办公室里。玻尔不停地来回踱步，嘴里嘟嘟囔囔。克莱默勤奋地笔记，捕捉每一丁点思想火花。斯莱特则只有在边上干瞪眼的份。

短短几个星期后，玻尔满意地画上了句号。这在玻尔的论文写作史上算是出奇的迅捷。但论文已经面目全非，不再有斯莱特最初思想的影子。相应地，作者顺序依次为玻尔、克莱默和斯莱特，按照他们姓氏缩写为“BKS 论文”。

当然，玻尔作为第一作者名至实归：这篇 20 页篇幅的论文洋洋洒洒，没有一个数学方程。

如果把光看作有能量、动量的粒子，它与电子的碰撞是高中学生就能够求解的两个方程，分别描述能量和动量的守恒。克莱默和康普顿都曾轻易地找出了答案。在康普顿论文问世之前，过去给索末菲担任过助手的德拜得到消息后，也很快地发表了他自己的推导。正因为其简单直接，康普顿散射结果极具说服力，无可争辩。

为了坚持光子的不存在，玻尔因而不得不釜底抽薪，根本性地否定动量、能量守恒定律。与爱因斯坦解释点光源发出球形的光波一样，玻尔认为这些经典的守恒定律只是在大量碰撞事件的统计平均中才成立，而单个电子受电磁波影响时动量和能量并不守恒。这样，康普顿散射被广泛接受的解释就失去了根基。

康普顿最初的实验只测量了入射和散射的 X 光频率，的确属于统计平均的结果。但即便如此，玻尔在论文中也需要构造出一个极其曲折复杂的新理论才能为康普顿散射提供一个另类的解析。

他的信心远不如他执拗的态度。论文完成后，玻尔不敢直接去询问爱因斯坦的反应，差使泡利去打听。泡利很快以外交辞令转告了爱因斯坦的反对态度。他不敢如实转达的是爱因斯坦在给玻恩的私信中所发的牢骚：如果理论物理的未来是玻尔这样的做法，那么他宁愿改行去当街头修鞋匠或赌场发牌员。

康普顿在完成最初的实验后转到名气更大的芝加哥大学供职。他在那里招收了几个研究生继续完善这个实验，其中有从中国来留学的吴有训（Y. H. Woo）。他们以更系统、精确的实验证实了康普顿散射。欧洲的实验室也纷纷跟进。

就在 BKS 论文问世几个月后，新的实验证据便出现了：X 光与电子的碰撞即使在单个过程中也满足动量和能量的守恒。那并不只是统计平均的效果，经典的守恒律在量子世界中经受了考验。

玻尔不得不面对现实。他承认打了一个大哑炮，唯一可做的是为 BKS 论文“举行一个体面的葬礼”。

斯莱特曾经为自己的想法得到玻尔的重视欢欣鼓舞，不断写信回家报告喜讯。随着他们“合作”的进展，他越来越垂头丧气，内心后悔没能自主发表最初的论文。一直到玻尔去世之后，他才公开承认在哥本哈根的那一年是他人生的最大梦魇。[21]99-103,[9]121-122,[5]283-284

即使在哥本哈根，在玻尔自己的手中，对应原理这根魔棒也不总能管用。

康普顿散射证实了光在与电子碰撞时所呈现的粒子性，奠定了它与波动性平起平坐的地位。1924 年 4 月 20 日，爱因斯坦在德国一家报刊上发表文章总结：“所以目前有两个光理论。它们都不可或缺。我们不得不承认，在理论物理学家 20 年巨大的努力之后，还没发现两者之间任何逻辑联系。”[16]142

他和玻尔都没有料到，就在惨不忍睹的 BKS 论文背后，一个新的机遇正在出现。

第 15 章　德布罗意的波

斯莱特将波与粒子结合起来描述光子的想法是他的独创，却也不算首创。爱因斯坦已经为同样的念头纠结了好几年。

爱因斯坦在 1917 年的辐射论文中提出光子有动量，是“实实在在”的粒子。原子在辐射时只能往一个特定的方向发射一个光子。我们没法看到这样的景象，因为日常的光源无论多小都有着太多的原子在同时辐射。它们随机地向四面八方发射光子，我们看到的光便是一个球形的波。

这个解释与玻尔后来在 BKS 论文中所用的手法一致，都是将宏观世界的现象看作大样本的微观事件的总和，并不一定是微观事件的忠实表现。玻尔试图论证微观世界不遵从能量、动量守恒律，那只是宏观统计平均的结果；爱因斯坦推测的是微观世界的粒子运动在统计平均后看起来会是宏观的波动。

自普朗克以降，物理学家在量子新世界里不再被既有的物理定律束缚，可以大胆地另辟蹊径，创造新的规则。

玻尔的假想很快被实验否定，爱因斯坦也无法自圆其说。因为他清楚，统计平均的解释可以对付点光源的发光，却无法适用于光作为波动的其他表现。自从杨在 1803 年展示了光的干涉、衍射之后，光的波动说就已经完全确定，导致牛顿的微粒说销声匿迹。光作为粒子的运动无论有多大的样本，如何去统计平均也不可能出现干涉和衍射。

那正是从普朗克到玻尔的物理学界顽固地抗拒光子概念的最大理由。显然，即使光是由单个、实在的粒子组成，它也必须以某种形式具备波动性。这在经典物理中找不到“对应”，只能再度寻找新的途径。

与斯莱特后来的想法相似，爱因斯坦曾设想作为粒子的光伴随有一个“鬼场”（ghost field）。与粒子在特定时刻只局域于空间一个点相反，这个鬼场在任何时刻都弥漫整个空间，遵从麦克斯韦方程。原子辐射时会产生这个场，以球面波传播。而同时发射的光子则在这个鬼场的引导下运动，其在空间某个点出现的可能性由鬼场在该点的强度决定。这样，大量光子的集合会宏观地呈现出鬼场作为电磁波的形状和行为，包括干涉、衍射等波动特征。

虽然井井有条，爱因斯坦无法为这个概念赋予严格的数学表述。他没有正式发表论文，只是在与洛伦兹、索末菲、埃伦菲斯特等朋友的信件往来中私下讨论，使其在学术界小圈子里尽人皆知。[5]196-198

诺贝尔奖也为爱因斯坦的生活、工作环境带来正面的变化。在举国上下如他所料地因为广义相对论的成功将他认作“德国的物理学家”时，莱纳德、斯塔克等人的攻击偃旗息鼓。德国境内的反犹太情绪也一时陷入低潮。他又有了可以专心学术的环境。但与十年前他在量子化麦克斯韦方程时屡战屡败一样，他在鬼场上也再度碰壁。于是，他又一次离开量子领域，转战统一场论，希望能取得比广义相对论更为辉煌的成果。

然而，在 1924 年的夏天，他接连收到两封不期而至的来信，执拗地将他的注意力又暂时拉回到量子世界。

第一封信来自遥远的地球另一端：印度。

爱因斯坦从来没有去过印度，最近距离的接触是在去日本途中曾在斯里兰卡靠岸逗留。在他的旅行日记里，他对科伦坡街头的印度人怀有一种既可怜又鄙视的情感。

但这封来自陌生东方国度的信引起了他的兴趣。信的作者是那里一位名叫萨蒂恩德拉纳・玻色（Satyendranath Bose）的年轻物理学家（图 15.1）。

玻色出生于当时是印度首府的加尔各答。他因为家境尚可，从小接受了良好的教育。但在英国的控制下，印度人在自己国家的大学里很难谋得职位。玻色只能混迹于三流学校。他与相同处境的朋友们一起翻译爱因斯坦的著作，自己也发表过几篇没人关注的论文。

图 15.1　玻色

这一次，玻色投稿英国刊物的论文在审稿中被拒。他异想天开，直接给爱因斯坦写信请求他将自己的英文稿件翻译成德语，安排在德国著名的《物理学杂志》（*Zeitschrift fur Physik*）发表。他在信中写道：“我们素昧平生，但我提出这个请求时丝毫不带踌躇。因为曾经从你的著述中获益匪浅，我们都是你的学生。”

爱因斯坦每天都会收到大量这类“学生”的来信。他奇迹般地没有忽略这一封，用他很不娴熟的英文阅读了论文。在短短的两页纸中，玻色做到了爱因斯坦过去没能做到的事：完全从光子出发推导出黑体辐射的普朗克定律。

爱因斯坦曾在 1917 年的辐射论文中第一次推导出普朗克定律。但那时他借助了玻尔的原子模型，通过辐射体与辐射场的热平衡才获得成功。黑体空腔内部的辐射可以完全决定自己的平衡态状况，没必要依赖作为腔壁的原子。在普朗克之前，瑞利和爱因斯坦都曾只对空腔内部的电磁波进行统计分析而推导出瑞利-金斯定律，揭示出经典理论中的紫外灾难。

相应地，在量子的概念中，空腔内的辐射不再是连续分布的电磁波，而是不同频率的光子。因为光子之间没有相互作用，那是一个物理学家熟悉的理想气体系统，用统计手段推导它的状态轻而易举。爱因斯坦和其他人都尝试过，却始终没能得出普朗克定律而只能得到近似的维恩定律。

玻色声称他解决了这个问题。爱因斯坦自然不会掉以轻心。

在瑞利和爱因斯坦最早的经典推算中，他们通过统计空腔内电磁波能形成的驻波数目来计算各个频率的自由度，然后根据能均分定理得出能量分布。理想气体系统中相应的是要统计出光子所能有的状态数目。就像一个盒子里有若干个小球，它们可以任意分布，不同的排列组合便是不同的状态，需要一一计数。

爱因斯坦很快发现玻色在计数时耍了一个不起眼的花招：如果将盒子里的两个小球彼此交换位置，那会是一个与原先不同的新状态，尽管如果两个小球一模一样时会看不出区别。玻色忽略了这个运作。在他的计数过程中，小球——光子——互相交换时不改变状态。这应该是一个非常低级的数学错误。但这样一来，空腔内光子所能有的状态数目大大减少，结果居然符合普朗克定律。

玻色自己在论文中对这个关键的步骤一笔带过，没有解释。他后来承认当时完全没有意识到这有什么新奇。与早先普朗克发现定律的过程类似，那可能只是玻色在已知结论的情况下拼凑出来的招数。因为已然得到期望的结果，他就没有再去考虑所用的计算方法有什么不可思议。

爱因斯坦看穿了玻色的这个戏法，不过一时无法领悟其物理含义，只觉得玻色的推导“很优雅但其实质却非常隐晦”。但毕竟玻色由此推导出了普朗克定律，其中必有合理之处。他立即依照玻色的请求将稿件翻译成德语推荐给《物理学杂志》。他还附上一段译者注：“在我看来玻色对普朗克定律的推导标志着一个重要的进展。他采用的方法还能导致理想气体的量子理论，我会另外提供具体信息。”

有了爱因斯坦的担保，玻色的论文立即被杂志接受发表。[5]215-224

短短几个星期后，爱因斯坦宣读了他自己“另外提供具体信息”的论文。这时他已经完全明白了玻色算法背后的意义：在量子世界中，粒子是“不可分辨”的。两个同样频率的光子就是完全相同的光子，无法分辨彼此。所以，将这样的两个光子互相交换位置，前后没有任何区别，系统也就没有改变过状态。

这又是一个在经典物理中没有“对应”的量子世界独有特性。爱因斯坦指出这个不可分辨不仅适用于作为辐射的光子，而且适用于所有微观粒子——电子、原子——的普遍性质。如此一来，麦克斯韦、玻尔兹曼的统计理论只适用于可分辨粒子的经典系统。在量子世界，必须采用新的计数方法，即“玻色–爱因斯坦统计”。

爱因斯坦之所以能如此断言，是因为他发现这个新的统计方法解决了另一个让他头疼的问题。

还是十几年前，爱因斯坦通过对固体比热的量子计算证明当温度趋于绝对零度时，系统的自由度将一个个被“冻结”，导致整体的熵趋于零。遗憾的是，他的比热计算只适用于低温的固体和液体，气体——尤其是理想气体——却不遵从这一规律。

理想气体是物理学家的一个理想化模型，其中的粒子没有相互作用，也就不会像常规气体那样在低温时发生变成液体、固体的相变。无论温度如何降低，理想气体的自由度都没法被冻结。因此理想气体的熵不会降为零，违反了那个因他和能斯特而来的热力学第三定律。虽然理想气体只是一个现实中不存在的模型，但爱因斯坦一直放心不下。

他这时发现，如果采用新的量子统计，理想气体在温度趋于零时会发生一个奇妙的相变：大量粒子将“凝聚”在一起，不再以单个的粒子存在。在绝对零度，所有粒子都进入这样一个共同状态，不再有任何个体差异。这样，系统变得完全有序，熵等于零，符合热力学第三定律的要求。[5]229-238

这又是一个在经典世界中不存在对应的量子奇迹，叫作“玻色–爱因斯坦凝聚”①。

爱因斯坦那些对量子已经见怪不怪的同行们对这一新动态都觉得难以想象。整整 70 年后，玻色–爱因斯坦凝聚才在 1995 年被新新一代的物理学家证实，再一次凸显爱因斯坦的卓越远见。

玻色来信后不久，爱因斯坦又收到另一个小字辈的论文。这封信来自近在咫尺的巴黎，是老朋友郎之万请求他帮忙。郎之万的一个学生刚刚完成博士论文，

---

① 虽然名为“玻色–爱因斯坦统计”“玻色–爱因斯坦凝聚”，这些其实都是爱因斯坦的独立发现。玻色在提出他最初粗糙、也许只是碰巧的想法之后不再有贡献。

让他很难定夺。他告诉爱因斯坦这篇论文有点古怪。但因为当初玻尔的原子模型也相当古怪，他不敢轻易否决。

第一届索尔维会议在 1911 年举行时，与会的物理学家没有留意他们下榻的旅馆里还有一位 19 岁的法国小青年。路易斯·德布罗意（Louis de Broglie）（图 15.2）当时只是他哥哥的小跟班。哥哥比他大 17 岁，刚在郎之万指导下获得博士学位，因导师的赏识得到邀请担任会议书记员。德布罗意也跟着来看热闹。他没有抛头露面，只是每天晚上在房间里听哥哥回顾当天会上的讨论，想象大师们的风采。[9]123

图 15.2　德布罗意

他们兄弟俩出身显赫，家族同时拥有法国公爵（duke）和德国王爵（prince）的世袭封号，300 多年来出现过多名部长、外交官、将军等，还曾有过一位总理。德布罗意 14 岁时父亲去世，由他长兄抚养长大。

贵族的传统是或从武当兵或从文辅政，为国家、国王效力。德布罗意的哥哥曾在海军服役 9 年。因为负责舰船之间的无线通信而对科学发生了兴趣，他违背家族的意愿退伍，去法兰西大学攻读博士学位，还在自己家里建立了一个研究 X 射线的实验室。

德布罗意从小倾向文科和政治，上大学时选择的是历史专业。毕业时他开始对历史厌倦，频繁地在哥哥的实验室里帮忙而逐渐对物理产生了兴趣。索尔维会议期间，哥哥每天晚上眉飞色舞的描述更让他心生向往。于是他重返大学修习物理专业。

当他再次毕业、按规定服兵役时，第一次世界大战爆发。他不得不搁置研究物理的念头为国效忠。他哥哥通过关系把他调到特殊的通信部队，一起驻扎在埃菲尔铁塔下，用那上面的天线进行无线通信。在那 4 年的战争期间，德布罗意切身体验了麦克斯韦电磁波的效用。同时，他也埋头钻研从哥哥那里得到的索尔维会议纪要。

及至战争结束，德布罗意已经是 27 岁的成年人。他又跟随哥哥的脚步，师从郎之万攻读物理博士学位。

与居里夫人关系密切的郎之万是杰出的实验物理学家，但基本上不涉及理论研究。那时的巴黎很难找到一个像样的理论物理学家。德布罗意只能靠自己，他琢磨得最多的还是十年前在索尔维会议听到、读到的量子问题。

在 1923 年时，他终于有了一个新奇的想法：爱因斯坦揭示了光同时具备波和粒子的特征。那大概不会只是光的特性，应该可以扩展到其他所有的物质。如果光波可以表现得如同粒子组成，那为什么由粒子组成的电子束就不会表现得犹如波动?

这是一个相当朴素、简单的想法。但德布罗意在数学上把它搞得相当复杂，动用了狭义相对论等一连串“重武器”。与玻色类似，他在法国期刊上发表的几篇论文丝毫没能引起注意。随后，他汇总写成博士论文。郎之万对这份充满数学公式的东西一头雾水，只好让德布罗意再打印一份，由他去向爱因斯坦请教。

爱因斯坦还记得索尔维会议上的那个德布罗意，对来自他的小弟弟的论文颇为好奇。他再一次表现出非凡的耐心，花时间梳理名不见经传新手所布置的乱麻似的逻辑迷宫，发现了论文中深藏着的精华。

普朗克提出的能量子概念首次将作为波动特征的频率与能量联系起来。在爱因斯坦的推广下，光子有能量和动量，都与其频率成正比。这是光从波“变成”粒子的途径。作为粒子的电子没有频率，它的能量和动量由其质量和速度决定。德布罗意在这里把普朗克关系倒过来用，通过电子的能量、动量计算出它在某个速度时所对应的“频率”。这样，电子也从粒子“变成”了波，亦即“物质波”。

接着，德布罗意把这个关系套用到玻尔的原子模型上，立即看到一个奇妙的图像。

当一根琴弦被两头固定时，它只能演奏出几个鲜明的曲调。那来自琴弦上所能形成的驻波。电子绕原子核运转的轨道是一个圆周，其周长相当于琴弦的固定长度。在那个长度上能形成的驻波数目同样固定、有限：轨道的周长必须是驻波波长的整数倍。

德布罗意把电子在轨道上运转的速度换算成频率和波长，赫然发现玻尔规定的那些允许轨道正好满足这个条件。在那些轨道上，电子所对应的波首尾相连，像两端固定的琴弦一样形成稳定的驻波。而轨道周长对波长的倍数正是玻尔引进的第一个量子数。

在其他轨道上，电子运动相应的波长与轨道周长不“匹配”，无法形成稳定的驻波。电子也就不可能在那里栖身。

当年，玻尔只是跟随他之前尼科尔森的建议采取了角动量为普朗克常数整数倍的那些轨道为允许的轨道，并没有什么说得过去的理由。德布罗意把电子的运动看作波动，电子绕原子核的“公转”就成了不随时间变化也就不会发生辐射——

的驻波。这是那些轨道特殊性和稳定性的第一个略为像样的根据，一个源自几何的论证。

爱因斯坦明白后激动不已，立即给郎之万回信，“德布罗意的论文令我非常佩服。他终于揭开了一个巨大面纱的一角。”

当德布罗意在那年 11 月举行答辩时，由法国最著名的物理学家、数学家构成的专家组里没有一个人能读懂他的论文。但他们都已经得知爱因斯坦的热情首肯，便轻而易举地让他通过，获得博士学位。

与玻色一样，德布罗意的论文给爱因斯坦极大启发，引导他揭示量子世界更为意想不到的奇妙。年底，爱因斯坦给洛伦兹写信报告，“我们认识的小弟弟德布罗意在毕业论文里针对玻尔－索末菲量子定则做出一个非常有意思的解释。我相信这是解决我们这个最糟糕的物理谜团中第一束微弱的曙光。我自己也发现了能支持他这个设想的证据。”[5]241-250;[16]143-150

第 16 章　泡利的不相容

当海森堡在哥廷根“玻尔节”的讲座上向玻尔提问时，他的师兄泡利也有很多问题想向大师请教。但至少在年龄上稍微成熟的泡利没有同样唐突。

与玻尔、海森堡相似，泡利也出生于学者家庭。他父亲原来是医生，后来改行在维也纳大学担任化学教授。母亲是当地知名的记者、作家。他们都是犹太人，父亲本来有着传统的犹太姓氏：帕切尔（Pascheles）。19 世纪末，奥地利、德国的犹太人为了更好的生存环境放弃传统皈依主流的天主教。他们也顺势而变，同时把姓氏改为更入境随俗的“泡利”。

泡利从小在天主教传统中长大。他有一个教父，就是父母的契友、大名鼎鼎的马赫。泡利很早显示出不一般的才能。当他父母意识到中学里的课程无法满足孩子胃口时，他们直接从大学里请来各科教授为他开小灶。泡利因而时常在课堂上开小差，偷偷阅读爱因斯坦的论文。当然，他也饱受马赫的逻辑实证主义熏陶，尤其是教父那谆谆教诲的信念：物理学应该建立在严谨、明朗的数学基础上，不能沦为随心所欲的形而上学。

马赫在泡利中学毕业之前去世。那是第一次世界大战末期的 1918 年，奥匈帝国正濒临崩溃。没有了马赫、玻尔兹曼的维也纳在泡利心目中不啻精神荒漠。他就近来到同病相怜的德国，投奔慕尼黑的索末菲。

索末菲发现泡利不是一般的大学新生：他随身带来一篇已经在专业刊物上发表的论文，内容涵盖广义相对论和刚刚萌芽的规范场理论。

在一次课堂讨论中，泡利大言不惭地总结道：“你们要知道，爱因斯坦说的并不都那么愚蠢。”老派、传统的索末菲教授居然也没有出言阻止他的放肆，反而表现出对这个才高气傲小青年的溺爱。泡利习惯夜晚学习、思考，然后去酒吧放纵销魂几乎通宵达旦。他早上则只是睡懒觉，频频缺课。索末菲大度地听之任之。

那时索末菲在编撰一部数理百科全书。他在邀请爱因斯坦撰写相对论部分被拒后，干脆就把这一任务交给了这位狂妄自大的学生。

几个月后，泡利交出一份 237 页、带有 394 个注释的文稿。索末菲阅后大吃一惊。他本来只是想试探一下泡利的极限，做好了自己大幅修改后再联名发表的准备。这时他原汁原味地采用了学生的稿件，当然也只署了泡利的大名。

爱因斯坦看到后也叹为观止，罕见地发表热情洋溢的评论：“没有一个研读了这篇成熟、大气作品的人会相信作者是一位只有 21 岁的青年。读者会对文中哪个方面最为敬佩而难以定夺呢？是对科学思维的心领神会，数学推导上的确定无疑；是那深刻的物理直觉，井井有条的表达能力；是对历史文献的全盘掌握，对整个课题的一览无余；还是作者在批判性评价中表现出的十足信心？”[16]157-160,[33]48-50,[21]69-73

百科全书面世后，泡利的综述又另外出版了单行本。它果然超越爱因斯坦自己的专著，成为其后几十年学习相对论的首选教材。

正是有着对相对论如此深刻的理解，泡利劝告初入师门的海森堡那是一门已经成熟的学问，不再有发展余地。在把师弟带进更有学术前途的量子领域时，他自己也正在全力以赴，试图有所突破。

正如海森堡后来在讲座上的诘问，玻尔的原子模型只能应用于最简单的原子结构：只有一个电子的氢原子和氦离子，以及与之相似的只有一个最外层电子的碱金属原子、惰性气体离子。即使是只有两个电子的氦原子，玻尔模型就束手无策。

在索末菲的指导下，泡利研究的也是只有一个电子的离子，但略为复杂：氢分子离子。氢分子由两个氢原子组成，有着两个氢原子核和两个电子。在发生电离失去一个电子后，氢分子离子就只剩下一个电子。这是最简单的分子离子：一个孤独的电子绕着两个原子核运转。

泡利花了极大的功夫却还是一筹莫展。与相对论的综述一样，他的理论分析全面细致，无懈可击。最后却只是一个失败的结论：此路不通。[16]161

图 16.1　年轻时的泡利在讲学

虽然泡利在慕尼黑只上了三年大学，索末菲认为他已经具备博士水平。1921 年 7 月，泡利以对氢分子离子光谱的分析通过答辩获得这一最高学位。他年仅 21 岁（图 16.1）。

博士毕业后，泡利到哥廷根担任玻恩的助手，随后应玻尔的邀请到哥本哈根任职。凭借杰出的学识和才干，他轻而易举地相继赢得玻恩和玻尔的赏识，保持夜夜笙歌、上午缺席的特权。但在潇洒的背后，他其实非常不开心。

量子世界的扑朔迷离让他无所适从。玻尔的电子轨道、索末菲的量子数以及海森堡的半量子数提议，这些在泡利的眼里都属于没有物理根据的臆测。它们为某一个具体问题量身定做，遇到下一个问题就立即失效，需要再一次寻找、发明新的规则。这与他心目中的物理学——比如那逻辑实证、有条不紊的相对论——正相反，无异于教父马赫生前所警告过的形而上学。

在玻尔节上听玻尔讲解原子的壳层模型后，泡利找出论文研读。在玻尔论述原子每层轨道上只能容纳一定数目电子的文字边上，泡利忍不住写下批注："你怎么可能知道这个？你不过只是在拼凑你想解释的光谱！"[34]

的确，如果他当时有勇气像海森堡那样当面质问，玻尔也会一样地无言以对。后来，泡利在哥本哈根又目睹了玻尔在 BKS 论文上的那一幕，更加深了他的疑虑。

那时，泡利又一次陷入与撰写博士论文时同样的困境。他一直在琢磨索末菲和海森堡没能完全解决的反常塞曼效应，也同样一筹莫展。这让他整天郁郁寡欢，只能在当时风行的查理 · 卓别林（Charlie Chaplin）喜剧电影中寻找生活乐趣，幻想自己也能摆脱这令人忧伤的物理行业去当一个轻松的小丑演员。[16]163-164,185-186

哥本哈根的任期结束后，泡利在汉堡大学开始自己的独立职业生涯。汉堡是仅次于柏林的德国第二大城市，有着五光十色的夜生活。如果不是依然焦虑着那个反常塞曼效应，他的日子应该能够美满得多。

慕尼黑的索末菲一直在精心地编写光谱教科书，年年更新那急速发展中的内容。1924 年年底，泡利在翻阅最新版本时，注意到导师提及一篇新发表的论文阐述了原子的电子数目与允许轨道数目之间的关系。这个信息触发泡利脑海里时常回旋着的一个念头。他急忙奔进图书馆，找出那篇出自卡文迪什实验室、卢瑟福的研究生爱德蒙 · 斯托纳（Edmund Stoner）的论文。斯托纳总结了惰性气体原子中电子占据的轨道数目，指出它正好是电子数目的一半。

泡利突然明白了玻尔壳层模型背后的原因。

索末菲最初推广玻尔模型时规定了三个量子数，分别对应于轨道的大小、偏心率和倾角，或者说是电子在三维空间做轨道运动的三个自由度。三个量子数的数值组合确定一个轨道，它们之中只有满足一定规则的组合才是电子所能占据的轨道。泡利认为斯托纳指出的电子与轨道数目的关系不仅仅适用于惰性气体，而是一个普适的规律：每一个特定的轨道上最多只能由两个电子占据。

泡利意识到这是因为电子"不合群"，互相之间完全排斥，不可能共享同一个轨道。之所以每个轨道上能有两个电子，是因为还存在索末菲提出过的第四个量子数。那个量子数非常特别，既不是寻常的整数值，也不是海森堡猜测的半整数，而是只能有两个数值。

当两个电子处在同一个轨道上时，它们的前三个量子数的数值完全相同，但第四个量子数可以有不同的数值。这样，它们其实是处在由四个数值组合所定义的不同轨道上。因为那第四个量子数只能有两个不同的数值，最多只能有两个电子处于同一条轨道。

从他这个新规则出发，泡利很容易地就得出玻尔两年前的壳层模型：从低到高，每层轨道上最多只能容纳 2 个、8 个、18 个……电子。

当然，泡利也没法解释自己这个新规则的来源：为什么电子会如此地互相排斥以至于"不共戴天"？但显然，他的新规则比玻尔硬性规定的电子数目更为简单、基本，也更为普适，因此被称为"泡利不相容原理"（Pauli exclusion principle）。

然而，这第四个量子数依然不存在经典的"对应"。泡利只好违背玻尔的教条，宣布这个量子数不可能以经典的视角看待。[16]166-168

在泡利和海森堡之前，索末菲在慕尼黑已经有过几个颇有才气的学生，让他在哥廷根的朋友、大数学家希尔伯特很是羡慕。那时候哥廷根还没有玻恩，完全是数学家的地盘。希尔伯特每年向索末菲"借"一个学生，帮自己理解物理问题。

阿尔弗雷德·朗德（Alfred Lande）在 1913 年被借给希尔伯特。他一边在哥廷根为希尔伯特服务，一边仍然在慕尼黑的索末菲指导下攻读博士学位，在数学、物理两方面得天独厚。第一次世界大战期间，他还曾与玻恩一起为德国军队服务。战后，他又与索末菲、德拜等人合作将量子理论推广到固体领域。

当索末菲和海森堡为反常塞曼效应绞尽脑汁时，已经在杜宾根大学任教的朗德也在下苦功，与海森堡几乎同时提出半整数量子数的猜想。朗德对反常塞曼效应的光谱更为熟悉，总结出以他命名的规律。他也与导师、师弟们保持着频繁通信，共同探讨。

泡利觉得他新发现的不相容原理和那只有两个数值的第四个量子数也可以用来解释反常塞曼效应，就专程跑到杜宾根找朗德讨论。在那里，他遇到一个刚从美国来的年轻人拉尔夫·克勒尼希（Ralph Kronig）。

克勒尼希已经在朗德那里看到泡利通报新发现的来信。他自己回去琢磨了一天，为那第四个量子数找到了一个经典对应：地球绕太阳的公转是三维空间的运动。但地球同时也在自转，那是一个额外的自由度。电子可以有类似的情形。只要假设电子的自转只能有顺时针、逆时针两个方向，就可以完美地对应上这个只能有两个数值的新量子数。

泡利听了克勒尼希兴致勃勃的解说，当即断然否决："你这个主意的确很聪明，但大自然不可能会是这样。"朗德也在旁边帮腔："既然泡利这么说了，那就肯定不会是这样的啦。"

初出茅庐的克勒尼希不敢当场与泡利顶撞。他随后到哥本哈根访问，那里的玻尔和克莱默也都断然否决了这一可能性。克勒尼希只得偃旗息鼓。[16]173-174

在荷兰的莱顿，埃伦菲斯特的两个学生也在研究原子光谱。塞缪尔・古德斯密特（Samuel Goudsmit）比较老成，他整个夏天都在给新来的乔治・乌伦贝克（George Uhlenbeck）讲解光谱迷津的物理背景，包括泡利的最新进展。古德斯密特发现，如果泡利那第四个量子数可以选取的两个数值分别是 -1/2 和 1/2，那么其相应的角动量就可以用来解释光谱的精细结构和反常塞曼效应。

还是第一次听说这一切的乌伦贝克脱口而出：那不就说明电子在旋转吗？那正好就是一个新的自由度。量子数的 1/2 数值是这种旋转的角动量，正负则来自相反的旋转方向。

古德斯密特很为师弟的物理直觉震惊。他们俩立即做了一些计算，写就一篇不到一页纸篇幅的论文。在埃伦菲斯特的提议下，古德斯密特同意打破按姓氏字母排序的惯例，让乌伦贝克做了第一作者。埃伦菲斯特一边寄送论文，一边让他们也去请教一下德高望重的洛伦兹。

1925 年的洛伦兹已经是 72 岁的退休耆老，但还时常来学校讲课。乌伦贝克在课间找到洛伦兹，介绍了他们的想法。洛伦兹马上就摇了头。几天后，洛伦兹再度来上课时交给乌伦贝克厚厚一叠演算纸，论证电子旋转之不可能。乌伦贝克急急忙忙地找到埃伦菲斯特，表示他们必须撤稿。埃伦菲斯特说已经来不及了。他和蔼地安慰道："你们两个都还年轻，经得起犯点愚蠢的错误。"

当汤姆森在近 30 年前确定阴极射线是电子时，他发现电子是原子大小的 1/1000。电子的确切大小——甚至它是否有大小——并不为人所知，但无论怎么估计都是异乎寻常的微小粒子。如果它具备普朗克常数一半的旋转角动量，那电子必须旋转得异常的快。洛伦兹估算那样的表面速度会是光速的 10 倍，违反狭义相对论。

所以，有着非凡物理知觉的泡利、玻尔、洛伦兹都曾不假思索地否决了这个提议。洛伦兹还做了繁复的演算，揭示一个带电的电荷如此快速旋转会带来的电磁场问题。

那年是洛伦兹获得博士学位的 50 周年，莱顿在年底为他举行了一个纪念仪式。爱因斯坦、玻尔、卢瑟福、居里夫人等都从各地赶来祝贺。这促成了爱因斯坦和玻尔的第三次见面。他们的话题不可避免地涉及电子自身的旋转。不过这一次，他们没有发生激烈的争论。

玻尔乘坐的列车途径汉堡时，泡利正在站台上守候着。玻尔信心十足地告诉泡利电子的旋转“很有意思”，其言下之意即不值一哂。爱因斯坦和埃伦菲斯特则在莱顿的车站迎接玻尔。埃伦菲斯特非常兴奋。他告诉玻尔，爱因斯坦已经用相对论解决了洛伦兹提出的电磁场问题。至于电子的旋转速度会高于光速，作为相对论鼻祖的爱因斯坦倒不那么在乎。他认为地球自转式的图像不过是经典物理的习惯。电子有一个自身的角动量可以是量子的概念，不需要直接“对应”于旋转速度。

几天后，玻尔在回程中绕道去柏林参加普朗克发表黑体辐射定律 25 周年的纪念活动。途经哥廷根时，海森堡也赶到站台上相会。玻尔告诉他电子的旋转其实是一个伟大的突破。泡利听到风声后急忙赶到柏林，在那里的车站接到玻尔。他失望地看到玻尔的确已经“叛变”，气急败坏地把玻尔对电子旋转的认可称为“又一个哥本哈根邪说”。

虽然泡利还继续顽抗了几个月，由他而起的电子旋转和相应的第四个量子数因为在解释反常塞曼效应中的成功而被普遍接受。在中文里，电子的旋转被翻译作“自旋”，以示与经典物理中地球“自转”的区别。电子自身的角动量只是一个量子特性，并不是经典意义的旋转。[16]168-173,176

1927 年 7 月 7 日，古德斯密特和乌伦贝克双双通过答辩获得博士学位。那年秋季，他们又一同搭乘邮轮来到美国，在密西根大学担任教职。作为电子自旋的发现者，他们已经声名远扬，获得大洋彼岸的聘请。①[16]176

克勒尼希心里非常不平，曾经找克莱默抱怨。玻尔得知后给他写信表示了歉

① 电子自旋的发现最终未能获得诺贝尔奖的青睐，成为一个有意思的“疏漏”。古德斯密特多年后表示，在欧洲当时及之后的局势下，他们得以获得的美国职位价值上远胜于诺贝尔物理学奖。

意，但私下里还是觉得克勒尼希没有自行发表他的创见只是他本人的愚蠢。出于对古德斯密特和乌伦贝克的尊重，克勒尼希也要求玻尔和克莱默不要公开这一历史掌故。

泡利对自己当时的草率也心存不安。他后来聘请克勒尼希任助手，消除了积怨。[16]174-175

在莱顿的那次见面中，46 岁的爱因斯坦和 40 岁的玻尔不得不感叹他们正变成量子的“老一代”。就在他们的眼皮底下，他们一起开拓的新世界正在泡利、海森堡还有古德斯密特与乌伦贝克等新一代年轻人手里发生着翻天覆地的变化。

第 17 章 海森堡的矩阵

海森堡万万没想到他会在毕业时栽一个大跟斗。

索末菲从美国讲学回来后，海森堡从哥廷根回到慕尼黑。虽然他在哥廷根的时间并不长，也已经足以让玻恩给爱因斯坦写信报告："海森堡绝对是与泡利同等的天才。"索末菲当然深有同感。他安排与泡利一样也只上了三年大学的海森堡直接提交博士论文。

海森堡最突出的科研成果是在反常塞曼效应的解释中引进半量子数。因为曾引起广泛争议，索末菲建议海森堡为避免不必要的麻烦，另起炉灶做一项流体力学的湍流研究作为学位项目。

湍流属于已经成熟的经典物理，只是繁复的数学计算使其成为难题。这对海森堡来说自然不在话下。他很快完成论文。那是 1923 年 7 月，他只有 21 岁。

四年前，曾在柏林大学与普朗克一起研究黑体辐射的维恩来到了慕尼黑。他理所当然是海森堡答辩委员会的成员之一。已经年届花甲的维恩对自己在这里屈居索末菲之下的地位颇为不满，也对物理学越来越倾向于索末菲式的理论研究而忽视他所钟情的实验牢骚满腹。偏偏那年海森堡还选修了维恩的实验课却屡屡旷课，丝毫没当回事。维恩一直在等待机会，给索末菲和他的得意门生一点好看。

海森堡的答辩在下午五点举行。他信心十足，有条不紊地对答如流。突然，维恩问起一个与湍流不相干的实验设计问题。海森堡没有准备，不禁张口结舌，说不出个所以然。老练的维恩随即步步紧逼，逐次降低问题的难度，试探这位高才生的知识底线。海森堡疲于应付，漏洞百出。旁边的索末菲屡次插话，问一些简单的理论问题试图缓解局面。但他已无力扭转维恩的一意孤行。

不久，维恩以戏剧性的口吻问道："难道你连一个普通显微镜的原理都解释不了吗？"年轻的海森堡已经丢盔卸甲、呆若木鸡。

在随后的评议中，维恩坚持海森堡的物理基础知识欠缺，打出罕见的零分。索末菲针锋相对地给了个满分。陷入夹缝的另外两位教授只好明哲保身，给出及格分数。平均下来，海森堡还是以勉强及格的成绩获得博士学位。

从教室里狼狈逃出后，海森堡当晚就离开慕尼黑，跑到哥廷根去找玻恩倾诉。厚道的玻恩百般抚慰，保证会依然聘请海森堡担任助手。

经此突然打击，曾经在阿尔卑斯山中劳筋骨苦心志的海森堡万念俱灰。他给父亲写信，悲愤地宣告自己的物理生涯已然终结。然后，他与早年的童子军伙伴们再度聚集赴芬兰远足，在大自然中重新寻回勇气和信心。[11]187-189,[21]105-106,[16]181-182

1924 年 3 月，在哥廷根给玻恩当助手的海森堡利用假期第一次来到哥本哈根。他渴望再一次当面请教玻尔，理清他越来越强烈的疑惑。时间治愈了他论文答辩的心理伤痕，却还无法消除他对量子理论的迷茫。

玻尔的原子模型问世十年了。它在氢原子、氦离子的光谱上成功之后裹足不前，似乎已经穷途末路。泡利的氢分子离子只是那些年无数失败中的一例。即使在那些少有的成功背后，这个模型也只能给出光谱线的频率，无法计算谱线的强度。更糟糕地，它预测的谱线也并不完全与实验相符：在准确预测观察到的谱线同时，也经常会预测出一些不存在的“多余”谱线。

1924 年，海森堡在哥廷根讲学

这说明玻尔的原子模型其实存在重大的缺陷。海森堡不得不怀疑那些凤毛麟角的成功不过是瞎猫撞上死老鼠，并非真实的物理。

但这次，他来到玻尔研究所后在顶楼的客房里住了几天却一直没能见到主人。当玻尔终于出现时，他二话不说指示海森堡收拾行李。他们第二天一早出远门。

接下来，这两个身体强壮、酷爱野外生活的师徒长途背包远足，在三天里徒步了大约 160 千米。玻尔带着海森堡尽情领略丹麦北部的山野风光，包括传说中哈姆雷特王子（Prince Hamlet）的宫殿。

玻尔解释，他这个才开张不久的研究所已经容纳不下越来越多的来访者。他买下旁边的地皮，正在筹建新楼扩展。这些繁忙的事物占据了他太多的时间精力，只有这样逃出来才可能有时间思考。

在那些难得的日子里，他们并没有怎么谈论量子、物理，而是老朋友似地交流各自的成长经历，尤其是战争对生活所造成的影响。这对海森堡又是一次出乎意料的人生体验。他感受到玻尔与他熟悉的那些传统德国教授迥然不同，是一个真真切切的性情中人。[16]182-184,[9]116-117

他决定接受玻尔的邀请来哥本哈根接替泡利的职位。

回到哥廷根后，海森堡终于第一次见到了他的偶像爱因斯坦。

两年前，海森堡曾经在莱比锡的科学院年会上扑空，没能见到这位世界著名的物理学家。这一次，已经恢复正常活动的爱因斯坦来到哥廷根讲学。年轻的海森堡又得到单独与大师在街头漫步的机会。

那正是玻尔的 BKS 论文问世不久的日子。刚从哥本哈根访问回来而对玻尔无限崇拜的海森堡迫切想知道爱因斯坦的看法。虽然早有思想准备，海森堡还是为爱因斯坦所表达的反对态度而震惊。[35] 海森堡第一次切身地领略到，即使是顶级的物理大师，他们之间也会有着尖锐的原则性分歧。

那年秋季，玻恩跟随着索末菲的脚步去美国讲学。落空的助手海森堡在玻尔的协助下争取到一笔资助，前往哥本哈根任职。

玻尔研究所的年轻人也正处于与海森堡相似的彷徨迷茫之中。BKS 论文遭到物理学界几乎一致的反对。德布罗意把电子看作波动的新思想同样地引起非议。虽然他的驻波模式为玻尔原子模型中的允许轨道提供了依据，玻尔等人却无法理解、接受电子的轨道运动如何能与虚无缥缈的波联系起来。

在一片思想混乱中，玻尔迫切期望能有新的突破。在他的指导下，克莱默正在尝试新的途径，海森堡来得正是时候。

在 BKS 论文里，玻尔和克莱默——以及旁观的斯莱特——不仅放弃了传统的能量、动量守恒，还舍弃了玻尔模型的精髓：电子在轨道之间的量子跃迁。那是玻尔十年前最精彩的突破：电子发出、吸收辐射的频率与其自身运动的频率无关，只取决于跃迁前后轨道的能量差——爱因斯坦不曾想象出的神来之笔。但也正因为这一“无关”，他的模型只能计算辐射的频率，无从推导谱线的强度。

他们于是重新想象原子内部是一系列谐振子。它们的频率与发射、吸收的辐射相同而共振，由此计算康普顿散射中辐射与电子的相互作用。这样，十年后的玻尔又回到了整整四分之一世纪以前普朗克计算黑体辐射的老路。

那篇 BKS 论文没有一个方程式，只是洋洋洒洒地论辩。为这个框架填补数学内涵便是克莱默的新任务。按照玻尔的对应原理，电子如果是在非常高能量的轨道上运行，其行为会等同于经典物理。在那里，电子轨道自身的频率与其作为谐振子吸收、发射辐射的频率趋于一致。

玻尔原始模型中的电子轨道是圆形，只有单一的周期和频率。经过索末菲推广后，轨道变成椭圆，频率不再单一。这个问题在数学上很容易处理，可以应用所谓的“傅里叶变换”(Fourier transform)。克莱默和海森堡如此这般，将高能量轨道上电子的位置、动量随时间的变化处理成不同频率组成部分的叠加，试图从中找到不同频率的相对强度来对应于光谱线的强度。

他们获得了成功。只是这一成功依然于事无补。他们的变换只适用于能量非常高的轨道，无法相应地用于低能量的轨道。而那才是真正需要解释的量子世界。[21]108-110

那年年底，海森堡收到泡利来信，通告他刚刚做出的重大突破。海森堡看到这位向来偏爱严谨数学推导、厌恶形而上学式夸夸其谈的师兄居然捡起了他丢下的第四个量子数，并无中生有地提出不相容原理不禁莞尔，立即回信调侃了一番。也许量子世界如此诡异，连泡利也无法洁身自好。[9]124-125

与师兄相比，海森堡对自己在哥本哈根的进展很不满意。他没能找到消除量子理论疑惑的灵丹妙药，只好依然带着满腹狐疑在 1925 年 5 月返回哥廷根。

倒是玻尔不知从哪里看到了一线曙光。他宣布:“现在一切都在海森堡的手里了。他必须为我们找出一条摆脱困境的途径。”

回到哥廷根后，海森堡却患上严重的季节性花粉过敏。他的整个脑袋红肿得不成样子，眼睛也睁不开。于是他不得不向玻恩请两个星期假，自己带上几本书和一大沓演算纸乘火车到德国的最北端，然后搭船去北海中的一座小岛。

那是一个面积不过 2.6 平方千米的荒岛，上面只有几间简陋营房供前来度假的人使用。对海森堡来说，这个岛的优势正在于它的光秃秃: 没有植被，也就没有花粉。

在海风的吹拂下，他的症状逐渐消退，脑袋开始清醒。他整天在岛上徒步攀爬，阅读、背诵约翰·冯·歌德 (Johann von Goethe) 的经典诗篇，间或也思考他的物理。

从牛顿开始，物理学家对物体运动的描述集中于位置和速度。只要知道物体在某一时刻的位置和速度，牛顿定律就可以通过其受力环境准确地计算它在将来任何时刻的位置和速度。玻尔的原子模型也是一样: 电子在某一时刻会出现在特定轨道上的某一位置，有着某个特定的速度。

然而，与牛顿所熟悉的物体不同，从来没有人真正看到过电子，甚至原子。泡利的教父马赫曾经因此断然否决原子的存在，因为这个存在无法证实。如果原子的存在尚且存疑，何况其内部的电子轨道?

泡利在那篇被爱因斯坦赞为“对科学思维心领神会”的相对论综述中曾为相对论的思想起源赋予逻辑实证的阐述。他以比爱因斯坦更为熟稔的笔触回顾爱因斯坦如何通过一系列假想实验论证牛顿绝对空间、绝对时间之不可能存在，引力与加速的无法区分，从而建立崭新的相对论时空观。泡利在文中总结道：“在物理上，对实验中无法观测的物理量的讨论是毫无意义的……那些只会是假想概念，没有物理意义。”[33]172,[16]159-160

从小对哲学深感兴趣的海森堡对师兄的逻辑实证描述并不陌生。在这个小岛上，他突然醒悟。电子的轨道以及位置和速度其实都是“实验中无法观测的物理量”。对于原子来说，实验中可以观测的物理量只有光谱：那一条条光谱线的频率和强度。除此之外，一切有关原子的描述都只是“假想概念”。

于是，他意识到必须整个地颠倒玻尔的原子模型：不能从假想的电子轨道出发计算光谱线，而应该通过光谱的物理变量来推算电子的运动。其实，克莱默已经无意识地走上了这条路。在他们针对高能量状态的计算中，电子“轨道”经过傅里叶变换分解为不同频率的成分，那正是用光谱变量描述电子的位置和速度。其结果是电子的位置和速度分别是两个数学多项式：各个频率成分的叠加。[21]104

在具备量子特性的低能量状态中，电子的轨道运动本身不再对应于辐射的频率。因此同样的做法无法适用。海森堡明白了那只是他们拘泥于轨道这个假想概念的结果。如果电子的轨道并不存在，电子的运动依然可以通过光谱变量推算。在低能量状态中，电子既不会像玻尔想象的在固定的轨道上运转，也不会在两个轨道之间“跃迁”。电子只是按照所有可能存在的谱线变量所决定的模式运动。

为了找出所有可能辐射频率的组合，海森堡发现他不再能用傅里叶变换后出现的简单多项式，而必须相应地制作一个表格。那是一种生活中很常见的表格。地图上经常会有大城市之间的距离表；在体育新闻中，循环赛各队之间比赛的比分也常常以这样的表格来展示。表格中的行和列分别是城市或球队，表中则列出它们之间的距离、比分等各种数值（表 17.1）。

表 17.1　京沪高铁主要站点距离列表示意　　单位：km

	北京	天津	徐州	南京	上海
北京	0	130	688	1018	1302
天津	130	0	558	880	1199
徐州	688	558	0	530	614
南京	1018	880	530	0	284
上海	1302	1199	614	284	0

海森堡的表格类似于这样的城市距离表。不同的是每一个“城市”是原子的一个能级，城市之间的距离就是能级之间的能量差，也就是辐射的频率。这个列表非常大，因为电子的能级可以有无穷多个。他同时也可以另外做一个同样的列表，其中的数值不再是辐射的频率而是强度，也就是爱因斯坦辐射理论中的那个吸收或发射的可能性。

然后，海森堡仿照傅里叶变换中的多项式以这些列表构造出电子位置、速度的表达方式，以及相应的物理规律。这时他需要用这些列表进行代数运算，于是他又不得不摸索出一套如何将两个表相加、相乘的法则。他费了好一番功夫才理清这些头绪，发现这个新体系居然既有着逻辑上的自圆其说，也符合着物理的能量守恒。

这时已经是凌晨三点。他无法入睡，干脆跑到海边，在黑暗中攀登上一块高高的、延伸到海面上的巨石，坐着等待日出。他并不明白自己刚刚发现了什么，但他知道“事情已经发生了”①。[16]188-193,[21]110-114,[4]85-98

十来天后，不再昏头涨脑的海森堡终于离岛。他在回程中特意先去汉堡征求师兄的意见。泡利听了他一番语无伦次的描述，罕见地未能当机立断指出其中谬误，只催促他赶紧写出论文发表。这给了海森堡莫大的信心。[21]114,116

又费了一番功夫，海森堡写出论文初稿。虽然他对玻尔无比尊敬，但他没敢提前向玻尔透露这一进展。在哥本哈根与克莱默合作的那几个月里，他已经领教过玻尔对论文大刀阔斧、反复无常的修改套路。为避免那样的命运，海森堡就近将论文交给玻恩。然后，他自己启程前往英国剑桥履行早就计划好的学术访问，顺便又与童子军小伙伴们相聚，在英吉利海峡沿岸远足。

玻恩果然没有犹豫，把论文转交给《物理学杂志》发表。但他放心不下海森堡自己父母的那个列表及其运算法则。熟谙数学的玻恩总觉得那一套似曾相识。直到 7 月中旬去参加德国物理学会的年会时，玻恩才恍然大悟。那就是多年前还在学数学时见到过的“矩阵”（matrix）。

海森堡式的列表在古代就有过雏形。半个世纪前，剑桥的著名数学家亚瑟·凯利（Arthur Cayley）为其赋予严格数学定义，称之为矩阵并发展了相应的代数。海森堡自己琢磨出来的那些运算规则正是凯利矩阵代数的一部分。只是矩阵代数属

① something has happened.

于数学中一个隐晦的分支，从来没有过任何实际意义，故也鲜为人知。

玻恩在会上找到泡利，提出一起将海森堡的新理论用凯利的数学规范化。不料泡利竟一口回绝。酷爱数学严谨的泡利这次居然声称他师弟的发现已经是一幅精彩的物理图像，容不得玻恩用某个纯数学体系来糟践。

玻恩回家后只好向他的新助手帕斯夸尔·约旦 (Pascual Jordan) 求救。约旦刚刚得到博士学位，却也是一位精通数学的鬼才。他们恶补一番矩阵代数，将海森堡在小岛上的粗糙思想赋予完整的数学方式表达出来。海森堡度假回来后立刻也加入了这一行动。

1925 年 9 月，海森堡自己的论文率先问世。两个月后，玻恩和约旦发表他们两人充实海森堡数学基础的论文。1926 年 2 月，玻恩、约旦和海森堡又联名发表总结性论文。这个史称“一人论文”“两人论文”“三人论文”的系列一举奠定所谓的“矩阵力学”。[16]193-197;[21]115,123

在那同一时期，玻恩和海森堡相继开始使用一个新的名词：“量子力学”。它标志着一个有别于牛顿力学的新力学体系的诞生。

第 18 章　薛定谔的方程

爱因斯坦读到玻色寄来的论文后曾回复一张明信片表示赞赏和祝贺。这在遥远的印度引起轰动，一夜之间改变玻色的地位。他不仅得到大学永久教职，还获得一份政府奖学金去欧洲进修两年。当他到德国领事馆申请签证时，官员只看了一眼爱因斯坦签名的明信片就盖了章。

然而，他却没有直接去柏林。

玻色对自己那篇论文中的重大突破完全没有概念。他更倾心的是随后不久又寄出的第二篇论文。这篇新论文试图纠正爱因斯坦的辐射理论，将原子所有辐射都归于自发辐射，摈弃“不必要”的受激辐射。

爱因斯坦照样好心肠地为他翻译、投递论文。但在这篇的译者按中，爱因斯坦言简意赅地指出其中论点荒谬之处。玻色随后收到爱因斯坦更详细的私信，即刻心凉了半截，不敢贸然去面见大师。他逗留在巴黎，声称需要在那里学一点实用的 X 射线技术。他曾经申请去居里夫人的实验室，但因为法语不过关未被接纳。

等他一年后终于鼓足勇气来到柏林时，爱因斯坦早已独自完成了有关玻色 - 爱因斯坦统计、凝聚的三篇系列论文。他指示玻色研究一下海森堡新发表的矩阵力学，看看如何在这个新理论中运用他们的新统计。玻色尽了努力，但一无所获。回到印度后，他成为当地知名教授，但余生不再有科研成果问世。[5]224-227,272;[19]180-183

虽然冠有爱因斯坦的大名，但他们的量子统计理论并没能引起物理学界的注意。一个例外是爱因斯坦收到他曾经短暂任职过的苏黎世大学的埃尔文·薛定谔（Erwin Schrodinger）教授来信，提醒他犯了一个低级的统计错误。

图 18.1　1914 年，青年薛定谔

薛定谔第一次见到爱因斯坦时还是在 1913 年。那年爱因斯坦来到薛定谔的出生地维也纳，在一次学术会议上做了关于引力的主题演讲①。[19]70-74;[20]48-49 薛定谔（图 18.1）当时 26 岁，已经获得博士学位三年，在那里

① 就是在那次会议上，他第一次得知玻尔的原子模型。

担任一位教授的助手。

薛定谔的父亲是大学毕业生，为生计放弃自己的科学梦而承继了家庭的小企业。薛定谔小时候在母亲和大姨、小姨的呵护、教导中长大。还没有识字时他就开始每天记日记：由他口授，母亲或阿姨忠实地记录。[19]31

他上的是维也纳历史最悠久的中学，那里最著名的毕业生便是声名远扬的玻尔兹曼。当薛定谔以优异成绩毕业进入维也纳大学时，他一心向往的是跟随玻尔兹曼学物理。然而，玻尔兹曼恰恰就在他入学前自杀了。不到 19 岁的薛定谔为之心碎。[19]9-12,39;[16]201-202

在大学里，他出类拔萃，成为校园内人人皆知的“那个薛定谔”。临时请来接替玻尔兹曼的是弗里德里希・哈森诺尔（Friedrich Hasenohrl），玻尔兹曼当年的学生。他只比大学新生年长十来岁，正值朝气蓬勃之时。哈森诺尔上课时从来不备课也不靠记忆，总是现场推演，以此解释物理学中的逻辑关系。他还经常邀请学生到家里聚餐或去野外滑雪，很快成为青年薛定谔心目中的偶像。

在大学期间和毕业之后，薛定谔喜欢的是做物理实验。1910 年，他在哈森诺尔指导下以绝缘体在潮湿空气中导电性能的测量获得博士学位。[19]46,49-56;[5]257-258

当他还在大学里争取职位时，第一次世界大战爆发。薛定谔和哈森诺尔都应征入伍，开赴意大利前线。薛定谔担任炮兵中尉。他的部队在战争初期与意大利人有过一次激烈的遭遇战。薛定谔因为“面对敌方猛烈炮火时表现出无畏、沉着的指挥能力”赢得嘉奖。

在那之后，他随奥匈帝国的军队四处驻防，没有再经历真正的战事。后来，他更被抽调到后方的军事学院，为防空部队讲授气候科学。

他钟爱的导师哈森诺尔则没有那么幸运。他在战场上负伤痊愈后又坚持重上前线，在冲锋中被手榴弹炸死，享年 40 岁。

为期四年的战争对薛定谔的最大威胁却还是无聊。在战场和驻地无穷无尽的空暇中，他只能一个人冥思苦想物理和哲学问题。战争结束后，他将那时记下的大量笔记陆续整理成论文发表。[19]79-95;[5]258

漂泊多年后，薛定谔终于在苏黎世大学获得教授席位，那正是当初为爱因斯坦设立的位置。在 1913 年远距离聆听爱因斯坦的演讲后，薛定谔 1924 年 9 月在奥地利小镇因斯布鲁克的一次会议上再次见到爱因斯坦。这一次，他们有了单独的接触和交谈，开始成为朋友。[20]90-91 1925 年 2 月，薛定谔在看到爱因斯坦运用玻色的方式进行理想气体的统计计算论文时，写信提醒文中在计数上有问题。

爱因斯坦很快回了信，好脾气地回应："你的非难不是没有道理，但我在论文中并没有犯错。"他特意在信中列出表格，细致地解释这个新的量子统计与经典统计之间的区别。

如果我们同时投掷两枚硬币，会有四种可能结果：两个正面、两个反面、硬币甲正面硬币乙反面、硬币甲反面硬币乙正面。它们会以同样的机会出现。所以，两枚硬币都是正面或反面的概率各是 1/4，而一正一反的概率会是 2/4，也即 1/2。

爱因斯坦在信中解释，如果不是经典世界的硬币，而是量子世界的粒子——比如用电子自旋方向的上下作为正反面——那么根据玻色的方式，这两个粒子互相不可分辨，不存在甲、乙之分。那甲正乙反与甲反乙正就成为无法区别的同一个状态。于是，两枚量子硬币的结果便只有三种可能：都是正面、反面或一正一反。它们出现的概率分别是 1/3。

这是量子世界与经典世界截然不同的一个表现。在经典世界里，无论我们把两枚硬币做得多么没有差别，它们依然会是两枚不同的硬币。量子世界的粒子却天生没有自己的身份、彼此不可分辨而导致统计结果完全不同。

薛定谔读信后如醍醐灌顶，心悦诚服。他回信感激爱因斯坦的指导，坦承自己阅读玻色论文时压根没能看出这番新意，只是在爱因斯坦这个新统计理论中才意识到其暗藏的颠覆性创新。[5]231-234,238-240;[19]182-183

薛定谔比爱因斯坦小八岁，比玻恩小五岁，比玻尔则只小两岁。在萌芽中的量子领域，他属于这个"上一代"。虽然在年龄上已经过了创新的黄金年代，但薛定谔在成就上显然还无法与他们齐肩。

与他们以及年龄更长的索末菲相比，薛定谔其实与爱因斯坦最为相像。自听了爱因斯坦的演讲后，薛定谔的科研紧跟着爱因斯坦的足迹涵盖了相对论、统计、辐射以及量子理论等诸多方面。正因为如此，他是极个别仔细研读了爱因斯坦量子统计论文的物理学家之一。

而他的科研风格也与爱因斯坦相近：他习惯于单枪匹马，几乎没有学生、助手或合作者。

在十多年的努力中，薛定谔发表了相当多的论文，逐渐在学术界建立不大不小的声誉，获得教授席位。但他的成果也始终局限于在已有的理论框架上添砖加瓦，缺乏自己的创见、突破。那正是他与爱因斯坦、玻尔这些大师的差距所在。[5]259-260

早在1909年，爱因斯坦发现了黑体辐射同时具备波和粒子的双重特性。那时，他对遵从普朗克定律的电磁波进行统计分析，发现它的压强来自两个组成部分：一个是波一个是粒子。这个现象在经典统计中从未出现过，因此他认为那是光的独特之处。

在玻色近乎无意地提出光的新量子统计后，爱因斯坦将其推广到所有遵从量子规律的粒子。他又故伎重施，对量子理想气体按照新的统计方式进行分析，赫然发现其压强也同样地来自两个成分：波和粒子。

于是，爱因斯坦宣布，不仅是光，所有的粒子其实都同时兼备着波和粒子两个特性。他号召实验物理学家立即寻找、验证这一现象：如果让粒子束通过一条窄缝，应该能看到与光束同样的衍射行为。

幸运女神正是在那一时刻眷顾了德布罗意：他的博士论文由郎之万转寄给因为“鬼场”和玻色统计已经有着足够思想、心理准备的爱因斯坦。那篇只有爱因斯坦能够读懂的论文在他眼里就只有一个精髓：所有粒子都伴随着某种波动，其频率由粒子的能量、动量决定。

正是德布罗意揭示的这个简单关系让爱因斯坦恍然大悟，明白了他自己统计分析背后的含义。他因此称赞德布罗意“终于揭开了一个巨大面纱的一角”，并告诉洛伦兹他也已经发现支持德布罗意设想的证据。[5]250-251;[19]181

薛定谔又是第一个注意到爱因斯坦这篇论文以及其中脚注里提到的德布罗意。他好不容易才寻求到一份德布罗意的论文，马上又陷入那以法语表述的一团乱麻不可自拔。不得已，他再次给爱因斯坦写信求救。爱因斯坦诲人不倦，又回信帮助薛定谔理清德布罗意的思想。

也许就是出于对爱因斯坦的深信不疑，薛定谔与众不同地立即接受了德布罗意的物质波动概念。他很快发表一篇论文，用波动的假设推导量子气体的统计性质，证实爱因斯坦刚刚得出的结论。那是他又一个锦上添花式的贡献。[5]262-263;[19]187-190

爱因斯坦离开苏黎世已经11年了。苏黎世大学当初专门为他设置的那个副教授席位已经升格为正教授，正由薛定谔占据着。隔壁，爱因斯坦曾经学习、工作过的苏黎世联邦理工学院经过大规模的扩展和提升，业已跻身一流学府行列。那里有已经成名的德拜，还有希尔伯特的学生、正与爱因斯坦一起研究统一场论的数学家赫尔曼·外尔（Hermann Weyl）。

两个近邻学校关系紧密，物理学家每两星期举行一次共同讲座，交流探讨新进展。因为涉猎广泛，薛定谔经常是主讲者。1925 年 11 月底，他着重讲解了德布罗意的波。

德拜听后觉得不可思议。他记起当年师从索末菲学习时，导师曾谆谆教诲，处理波动现象必须有一个波动方程。没有方程而像德布罗意那样空口白话地谈论波，只是小孩子在玩游戏。

几个星期后，薛定谔在新年里又一次主讲。他开门见山地宣布：上次德拜提醒我们应该有个波动方程，那好吧，我已经找到了一个方程。[19]191-194;[16]206

两次讲座之间是传统的圣诞假期。薛定谔收拾他的笔记、书籍，扛上器械，到附近的高山滑雪胜地度假。与他相伴的却不是他的妻子，而是听他召唤专程从维也纳赶来的一位红颜知己。

薛定谔从小英俊潇洒学业优秀，自青葱年代就很有女孩子缘分。大学毕业后，他有了第一个谈婚论嫁的女友，一个青梅竹马的小妹妹。他们两家是好朋友，但有一点贵族血统的女方父母却看不起只是小企业主的薛定谔父亲。薛定谔那时也只是贫穷的助教，前景渺茫，不具经济实力。为了能够养家糊口，薛定谔计划放弃科学，到父亲的工厂中打工，准备接班。

那正是他父亲当年所做的选择。饱经世态炎凉的老父不愿意看到儿子重蹈覆辙，阻止了他的莽撞。在那场无疾而终的初恋之后，薛定谔从军、任教，日记中长达八年没有再出现任何一个浪漫性质的女性。[19]63-66

图 18.2 1920 年，薛定谔和安妮的结婚照

1920 年，32 岁的薛定谔与 23 岁的安妮玛丽·贝特尔（Annemarie Bertel）结婚（图 18.2）。安妮也出身于中下层家庭，没有接受过正规教育。她对风流倜傥学识渊博的薛定谔无限崇拜，心甘情愿地做了贤妻。

那时战争已经结束，薛定谔为了前途离开奥地利，在德国几所大学中寻找职业提升机会。直到 1921 年赢得苏黎世大学席位后，他们才有了暂时的稳定。那时，他也已经彻底放弃做实验，成为一个纯粹的理论学家。

虽然薛定谔与安妮相敬如宾，他们的小家庭并不和谐。安妮一直没能怀孕，让渴望有个儿子的薛定谔非常失望。他们几次濒临离婚，但总是理智地悬崖勒马。因为在天主教盛行的维也纳和苏黎世，离婚属于相当大的丑闻。而在前卫、浪漫的知识分子精英阶层，婚外情倒不失为时尚。

沿袭从小养成的习惯，薛定谔一辈子写有详细的日记。不过偏偏他那本 1925 年年底的日记没能保存下来。那个圣诞节在滑雪场与他朝夕共处的女友姓名身份于是成为科学史上不解之谜。不过，当后来有人问起那次滑雪经历如何时，薛定谔只是回答他在山上时被一些数学演算分了心。[19]99

于是当他下山时，背包里的笔记本里已经有了一个崭新的数学方程式：描述德布罗意波的"薛定谔方程"。

薛定谔在苏黎世最好的朋友外尔戏谑：薛定谔是在"人生末期的一次激情爆发"中做出了他一辈子最重要的发现。[19]195-196;[5]263;[16]206-208

那年，薛定谔已经 38 岁。

第 19 章　玻恩的概率波

海森堡非常的郁闷。

图 19.1　20 世纪 20 年代中期的海森堡

1926 年应该是属于他的年份（图 19.1）。他发现矩阵力学的第一篇论文在 1925 年 9 月问世。1926 年 2 月，他与玻恩、约旦合作的“三人论文”发表，为以矩阵形式出现的量子力学拉开了序幕。一时间，世界各地的物理学家都钻进数学图书馆，急切地寻找任何可能与矩阵这个从未听说过的怪物有关的资料，祈望不要输在这条新的起跑线上。

师兄泡利不仅最早见到从海岛上归来的海森堡，也是他第一篇论文的第一个读者。在多年用量子数拼凑原子光谱而凄苦忧伤、恨不得去当小丑演员后，泡利为量子领域终于有了数学的秩序欢欣鼓舞，感到生活又有了希望。但他还是很矛盾，唯恐这个新理论被玻恩用繁琐的数学糟蹋。海森堡看他如此患得患失，便出言奚落，要他也拿出点自己的东西。泡利受刺激后埋头苦干一个月，用师弟的矩阵力学完整地计算出氢原子的光谱。[16]193;[21]125

在那之前，海森堡的矩阵还只是一个针对理想谐振子的简单模型。泡利的计算将其提升为解决实际问题的理论，验证了它的实用性和潜力。他在 1925 年 11 月完成这一壮举，论文于 1926 年 3 月发表。

仅仅十天后，薛定谔的论文横空出世，彻底颠覆海森堡的世界。

“嘿，你刚开始的时候知道会做出这么多有意思的东西吗？”14 岁的依西·琼格（Itha Junger）天真地问薛定谔。她和双胞胎姐姐在中学里因为代数不及格一起被留级。安妮提议让薛定谔为她们辅导。依西自然地成为薛定谔的忘年交，同时数学上也大有长进。

薛定谔在圣诞节假期里发现他的方程之后，1926 年创造力大爆发。之后半年里，他一连串发表六篇论文，奠定他称之为“波动力学”的新量子理论。他不无

得意地向依西炫耀这一辉煌战果，并把小姑娘的问话录入这些论文结集出版的前言中。[19]200,223-225

两个世纪以前，牛顿为了能够准确地表述动力学发明了一个新的数学语言：微积分。物理学从那时开始正式成为系统、定量的科学。无论是牛顿力学还是麦克斯韦方程组，或者海森堡博士论文所研究的湍流，理论物理学家的职业生涯与微分方程难解难分。相应的数学工具也随之日新月异。

在雪山旅馆里，薛定谔只带了一本 20 年前出版的微分方程教科书。在终于构造出符合德布罗意关系的波动方程之后，他一时间没能求解出氢原子问题，要等到下山后在外尔的帮助下才成功。

随后，他们发现数学家希尔伯特已经对这类微分方程做了系统研究，刚刚出版了一本新教材。如果薛定谔当时有那新版本，氢原子问题在山上就可以迎刃而解。尽管如此，他和外尔也不过只花了两三天时间便自己找出了答案。毕竟，微分方程已经成为他们科研的“母语”。[19]196,199-200

在 1926 年 3 月问世的第一篇论文里，薛定谔以极其简洁的形式推出他的波动方程。与他为自己浪漫生活记录详尽的日记相反，他的科研笔记散乱无章，只有少量存世。他如何发现这个新方程的步骤已经无法考证。但如果忽略他走过的弯路而以事后诸葛亮的眼光分析，他这一过程的确相当简单：传统的经典波动方程是一个二次微分方程。按照德布罗意关系将其中的频率参数换成动能，然后再把动能拆解为总能量与势能之差，就可以得到薛定谔方程的数学形式。[19]197-200

与经典的波动一样，这样的微分方程和它的解都是连续的，没有分立的“量子”或“跃迁”。但那没有难倒薛定谔毫无困难地找出了两者的对应关系。

经典波动方程在特定的边界条件下会出现琴弦上驻波那样含整数倍的解。希尔伯特把它们叫作“本征态”(eigenstate)。它们由一定的“本征值”(eigenvalue)标记。薛定谔方程也一样。它的本征态正是德布罗意所猜想的驻波。它们自然地有着三个不同的本征值，正是那已经熟悉的量子数。

在经典的波动中，如果两个频率相近的波相遇，它们之间的干涉作用会产生一个新的频率：“拍频”(beat)。这个频率是原先两个频率之差，正好就是玻尔的量子跃迁。但它们不再是突兀的瞬时、断裂过程，而是与经典物理无异的自然、连续过程。

这样，薛定谔的新方程同时为玻尔的轨道和德布罗意的驻波提供了坚实的数学基础。而他既不需要玻尔那些无中生有的规则，也不用像海森堡那样人为地构造不连续的表格。量子的不连续性以本征态、本征值的方式在连续的方程中自然涌现，无需任何先验的设定。

为了用可观测的光谱参数表述原子模型，海森堡在不知情中重新发明了矩阵代数。这对物理学家是一门新的语言，如同拗口、难懂的外语。几个月下来，只有泡利用矩阵求解出最基本、最简单的氢原子，其他人都未能有所建树。

泡利对薛定谔论文的第一反应非常负面。如同他把玻尔认可自旋称为“哥本哈根邪说”，他把薛定谔方程叫作“苏黎世的迷信”。但同时他也不由得倒吸一口冷气：他自己使足浑身解数，花整整一个月时间才用海森堡的矩阵求解了氢原子。如果采用薛定谔的方法，那不过是举手之劳。而且，他用矩阵计算的氢原子光谱仍然只是谱线的频率。使用波动方程，他轻松地就得出谱线的强度。那是自从玻尔原子模型问世以来一直都没能解决的悠久历史问题。[33]34

当然最神奇的是两个方法得出的结果完全一致。

他们的导师索末菲和玻恩的立场也在动摇。索末菲最初看到薛定谔的论文时直觉那完全是一派胡言，但很快改口说矩阵力学虽然是真理在手，却过于复杂并且抽象得可怕。薛定谔的到来是一个救星：波动力学提供了数学的便利和直观的图像。

刚刚发现电子自旋的乌伦贝克直接地表达了他们下一代的心声：“薛定谔方程来得正是时候。我们不再需要学习那莫名其妙的矩阵数学了。”[16]209,212

海森堡看到他预期的灿烂尚未绽放就已经被薛定谔突如其来的光芒覆盖。随着泡利、索末菲、玻恩相继“倒戈”，他有着一种众叛亲离的悲凉。

当然，海森堡的名望也在急剧地上升。那年 4 月他得到邀请去柏林讲学。虽然新生的量子力学集中于索末菲的慕尼黑、玻恩的哥廷根和玻尔的哥本哈根所构成的“金三角”，海森堡觉得真正的物理中心还是在柏林。当他走上那里的讲台，看到第一排依次就座的爱因斯坦、普朗克、能斯特、劳厄四位诺贝尔奖获得者，他真切地感觉到自己正迈进精英的行列。

他的演讲十分顺利。爱因斯坦随后热情地邀请他回家晚餐。他们一起走过柏林的大街时，爱因斯坦友善地询问海森堡的生活、学业及工作，气氛相当融洽。

等他们在爱因斯坦的公寓中坐定之后，爱因斯坦才突然发问：“你真的觉得电子的轨道不存在？”

海森堡早就在等待这一时刻。他成竹在胸地解释：“是的，你没法实际地观测电子的轨道运动……”爱因斯坦当然清楚他的来路，更直截了当地问道：“难道物理学中只能有可以观测的物理量吗？”海森堡这下子倒真觉得诧异。他不解地反问：“难道那不就是你创立相对论时的基本思想吗？”

爱因斯坦狡黠地一笑，答曰：“也许是吧。但同一个笑话是不能重复讲两遍的。”[16]225-226

海森堡满心以为爱因斯坦会赞许他同样基于逻辑实证的矩阵力学。他不知道爱因斯坦半年前从玻恩那里获悉这个新发现时就一直持怀疑态度。他在给埃伦菲斯特的信中表示：“海森堡下了一个量子大鸭蛋。哥廷根那些人相信这个东西，我却不信。”[5]271

几个星期后，柏林的物理师生济济一堂，又一次听取了关于矩阵、波动最新进展的报告。主持讨论会的爱因斯坦有点烦，他最后总结：“我们一直都没有精确的量子力学。现在突然之间有了两个。你们都会同意这两个理论彼此水火不相容。可哪个会是对的？也许没一个是正确的。”

不料，他话音刚落，席中的沃尔特·戈登（Walter Gordon）站起来报告：他刚从苏黎世回来，听说泡利已经证明了这两个理论其实是同一个。[5]273

访问柏林时，海森堡正面临一个选择。

他本来已经准备好再度去丹麦担任玻尔的助手并同时在哥本哈根大学兼任讲师。莱比锡大学却突然给他发来了教授聘书。年仅 25 岁就能够担任正教授在德国极为罕见，这是一个极为难得的机会。海森堡有点难以取舍，便询问爱因斯坦的意见。

曾经为敲开学术界大门历尽坎坷的爱因斯坦不假思索地回答：“去跟玻尔干吧，你不会后悔的。”他深信海森堡是一颗正冉冉升起的新星，以后不会缺乏莱比锡那样的机会。海森堡听从了爱因斯坦的建议。

薛定谔也在忙于四处讲学。他在 7 月时来到慕尼黑。德国物理学会的地方分会恰好也在那里聚会。已经在哥本哈根任职的海森堡特意赶回来参加。薛定谔的讲演吸引了满屋子的听众。结束时，后排的海森堡忍不住提问：你这个波动理论如何解释光电效应和康普顿散射？

这时的海森堡已经不再是四年前当众质问玻尔的那个大学生。但他毕竟还只是助手、讲师，比苏黎世大学正教授差了几个级别。依然对海森堡看不惯的维恩教授忍无可忍，站出来痛斥海森堡没有礼貌。

维恩是薛定谔的老朋友。薛定谔还在滑雪营地里琢磨他的方程时就一直与维恩通信报告进展。这时维恩信心十足并越俎代庖地向全场听众宣布：毋庸置疑，薛定谔教授肯定很快会找出办法来的。他转头忠告海森堡："年轻人，你要明白我们现在再也不需要那莫名其妙的量子跃迁了。"

在老权威面前，海森堡无计可施。在场的索末菲也没有出手维护，让海森堡颇为失落。他只好给玻尔写信告了一状。玻尔阅后，即刻发信邀请薛定谔到哥本哈根一叙。[16]221-222,[5]274,[21]127

对海森堡来说，薛定谔是一个大威胁。这不只是因为薛定谔生生地抢走了他的学术风头。波动方程在数学计算上的确远比他的矩阵简洁实用。海森堡最忌讳的还是薛定谔物理观念上的反动。

正如爱因斯坦所担忧，这两个几乎同时冒出来的新理论互不相容。它们重新点燃了物理学家在粒子与波之间悠久的历史争执。海森堡的诘问打中了要害：薛定谔的确没法解释光电效应和康普顿散射，因为那是很明确的粒子行为。在爱因斯坦以光是粒子成功解释光电效应的四分之一世纪之后，薛定谔的电子是波却又在重蹈过去的覆辙。

海森堡的矩阵描述的是粒子的运动，出发点是分立、量子化的能级；薛定谔的方程却只有连续的波，作为本征值的能级之出现只是数学上的巧合。海森堡坚持可观测量，薛定谔却反其道而行之，跟着德布罗意采用了一个看不见摸不着甚至无法解释的波。

在海森堡看来，这一切完全没有物理意义。薛定谔则反唇相讥，指出矩阵繁复隐晦，不具备波动方程简单明了的直观物理图像。[16]211-213

不过，这新一轮的粒子与波争议与以往不同。双方不再停留在思辨层面，各自都有了精确、完备的数学工具。这为他们貌似势不两立的分歧提供了一个切实的可比性。

连爱因斯坦都没有料到，这个原则性的立场之争只延续了区区几个星期。泡利率先声称他已经从数学上证明矩阵力学和波动力学其实完全等价。与他的许多发现一样，泡利只是在口头、书信中与朋友做了交流，懒得写论文正式发表。但薛定谔几乎同时做出了自己的证明，发表于他那年的第三篇论文：《关于海森堡玻恩约旦与我自己的量子力学之间的关系》，论证两个理论的严格等价。

粒子乎？波乎？它们竟然在两个针锋相对的数学语言中殊途同归。

20世纪20年代中期的玻恩和他的儿子

1925年12月，玻恩在完成他与海森堡、约旦合作的三人论文后启程去美国进行为期五个月的讲学访问。在那期间，他集中精力用矩阵力学计算两个粒子的碰撞过程。虽然有着雄厚的数学功底，但他还是没能取得进展。回到德国后，他看到薛定谔的论文极为震惊，立即确认那是更为优越的数学工具。但从粒子碰撞的实例中，他意识到波的概念亟须澄清：到底是什么在波动？

物理学家早已熟悉了两种不同的波。一是日常所见的水波、声波。它们是所处媒介的脉动：水或空气分子小尺度协调一致的振荡在大尺度上形成波动。波动的幅度便是分子振动的强度。另一种是电磁波。在以太被爱因斯坦的狭义相对论摒弃之后，电磁波没有媒介，是电磁场自身的振荡。电磁波的幅度是相应电磁场的强度。

德布罗意从来没有明确说明过他那伴随着粒子的波是什么波动。相应地，薛定谔干脆把他方程中描述振幅的变量直接称作“波函数”（wave function）——压根不管那是什么波。

但薛定谔自己并无怀疑。他认定这个波是实实在在的，为电子或其他任何粒子提供了一个直观图像：它们不是只处于空间一个地点的粒子，其质量、电荷都同时弥漫于一个空间范围。波函数描述了它们的空间分布。

为了回应海森堡的质问，薛定谔试图把波函数的分布限制得非常狭窄，可以近似于粒子。这样的波在经典理论中也早有例证，即“波包”（wave packet）或“孤立子”（soliton）。无奈，他的量子方程与经典的波动方程一样，让这类局域性的波非常不稳定，随时间会很快耗散变为宽广的分布。显然，电子并没有表现出这样的行为。

玻恩对粒子的局域特性深信不疑。在他哥廷根办公室的隔壁，因为探测到水银原子能量不连续而刚刚获得诺贝尔物理学奖的弗兰克每天都在实验室里忙活。他的盖革计数器在不断地鸣叫，每一声响都意味着一个粒子的抵达。那个计数器计量的是粒子的数量，绝非什么波函数的分布。

通过对粒子碰撞的演算，玻恩清楚地看到薛定谔的物质波无法自圆其说。当一个粒子遭遇障碍时，它的波会像池子里的水波遇到石头一样在石头周围蔓延开来。能够被盖革计数器一个个计数的粒子却不可能这样地“散开”。玻恩因而确信必须彻底摒弃薛定谔引以为傲的物理图像，只保留他那有效的数学形式。

在与爱因斯坦的频繁通信中，玻恩早就熟知他这位老朋友曾提出的“鬼场”概念。为了给光子赋予波动性质，爱因斯坦曾设想作为粒子的光子是在一个波动的鬼场导引下运动，它在空间某个地点出现的概率取决于鬼场在该点的强度。

玻恩意识到薛定谔的波其实就是爱因斯坦的鬼场。它不是薛定谔所认为的物质、电荷在空间的分布，而只是标记粒子在某个地点出现的概率。这个概率随时间、地点的变化便是薛定谔方程所揭示的量子力学规律。

粒子相撞时，它们相应的波函数会同时向四面八方扩散。那不是粒子本身的发散，而只是这个粒子有着向各个方向飞离的可能性。玻恩于是指出，在量子力学里，我们不再能确切知道一个粒子碰撞后会往哪个方向飞，而只能计算它飞向某个方向的概率。

当粒子以一定的概率“出现”在某个地点时，它依然会是一个完整的粒子，可以被盖革计数器捕捉、记录。它会像经典的粒子一样再度碰撞，因此能够出现薛定谔无法解释的光电效应和康普顿散射。

于是，在量子世界里，粒子的运动不再有确定的行为和结果。它们取决于由波函数决定的概率。

1926 年年底，玻恩发表了他这个基于概率的波函数诠释，为量子力学天翻地覆的那一年画上句号。在论文中，他特别指出这个想法其实来源于爱因斯坦。[5]264,276-278;[21]134-139;[16]217

爱因斯坦没有领情。他给玻恩写信曰：“量子力学的确洋洋大观。但我内心里有个声音在告诉我这还不是一个确实的答案。这个理论说了很多，却还没有让我们更接近那个‘老家伙’① 的秘密。无论如何，我确信‘祂’不会掷骰子。”[2]335,[16]224,[5]277

---

① 意指上帝。

第 20 章　狄拉克的变换

1926 年的确是量子力学不寻常的一年。

那年年初，玻恩在访问美国波士顿时收到来自英国剑桥的一篇论文，为海森堡的矩阵理论提出一个新颖的视角。他觉得非常意外，因为那时他与约旦、海森堡合著的“三人论文”尚未问世，应该还没有人能明白那怪异的矩阵力学。那篇论文的作者是剑桥的研究生狄拉克，一个玻恩从未听说过的名字。[16]196;[36]91

自从玻尔谢绝卢瑟福的聘请后，剑桥不再拥有一流的量子理论学家，淡出了由海峡对面慕尼黑、哥廷根和哥本哈根金三角主宰的新天地。海森堡完成第一篇矩阵论文后曾到剑桥短暂访问，他没有在讲座上提及自己的新发现。也无法确定那时狄拉克是否与他碰过面。

狄拉克出生于英国西南的海滨城市。他父亲却是瑞士人，在当地中学教法语。作为第一代移民，父亲极为苛刻，强迫孩子们只能以法语与他交谈，孩子们稍有差错就会受到严厉的惩罚。在能够以法语会话之前，狄拉克和他哥哥、妹妹只能与母亲一起像仆人似地躲在厨房里吃饭。

聪明的狄拉克是三个孩子中最先学会法语的，因此得到恩准上桌子与父亲一起进餐。但既为了避免犯错被惩戒也是作为抗议，他在餐桌上闭口不言，绝对不说一句话。

父亲的专横对孩子们造成了极大的心理伤害。他们几乎在与世隔绝中长大。家里从来没有客人。他们自己也没有朋友。后来，狄拉克的哥哥在 25 岁时自杀。那时狄拉克已经是剑桥的研究生，正处于事业起飞的前夜。

因为家境贫寒，他们兄弟俩中学毕业时都在当地大学修习实用的工程专业。然而事与愿违，他们毕业时遭遇第一次世界大战后的经济萧条，没能找到体面的工作。狄拉克又回到学校从头开始学习应用数学。那精确、简练的数学语言立刻让他折服，从此一生追求如何用数学——也只用数学——描述自然界。爱丁顿日食测量证明广义相对论的轰动效应也把他的注意力吸引到物理领域。不久，他的努力得到回报，赢得一项奖学金去剑桥攻读博士学位。[36]4-54

孤独中长大的狄拉克不具备基本的社交能力。在剑桥，他过着独来独往、规律得如同机器人的生活。星期一到星期六是他学习的日子。他每天按时起床，步行到学校用功。晚饭后出去散步。星期天，他带上午餐到郊外四处游走（图 20.1）。那是他放松大脑，不再思考学业的一天。[36]59-60

图 20.1　1927 年在乡间漫步时的狄拉克

英国大学的传统是学生以自学为主，由导师提供一定的指点。狄拉克因此在剑桥如鱼得水，学业急速长进。他的导师是卢瑟福的女婿拉尔夫·福勒（Ralph Fowler）。

福勒也是剑桥唯一勉强能跟上量子理论蓬勃发展的物理教授，曾在海森堡来访时私下交谈过他的新进展。应福勒的要求，海森堡拿到论文校样后就给他寄了一份。福勒又随手将它转寄给度假中的狄拉克，让他这位沉默寡言却聪明绝顶的学生先睹为快。[36]82-89

狄拉克读了后没觉得海森堡那复杂的数学公式背后有什么实际意义。直到十来天后的一个星期天，他照常在野外暴走、不应该考虑科学问题时，脑子里突然不由自主地浮现出论文中不起眼的一小段。

海森堡坐在海岛巨石上等待日出时意识到他刚刚发明的列表计算有个毛病：两个表相乘的结果与它们的顺序有关。在普通代数中，加法和乘法是“对易”的：2 加 3 等于 3 加 2；2 乘 3 也等于 3 乘 2。减法和除法则不对易：2 减 3 不等于 3 减 2。在他的新法则里，两个列表相乘时如果彼此交换顺序却会有不同的结果。这违反了乘法的对易性。[16]191-192

他直觉十分荒唐，只好在论文中很不好意思地指出这可能是新理论的一个隐患。

狄拉克在他的数学研究中早已见到过不对易的乘法，不觉得是个问题。但他不知道那正是剑桥前辈凯利发明的矩阵代数的一个特征。他更不知道玻恩和约旦已经发现海森堡的矩阵力学中，代表位置与动量的矩阵相乘时不对易。它们不同顺序的乘积之差正好与普朗克常数成正比，说明这是一个经典物理中不存在的量子现象。

狄拉克只是隐隐觉得这个位置与动量乘法的非对易关系似曾相识，却想不起来在哪里见过。那天晚上，他破天荒地烦躁，一夜无眠。好不容易熬到早晨图书馆开门，他冲进去查阅经典力学的大部头著作，果然找到有一种叫作“泊松括号”（Poisson bracket）的数学构造。它在形式上与海森堡的非对易性颇为相像。

牛顿的动力学以“力”为中心。在普通物理中，力通常被定义为“物体之间的相互作用”。那是一句没有意义的空话：力其实也是一个看不见摸不着的假想概念。牛顿之后，一些数学家试图将他的动力学脱胎换骨，代之以更严谨的数学描述。在莱昂哈德·欧拉（Leonhard Euler）、约瑟夫–路易斯·拉格朗日（Joseph-Louis Lagrange）和威廉·哈密顿（William Hamilton）等人长达一个世纪的持续努力中，经典力学终于被彻底改写，有了更具普遍意义的数学形式。

在这个新的表述中，力被势能取代。物理体系及行为由其动能和势能所组成的“拉格朗日量”或“哈密顿量”描述。薛定谔构造的波动方程便采用了含有哈密顿量的形式。

泊松括号是法国数学家西莫恩·泊松（Simeon Poisson）在这个体系中发明的一个表达方式，用以构造所谓的“正则坐标”（canonical coordinates）。它其实与海森堡的非对易乘法没有关系。

但狄拉克却敏锐地看出其中一个奇异的联系：海森堡的矩阵力学与哈密顿式的经典力学并没有太大差异。如果将经典力学中的泊松括号重新定义为含有普朗克常数的数值，就可以直接“量子化”为海森堡的矩阵力学。

这样，狄拉克在经典物理和量子物理之间架起一座桥梁，也终于为玻尔那喋喋不休却捉摸不定的对应原理提供了一个数学基础。

与他的风格相符，狄拉克据此而作的博士论文有着言简意赅的标题：《量子力学》。这是有史以来第一篇以量子力学为题材的学位论文。这个力学自身还未满周岁。

顺利赢得博士学位后，狄拉克又获得一份奖学金。在福勒的建议下，他决定留洋深造，到正在成为量子力学圣地的哥本哈根和哥廷根镀金。[36]105-106

1926 年 10 月 1 日，玻尔在哥本哈根火车站接到应邀来访的薛定谔。这还是他们俩的第一次见面。玻尔没有心思客套，一碰头就忍不住向薛定谔发出一连串的诘问。

曾几何时，玻尔的原子模型揭开了量子理论的序幕。仅仅十年后，他那些电子轨道、量子跃迁等新概念已经被海森堡、薛定谔更新的理论撕扯得支离破碎。他所有的得意之作都被不客气地划归于“旧量子理论”。取而代之的“新量子理论”便是矩阵、波动以及狄拉克那还没人看得懂的新力学体系。

虽然薛定谔已经证明了矩阵与波动两个力学在数学上的等价，但他和海森堡的分歧不仅没有消失，反而日益尖锐。收到海森堡怨气满腹的来信后，玻尔邀请薛定谔前来面谈，期盼能达成共识，将苏黎世的这位独行的游侠纳入自己的阵营。

在自然科学中，物理学是最数学化的精确科学。无论是牛顿力学还是麦克斯韦电磁学，乃至爱因斯坦相对论，它们都以各自的方程式引领风骚。只要有了需要的方程，加之必要的边界条件，一切相关的物理问题均可迎刃而解。

薛定谔正是听从德拜的建议为德布罗意的波动找到了方程式。但他没料到这却带来更大的麻烦。如何理解那作为方程主体的波函数让物理学家莫衷一是。这可能是物理学史上第一次，严谨的数学语言不足以描述物理现象，需要外加辅助性的“诠释”。

薛定谔不能认同玻恩的概率诠释。他坚持波函数就是粒子的实在分布，运动是连续的波动过程而不存在所谓的量子跃迁。在哥本哈根的那几天里，玻尔日日夜夜地跟随在他旁边，就这个问题没完没了地“讯问”。终于，薛定谔病倒卧床不起。玻尔夫人玛格丽特精心照料，为他端汤送水。玻尔却还是固执地坐在床头，一个劲地探寻：“可是，薛定谔，你不可能真的会认为……”

当薛定谔终于逃离这个鸿门宴时，他身心俱疲，依然固执己见没有归顺。[16]222-223,228-229;[19]225-229

作为玻尔助手的海森堡明智地在这场争论中置身事外，只在近距离旁观、记录。他内心里对玻尔立场不坚定、与薛定谔的波动说眉来眼去颇有微词。但这时他已经找到一个击溃对手的利器。那正是薛定谔的波函数。

就在薛定谔来哥本哈根之前不久，海森堡也抽空研究了波动方程。他成功地计算出有两个电子的氦原子光谱。那是旧量子理论一直未能解决的大难题，曾促使海森堡在哥廷根当众向玻尔发难。氦原子光谱的计算因而成为新量子理论的第一个重大突破。海森堡也因之切身体会到波动方程在实际运算中的绝对优势，不得不承认自己的矩阵望尘莫及。

但同时，他发现氦原子那两个电子的波函数非同一般。

按照薛定谔具备直观优势的图像，两个电子的波函数与一个电子的波函数不会有太大区别。它们是电子在三维空间的分布。具有两个电子的波函数无非是质量、电荷的总和会是一个电子的两倍，在形状上则会同时显现出两个分立的波包。

然而，海森堡用来解决氦原子的波函数却没有那么直观。它是一个在六维空间中的分布：两个电子各有自己的三维空间。很容易地看出，这个结构可以直接推广到更多电子的原子，只是波函数所占据的空间维数会随之增多。比如铀原子有着 92 个电子，它的波函数就会有多达 276 个的空间维数。

这听起来似乎匪夷所思，但对已经精通微分方程的理论物理学家却并不突兀。在拉格朗日、哈密顿推广后的力学体系中，这样的抽象数学空间业已司空见惯。况且，数学家希尔伯特也在几乎同步地提供相应的数学工具。这个多维空间后来就被物理学家命名为“希尔伯特空间”。

虽然这种抽象的空间只是一种数学上的便利。但它也显示波函数并不是薛定谔心目中的物质分布，倒是与玻恩的诠释相当合拍：波函数是电子各自在三维空间中出现的概率。众多的电子各有各的概率分布，互相分离但并不完全独立。它们在同一个波函数下依照薛定谔方程随时间、空间演变，其概率既各自为政又相互关联同步。[16]212-213,[5]275-276

狄拉克正是在这个激情四溢的时刻来到哥本哈根。他在市区租住一个房间，每天形单影只地按时上下班。傍晚，他喜欢随便找一趟公车搭乘到终点站，然后自己循原路步行回家，领略这个陌生都市的宁静夜晚。星期天，他依然故我地独自在郊外暴走。

玻尔已经见识过太多在他研究所来来往往、性情迥异的年轻人。瘦长、孤僻的狄拉克是他唯一无法吃透的角色。他把狄拉克称作“最奇葩的人”。当玻尔察觉狄拉克对话只用“是”“不”两个单词时，他好事地设赌局看谁能迫使狄拉克说出第三个词汇。经过一番努力，狄拉克终于不得不回应出一个“不在乎”。[36]107-111

狄拉克与玻尔正好处于两个极端。玻尔的论文几乎没有数学公式，喜欢以冗长的句子没完没了地绕圈。狄拉克巴不得整篇论文完全以数学方程示人，杜绝日常语言的污染。即便是在讨论时，他也惜字如金，力求以最简短、最准确的词句解释。如果有人不理解，他也只能原封不动地再重复一遍——他已经不可能再找到更好的表达方式。①

玻尔经常被自己正阐述中的复杂语句绕糊涂，会习惯性地抱怨不知道应该如何结尾。旁边的狄拉克则会冷冰冰来上一句：“我们从小就学会了，如果你不知道怎样收尾，就不应该急着开口说话。”

---

① 多年后，他的名字在剑桥成为一个计量单位：一个“狄拉克”是每小时说一个单词的语速。[36]89

在玻尔的眼皮底下，几乎从不开口说话的狄拉克成绩斐然。

延续他博士论文中对矩阵力学的重新表述，狄拉克进一步推出更具一般性的“变换理论”（transformation theory），为新生的量子力学提供了一个完备的数学根基。

在他的理论中，量子力学是代表量子态的矢量在多维度的希尔伯特空间中旋转的行为规律。如果在这个空间中选取不同的正则坐标，就会出现不同的“表象”（picture）。这些表象中既有着薛定谔的波动方程也有海森堡的矩阵代数。这两个理论不仅互相等价，而且都只是这个更普遍的变换理论的特定表现形式。[36]112-114

狄拉克第一次完整地统一了量子力学。

他还在论文的引言中开宗明义地指出：在这个变换理论中，波和粒子有着完美的和谐。以粒子为出发点的表象经过一个哈密顿变换后就能自然地成为波动性的表象。

于是，海森堡与薛定谔势不两立的原则性观点冲突看起来只是过眼云烟。

美中不足，狄拉克没能独享这一构建量子力学根基的荣誉。几乎同时，玻恩的助手、同样精于数学的约旦也独立发表了同样内容的论文。

在新一代的弄潮儿中，1900 年出生的泡利最为年长。海森堡比他师哥小一岁，而狄拉克和约旦（图 20.2）又都是 1902 年出生。在 1926 年这个不凡的年份中，他们以 25 岁上下的年纪相继进入了学术成就蓬勃而出的灿烂年华。

图 20.2 20 世纪 20 年代的约旦

玻恩在 1925 年年底去美国讲学之际，约旦交给他一篇自己刚刚完成的论文，请导师审阅后在他担任编辑的《物理学杂志》发表。玻恩随手把稿件放进行李箱，准备在旅途中阅读。不料直到大半年后他才在箱底发现这篇被遗忘的文稿。

那正是量子力学日新月异的几个月。这一次，是狄拉克独立发表了同样内容的论文，导致约旦被耽误的稿件不再具备发表意义。

爱因斯坦在完成玻色–爱因斯坦统计后没有意识到他这个新的量子统计——尤其是玻色–爱因斯坦凝聚态——与泡利随后提出的不相容原理矛盾。爱因斯坦统计中的粒子会在低温时同时凝聚到能量最低的态。泡利却指出电子互不相容，不可能有两个电子同时占据同一个量子态。

海森堡在构造氦原子的波函数时发现如果将其中的两个电子互为交换，波函数的数值会改变正负号。正是这样的“反对称”可以阻止两个电子进入同一个量子态，满足泡利不相容原理。狄拉克随后做了推广，指出量子世界的粒子其实有着迥然不同的两类。在波函数中交换时不发生改变——即完全对称——的是遵从玻色 – 爱因斯坦统计的“玻色子”，它们的自旋量子数是整数。而包括电子在内还有另一类粒子。它们的自旋量子数是半整数，在波函数中交换时呈现反对称。它们不会遵从玻色 – 爱因斯坦统计，需要另一个完全不同的量子统计规律。

图 20.3　1924 年埃伦菲斯特（右三）与他的学生合影。左二是古德斯密特，右一为费米。右二是最先提出电子自旋的克勒尼希。左三简 · 廷贝亨（Jan Tinbergen）后来成为第一届诺贝尔经济学奖获得者

虽然狄拉克因为玻恩的疏忽抢了约旦的先机，但他还是没能成为这个新统计规律的创始者。在他之前，意大利的恩里科 · 费米（Enrico Fermi）发表了同样的想法。

费米也是 1901 年出生的年轻人。他曾经师从玻恩，但在人才济济的哥廷根自惭形秽，急流勇退。荷兰的埃伦菲斯特听说后，嘱咐学生乌伦贝克去探望。两个年轻人因此成为好朋友。乌伦贝克劝费米一定要见过和蔼慈祥的埃伦菲斯特后再决定是否放弃物理生涯。费米于是加入埃伦菲斯特的研究组，在那里重整旗鼓，最终成长为一代宗师（图 20.3）。[38]

尽管费米发表的论文相当粗糙，并没有细致地分析波函数中的对称性，狄拉克还是尊重费米的优先权。他们的新发现于是被称作“费米 – 狄拉克统计”。相应的粒子叫作“费米子”。

约旦甚是失落。他在自己的专著中干脆将之冠名为“泡利统计”。[37]

在那个沸腾的年代里，海森堡也有着自己的烦恼。在哥本哈根担任玻尔的助手本来是他的梦想成真。随着时间的推移，他却感到这个职务是一个难以摆脱的负担。

玻尔研究所扩建后，玻尔一家搬出原来主楼里的寓所，改居隔壁新楼中的所

长套间。他们原来的卧室则成为助手的客房。与来访的薛定谔一样，住在所内的海森堡感觉玻尔在这里如影随形，无所不在。他无法像狄拉克那样每天按时上下班，因为玻尔会随时出现在他的办公室或寓所，连续几小时讨论如何诠释量子理论。他们常常如此争辩到深夜，甚至通宵达旦。[21]141-143,[16]227-228

在这紧张的工作节奏中，海森堡最渴望的是能有一点自己静心思考的时间①。因为他始终无法忘怀在柏林与爱因斯坦的那一席交谈。

---

① 海森堡能够在哥本哈根解决氦原子光谱问题还是因为那时玻尔得了重度流感，有两个月未能上班。[16]228

第21章 海森堡的不确定

1925年4月的一天，美国一家不起眼的电力公司实验室里发生了一次意外事故。一个储存液态空气的罐子爆炸，损坏了克林顿·戴维森（Clinton Davisson）正准备做实验用的镍片。戴维森不得不将镍片重新加热去锈。当他重启实验，用电子束轰击这些处理过的镍片时，意外地看到了与以前不同的散射结果。他不明白究竟，只是兢兢业业地收集数据写成论文发表。

三个月后，他越洋过海到牛津参加英国科学促进会的学术会议，非常惊奇地发现这篇论文在那里引发了关注。作为实验室职员，戴维森还从没听说过德布罗意，更对电子可能是波的奇怪想法一无所知。

德布罗意一直都在寻求实验来验证他的波动假说。他经常像小时候一样跑到哥哥的实验室，鼓动他们用电子束代替X射线观测衍射现象。当初把他带入量子世界的哥哥已经是巴黎首屈一指的X射线专家。他没有把弟弟的恳求当回事，因为他们有着太多更重要的实验要做。

图21.1 在实验中发现电子衍射现象的戴维森（左）和革末

爱因斯坦在推广德布罗意波的论文中也对实验物理学家发出呼吁，这才引起了更多的注意。戴维森在牛津听说他那个偶然的实验可能已经出现了电子束的衍射时才如梦初醒。他急忙赶回实验室，与助手莱斯特·革末（Lester Germer）一起从头开始进行系统的验证（图21.1）。

1927年1月，他们发表论文证实电子束通过金属内部晶格形成的“狭缝”时会发生衍射。因此，与光束一样，电子束也是一种波动。[16]150-152

戴维森和革末的结果直接证实了德布罗意的波动思想，促使德布罗意在1929年荣获诺贝尔物理学奖。①

① 他的哥哥后来接替了他们导师郎之万在法兰西学院的教授席位，也曾几次获得诺贝尔奖提名。

就在戴维森发现电子衍射的那一年，他所在的公司改组，变成隶属于美国电话电报公司的贝尔实验室。1937 年，戴维森成为这个默默无名新实验室的第一个诺贝尔奖获得者。

与他分享这一殊荣的却不是革末，而是剑桥新一代的乔治・汤姆森（George Thomson）、卡文迪什实验室老主任汤姆森的儿子。他在牛津的会议上听到关于戴维森实验的讨论后自己用不同的设计也独立地验证了电子的衍射。相隔 31 年，汤姆森父子分别以发现作为粒子的电子和作为波的电子被载入史册。

1803 年，杨在英国皇家学会上展示光的衍射和干涉，宣告牛顿微粒说的破产：光是波。100 年后，爱因斯坦在光电效应的解释中再度复活光的粒子性，其后由康普顿的实验证实。

无论是在汤姆森的阴极射线管里，还是卢瑟福的 β 衰变中，电子[①]都很明显是个直线运动的粒子。然而，戴维森、革末以及汤姆森的儿子却揭示电子束同样会发生衍射，也是一种波动。

波乎？粒子乎？这不再只是理论、哲学的思辨。在新量子理论方兴未艾的年头，旧量子理论鼻祖爱因斯坦和玻尔都在为此伤透脑筋。无论是光还是电子，比较明显的“答案”是它们既是波又是粒子，即所谓的“波粒二象性”（wave-particle duality）。

这个崭新名词却无法掩盖其背后的自相矛盾。

爱因斯坦在这个问题上已经纠结了十多年。早在刚刚离开专利局的 1909 年，他在萨尔茨堡的德国科学界年会上以对电磁波压强的统计分析揭示光既含有波又有粒子的成分，并通过固体比热理论提出量子是一个普适的概念，同样适用于电子。

那是一个异常超前的思想。洛伦兹就很是不解，写信质疑：量子的能量与频率成正比，粒子只有在周期运动时才会有频率。金属中自由电子做直线运动，不存在频率的概念，如何能用量子描述？

爱因斯坦当时没有好办法，但他坚信电子的运动会服从与光子同样的量子规律。在那之后十年里，他一直试图在麦克斯韦方程中引入普朗克常数，使之量子化却一无所获。

10 年后，德布罗意将频率与粒子动能直接相关联的新思想和薛定谔方程的出现证实了爱因斯坦的直觉。这些进展也终于让爱因斯坦看清自己曾经走过的死胡同。延续德布罗意的思路，薛定谔研究的是有质量的粒子，普朗克常数可以

① β 粒子就是高能的电子。

“自然”地出现在他的方程中。光子没有质量，普朗克常数因而在麦克斯韦方程中会在方程两边同时出现互相抵消而消失。因此，麦克斯韦方程其实并不需要量子化。[5]131-132,134,153-156

当然爱因斯坦也不是一事无成。无论是德布罗意还是薛定谔，他们的发现都直接来源于爱因斯坦的前期努力。薛定谔在他的波动力学论文中特别感谢了“爱因斯坦简短但极富远见的指导”，尤其是爱因斯坦当初补充索末菲原子模型的一篇论文对他的启发。[5]203

可能出于这一渊源，爱因斯坦一开始就没有对海森堡的矩阵力学有好感，认为他下了一个不可信的“大鸭蛋”。而在薛定谔发表波动方程后，他立即写信祝贺，赞许道：“我确信你对量子条件的描述取得了决定性的进步。我也同样地确信那个海森堡 - 玻恩途径是一条歪路。”[5]268

爱因斯坦却没有预料到这两个力学的分歧只在肤浅的表面。在薛定谔证明它们其实是等价的同一个理论后，爱因斯坦没有因此消除对矩阵力学的疑虑，反而随之对波动力学也产生了怀疑。[5]274

玻尔对随着新量子理论而出现的波粒二象性却没有同样的思想准备，骤然间老革命遇到了新问题。他曾极力坚持光只是波的传统观念，顽固地拒绝接受光子，直到他的 BKS 论文被康普顿的后续实验否定。电子的衍射更迫使他面对波和粒子共存这个棘手的难解之谜。

在“劝降”薛定谔失败后，玻尔几乎把所有时间和注意力都倾注于自己身边的海森堡。他们在哥本哈根展开没日没夜、无休无止的争辩。

在海森堡的眼里，玻尔依旧坚持经典的物理概念，尤其是电子运动的位置和速度。然而，在新量子理论中，这两个作为经典动力学基础的变量已经退居到二线，让位于不明就里的波函数或矩阵。海森堡认定位置、速度与电子的轨道、跃迁一样，都只是经典物理的残余，在量子力学中不再有位置：它们都不是实际的可观测量。

终于，两个亲密无间的师徒在旷日持久的辩论中爆发激烈的争吵，不再能忍受对方的存在。

1927 年 2 月，玻尔独自离开研究所到挪威的大山中滑雪。那本来是他和海森堡计划好要一起欢度的假期，但玻尔临时改变了主意。海森堡不仅没有介意，反而大松一口气。他终于能拥有属于自己的自由和清净。[21]141-143;[16]227-228

伴随着玻尔的离去，海森堡脑海里被玻尔灌满的争论逐渐消退，代之以近一年前与爱因斯坦的那番谈话。

1911 年在卡文迪什实验室的年终晚宴上，卢瑟福眉飞色舞的一番讲话强烈地感染了年轻的玻尔，促使他离开老气横秋的汤姆森而转投在曼彻斯特的卢瑟福门下。其实，那晚卢瑟福滔滔不绝的并不是他自己实验室的进展，而恰恰是汤姆森麾下的又一个新突破。[16]230,[22]

卡文迪什实验室里并不都是原子物理学家。年轻的查尔斯·威尔逊（Charles Wilson）研究的是气象。他观察自然界多姿多彩的云雾，希望能在实验室里重现、研究它们的形成。他设计了一个精巧的箱子，在里面灌满过饱和的水蒸气。当他突然拉动活塞急速降低箱子里的气压时，可以看见水蒸气瞬时凝结成云雾。

云雾由微小的水珠组成。水蒸气是在箱子里残留的细小微尘辅助下凝结成水珠的。威尔逊仔细地清洁他的箱子，排除里面所有杂质，但他仍然能够看到云雾的形成，其中还有一条条貌似随机的纤细线条出现。

实验室里的物理学家意识到那是因为总会有宇宙射线在穿过那个箱子，它们的动能使水分子发生电离，代替尘埃在协助水珠凝结。那些细线正是射线留下的足迹。

这样，威尔逊无意之中发明了一个实时观察高速粒子运动的工具。卢瑟福等人如获至宝。他们不仅用它探测宇宙射线，还第一次能够直接看到放射性原子所发出的 α、β 粒子的踪迹。把这个被命名为“云室”（cloud chamber）的箱子置放于电场、磁场中，他们可以测量带电粒子在电磁场中的加速和拐弯（图 21.2）。甚至，他们还可以发现粒子相互碰撞的整个过程。

十多年后，当海森堡在爱因斯坦的公寓里信心十足地解释电子的轨道如何不可观测时，爱因斯坦反问:“你没看到过云室中拍摄的照片吗？”

爱因斯坦已经快 50 岁了，早已不是过去那个以马赫的逻辑实证思想开创相对论的小青年。成熟后

图 21.2　云室照片一例，显示各种高速粒子的轨迹

的他认识到客观世界是既有的存在，并不需要人类去实证。倒是人类自己的眼光有着相当的局限性。面对与他当初一样年轻的海森堡再度举起物理定律只能包含可观测量的大旗，他轻松地回以一个笑话不能重复两次的调侃。

显然，爱因斯坦早已深思熟虑过。他提醒海森堡，把光谱线的频率、光强当作可观测量其实只是一厢情愿。原子发出的光经过大气传播、棱镜折射等过程最终在照相底片或视网膜上成像后才成为所谓的观测。海森堡之所以能把这样得到的数据看作可观测量，不过是他不加怀疑地接受了麦克斯韦的经典电磁理论，确信那一连串过程没有实质性地改变原子所发的光的属性。

其实，那些光谱线也并不比在云室中看到的电子轨迹更为真实、可靠。

所以，爱因斯坦完全出乎海森堡意料地指出：物理学并不是实验的观测决定理论，反而是理论在指导你观测——正如麦克斯韦的理论引导物理学家测量光谱线。

虽然没有完全被说服，海森堡不得不承认爱因斯坦言之有理。在没有玻尔的两个星期中，他苦苦地回味着那一番富有哲理的谈话。[16]225-227,[33]28-30

一天晚上，烦躁的海森堡走上街头，像狄拉克一样在哥本哈根漫无目的地游走。他的思绪在寒冷的夜风中逐渐变得清晰。

爱因斯坦对光谱线观测的那一番剖析同样适用于云室的照片。云室里一条条的直线和曲线只是一连串不连续的小水珠。它们因为电子或其他粒子的经过而出现，却并不就是电子的轨迹。那中间也间隔着太多的物理过程。[16]231

观察电子的轨道，还需要更为直接、精确的手段。而爱因斯坦和玻尔难以忘怀的其实是同一个问题：如何测量、描述电子的位置和速度。

“难道你连一个普通显微镜的原理都解释不了吗？”维恩教授在答辩时那句轻蔑的挖苦是海森堡挥之不去的梦魇。他时常还会不由自主地回忆起那个场景，一次次默默地回应。

显微镜的确是实验室中很普通的仪器。用它可以观察做布朗运动的花粉、生物体的细胞等微小物体。照射它们的光经过透镜放大、聚焦后，肉眼看不见的细节会变得一览无余。然而，无论显微镜做得如何精致，它的分辨率最终会取决于照射光束的波长。要想看到细微的结构，必须用波长比它更小的光来照射。

如果要直接观察到电子的轨迹，海森堡想到，就只能用波长最小、频率也就最大的光。至少需要X射线或γ射线。但那样的照射也就会如同康普顿所做的散射实验。

在他与爱因斯坦进行那一席长谈时，康普顿已经在云室中直接观察到一个光子和一个电子碰撞所留下的印记。他拍摄的照片清晰地显示了电子被光子击中后的反弹，无可辩驳地证明了光子的存在。1927 年年底，威尔逊和康普顿分享了诺贝尔物理学奖。

海森堡突然醒悟。如果使用波长非常短的 γ 射线去照射电子，那就不会是传统意义上的显微镜。这时所用的光不再只是照明的工具，而成为直接干预电子运动的因素。它会像康普顿观察到的那样，单个光子与电子发生碰撞，将一定的动量、能量传递给电子。如果要看到云室照片那样的电子轨迹，就必须持续地用一个又一个光子去“照射”。但这样所观察到的并不是电子本来的轨迹，而只是电子在遭到一次又一次撞击后所偏离、扭曲了的行径。所以，电子自身的轨道依然无法观测。

但是，问题还更为严重。

当一个光子与一个电子发生碰撞时，它们总能量和总动量的守恒意味着可以通过对光子碰撞前后的测量结果推算出电子在碰撞时的位置和速度。这个测量也有着同样的局限：对电子位置测定的精确度不可能小于光子的波长。

如果想像用波长无限小的光子去“照射”，便可以精确地找到电子的位置。但波长无限小也意味着光子的频率、能量和动量都是无穷大。这样强劲的光子会一下子把电子击飞而自身动量不受影响，也就无法测量到电子的速度。

要非常精确地测量到电子的速度，只能用频率极低的光子“温柔”地触碰电子。那样的光子波长就会非常大，无法测量到电子的准确位置。

在哥本哈根寒夜的街头，海森堡意识到玻尔那难以忘怀的位置和速度在量子力学中即便存在，也会像鱼和熊掌不可兼得。所能做到的只有折中策略：用一定频率、波长的光子与电子碰撞，同时获取电子的位置、速度数据。这两个数据都不会完全准确，各自带有一定程度的不确定性。[16]232-233

如此这般，年轻的海森堡为了回应爱因斯坦的质问竟自己发明了一个逻辑实证式的假想实验。那正是爱因斯坦的拿手好戏。但海森堡的思绪并没有终止。

泡利和狄拉克等人一直都在向海森堡抱怨，从他的矩阵力学开始的那个不对易乘法规律让量子力学变得不可捉摸。因为在数学上等价，不对易性也同样地出现在薛定谔的波动力学中。狄拉克揭示那是普遍的量子规律，是经典力学通过泊松括号走向量子化的台阶。但他们相继发现，这个乘法的不对易性不只是数学上的别扭，而是有着真切的物理效应：因为位置和动量——也就是速度——相乘时不对易，量子力学无法同时描述这两个最基本的物理量。

如果先计算好粒子的位置，它的动量就会变得捉摸不定。反之亦然。在数学形式上，这其实是不对易乘法的直接推论。在物理上，这样的结果显然极其荒唐。纵是泡利、狄拉克，也没能破解这个怪诞的谜团。

海森堡恍然大悟，那正是他的假想实验在理论中的表现。从大街上回到住所后，他像在北海荒岛上那样又一次沉浸于严谨的数学推演。很快，他利用薛定谔便捷的波动方程证明了一个匪夷所思的结论：同时测量粒子的位置和动量时的精确度会有一个无法超越的总下限。这个限制直接来自不对易关系，由普朗克常数决定。因此，这是一个量子世界特有的新规律。[16]234-237,[21]144-145

正如爱因斯坦所言，是理论在决定着什么是可观测量。

这是又一个重大发现。海森堡不敢懈怠，立即写好了论文。他知道如果玻尔回来后介入，论文肯定会在他的反复修改中变得支离破碎、面目全非，甚至不知道要等到何时才能面世。为避免重蹈斯莱特的覆辙，海森堡壮起胆子，抢在玻尔回来之前私自将论文寄出。

玻尔度假回来后果然为助手的这一新发现欢欣鼓舞。他也立刻指出论文中的一点纰漏。正如海森堡所料，玻尔批评论文没有能清楚、深入地阐述这个发现的本质和意义。他要求海森堡立即撤回稿件，由他们共同修改后再重新递交。

早有预感的海森堡依然难以承受这心理压力，眼里不禁涌出了泪水。但他还是没有退让，倔强地拒绝了玻尔的“无理”要求。在那之后，两人关系近乎破裂。他们还是整天在同一个研究所里，抬头不见低头见，却刻意地互相躲避，几乎不再交谈。[21]141-151,[16]238-240

海森堡违背师愿一意孤行发表的论文长达 26 页。他在校对之后加了一个尾注，感谢玻尔在论文完成后提出的“更深入、敏锐的分析”和指正。在这个脚注中，他也许是在无意中提到了玻尔与他辩论时所用的语言。

因为这是一个经典物理中不存在的新现象，海森堡没能把握如何定义。在论文中，他随意地使用了“不精确”（inexactness）、“无法确定”（indeterminacy）等词汇描述对粒子位置、动量测量时会出现的僵局。只是在后加的脚注中，他采用了玻尔的用词选择：“不确定”（uncertainty）。[21]1-2,149-150[16]246,409

量子力学因而又有了一条新规则：“不确定性原理”（uncertainty principle）。

那一时刻的海森堡年轻气盛，正处于科学生涯的巅峰。他没有听从玻尔的规劝，也无法听进导师迫不及待要表达的观点。他压根没有想到玻尔独自在挪威的大山里滑雪时并没有闲着，也产生了关于量子力学的新思想。

第 22 章 玻尔的互补

1923 年，爱因斯坦为了躲避当时德国日益严重的反犹太情绪乘邮轮到亚洲远航，错过了诺贝尔奖典礼。归来后，他到瑞典补做了领奖演说，并顺路去哥本哈根访问玻尔。那时，玻尔正忙着与克莱默、斯莱特折腾那篇 BKS 论文，最后一次试图维护光子的不存在。海森堡在慕尼黑侥幸通过博士学位答辩，前往哥廷根开启科研生涯。泡利则完成在哥本哈根的工作，转去汉堡大学任职。薛定谔才到苏黎世大学担任教授不久，而狄拉克还是刚刚来到剑桥的研究生。

在那个新量子理论诞生的前夜。他们都顾不上留意那年 11 月初在慕尼黑一间啤酒馆里开始的一场不大不小的事件。成立不久的“国家社会主义德国工人党”组织了一次约 2000 人的示威游行，在市中心与警察发生暴力冲突，造成多人死亡。

第一次世界大战之后的德国——尤其是慕尼黑所在的巴伐利亚地区——经历了连年“城头变幻大王旗”的动乱期，武装政变几乎是家常便饭。两天后，一个煽动那场“啤酒馆政变”的 34 岁年轻人被以叛国罪判了五年刑。

他在一年后即获得释放。届时，爱因斯坦在推广玻色的统计和德布罗意的波，引起了薛定谔的注意。泡利正在发现不相容原理。古德斯密特和乌伦贝克揭示出电子有自旋。

在近一个世纪后的今天，发动啤酒馆示威的政党冠冕堂皇的大名已经没几个人能认识。取而代之的是它耳熟能详的简称：纳粹（Nazi）。

那个当时默默无名的年轻领袖便是阿道夫·希特勒（Adolf Hitler）。

希特勒未遂的政变是试图效仿意大利贝尼托·墨索里尼（Benito Mussolini）的成功。一年前，墨索里尼的“国家法西斯党”组织三万黑衫军进军罗马示威，以实力迫使国王任命他为总理，成功地掌握国家领导权。

五年后的 1927 年是意大利物理学家、发明电池的亚历山德罗·伏特（Alessandro Volta）① 逝世 100 周年。墨索里尼借此机会不惜重金举行盛大纪念活动以提升国家自豪感。在伏特出生、生活的家乡科莫湖，他们隆重举办国际会议，邀请世界各地著名物理学家共襄盛举。[17]128,[39]

---

① 作为纪念，电压的单位以他的名字命名。

来自14个国家的61名物理学家参加了这一盛会，包括普朗克、卢瑟福、洛伦兹、玻尔、劳厄、康普顿等12位诺贝尔奖获得者。另外还有爱丁顿、索末菲、玻恩等名家，以及少壮一代的德布罗意、海森堡、泡利等。还有可以算作东道主的费米（图22.1）。

图22.1　泡利、海森堡和费米（从左到右）在科莫湖

在与会者名单中，唯独不见爱因斯坦。

26年前爱因斯坦正是在科莫湖与他当时的女友米列娃共享浪漫。他对这个旅游胜地情有独钟，后来还曾携全家陪同居里夫人一家在那里登山远足。[2]181-182 但时过境迁，爱因斯坦倒不是因为往事不堪回首，而是不满墨索里尼实施的法西斯政策。他不愿意同流合污，独自抵制了这场轰轰烈烈的庆祝活动。

波乎？粒子乎？这是玻尔一个人躲在挪威的雪山中也无法逃避的问题。自从新量子理论的诞生，玻尔就一直看着坚持粒子立场的海森堡和坚持波动的薛定谔针锋相对，几近势不两立。他自己的态度颇为中庸，却也落得两头不讨好。在试图说服薛定谔放弃物质波失败后，他与海森堡的亲密关系又在日复一日的争执中出现裂痕。

玻尔认定海森堡和薛定谔的争执只是他们在坚持各自的偏见。两人的理论已经被证明在数学上等价，分歧只在量子世界中物质本性的观念上：波还是粒子。

这也是一个无法调和的矛盾。粒子是局域性的存在，在任何时刻只能处于某一个地点。波则反之，像池塘中的涟漪可以在同一时刻覆盖整个水面，不局限于地域。无论是光子还是电子，它们或是弥漫无形的波或是一个晶莹的粒子，二者只能取其一。可是实验证据却表明它们不可思议地同时既是粒子又是波。于是海森堡与薛定谔各执一词，谁也没法说服对方。

逃离研究所的杂事后，玻尔在宁静的雪坡上思路豁然开朗。他意识到其实并没有哪个实验发现光子、电子同时是粒子和波。只是有的实验看到它们像粒子，有的则看到它们像波。

如果像一百多年前的杨那样用光束去观察衍射、干涉，就会看到光的波动性。

戴维森用电子束做了类似的实验，也同样地观察到了电子的波动性。在这一类实验中，压根看不到光或电子的粒子性。

而将光束照射金属，测量它“打下”的电子时，这样的光电效应、康普顿散射实验所看到的光和电子却又都只是纯粹的粒子，没有一点波动迹象。

因此并没有证据表明它们既是粒子又是波。它们的波粒二象性只是在不同观察手段中的不同表现。

盲人摸象是一个几乎尽人皆知的佛经故事。故事里几个盲人通过触摸了解大象的模样。摸到脑袋的说大象长得像石头，摸到象腿的认为像柱子，摸到尾巴的却觉得像绳子……他们对自己的“观测”都非常自信，并认定其他人或者没摸对或者就是在蓄意撒谎。这样，他们争执不休，谁也不服谁。

玻尔领悟到人类眼中的量子世界与这个寓言如出一辙。当我们进行散射实验时，看到的是“大象脑袋”，于是觉得它像个粒子；而在做衍射实验时，看到的却是“大象尾巴”，便觉得它像波。正如大象不可能同时既像石头又像绳子，光子、电子也不可能同时既是粒子又是波。我们觉得不可思议，却没有意识到这些实验都只是看到了大象的一个局部。

在寓言的另外版本中，摸象的不是盲人。他们视力正常，只是在黑暗中摸索，结果与盲人无异。但后来当灯点亮时，他们都得以看到大象的真面目，于是认识到自身经历的局限。

客观的量子世界却没有为人类准备这样一个皆大欢喜的结局。玻尔认为我们无法点亮一盏灯，全方位地看清大象的真实形状。我们能做到的只能与那些盲人一样，有时摸到大象的脑袋，有时摸到大象的尾巴，却没有办法同时摸到脑袋、尾巴以及整个身躯。

在这样的情况下，人类所能做的不是被动地落入寓言的陷阱不可自拔，像海森堡与薛定谔那样不依不饶地要争出个你是我非，而是要认识到实验观测的局限性，互相合作，综合不同的意见。电子、光子以及其他一切量子世界的物质既不是粒子也不是波，它们只是在一定的观测条件下表现如同粒子，在另外的观测中又会表现得像波。这两个互为矛盾的概念其实相辅相成，不可或缺。

玻尔把这个对立统一的思想叫作“互补原理”（complementarity）。

当玻尔兴致勃勃地结束度假回到研究所时，他立刻得知留在那里的海森堡也有了突破性的新发现。

海森堡从粒子观念出发，得出一个粒子的位置和动量不可能同时准确地确定的离奇结论。玻尔倒没有觉得这不可思议。因为如果从波动的角度来看，粒子作为一个有一定局域性的波包，不可能同时具备确定的频率（动量）和位置。那是一个经典波动理论中已经熟知的现象。他建议海森堡同时兼顾波动说的视角，即刻引起弟子的反感。[16]239-240

但更令海森堡不满的是玻尔的进一步分析。海森堡的发现来源于量子力学中的乘法不对易性，这样的不对易并不只局限于位置和动量，还有时间和能量。它们所揭示的是一组组新的矛盾，无法同时准确地把握。但在玻尔看来，它们也正是需要同时兼顾，才能“互补”地描述、理解量子的行为。

与粒子和波那一对矛盾不同，位置与动量的矛盾并不是完全的非此即彼、水火不容。前者有如明眼人在黑暗中摸象，摸到脑袋的绝对摸不到尾巴。后者却有着一定的交集，可以点起昏暗的油灯同时看到脑袋和尾巴的模糊轮廓。但也仅此而已。如果他们凑近去看清楚脑袋，就无法看到尾巴。反之亦然。那大象的脑袋和尾巴——位置和动量——永远不会同时真切地呈现。海森堡以数学推导而出的那个由普朗克常数决定的极限相当于油灯所能提供的亮度上限。在那不够明亮的照明下，同时看到脑袋和尾巴的清晰度被限制。

海森堡发现的就是位置与动量、时间与能量这一类既对立又互补的矛盾双方最可能和谐并存的极限所在。[16]242-246,410

这便是玻尔向海森堡提议的“更深入、敏锐的分析”。他要求海森堡撤回已送出的论文，一起将这些尚待成熟的思想深化、扩展为更具普遍性的互补原理。

处于重大发现亢奋中的海森堡完全没能听进导师的建议，只觉得被当头浇了一桶凉水。玻尔一回来就不由分说地给他挑了错，还企图把他的新发现贬值为玻尔自己思想中的一个特例。他实在无法接受玻尔的这番指手画脚。两人因此闹了个不欢而散，及至互不理睬。

玻尔最早的学生、助手克莱因那时正好回研究所工作。无可奈何的玻尔只好向他求救，临时代理海森堡的职责。早在哥本哈根久经考验的克莱默听到风声，赶紧嘱咐克莱因要小心翼翼，不要自不量力地卷入这番强强之争。

可怜的克莱因再度陷入他已经熟悉的无穷循环。每天，他在研究所里随身陪伴在玻尔左右，兢兢业业地记录他不断嘟囔出的语句。第二天一早，玻尔又会指挥他丢弃记下的那一切，再次从头开始。夏天到了，玻尔携全家离开城市去海滨度假，自然也带上了克莱因。整个假期，玻尔都在与克莱因关上门反复推敲。一

向热忱支持丈夫的玛格丽特惨遭冷落。她只能暗自神伤，独自带着五个儿子享受这个家庭假日。[16]247,[21]153

玻尔没有太多的时间。他早已决定要在即将来临的科莫湖伏特纪念会上发表他的新思想，并提交了一个振聋发聩的题目："量子理论的基础问题"。

传统上，海森堡的发现在中文教科书里被翻译作"测不准原理"，直至现代才被改为更准确的"不确定性原理"。虽然海森堡拒绝导师的指令，抢先发表了自己的论文。他还是在后加的脚注中感谢了玻尔的更正、指导，包括"不确定"这个术语的建议。

中文翻译的偏差并非空穴来风。海森堡那篇长达 26 页的论文给人印象最深的还是他以显微镜为例对用高能光子观测电子轨迹假想实验所作的全面、细致分析。① 尽管他随后又提供了数学推导，证明位置和动量不能同时确定的原因来自它们的不对易性，因而是量子力学的本性，当时很多物理学家普遍将他的发现误解为一种"测不准"的技术性缺陷。

海森堡相信他的发现揭示出量子力学又一个独特的本质。如果位置、动量乃至轨迹这些经典的概念无法被严格定义，它们只能被完全舍弃。量子是一个不同的世界，我们习以为常的语言不再适合，只能代之以随矩阵代数、波动方程乃至狄拉克正在搭建的新架构所形成的抽象但严谨的数学语言。

玻尔对这个激进的革命性理念深不以为然。他觉得年轻人过于草率、肤浅，也违背了他几年来一直强调的"对应原理"：量子的世界必须在一定条件下与经典的世界对应，能够天衣无缝地回归经典物理。这当然也包括位置、动量等那些在经典物理中举足轻重的概念。[21]142-143

而且，即使是量子力学也不能只是抽象的数学模型，必须接受实验的检验。玻尔指出所有实验能测量的物理量都是位置、动量这样的经典概念。那些矩阵、波函数等新的量子"语言"，通通都无法在实验中直接探测。

物理学是实验科学。但玻尔和海森堡都开始意识到实验测量在量子力学中似乎扮演新的角色。在海森堡的假想实验里，要看到一个电子的所在，必须用光子去探测，那同时就会把电子"击飞"，改变了它的位置。这个测量本身在干扰被

---

① 那也恰恰是玻尔给他指出其中纰漏之所在。博士学位答辩几年后，海森堡对显微镜的工作原理依然不是十分拿手。

测量的系统，实施测量的物理学家也就不再只是一个局外的观察者。[21]155

玻尔还更进了一步。在他的互补原理中，测量手段的选择会直接影响到可能测量到的结果。如果一个物理学家做光电效应、康普顿散射那样的实验，他会看到光子、电子像粒子。如果他偏偏要去做衍射实验，他又只会看到它们如同波动。正如寓言中那些不明就里的人，他们如果去摸了大象的头就不可能摸到绳一般的尾巴——实验的设计先验地选择了实验的结果。[16]242-245

这简直匪夷所思。在他们那场情绪化的激烈争论中，玻尔和海森堡都没有意识到他们正在打开量子力学又一个潘多拉的魔盒。

那年夏天，泡利从汉堡赶到哥本哈根，试图调解玻尔与海森堡的矛盾。他也没能解开两人之间的死结，但私下里，海森堡开始向师兄承认玻尔可能更为正确。[21]150-151 同时，爱因斯坦一年前的忠告兑现了：海森堡没有因为担任玻尔的助手而错过他的教授机会。莱比锡大学的席位还在等着他。当海森堡离开哥本哈根去莱比锡走马上任时，他还不到 26 岁，依然成为德国最年轻的正教授。

在空间距离上彻底摆脱玻尔的咄咄逼人后，海森堡才得以冷静地反思那过去的几个月。不久，他给玻尔写了一封忏悔长信，为自己过于急躁诚挚地道歉。他们亲密的师徒关系得以逐渐恢复。[16]247

当科莫湖会议在 9 月开幕时，玻尔的论文已经不知道修改了多少遍，却依然未能定稿。好在因为纪念伏特的成就，会议前几天日程只是涉及电和与电有关的物理实验新进展、新发明，无关量子理论。玻尔一有机会就与克莱因还有来参加会议的达尔文、泡利一起反复斟酌。这时，他原来那个“量子理论的基础问题”大标题已经被悄然“降格”为“量子假设和原子理论的近期进展”。

量子理论只在会议的最后一天才露面。那天安排了众多的专家发言，每人只有 20 分钟时间。洛伦兹宣读了他为古德斯密特和乌伦贝克做的演算，以经典物理证明电子自旋概念之不成立。那是他学术生涯的最后一篇论文。[38]

不善言辞的玻尔在区区 20 分钟内究竟讲了些什么没有确切的记录。可以肯定的是当时没有引起什么回响。对他的思路最熟悉的玻恩和海森堡在他之后做了简短发言，赞扬玻尔的新创见。其他听众则或者以为玻尔在重复他一贯老生常谈的哲学思辨，或者干脆就觉得他不知所云。[40],[17]131-133,[16]247-249,[21]155-157,[33]38-41

除了爱因斯坦，曾经在哥本哈根饱受玻尔煎熬但没有归顺的薛定谔也不在会场。那个夏天他与妻子安妮在美国巡回讲学，赢得几所大学的青睐。他一一谢绝了优厚的聘请，因为他正在等待着一个更好的消息。

那两年，柏林大学的普朗克一直在积极寻觅退休后的继承人。他最中意的是索末菲或玻恩。索末菲已年届花甲，不打算再离开慕尼黑。泡利、海森堡等下一代虽然锋芒毕露，但他们尚且年轻，不足以担当普朗克的席位。冉冉上升的中年人薛定谔遂成为最佳人选。

薛定谔为终于能与他最钦佩的学术领路人爱因斯坦在同一个学府中并肩作战而欢欣鼓舞，立即接受了聘请。在忙于新旧职务交替之际，他没能来科莫湖赴会。[19]230-236

会议结束后，玻尔、克莱因和泡利都没有急着回家。他们留在这个旅游胜地，又花了一个星期马不停蹄地继续撰写、修改玻尔的论文，终于将他那繁杂的思绪付诸文字。一个月后，又一个学术盛会将在布鲁塞尔召开。玻尔可以再度推出他的互补原理。

届时，他会面对爱因斯坦和薛定谔。

第23章 爱因斯坦的泡泡

希特勒的啤酒馆政变失败时，德国正在进入第一次世界大战后的黄金时代。来自美国的贷款遏止了失控的通货膨胀，国际封锁逐步被解除。终于松上一口气的德国社会开始相对平静、稳定的经济发展，反犹太的浪潮随之消退。[19]247-248

爱因斯坦也进入了他自己的黄金年代。

在百废待兴的战后，爱因斯坦因为广义相对论的辉煌和诺贝尔奖成为国家英雄、国际明星乃至全世界最引人注目的科学家。为了他即将到来的五十大寿，柏林市决定赠送他一间别墅。这一友好举措却在市议会和官僚的扯皮中成为烫手山芋。烦不胜烦的爱因斯坦不得不发表声明拒绝了这份厚礼，自己掏钱在郊区买地修建了一幢中意的度假屋。[2]358-360

那个年代的爱因斯坦的确可谓志得意满。他独立创建的广义相对论不仅获得爱丁顿的观测验证，还被他应用于整个宇宙，通过引入一个“宇宙常数”项建立起人类有史以来第一个定量的宇宙模型。① 在统一场论的研究中，他时不时宣布取得重大进展，在新闻媒体上屡次造成轰动，却又不得不一次次地在物理学界内部承认放的是哑炮。

在这些轰轰烈烈中，他心里最放不下的还是量子。光子——他曾经孤军奋战十多年而不被理解的概念——终于成为实验证实的存在。量子力学也蓬勃地发展成一门崭新的学科。但在海森堡、薛定谔以及玻尔等人的手里，这个所谓的新量子理论却演变为一个离家多年的孩子，让爱因斯坦觉得既亲切又陌生，更不可捉摸。

归根结底，物理学是一门研究自然界因果规律的科学。

牛顿首先定量地阐述了这个朴素的定律：物体会永远地保持静止或匀速运动。如果这个状态发生变化，必定是外在原因作用的结果。物体速度的改变（加速度）会与那外力的大小成正比，与自身的质量成反比。

外力导致物体运动状态的改变。这是物理学中最基础、最直接的因果关系。

牛顿的经典动力学让“万古如长夜”的世界突然变得明朗可知，可以预

① 参阅《宇宙史话》第1章。

测。经过一个世纪的实践，法国数学家皮埃尔 – 西蒙 · 拉普拉斯（Pierre-Simon Laplace）总结道：我们今天的宇宙完全是它过去状态的结果，也会是未来宇宙状态的原因。他豪迈且自信地宣告，只要能完整地掌握宇宙万物在今天这个时刻的位置、速度，以及它们之间相互作用，就能毫无差错地回溯历史，更能毫无疑问地预测将来。

传说法国皇帝拿破仑 · 波拿巴（Napoleon Bonaparte）听了这番宏论后好奇地问，既然世界如此有律可循，那上帝会是怎样的存在，起什么作用？拉普拉斯干脆利落地回答："我从来都不需要假设上帝的存在。"[41]

拉普拉斯的"科学决定论"是他之后物理学家乃至所有科学家的信念。自然界遵从着确定的物理定则。任何运动、变故的发生和走向都有着可被认识的原因，引发可被预测的后果。既不需要上帝随心所欲地指手画脚，也不存在捉摸不定的随机因素。

直到 20 世纪的前夜。

居里夫妇认为新发现的放射性现象是"一个神秘的谜，一个深奥的惊愕"，因为放射性元素的衰变似乎是完全自发，没有外在的原因。当然，那也许只是一个物理学家尚未解开的谜，其原因暂时还没有被发现。

20 年后，海森堡提出了更深刻的质疑。在那篇发表不确定性原理的论文中，他指出科学决定论在量子世界中已经无法适用。由于位置、速度等最基本的物理量不可能同时被精确地掌握，也就谈不上决定性地预测未来。

海森堡基于他的粒子观念理解不确定性原理，因此秉承着牛顿动力学的传统，把位置、速度（动量）看作描述物体运动不可或缺的物理量。玻尔劝他应该改换视角，从波动的角度再作分析。海森堡嗤之以鼻。虽然他至少在计算过程中已经很不情愿地放弃自己那繁复的矩阵而采用了简洁的波动方程，但他依然固执地拒绝作为物理图像的波。

玻尔的提醒却极富深意。薛定谔的波动方程与牛顿方程一样，是描述系统随时间演变的微分方程，具备着同样确凿无疑的因果关系。它所不同的仅仅是描述系统状态的不再是位置和速度，而是波函数。只要能确定某一时刻的波函数，就可以像拉普拉斯设想的那样，根据薛定谔方程上溯历史展望未来，精确地预测将来任何时刻的波函数。

然而，这是否就意味着量子的系统也会像经典物理一样地遵从因果定律呢？

玻恩是在研究两个粒子碰撞的过程中提出波函数的概率诠释的。他说，如果两个粒子迎头相撞，它们各自可能飞向任何方向。薛定谔的波动方程能够推算出碰撞之后的波函数。那却只能给出粒子飞向某个方向的概率，无法直接预测粒子一定会飞向哪个方向。

于是，如果想知道在某个方向上能不能观测到被撞飞的粒子，只靠薛定谔方程中的因果律是不够的，还必须扔个硬币、骰子，这只能劳驾那个拉普拉斯不需要的上帝。爱因斯坦无法接受这样的反动。他当即写信向玻恩表示了异议：上帝不会掷骰子。

爱因斯坦对随机运动并不陌生，他早已浸淫其中 20 多年。

早在大学时，爱因斯坦就对麦克斯韦、玻尔兹曼的统计理论非常着迷，还因为课堂教学中没有这些先进内容与韦伯等教授闹翻，影响了毕业后的前程。在 1905 那个奇迹年，他在光电效应后发表的第二篇论文便是用统计理论解释随机的布朗运动。

统计是一个与牛顿动力学完全不同的研究方法。在 19 世纪后期，越来越多的证据表明化学家心目中的原子、分子是真实的存在，日常的固体、液体、气体物质其实是由肉眼看不见、数以 10^{23}① 计的原子分子微粒构成。显然，谁也不可能同时跟踪其中每个微粒的位置和速度，然后根据它们之间相互作用来进行动力学运算。

麦克斯韦认识到完全没有那个必要。在如此的大样本中，具体每个微粒的运动和彼此的因果关系对整个系统的宏观物理性质无关紧要。它们可以被当作各自进行无规律的随机运动，在相互碰撞中达到热平衡。他运用统计手段可以计算出系统温度、压力、密度等宏观可测物理量之间的关系。爱因斯坦后来同样地推导出花粉表现出的布朗运动规律，也被实验严格证实。

随后，爱因斯坦又故技重演，通过统计手段计算了光的压强，发现其中同时包含着作为波动的电磁波和作为粒子的光子成分，率先揭示光的波粒二象性。

初出茅庐的爱因斯坦在 1909 年的萨尔茨堡会议上发表这一发现时，在场的行家里手都一脸懵懂。那时候，普朗克的能量子还只是光被吸收、发射时的最小能量单位，不具实质物理意义。尤其是光在没有与物质相互作用时绝对不会呈现任何量子性，是完全遵从麦克斯韦方程传播的电磁波。因此，爱因斯坦那黑体辐射空腔中的光不应该蕴含任何粒子性质。

爱因斯坦早有准备。他在讲解中祭出自己久经考验的法宝：假想实验。他请

① 这是科学记数法。10^{23} 是一个 1 后面跟着 23 个 0 的大数。

大家想象能把阴极射线管的热度调得无限低，以至于只有单独的一粒电子能从作为阴极的灯丝中逸出。这粒电子会直直地向阳极跑去，击中那里荧光屏上的某个点。这是一个极其平常的粒子运动，没有人会为它多费脑筋。

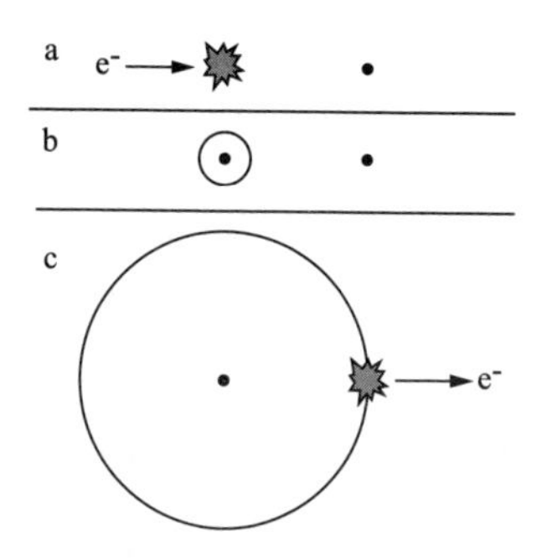

图 23.1　爱因斯坦“泡泡悖论”示意图。最上边 a 描绘的是一个电子打中靶子；b 是一个原子发光，形成球面波；c 原子发出的光在某处被吸收，释放出电子。这时“球面波”中所有的能量会突然集中在那个靶子所在的一个点上【图来自 wikipedia:Prokaryotic Caspase Homolog】

他又请大家想象把一个光源的能量也调得无比低，让它只发出单一的普朗克能量子。如果光的确是普朗克相信的电磁波，那么所发的光是一个球面波，如同一个膨胀中的肥皂泡泡同时向四面八方均匀地“散开”。然而，当它在某处被吸收时，这个泡泡所有的全部能量却又要突然集中在那一个点上。因为它在那里只能作为整个的能量子被吸收（图 23.1）。

光的能量在传播时像泡泡似地分散，在被吸收时却又魔术般地集中在一个点。这显然说不通。爱因斯坦总结，如果光在发射、传播、吸收的整个过程中都是一个与电子一样的粒子，就合情合理了。[42]88-90,[43]178-181

在 1909 年，爱因斯坦这个直观的“泡泡悖论”没有引起在萨尔茨堡的物理学家注意。但他自己却始终无法忘怀这个简单的假想实验，多少年来反复思索，竟逐渐从中发现量子理论的软肋。

1917 年，爱因斯坦在玻尔的原子模型基础上提出量子辐射理论，定义自发辐射、受激辐射和受激吸收这三个原子与光相互作用的机制，成功地推导出黑体辐射的普朗克定律。通过这个模型，他发现原子每次只能往一个方向发射一个光子，不可能产生球形的波或“泡泡”。否则原子与电磁场无法达到热平衡。现实中的球面波只是非常多的原子随机向各个方向发射光子的统计效果。这个结果让他确信光子的存在，虽然他的先见依然没有得到物理学界认可。

原子在某一个点发出光子，光子与电子一样直线运动，到达另一个点被另一个原子吸收。这个过程正符合他用泡泡悖论演示的情景。但它却也带来了新的问题。他的光子只是粒子，没有波动，既不符合波粒二象性也与 100 多年的干涉、衍射实验观察相违。于是，爱因斯坦不得不设想也许另外还存在一个服从麦克斯韦方程的“鬼场”，以波动的形式传播。

可是在构造这个鬼场的具体模式时，总会不可避免地重新落入泡泡悖论的陷阱：点光源的鬼场必然会以球形波的方式弥散，而粒子却又只能在一个地点现身。几番尝试之后，他不得不放弃了这个念头。

他万万没有想到，这个逻辑上无法成立的鬼场居然会在玻恩手里死而复生，摇身一变成为波函数的概率诠释。

作为一个函数，薛定谔的波函数在空间每一个坐标点都有着一定的数值，可大可小。玻恩解释说这个大小决定了粒子在该点出现的概率。当波函数的形状随时间依照波动方程变化时，粒子在各点出现的概率也随之变化。那便是对应于经典力学的量子动力学行为。

波函数不仅是粒子所处位置的概率度量。它同时也包含粒子的速度以及其他经典物理量的信息。速度或动量便来自波函数随空间变化的频率。如果波函数中只具备单一的频率，那么粒子的速度就可以完全确定。这样的波函数是标准的周期函数，说明该粒子在空间任何地点都可能出现，即位置无法确定。反之，如果粒子只存在于空间的一个点，那么其波函数看起来会相当突兀。它只在那个点上有数值，其余地方都是零。狄拉克为这个数学上并不成立的函数赋予正式名称，叫作“δ 函数”。δ 函数经过傅里叶分解后会有无限多的频率成分，也就是粒子的速度完全不可确定。

在这两个极端之间，波函数和它的傅里叶分解式都会呈现一定的波包形态。这时，粒子在一定范围的位置上都有出现的可能，也会有着一定数值范围的速度。那就是说它的位置和速度同时存在着不确定性。这正是海森堡不确定性原理在波函数、波动力学中的表现。

因此，即使通过薛定谔方程可以完全确定地计算波函数随时间的演变，也不意味着可以确定波函数所描述的粒子在任何时刻的位置、速度。波函数中所蕴含的因果关系只会在概率、统计的意义中体现。

当爱因斯坦采用统计方法计算布朗运动和光压强时，他和其他所有物理学家一样并不认为这个方法所依赖的随机运动会违背拉普拉斯的决定性。那只是在面对大样本数据时采用的一个数学捷径，专门对付无法全面掌握的微观细节。如果技术高度发达，人类有能力同时测量系统中全部原子、分子的位置和速度，应该就可以舍弃这样的统计平均，回归牛顿那遵循严格因果律的动力学，不带任何随机因素地准确预测未来。

但玻恩诠释中波函数代表的概率却不是来自大样本数据中的平均值，而是单一粒子在薛定谔方程描述下的行为。那不是因为技术限制采取的权宜之计，而是量子世界的本质表现。

爱因斯坦对此却也并不陌生。他十几年前的辐射理论便充满了类似的随机。原子的自发辐射与放射性元素衰变同样，是一个没有原因的行为。原子似乎可以自主地选择在某个时刻突然向某个随机的方向发射出 γ 光子，或 α、β 粒子。于是他不得不在论文结尾特意指出“这个理论最薄弱的所在，是它把辐射的时机和方向都归结于‘机会’。”

当年轻的玻尔在 1920 年带着丹麦特产奶酪到柏林的公寓拜访爱因斯坦时，两人第一次见面就已经纠结于这样的随机、自发现象。玻尔虽然对爱因斯坦的辐射理论很是钦佩，却还远远没有接受光子的存在，更没能对爱因斯坦的忧虑产生共鸣。[2]324-325

玻尔的原子模型同样地充满了随机性。电子在轨道之间的量子跃迁也是一个没有外在原因的自发行为。正如卢瑟福曾经大惑不解的那样，电子自己在决定着什么时候离开所在的轨道，选择另一个轨道跳跃过去。玻尔不觉得这会是大问题。他的原子只是一个“唯象”的模型，可以用来解释实验观测，但并不是真正的物理规律。

海森堡的矩阵和薛定谔的波动正是玻尔模型所需要的更深层理论架构。然而，这两个等价的理论也没能消除玻尔模型中的随机性，反倒还在数学上严格地奠定了海森堡的不确定性原理。随机性在这样的量子理论中无可避免。

爱因斯坦认为这恰恰暴露了那些理论的致命缺陷。当新量子理论问世时，他曾直觉地认为海森堡的矩阵力学不可信，但对薛定谔的波动方程充满了期望。意外地得知二者等价后，爱因斯坦不得不重新审视波动力学，尤其是玻恩的概率波诠释。他坚信一个完整的理论必须具备严格的因果关系，不能容忍其中隐藏有随机因素。

1927 年不仅是伏特逝世 100 周年，也是牛顿去世的 200 周年。那年 3 月，爱因斯坦在《自然》杂志上发表纪念文章明确指出：“牛顿的微分方法只是在量子理论中才显得力不从心。的确，连严格的因果关系也不灵了。但这还不是最后的结论。希望牛顿方法的精神能帮助我们重新将物理的实在与牛顿学说中最深刻的特征——严格的因果律——合二为一。”

那年，当玻尔在埋头撰写他的互补原理时，爱因斯坦也有了新的突破。5月5日，他在柏林普鲁士科学院会议上宣读题为“薛定谔波动力学能完全地还是只能在统计意义上确定系统的运动？”① 的论文，指出薛定谔波函数中的随机性只是一个表面现象：所谓的新量子理论本身也只不过是一个比玻尔模型稍深一层的唯象模型。在它们背后还有着更深一层的物理规律在决定着量子世界的运作。这个具备严格因果关系的“隐变量”（hidden variable）只是因为未曾暴露才使得量子力学表现出没有缘由的随机特色。他的新理论则完美地解决了这一难题。

然而好景不长，爱因斯坦在5月21日就紧急撤回了这篇论文，之后没有再正式发表。[43]234-240,[44]191-193,[45]116-117 当洛伦兹来催促他为即将召开的新一届索尔维会议提交论文时，爱因斯坦只能道歉连连，声称自己早已远离量子领域，实在无以奉献。[43]14-15,[16]255

---

① *Does Schrodinger's Wave Mechanics Determine the Motion of a System Completely or Only in the Sense of Statistics?*

第 24 章 女巫们的盛宴

当爱因斯坦在 1911 年收到第一届索尔维会议的邀请时，他还只是一个 32 岁的年轻人，刚刚加入学术界。因为多年求职碰壁，他对占据学术高位的精英相当反感，曾满怀怨气地将他们贬为傻瓜、恶棍。这个新出现会议的模式正是那些愚蠢的家伙在论资排辈过家家，更是让他哭笑不得。他既为自己能够栖身这个阶层欢欣鼓舞，同时也借用当时流行的说法，嘲讽那是个“女巫安息日”（witches' sabbath）举行的盛大宴会。[2]168-169

16 年后，当洛伦兹在 1927 年筹备下一届会议时，48 岁的爱因斯坦早已改头换面，成为“女巫”中无可争议的“最大巫婆”。

索尔维的会议在 1911 年和 1913 年举办两届后被第一次世界大战打断，直到战后的 1921 年才恢复。因为欧洲各国对战争发起者实行封锁，那届会议没有邀请德国、奥地利人参加，只为爱因斯坦开了个特例。爱因斯坦却因为去美国访问没有出席。1924 年第四届会议时，他干脆拒绝邀请，以抗议政治因素对学术交流的干扰。

索尔维已经在 1922 年去世。他生前对自己创办的这个新颖学术交流形式非常珍惜，每次都躬逢其盛。就在去世前一个月，他还以 84 岁高龄出席了新开张的第一届索尔维化学会议。去世后，他的后代薪火相传，继续资助着三年一度的盛会。

第五届索尔维物理会议在 1927 年举办，德高望重的洛伦兹依然担任会议主席。早在一年前，他专程拜访作为东道主的比利时国王，恳请能够解除对德国科学家的限制。柏林、哥廷根、慕尼黑、汉堡等地俨然是物理学的中心所在，继续排除他们只会降低会议的分量。比利时在战争中曾是中立国，却还是遭到德国的野蛮入侵。在那场战争结束近十年、国际形势日渐宽松的环境下，国王宽宏大量地恩准了洛伦兹的请求。随后，德国也得到战后成立的国际联盟正式接纳，恢复了正常的国际关系。[16]253

清除外交障碍后，洛伦兹邀请爱因斯坦加入会议的组织委员会。爱因斯坦欣然接受。会议的主题本来还是已经讨论过多次的“辐射与光量子理论”。但在筹备期间，洛伦兹感受到那两年新量子理论正突飞猛进，电子衍射实验又颠覆了既有的观念。他于是将主题改为“电子与光子”，并向波粒二象性的始作俑者爱因斯坦索取论文。爱因斯坦却在最后关头不得不撤了稿。[43]8-10

1927 年正是量子物理新理论、新思想、新实验风起云涌的一年。即使是顶级的法师，也对这横空出世的新巫术摸不着头脑。

图 24.1　出席第五届索尔维会议的物理学家合影（1. 普朗克；2. 居里夫人；3. 洛伦兹；4. 爱因斯坦；5. 郎之万；6. 威尔逊；7. 德拜；8. 布拉格；9. 克莱默；10. 狄拉克；11. 康普顿；12. 德布罗意；13. 玻恩；14. 玻尔；15. 埃伦菲斯特；16. 薛定谔；17. 泡利；18. 海森堡；19. 福勒）

当众“女巫”在 10 月的布鲁塞尔相聚时，他们多达 29 人，比前几届有所扩充。更显著的变化在于他们的年龄结构。洛伦兹、普朗克、居里夫人、郎之万几个五朝元老以苍苍的白发象征着会议的历史传承。德拜、爱因斯坦、玻尔、埃伦菲斯特、玻恩、薛定谔等是中坚一代。在他们身后，德布罗意、海森堡、泡利、狄拉克正激流勇进，开创着属于他们自己的新纪元（图 24.1）。

第一届索尔维会议召开时，32 岁的爱因斯坦是那时最年轻的受邀者。这次的泡利、海森堡和狄拉克却都还未及而立之年。出于人数和代表性的考虑，洛伦兹没有邀请索末菲和约旦。[16]254-255,[43]15-17

一如既往，居里夫人是这群“女巫”中唯一的女性。按照传统，他们集中在市中心最豪华的旅馆中住宿、进餐。在不远的公园附近有着索尔维资助建立的一系列科学、文化博物馆和研究所。这次的会议室设在生理研究所大楼内。每天早晨，他们在旅馆内共进早餐后便成群结队步行前往研究所开会。

10 月 24 日，会议在星期一的早上 10 点正式开幕。索尔维的儿子致欢迎辞后，洛伦兹没有多话就邀请英国的布拉格上台，开始第一个讲座。当年仅 25 岁时就与父亲一起获得诺贝尔奖的布拉格这时已经人到中年。他综述了通过 X 射线衍射探测晶体结构的实验，引起热烈讨论。随后，上午的日程结束，大家休会享用午餐。

下午，来自美国的康普顿介绍了康普顿散射实验的新进展，之后又是一番热烈讨论。然后，第一天的会议便结束了。依然精神十足的“女巫”们回到旅馆，

那里为他们准备好了丰盛的晚餐。[16]256-257

第二天上午他们一齐到当地布鲁塞尔自由大学参加招待活动，下午才接着开会。在检阅了最新的实验结果后，他们这才进入"电子与光子"的理论探讨。首当其冲的是法国的德布罗意。

已经 35 岁的德布罗意不再是当年躲在房间里听他哥哥转述会场热闹的少年。不过他获得博士学位也才三年——当然那是相当不平凡的三年。他最早提出的所有粒子都具有波动性假说已经由薛定谔发展成系统的理论，并在年初刚被电子衍射实验证实。两年后，他还会因此获得诺贝尔物理学奖。

但在这个群星灿烂的盛宴上，德布罗意还只是一个不怎么为人所知的"小巫"。巴黎远离量子力学中心。他自己也疏于交往，过着与学术界近乎隔绝的日子。[43]28-29 但这次，他出乎意料地带来一个新的理论，终于为他三年前莫名其妙的波补上了物理意义。他认为量子的物体同时具备粒子和波动性，各有其责。犹如冲浪运动中的健将，粒子隐藏在波中，随着波的起伏运动。在会上，他通过一系列严谨的数学推导展示薛定谔方程所描述的波如何在引导着粒子的行为。这个所谓的"导航波"（pilot wave）却只是表象，其中的粒子其实具有明确的位置和速度，与经典物理一样地遵从着严格的因果关系。只是它们被导航波遮掩，是我们无法直接观察到的隐变量，也就不违反海森堡的不确定性原理。

这个有点离经叛道的声音立即引起争议。秉承玻尔互补原理的泡利、克莱默等人相继发难，一再指出德布罗意论据中的漏洞。没有经过大场面的德布罗意招架不住，只得把目光投向席间的爱因斯坦。爱因斯坦不仅当初曾是他物质波概念的知音，也一直研究着自己的鬼场和隐变量。他是德布罗意唯一可希冀的救星。但德布罗意这次非常失望。爱因斯坦事不关己地端坐着，未发一言。[33]45-46,[16]257-258

第三天上午是会议的重头戏。收到洛伦兹的邀请后，玻恩和海森堡决定联手进行一场不多见的合作讲座。师徒两人你方唱罢我登场，系统地回顾了新量子理论从矩阵力学到狄拉克和约旦变换理论、从不确定性原理到波函数概率诠释的整个历史过程。最后，他们骄傲地宣布量子力学业已大功告成，其物理和数学的基本假设能够经受时间的考验。剩下的只是需要重新纳入狭义相对论效应。而那也已经有了实质进展，最终的完成只不过是时间问题。

他们所阐述的无疑是以玻尔为首的哥本哈根群体日益成熟的"主流"思想。听众席中的爱因斯坦依然微笑不语，只有狄拉克和玻尔发言做了一点补充。这个讲座成为会议上唯一没有引起广泛讨论而近乎冷场的日程。[16]258-259,[43]81-84

那天下午是洛伦兹事先邀请的最后一个讲座，由薛定谔担纲。在与海森堡争执了两年多之后，薛定谔惊讶地看到他的波动方程已经被哥本哈根那帮人全盘接纳吸收，取代矩阵力学成为他们新学说的一部分——只是波函数被强加了一个概率波的诠释。自从拒绝玻尔的“劝降”，薛定谔与爱因斯坦、德布罗意一样已经成为哥本哈根之外的边缘人。这一次，他到柏林大学就职后匆匆赶来开会，并没有什么新成果。他依然顽固地坚持着他的物质波理念，试图在理论上做出进一步的完善。

他这个与主旋律不和谐的论调自然未能引起共鸣。在玻尔、海森堡等人的连环抨击下，他也很快铩羽而归。[16]259-260

在牛顿和伏特的纪念日之外，1927 年也是法国工程师奥古斯丁 - 吉恩・菲涅耳（Augustin- Jean Fresnel）逝世 100 周年。菲涅耳是杨的朋友、战友。他们曾一同埋葬牛顿的微粒说，建立起经典的波动光学。那个星期四，法国科学院在巴黎举办隆重的纪念活动。索尔维会议为此休会，方便大家前往参加。

作为安息日的盛宴，索尔维会议的日程安排一向悠闲轻松。洛伦兹在这届会议上更是匠心独运，力求减少正式的讲座，把最多的时间留给与会者自由交流。为了让这些精怪的大脑无拘无束，会场外的讨论不做记录，任他们信马由缰。于是，会议中的精彩花絮只能从一些片断的回忆中攫取。[43]243-246

在埃伦菲斯特、海森堡等人的记忆中，他们最大的收获并不是来自会议室，而是旅馆里装修得富丽堂皇的餐厅。在咖啡和法式羊角面包的激励下，大会上一言不发的爱因斯坦是每天早餐的大明星。

海森堡的不确定性原理那时还是刚面世的新生事物。尤其是他那个基于显微镜的假想实验，对思想活跃、不轻易服气的物理学家来说是一个智力游戏般的挑战。无论是否已经在逻辑上接受这个结论，他们都会情不自禁地去寻找那假想实验中的漏洞，或者挖空心思地构造另外的假想实验试图同时测量位置和速度，一举击溃这个原理的蛮横。爱因斯坦自然也乐在其中。

在每天早晨的餐桌上，爱因斯坦总会饶有兴趣地提出一个新的设计，似乎能够挫败不确定性原理的限制。玻尔坐在对面，聚精会神地倾听着。他们的谈话会延续到去开会的路上，两人亲密地边走边聊。他们的身后伴随着兴致勃勃的旁听者——海森堡、泡利和埃伦菲斯特。

这是玻尔出席的第一场索尔维会议。在以原子模型一举成名后，他在 1921

年就荣获邀请，却因为一场大病未能赴会。1924 年，他声援爱因斯坦，也为促进学术交流的自由抵制了那年的会议。这次终于现身时，玻尔的声望早已今非昔比。尤其是在会议主题的“光子与电子”领域，他的地位与爱因斯坦相比甚至还有过之而无不及。

与爱因斯坦不同，玻尔不是单枪匹马——或扫帚——的新“巫婆”。他统领着一个实力越来越强大、以哥本哈根为号召的“女巫”团伙。在与导师旷日持久的激烈争论之后，海森堡业已浪子回头，皈依了他其实依然不那么理解的玻尔思想。作为不确定性原理的提出者，海森堡对爱因斯坦的挑战尤为关注。无论是午餐还是会议休息的间隙，他都会与泡利凑在一起，反复推敲、试探爱因斯坦的逻辑。等到大家又回到旅馆共进晚餐时，玻尔已经胸有成竹，以他不紧不慢的语调向爱因斯坦转述“小巫”们的发现，维护魔法的正统。

爱因斯坦则锲而不舍，第二天一早又会在餐桌上抛出一个新的假想实验。于是海森堡、泡利、玻尔等再度开始他们新的一天。如是反复。这泾渭分明的两个阵营你攻我守，竟比会上的讨论更引人注目。

几天下来，玻尔团伙成功阻击了爱因斯坦多方位的挑衅，稳稳地占了上风。[2]345-346,[16]273-275

与他在餐桌上的表现形成鲜明对照，爱因斯坦在连续三天的会议中保持着笑而不语的超然姿态。他其实也没闲着，经常像小学生那样与朋友在下面传递条子聊天。当玻恩和海森堡宣布量子力学已经完成时，埃伦菲斯特看着爱因斯坦的表情，递条子提醒他别乐。爱因斯坦心情愉快地写条子回应：“我只是在笑他们的天真。鬼知道过几年谁能笑到最后。”

参加菲涅耳纪念活动回来后，会议在星期五下午恢复举行。日程上不再有事先安排的讲座，剩下的一天半完全是自由讨论。洛伦兹简要地回顾了前几天涉及的量子世界因果关系、不确定性、随机性等问题，邀请玻尔做个总结。玻尔当仁不让，借机陈述了他心目中的量子力学真谛：互补原理。

他解释说，其实并没有一个客观的量子世界，存在着的只是我们实验观测结果的集合。光子或电子只是在我们观察时或者像波或者像粒子，或者有位置或者有速度。这些看起来自相矛盾。它们其实正是互相补充，一起构成量子力学的图像。我们没在观察的时候，光子、电子既不是粒子也不是波，更不具备位置、速度等等。它们压根就不存在。

在经典的统计理论中，我们只是因为无法同时掌握微观世界所有原子、分子的位置和速度而只能通过统计分布来理解它们的宏观性质。那是人类认识（epistemic）层面的局限。量子的世界并非如此。诸如波粒二象性、不确定性原理等不是认识的局限，而是自然的本体（ontological）性质。通过不同的观测手段获取那些貌似矛盾的信息，将它们互补地综合，才能够、也的确已经完整地描述这个世界。

玻尔的这番哲学论断顿时引起激烈反应。屋子里德语、法语、英语此起彼伏，连熟稔这三种语言、几天来纵横其间得心应手的洛伦兹也应接不暇。在一片混乱中，埃伦菲斯特独自走到台前，在黑板上写下一句圣经中的谶语："上帝在那里打乱了人类的语言。"①[16]260-263

在会心的哄笑中，洛伦兹瞥见爱因斯坦在座位上举起了手，立即像看到了救星。全场也随之寂静无声，全部的目光汇聚在缓缓走上讲台的老"巫婆"身上。

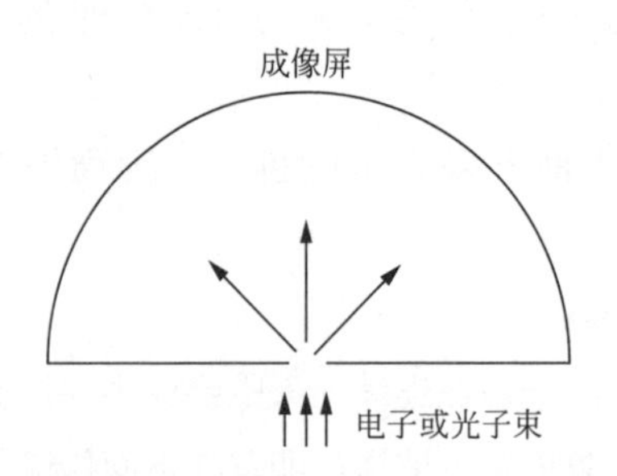

图 24.2　爱因斯坦在索尔维会议上描画的假想实验示意图。电子或光子束从下方通过一个非常小的缝隙，最终落在半圆形的成像屏的某处

还是在会议上第一次开口的爱因斯坦谦逊地表示他上来发言实属非常的冒昧，因为他还没能对量子力学的基础有过深刻的思考。但他对玻尔等人认为量子力学已经是一个完整的理论颇有怀疑，有点想法要提醒大家注意。

接着，他在黑板上描画了一个简单的示意图（图 24.2）。

无论是电子还是光子，它们经过一个非常小的孔洞时都会因为其波动性发生衍射，在洞的另一边形成球面波继续前进。设想远处有一个半球形的屏幕。它们到达屏幕时会体现出粒子性，只能"击中"屏幕上某一个点。假想这个实验中只有单独的一个光子或电子。按照波函数的概率解释，在它击中屏幕之前，那整个屏幕上每个点被击中的概率都是一样的。然而，就在它击中屏幕的那一刹那，整个系统的物理性质却会发生剧烈的变异：粒子在被击中的那个点以百分之百的概率出现，而其他所有点出现粒子的概率全变成了零。

如果用数学的语言描述，在粒子抵达屏幕之前，它的波函数是一个均匀分布

① 《圣经》中这句话后面紧接着的是："让他们不能明白彼此的意思"。

的球面。而在击中屏幕那一瞬间，这个波函数却变成了狄拉克的 δ 函数：只在一个点上有数值，其他地方处处为零。

爱因斯坦指出，薛定谔的波动方程只描述了波函数随时间的平稳演变，其中并不存在这样一个“波函数坍缩”（wave function collapse）的剧变。因此，现有的量子力学不可能已经完备。

即使假设量子力学中的确存在这样一种未知的机制，能够协调空间各个点波函数数值的突然变化，爱因斯坦认为那样的结果必然会违背狭义相对论。因为这个协调过程不需要时间，各个点之间任何信息交流都会是在瞬时完成，明显超越光速。[33]50-53,[42]93-95,[16]263-266

这其实就是爱因斯坦八年前已经提出过的“泡泡悖论”。这些年来，他以鬼场、隐变量等方式反复尝试，一直无法摆脱这个怪圈而自圆其说，却眼睁睁地看着玻恩那大同小异的概率波得到广泛接受。这时，他不得不站出来，以他不显山露水的语调大呼一声：“且慢！”

显然，爱因斯坦这番言语与那些天的主旋律大相径庭。海森堡、泡利那些年轻人还是第一次听到这么一个悖论，不禁瞠目结舌。量子力学如果与已经被完全接受的狭义相对论矛盾，更会是一场灾难。他们下意识地辩解波函数只是一个抽象概念，不是可测量的物理量。其坍缩也许并不涉及真实信息的传播，不会违反相对论。

在又一轮的混乱中，玻尔再度站起来回应。他同样谦逊地致歉，表示并没听明白爱因斯坦想表达的是什么意思，只是分享一下自己的看法。

无论有意与否，玻尔大概并非过于自谦。他似乎确实没有明白爱因斯坦的意见，只是把这个悖论当作那几天他已经习惯了的餐桌挑战，论证这个假想实验并不会违反不确定性原理。出乎意料，爱因斯坦也没有坚持初衷，倒兴趣盎然地与玻尔你来我往，仔细追究起假想实验中的各个技术细节。他们逐步将黑板上的试验“仪器”推广得越来越精巧复杂，争得风生水起，莫衷一是。[16]266-273

身为爱因斯坦挚友的埃伦菲斯特看得忍无可忍，当众指责爱因斯坦固执地给量子力学挑刺的行为与十几年前莱纳德、斯塔克那些人攻击他的相对论如出一辙，只是一意孤行的胡搅蛮缠。泡利听闻此言喜出望外，感叹总算有人说出了他们小字辈想说而不敢说的大实话。

成功地主持 1927 年索尔维会议成为洛伦兹的绝唱。他在三个月后去世。虽

然他晚年对包括爱因斯坦在内的量子新生代给予了极大的同情和支持，但他自己没能在这个新前沿做出实质性的贡献。他的去世标志着最后一代经典物理大师的退场。

岁月沧桑，正在事业、个人生活中春风得意的爱因斯坦在他曾鄙夷的学术界地位也正在发生着微妙的变化。

在那次索尔维会议期间，爱因斯坦还在旅馆里邂逅一位协助接待工作的当地志愿者。那是一位名叫乔治·勒梅特（Georges Lemaitre）的天主教牧师。在爱因斯坦独傲群雄的广义相对论领域，勒梅特对爱因斯坦在宇宙模型中人为地引入宇宙常数提出质疑，认为宇宙其实应该在膨胀中。已经读过勒梅特论文的爱因斯坦颇为不屑，当面指斥勒梅特"你的数学没问题，但你的物理直觉糟糕透顶。"[①]

勒梅特也是只比泡利、海森堡稍大几岁的年轻人。爱因斯坦也许还没能意识到，在下一代人眼里，他已经或正在蜕变成自己年轻时看不起的"恶棍、傻瓜"型学术权威，一个不通情理的老"巫婆"。

---

① 详见《宇宙史话》第9章。

第 25 章 隐藏的力量

还只有四五岁时，爱因斯坦有次生病，父亲给了他一个指南针玩耍。小小的爱因斯坦立刻着了迷。

成年后，他多次回顾那次经历，依旧印象深刻。他记得，无论他如何极力地调整摆布，那小玩意里的指针总是顽固地指着同一个方向，丝毫不为他所动。他回忆说那时他曾因之浑身颤抖冷汗淋漓。

虽然还处于懵懵懂懂的年龄，但爱因斯坦也明白指南针不会有自主意识。在它倔强行为的背后，肯定深藏有某种力量在推动。[2]13

在早期人类的眼里，自然界充满不可捉摸的神秘。尤其是当惊天动地的风暴、地震、洪水、海啸突如其来时，他们无法理解，只能将之归因于超自然的神力。中国人曾创造玉皇大帝、王母娘娘，还有翻云覆雨的龙王。希腊人则有着海神波塞冬（Poseidon）（图 25.1）。他性情暴躁，一发怒就会掀起滔天的灾难。

图 25.1　坐落在哥本哈根港口的海神波塞冬雕像

希腊历史记载中最早的哲人泰勒斯（Thales）对这个“解释”很不满意。

如果波塞冬只是在某个角落大吼一声，遥远的地面就会发生震动，这中间太缺乏实在的联系。泰勒斯觉得地震、海啸不可能凭空发生。他设想人类居住的陆地下面其实是海洋，地面只是漂浮在水面上的巨大板块。当海浪汹涌引起陆地颠簸时，上面的人们就会感觉到地震的发生。

也许波塞冬的确是在掌管着这一切。但他无论怎么生气，也无法仅仅凭着意念引发大地的震动。他只能先在地下的海洋中掀起风浪，推动起那上面的陆地板块，才能造成地震。

泰勒斯没有进一步解释波塞冬如何能在海洋中兴风作浪。他的理论只是在波塞冬的情绪发泄和地震之间增加一个海洋作为中继。这个听起来似乎换汤不换药的小伎俩却标志着理性思维的一大突破。

当神话中的波塞冬无论是以脑子里的愤怒闪念、撕心裂肺的咆哮还是手中钢叉的狂野挥舞都无法远距离地引发地震，而必须通过实在的海洋推动陆地时，至少地震的发生有了一个切实的起因：海洋的波浪摇撼大地，造成大地的晃动。

这是一个直接的因果关系，不再带有超自然的神迹、魔力。那地下的海洋存在与否、是不是地震的真正起因，都可以实在地检验。相比之下，波塞冬的情绪、行为却只是一个虚无缥缈、不可捉摸，既不可能证实也无法证伪的想象。

水能载舟亦能覆舟，是因为水与舟之间有着直接的接触。水因此可以推动航船。同样地，当一根树枝在空中晃动时，理性的人不会像禅师那样去揣测那只是“心动”，也不会怀疑那是千百里外的某个人施放了气功。也许一只鸟刚从那树枝上飞走，或者一丝微风正好吹过。鸟或风碰到树枝，使之摇曳。

在希腊哲人的心目中，只有这种发生在同一个地点、通过接触起作用的原因和结果才能构成实实在在、可验证的因果关系。这是因果律的“局域性”（locality）。[42]6-7,44,46-48;[6]94-95

爱因斯坦在1927年索尔维会议上再度提起他的泡泡悖论，描述一个光子或电子击中荧光屏某个点时，其波函数会发生突然的坍缩，从一个非常大的半球面均匀分布变成只在那一个点存在的δ函数。他要强调的就是被击中的那个点和半球面上的其他部位距离上可以远隔万里。那个点上所发生的撞击事件不应该瞬时地影响到其他点的波函数行为。如果真是那样，就会违背局域性的因果关系，是一种不可接受的“超距作用”（action at a distance）。

相传早在公元前中国就出现了“司南”，作为能帮助人们辨识方向的指南针。泰勒斯所在的希腊还没有那样的工具。但他们已经知道自然界存在磁石，可以不通过接触让铁屑移动。如果使劲地摩擦琥珀，它能在一定距离外让人毛发尽竖。

显然，这些现象都违反了局域性的因果联系。泰勒斯他们百思不得其解。但与童年的爱因斯坦一样，他们直觉地不相信那真的是超距作用。在磁石、琥珀的背后肯定隐藏有未知的力量在起作用。[42]51-52

这个神秘的幕后黑手迟至19世纪才终于被英国的法拉第揭穿。他通过实验发现磁石的周围存在磁场、摩擦后带电的琥珀周围存在电场。电场和磁场弥漫于空间，像泰勒斯想象的地下海洋一样成为磁石与铁屑、琥珀与头发之间的中继。是那肉眼看不见的磁场和电场通过接触推动了铁屑和头发，并非跨越空间的超距作用。

当麦克斯韦将法拉第的发现总结、提升为系统的电磁学理论时，他更揭示出这个相互作用不仅没有跨越空间距离，也不具备跨越时间的瞬时效果。电磁作用通过以光速运行的电磁波传递，在不同地点之间的传播需要一定的时间。[42]67-75

少年时的爱因斯坦在中学里学习了电磁学的基本知识，得以解开了童年时的困惑：是地球周围的地磁场在暗中操纵着他的指南针，迫使那指针顽固地指向南北两极。那就是他当初怀疑过的隐藏力量。[2]24-25

然而，超距作用依然在物理学中存在着。为了解释日月星辰的运动和苹果的掉落，牛顿发现了万有引力：任何两个物体之间都存在引力作用。这个引力超越时间和空间的障碍，无论相距多远都能够即时感应到，只是强度随距离（的平方）减弱。

地球之所以在轨道上年复一年地公转，是因为有来自太阳的引力，尽管两者之间相隔着长达 1.5 亿千米的虚空。

这也是一种违反局域性的因果关系。面对同时代戈特弗里德·莱布尼兹（Gottfried Leibniz）等人的反复诘问，牛顿只能摊开双手耸耸肩，承认他无法解释。虽然如此，但他的学说在太阳系运动的描述、预测中久经考验屡试不爽，不能不令人信服。[46]234,[42]59-62

1905 年，还在专利局打工的青年爱因斯坦发表了一个崭新的动力学理论，将光速是信息传播速度的最高极限提升为物理学的原理。但他深知那瞬时作用的万有引力恰恰违反了这个限制。所以，他只把这个新理论称作“狭义”相对论。又经过漫长十年的艰苦努力，他才得以完成“广义”的相对论。万有引力不再是牛顿式的超距、瞬时作用，而被代之以空间的弯曲。在太阳附近，空间因为太阳的质量发生弯曲，改变了地球的行径。地球公转的直接原因也不再是遥远的太阳，而是地球所在当地的空间曲率。

于是，爱因斯坦再一次在物理学中驱逐超距作用，恢复局域性的因果关系。弯曲的空间像泰勒斯的地下海洋、法拉第的电磁场一样，为引力作用提供直接的接触。

所以，当超距作用借助量子理论又一次死灰复燃时，爱因斯坦立即有了警觉。在他的心目里，因果律的局域性至关重要。

当实验台上的指南针突然摇动时，科学家知道这是因为旁边的一根导线正好有电流经过；这又是因为导线连接着电池，其开关刚刚被打开；这又是因为他助手的手指正按着按钮……这一连串可以追溯、能够验证的局域行为是科学家能够解释指南针摇动的逻辑基础。假如指南针的摇动可能是因为波塞冬在海底皱了眉头，地球上某个角落的某个人发了气功，或者水星与火星的位置发生了“相冲”，那么这个实验就不可能有确实的解释。科学本身也会随之失去存在的意义。

因此，从 1909 年的泡泡悖论到 1927 年的波函数坍缩，爱因斯坦频繁、固执地提请同僚们注意这个致命的缺陷，他始终不得要领。

在早先的十年里，爱因斯坦曾经是量子概念的独行者，没有人认同他的光子概念。这时，他又在群星璀璨的索尔维会议上发现自己依然形单影只，没有人理解他对超距作用的忧虑。

德布罗意是在那次索尔维会议上才第一次见到他的伯乐和偶像。但他非常灰心丧气，他的演讲被泡利、克莱默等人驳得体无完肤，而爱因斯坦却没能施以援手。会议结束后，他们一同乘车去巴黎。爱因斯坦在那里换车回柏林。在巴黎北站的站台上分手时，爱因斯坦热情地鼓励德布罗意：别失望，继续努力，你正在走的路是对的。[2]347,[43]230

当爱因斯坦看到德布罗意在会上提出隐变量理论时，他不由啼笑皆非。与童年时看到指南针的不合情理一样，爱因斯坦坚信量子世界中的超距作用背后隐藏有更深刻的物理机制，会像电磁场、空间弯曲一样提供合理的局域性解释，保证因果关系的完整。这就是德布罗意试图建构的隐变量理论。爱因斯坦明白这与他自己本来准备在会上发表的论文大同小异，走的是同一条路。

但他却临时在会前撤回了自己的论文，因为他发现了另一个让他无所适从的问题。

泰勒斯之后的希腊哲人们笃信因果关系是理解、解释世界的不二法宝。在没有上帝、神灵颐指气使的理性世界里，勒皮普斯（Leucippus）声称：“没有无缘无故的发生，一切都有其原因和必要”。

微风的吹拂是树枝晃动的原因，树枝不会也不能够自作主张让自己摇晃起来。作为因果关系，微风与树枝不仅需要有直接的接触，还必须是两个可以彼此分开的物体。假如世界万物均为同一个整体，不可分割，那就无从谈起谁能影响谁，谁能把谁推动。只有在具备“可分离性”（separability）的前提下才能言及因果关系。

那么，物体又是如何可分的呢？

与勒皮普斯同时代的芝诺（Zeno）最喜欢钻这种牛角尖。他尤其擅长假想实验，只是古代的希腊还没有这一叫法。芝诺的假想实验经常导致逻辑上的矛盾，因此被归为哲学思辨中的悖论。

据说芝诺曾提出过几十则五花八门的悖论。他证明过奔跑速度最快的阿基里斯（Achilles）永远也追不上一只缓慢爬行着的乌龟，也论述过一支射出去的飞箭其实仍然处于静止状态：“飞矢不动”。但他心目中最深刻、最有意义的却是所谓的无限可分悖论：将一个物体分成两半，然后再将其中的一半又分成两半……这个过程可以无穷无尽地进行下去，永远也不可能分完。① 因此，他认为物体其实是不可分的。果真如此，因果关系便无从说起。

作为回应，勒皮普斯的学生德谟克利特（Democritus）干脆提出一个新的假设：物体并不是连续的无限可分，它们其实是由非常微小、肉眼不可见的“原子”组成。当芝诺一半一半地切分物体时，他分到原子的尺度就只能停止，不再能继续切下去。原子是物质存在的最小单位，不可再分。

在德谟克利特的眼里，世界由无数的原子组成。它们彼此分离，如小球一般在虚空中自由运动。当一个原子撞到另一个原子时会改变对方的轨迹，自己也会同时反弹。那便是世界万物运动、状态变化最基本的因果关系。[42]46-49,[7]7-8

在希腊语中，“原子”的字面意思是“不可分割的”，也就是德谟克利特心目中的最基本粒子。这个 2000 多年前的概念一直延续至近代，被作为道尔顿现代化学和玻尔兹曼统计力学的基础。

然而，随着汤姆森、卢瑟福的发现，现代的原子已经不再是不可分割的基本单位。它由原子核和电子组成。如芝诺的推测，原子核也还可以继续被分成质子、中子，乃至夸克。夸克和电子等才是德谟克利特想象中的不可再分的基本粒子。②

德谟克利特原子模型所体现的逻辑观念也经受了历史的考验。在牛顿精确的数学表述下，世界万物的运动均有着内在的因果关系。回应着勒皮普斯的信念，拉普拉斯在拿破仑面前宣布，物理世界不需要假设上帝的存在。

20 世纪初，当普朗克遭遇黑体辐射的紫外灾难时，他在绝望中提出了与德谟克利特一脉相承的思想：能量不能被无穷分割。它有着一个最小的、不再能分离

---

① 差不多同时期的中国思想家庄子也曾提出“一尺之棰，日取其半，万世不竭。”

② 至少这是当代物理学家的认识。

的单位：能量子。

爱因斯坦还是在研究玻色那个奇怪的统计时才开始意识到量子世界背后暗藏着更多的不同寻常。

玻色提出微观的粒子不可分辨，互相交换时不会改变整体的状态。爱因斯坦推广这一想法，指出粒子（玻色子）在极低温时会发生玻色爱因斯坦凝聚：几乎所有的粒子会聚集在一起，处于同一个量子态，让整个系统的熵趋于零。

在这个完全有序的状态中，不再有单独的粒子，只剩下一个天衣无缝的整体。德谟克利特为了避免芝诺悖论而发明的原子概念消失了，处于玻色爱因斯坦凝聚态中的原子互相之间不再具备可分离性。

那时还没有薛定谔方程，也没有波函数的概念。也许与布朗运动类似，那只是一个宏观的统计现象，背后另有着隐藏的规律。

但薛定谔波函数的出现并没能解决这个问题。恰恰相反，海森堡发现氦原子的两个电子共享着同一个波函数。那不是一个简单的两个电子在三维空间的分布函数，而是一个抽象的、处于六维希尔伯特空间中的函数。

根据约旦、狄拉克、费米的发现，电子是不遵从玻色统计的费米子，不会凝聚到同一个量子态中。因为泡利的不相容原理，两个电子会自动地处于不同的量子态。然而，希尔伯特空间的波函数却将氦原子的两个电子紧密关联。它们不再有自己独立的概率分布，它们的状态、行为互为依存，息息相关。

这并不局限于氦原子。爱因斯坦在构造他的隐变量理论完毕后才发现他这个新理论中的波函数——鬼场——不具备可分离性。如果一个系统中包含有两个子系统，它们的波函数会永远地交织在一起，无论它们在现实中是否已经相隔天壤，鸡犬不闻。它们只能和谐相处，步调一致，无法独立地互为影响。这不再只是宏观的统计现象。微观、个体的量子过程不遵从可分离性，颠覆了因果关系的基础。[43]246-250,[47]

显然这很是荒唐。爱因斯坦无从化解，只好撤回论文。在索尔维会议上，无论是德布罗意讲演隐变量，还是玻恩、海森堡鼓吹量子力学已经大功告成，爱因斯坦皆只冷眼旁观、缄口不言。他的内心里依然充满了疑虑，不确定再过几年谁能笑到最后。

第 26 章 杨的双缝实验

1803 年，才 30 岁的杨在英国皇家学会首次展示光的波动性。他在窗帘紧闭的大厅里放进一小道阳光，然后在光束中插进一张窄窄的纸片。观众们可以看到纸片后面的光走的不是严格的直线，会出现在纸片遮挡着的阴影内。

杨随后改进了这个实验。他把那不好控制的纸片换成一块能够完全遮挡光线的硬板。这块挡光板上开有两条彼此平行、距离非常近的狭窄缝隙。阳光从狭缝中穿过后，两道分离的光束因为衍射扩展发生重叠。杨在那后面再放上一个屏幕，上面即鲜明地显示出彩虹般的图像（图 26.1）。

图 26.1　杨手绘的双缝实验示意图。光束自上而下，在顶端经过两条狭缝后在最底下的屏幕上形成明暗相间的干涉条纹

如果用棱镜从阳光中分离出单一颜色的光束来做这个实验，屏幕上便不再有彩色，而是一条条清晰的明暗相间条纹。[6]13-15

类似于荡漾水波中经常出现的破碎涟漪，在这个实验里分别从两个缝隙中通过的光在重逢时有的地方互相增强变得明亮，有的地方则互为抵消而暗淡。这种干涉条纹的出现无以辩驳地否定了牛顿的微粒说，奠定了光的波动性学说。

杨的这个双缝实验遂成为物理学史上登峰造极的经典。

不料，一个多世纪后，光又不再只是杨证明的波，却也不会是牛顿认定的微粒。它表现出的波粒二象性扑朔迷离，促使爱因斯坦和玻尔在索尔维会议上旧话重提，围绕双缝实验展开新一轮辩论。

在索尔维会议上，爱因斯坦在用来演示泡泡悖论的示意图中再加上一面带有两个狭缝的挡板。他的假想实验于是摇身一变，成为杨的经典实验。

在他的图中（图 26.2），光束在经过第一个狭缝时变成泡泡式的球面波，然后又穿过带有双缝的挡板在其后的屏幕上形成干涉条纹。但爱因斯坦更感兴趣的是以他主张的光子为出发点重新审视这一经典之作。这样来看，实验中大量的光子各自穿过狭缝抵达屏幕。它们的终点各不相同，每个光子只会引发一瞬细微的闪亮。然而众多光子的集体效应却会导致屏幕上光亮分布不平均：多数光子惠顾的地方变得明亮，被冷落之处则昏暗。那便是肉眼可见的干涉条纹。

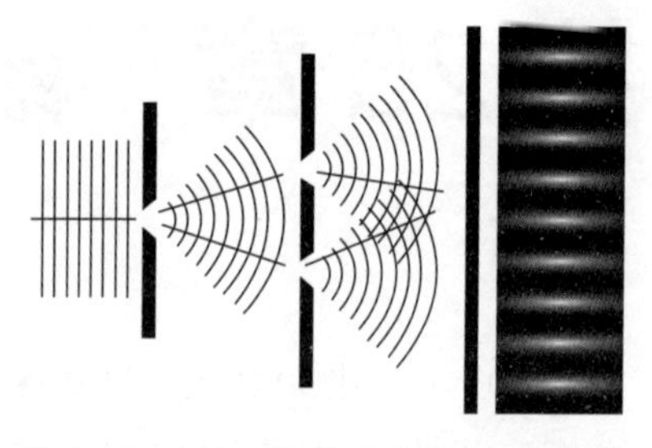

图 26.2　1927 年爱因斯坦和玻尔在索尔维会议上讨论的双缝实验示意图

光子之间没有相互作用。每个光子的行为、路径不受其他光子影响。因此，大量的光子是同时释放还是一个接一个地细水长流，最后的累积结果不会有差别。于是，爱因斯坦故伎重演，请大家设想把光源的强度调到最低，每次只允许有一个孤零零的光子通过。

因为光子是不可再分的最小单位，单独一个光子从光源到屏幕只能通过那两条狭缝之一，不可能分身同时穿过两条狭缝。无论走的是哪条狭缝，光子只经历过那一条狭缝。另外的那条狭缝是否存在、其通路是否碰巧被阻挡，不应该影响到这个光子的路径、运动。

另外的光子当然可能会走那另一条狭缝。但这些光子都是各自独往独来，没有机会互相联络、商量。因此，每个光子的运动过程是一个并不具备双缝实验条件的独立事件：它们都只经过了一条狭缝。然而，当一个又一个光子如此这般地通过后，它们却会神奇地合作，在屏幕上展示出只有两条缝隙同时开放时才会有的干涉条纹。

爱因斯坦觉得这非常不可思议：单独的一个光子总不能自己与自己发生干涉。这说明这个实验与他童年时的那个指南针一样，背后还隐藏着神秘的力量在运作。也许是德布罗意的导航波在引路，也许是另外的什么隐变量在操纵，但现有的量子力学理论还没能解释这个现象，远非海森堡、玻恩所声称的已经完备。[16]267-268

对来自爱因斯坦的这又一个挑战，玻尔早已成竹在胸。

索尔维会议开幕时，科莫湖会议才过去一个多月。在泡利和克莱因的协助下，玻尔的互补原理终于渐趋完善。杨这个经典的双缝实验正是互补原理的最好演绎：波与粒子的对立统一。

玻尔相信，我们对微观世界的了解只局限于通过测量获得的信息。在爱因斯坦描述的双缝实验中，我们只知道光子曾经经过光源前面的第一个狭缝，然后到达了显示屏，却对光子在那之间有着两条狭缝挡板附近的行为一无所知，因为我们并没有在那里进行过测量。

所以，玻尔认为爱因斯坦对单个光子通过狭缝的描述纯属主观臆测。没有测量，就不可能知道它从哪一个狭缝中穿过、如何穿过，甚至是否真的有“穿过”的发生，更无从回答光子如何能够知道它可能的路径中有着两条狭缝的选择。如果坚持要知道个中奥秘，就必须对光子的行径进行测量。

那是海森堡的拿手好戏。他就是在测量电子轨道的假想实验中发现不确定性原理。这时他自告奋勇地提议改用电子来分析这个实验，因为探测单个电子的行径远比探测光子更为直观。电子的波动性已经在那年年初由戴维森的实验证实。至少在理论上，用电子束进行双缝实验也会获得与光束同样的干涉条纹。

不过一年半之前，爱因斯坦还在提醒海森堡，电子在云室中会留下清晰无误的轨迹。海森堡于是将计就计，假想在那两条狭缝背后都有着云室一般的过饱和蒸汽。这样，无论电子从哪一条缝中穿过，都会在那里留下脚印，暴露行踪。

海森堡不再是当初面对爱因斯坦哑口无言的新手。他现在掌握着一件得心应手的新武器。与他的显微镜假想实验一样，他指出电子在与云室蒸汽互动留下足迹的同时，自己的动量也因碰撞发生改变，偏离原来的路径。它们不会直直地奔向屏幕上的既定目标，而是会像没有准星的枪弹一样散落在靶点的周围。

电子与蒸汽中水分子的碰撞过程是随机的。在黑板上，海森堡用几个简单的运算就证明这样的结果是电子在屏幕上本应形成的干涉条纹被“抹平”了。加了云室的双缝实验不再会呈现干涉条纹，也就无法演示波动性。[48]8-10

这个转折相当出人意料。玻尔却得意地宣布这正是互补原理的彰显。

芝诺、德谟克利特等古希腊哲人的冥思苦想在亚里士多德（Aristotle）手中系统化，成为他称之为“物理学”的理论。这个辉煌的原始知识积累随即在进入中世纪的欧洲失传，直到 1000 多年后才被他们从阿拉伯人保存的译本中重新发现。在那之后，欧洲进入文艺复兴，开始用一种更为实在的目光观察世界。

伽利略·伽利雷（Galileo Galilei）多半没有像他学生声称的那样在比萨的斜塔上扔下一重一轻的两个大球，以它们的同时落地证明亚里士多德理论的错误。更大的可能是他曾经作为假想实验描述过这么一个场景。

亚里士多德直觉地认为越重的物体下落得越快，所以重球会比轻球先落地。

伽利略设想把两个球用绳子拴在一起，如果它们下落速度不一致就会互相牵制。重球会拽着轻球，而轻球则会拉重球的后腿。这样，它们的下落速度会比重球慢而比轻球快。然而，两个拴在一起的球又构成一个整体，比单独的重球更重，应该下落得比重球还要快。

伽利略这个假想实验承继着古希腊哲人的思辨逻辑。两个用绳子拴在一起的球互相之间既具备可分离性又有着直接的接触。它们之间有着因果联系，因而能改变彼此的下落速度，导致一个自相矛盾的结论。

虽然伽利略应该没有亲自爬上斜塔，把这个逻辑清晰的实验从假想转变为真实，但他在斜塔下简陋的实验室中所做的一系列实验却奠定了人类思维的科学方法。

在万众瞩目中从斜塔上扔下两个球固然能引起轰动，但在当时的条件下却很难取得准确的数据。伽利略知道这个实验中最难把握的是空气阻力的影响和对物体速度的测量。他采取另外的设计，把物体的自由下落改为小球在长长斜面上的滚动。这样，他可以通过斜面的倾角控制滚动的快慢。当小球滚动速度比较小时，空气阻力可以忽略，也方便他用粗糙的工具测量滚动的距离和时间。

通过系统的测量，他不仅证实不同重量的小球在斜坡上滚下所需的时间相同，否定亚里士多德先验的想象，还获得详细、精确的动力学数据。这些成果后来由牛顿发扬光大，成为经典动力学定律的基础。由此，伽利略的实际测量和牛顿的定量数学取代亚里士多德式的思辨，标志物理学的真正诞生。[7]190-194

大体与亚里士多德同时代的中国哲人荀子在《天论》中开宗明义："天行有常，不为尧存，不为桀亡。"自然界是一个不以人类的思想、行为而变异的独立存在。这是一个历史悠久的朴素认识、不证自明的真理。

物理学正是研究大自然的科学。当天文学家第谷·布拉赫（Tycho Brahe）、开普勒在16世纪仔细地观测、记录太阳系诸星球的位置、轨迹时，他们小心翼翼地避免人为差错，但并不担心金星、水星等会因为他们的观测而改变自己的轨道。

伽利略在用自制的望远镜仰望星空，发现一个人类肉眼从未曾看到过的"天外之天"时，他热情地邀请与他意见相左的哲学教授一起观察，试图以眼见为实改变他们的世界观。他知道望远镜内是客观的图像，不会因观察者的不同而变异。

同样，当英国的虎克、荷兰的惠更斯等人重复验证伽利略的斜面滚球实验时，他们也无须顾虑自己所在之处并非伽利略的意大利。恰恰相反，正是有着不同时间、不同地点、不同设计的检验才能令人信服地排除实验中可能存在的主观或偶然因素，得到真实、客观的结果。

200 多年以来，自伽利略起始的以系统、严格、可验证的实验为主的科学方法成为物理学不可动摇的根基。物理学家兢兢业业地运用越来越精致的仪器、越来越奇妙的设计测量、记录大自然的形态和运动，从搜集的数据中分析出普遍的规律，整理为逻辑、定量的理论，然后又在进一步的实验中查证理论的预测。

所有这一切，都基于一个朴素的认识：客观的自然世界不会因为人类的观测而改变自己的行为、状态。

直到 1927 年，这个理所当然的理念遭受挑战。

海森堡发现，在观测电子时，用来“照明”的光子不可避免地会改变电子的轨迹，破坏正在被观测的状态。有史以来第一次，物理学家突然意识到在大自然面前，他们不再只是置身事外的被动性旁观者。他们在观测、记录的同时也在改变着这个世界。

在那年的索尔维会议上，爱因斯坦绞尽了脑汁，也没能设计出一个即使只是理论上能够摆脱这个困境的假想实验。无论他祭出怎样的奇技淫巧，均被海森堡、泡利等年轻人悉数破解。

他的这份执着引来好友埃伦菲斯特的当众诘难。玻尔也是难有同感。他指出，理解经典的双缝实验关键在于测量的过程。在量子世界里，测量不仅获取信息，也同时改变着实验的性质。

当一个电子进入爱因斯坦的假想实验时，它在通过第一个狭缝时所处的位置可以基本确定。那时电子的波函数集中在狭缝所在，接近于 δ 函数。接着，这个波函数会随时间根据薛定谔方程演变。尽管薛定谔本人很不情愿，波函数还是逐渐扩散为爱因斯坦设想的泡泡，即越来越大的球面。它弥漫于空间各处，不再是一个粒子式的局域函数。

描述这个实验的薛定谔方程的势能场中包含有后面的遮挡板和那上面的两条狭缝。它决定了波函数在挡板后面有着由这一构造决定的分布：电子在某些地方出现的概率会比另一些地方大。如果将波函数所代表的概率描画出来，就能看到其中有着大小相间的分布，构成干涉条纹式的图案。

然而，如果按照爱因斯坦的建议用单个的电子做实验，在屏幕上看到的只会是一点闪亮，不是波函数中蕴藏着的概率分布。因为波函数只是一个抽象的数学概念，无法直接观测。

屏幕其实就是一个测量仪器。正如爱因斯坦在泡泡悖论中的描述，电子与屏幕发生接触时会发生一个薛定谔方程中并不具备的突变：一瞬间，电子的波函数坍缩，成为仅在接触点有数值的 δ 函数。原来有着干涉条纹式分布的波函数消失了，新的 δ 函数与屏幕上的闪亮都在明确地表示那一时刻电子只在那一个点上存在。

如果将波函数在那有着两条狭缝的挡板附近的概率分布描画出来，也能够清晰地看到电子在某时某刻出现在某条狭缝中的概率。因为对称性，电子出现在每条狭缝中的概率均等，各为 50%。但那也不过只是一个可能性，并无法确定单独一个电子的实际行为。要落实那个电子的踪影，必须在狭缝所在的当地实施测量。而如同后面的屏幕，这个测量也会造成波函数的坍缩。

海森堡在狭缝后面放置的云室就是这样的一种测量手段。

电子在云室中与水分子接触，造成后者电离而“暴露”位置的那一霎，自己的波函数也同时发生坍缩成为那一点上的 δ 函数，不再保留之前的状态。接着，电子继续前行，波函数再度“散开”，直到它再次遭遇水分子。因为云室中的超饱和水蒸气密度非常高，电子通过时会频繁地发生这样的碰撞，中间只有极其短暂的自由运动。这样，电子接连不断地发生碰撞和波函数坍缩，在云室中留下了一串脚印，即一条清晰的轨迹。这个云室中的电子没有机会展现其波动性，只能表现得犹如纯粹的粒子。[43]160-164

玻尔进一步解释，云室与屏幕都是测量仪器。它们相对来说非常庞大，自身不具备量子性质，可以完全用经典物理描述、理解。我们无法直接接触微观的量子世界，只能通过这样的仪器作为中间媒介。宏观、经典的仪器与微观、量子的物体发生接触时会导致后者的波函数坍缩，改变其既有的状态。

经典仪器的测量获得的也是经典的物理数据。测量出的光子、电子行为不具备量子的波粒二象性，而只是位置、速度或者干涉条纹这些物理量。如果我们测得了位置或速度，那是它们粒子性的表现。如果看到干涉条纹，就又是它们表现出了波动性。

双缝实验是杨为了展示光的波动性而设计，它会让光子、电子束在屏幕上呈现干涉条纹。然而，当海森堡在狭缝处装置云室时，他引入的是一个测量粒子性的仪器。这个举动完全改变了实验的性质。于是，原来应该出现的干涉条纹消失了。

因此，玻尔指出爱因斯坦的这个假想实验其实清楚地表明量子物体是表现波动还是粒子性质完全取决于测量仪器的选择。设计、实施该试验的物理学家不是旁观者，他们的取舍先验地决定了能够测量到的现象，也就只能看到自己想看到的实在。这样，不同实验的结果看起来会互相矛盾：电子有时是粒子，有时却是波。但只有通过不同的实验观测到不同的结果，才能了解电子、光子等量子物体的全貌。这就是粒子与波的互补。

当爱因斯坦坚持电子会从某一条狭缝中通过时，他已经选择了粒子的视角。对这个问题的回答必然导致干涉条纹的消失。反之，要以双缝实验观察电子的干涉条纹，就只能坚持电子的波动性，无视爱因斯坦的好奇心。

电子既会在云室中留下清晰的轨迹，也可以在双缝后的屏幕上展现鲜明的干涉条纹。这两个水火不容的表现都是电子的真面目。它究竟会以其中哪一个面目示人，却取决于观察者的选择。

是为互补原理。

当埃伦菲斯特在会议的黑板上写出上帝打乱人类语言的圣经谶语时，他取笑的是在座的物理学家以德语、法语、英语大声争吵，却无法真正交流。玻尔则随之苦口婆心地解释，他们所面临的量子困境，其实也只是一个语言的障碍。他们必须学会同时使用粒子、波动这些自相矛盾的经典语言来应对微观的量子世界。[21]161,216

但玻尔同时也强调，这并不是人类认识的局限，而是量子世界的本体。电子、光子以及其他一切微观世界只存在于我们通过测量而获取的或者粒子或者波动的数据。这些对立统一、“互补”的信息构成了量子世界的全部，背后不会再有德布罗意的隐变量或更深一层的现实。因此，已经能够通过波函数和薛定谔方程描述、预测所有测量结果的量子力学的确已然完备。

自然，玻尔这番哲学味十足的论辩没有能说服爱因斯坦。老一代的郎之万也觉得无所适从。他无可奈何地感慨这届群雄汇聚、畅所欲言的索尔维会议不仅未能统一思想，反而还把量子的困惑推向了极致。[16]276

第 27 章 狄拉克的方程

爱因斯坦在 1911 年参加第一届索尔维会议时虽然年龄最小，才刚刚被正统学术界接受，但他已然以狭义相对论、光电效应、布朗运动等成就闻名遐迩，绝非通常的新手。1927 年会议上最年轻的狄拉克还没有那么显赫的声望。在那场“女巫盛宴”上，他只是一个极不显眼的“小巫”，以他特有的安静、木讷作壁上观。

最引人注目的两大“巫婆”爱因斯坦和玻尔在会下、会上激烈但友好的针锋相对让年老的郎之万忧心忡忡，中年的埃伦菲斯特彷徨失措，年轻一代的海森堡、泡利兴奋莫名。狄拉克却只觉得兴味索然。

海森堡发现不确定性原理时，狄拉克正以他独创的量子力学数学形式获得剑桥的博士学位。他没有觉得这个轰动一时的新发现有多大意义。不确定性原理来自假想实验的推测，其背后的数学基础只是一个设定下限的不等式。那在狄拉克眼中不属于严格的方程式，意义不大。当他来到哥本哈根时，正赶上玻尔在兴致勃勃地发明互补原理。狄拉克更觉得不可思议：互补原理完全是不知所云的泛泛而谈，压根写不出一个数学方程来。[36]128,[21]162-163

对年轻的狄拉克来说，只有严格、优美的方程式才是实实在在的科学。

玻尔和爱因斯坦的争论始终围绕着一连串的假想实验，几乎不涉及数学推导，故而引不起狄拉克的兴趣。让他不满乃至烦躁的却是爱因斯坦不停地在以上帝的名义调侃量子力学中的随机性。早在玻恩提出波函数的概率诠释时，爱因斯坦就针对这一违反因果关系的解释写信抱怨“上帝不会掷骰子”。那之后，他对这句机灵的反诘情有独钟，屡屡以此一句抵万句地戏谑。就连一向忠厚、耐心的玻尔也忍无可忍，反击道：“爱因斯坦，别再告诉上帝该不该做什么。”

私下里，惜言如金的狄拉克破天荒地大放厥词，滔滔不绝地向海森堡和泡利论述了一番宗教、上帝之不值一驳。诧异中的泡利总结道：狄拉克其实也有他自己的宗教信仰，那就是“上帝不存在，狄拉克是祂的使者”。[36]137-138

在会议最后的自由讨论中，狄拉克也得到一个短暂的发言机会。言如其人，他讲述的是自己新创的又一个数学语言，解决了爱因斯坦曾经花费十年光阴也没能找到门路的老问题：电磁场的量子化。

在爱因斯坦试图将麦克斯韦方程组量子化功败垂成后，薛定谔另辟蹊径，利用德布罗意的物质波概念发现波动方程。量子力学因此有了与牛顿力学相似的微分方程表述。但也与牛顿的动力学一样，薛定谔方程只适用于有质量的粒子，对没有质量的电磁波或光子依然束手无策。

玻尔和爱因斯坦在索尔维会议上讨论双缝实验时不再刻意区分实验中使用的是电子还是光子，因为他们都已经确信这两个微观世界的物体具备同样的波粒二象性，会有着同样的量子行为。然而，有质量的电子可以由薛定谔的波函数描述，无质量的光子却还依旧停留在麦克斯韦的经典图像中。它们没有统一的数学语言。

所以，当爱因斯坦绘声绘色地描述一个球形的波函数如何在某一个点突然坍缩时，他所依据的还只是电子的波函数。虽然光电效应、康普顿散射已经证明了局域性光子的存在，光子却还没有一个电子所拥有的波函数。

狄拉克弥补了这个明显的缺陷。

与海森堡难以理解的矩阵相比，薛定谔一直以他的微分方程所能提供的直观物理图像骄傲。他的方程也因之立即得到广泛接受，取代矩阵力学成为新量子理论的首选数学形式。可是，他的波函数之简洁却也只出现在单一粒子的情形中。海森堡在求解有两个电子的氦原子时就发现那里的波函数必须扩展为六维希尔伯特空间的函数。虽然在数学形式上依然直截了当，波函数却已经抽象化，不再具备直观的优点。波函数的复杂性还会随电子数目急剧增加：研究铀原子就不得不构造一个高达 276 维的希尔伯特空间来描述它拥有的 92 个电子。

尽管抽象、繁复，电子毕竟还是可以逐一跟踪的“粒子”。它是既定的存在，既不会无中生有也不会平白无故地消失。光子又不一样。光可以在划着一根火柴、拧开电灯开关时突然出现，也经常在被物体吸收中消失于无形。显然，为这样来去无踪的每一个光子构造专门的波函数极不现实，更没必要。

薛定谔的方程和波函数却都是以个别的电子为出发点。当每个电子所处的量子态及其演变均被准确描述后，整个系统的状态和变化也随之昭然若揭。这个思路仍然是沿袭了牛顿的经典力学传统。

然而，印度小伙子玻色却歪打正着地发现量子世界有着特殊的物理规律。微观的粒子彼此之间不可分辨。处于不同量子态中两个电子如果互相交换，不会引起系统状态任何变化。在海森堡成功求解氦原子后，狄拉克也知道为了体现这一特性，波函数必须具备合适的对称性：两个玻色粒子坐标交换时波函数的数值完全不变（对称）；两个费米子坐标交换时波函数的数值也不变，但其正负号会颠倒（反对称）。[①] 这样一来，多电子的波函数更是愈加复杂，完全无法直观地想象。

为了摆脱这个缺乏简洁、美感的困境，狄拉克灵机一动。既然系统的状态不因电子之间的交换而变，也就没有必要去追究哪一个电子处于哪个量子态中。只要知道哪些量子态中有着电子——无论是哪个电子——就已经完全了解系统的状态。

这样，系统状态的改变无非就是某个原来没有电子的态出现了电子，或者原来被占据的态失去了电子。因为电子的总数是一定的，一个电子的消失必然会同时伴随着另一个电子的出现。

这正是玻尔原子模型中一个电子在不同能级之间的量子跃迁。电子这个自发、自主的运动曾经让从卢瑟福到爱因斯坦的物理学家们纳闷：电子如何能够知道要从哪里跳到哪里？在狄拉克的眼里，这个物理过程其实只是电子在量子态中的数目变化，根本不涉及电子的实际运动或跳跃。

为了方便描述，狄拉克创造出一套新数学语言，用不同的算符分别表示电子在量子态中的“产生”和“湮没”。描述一个系统状态的不再是一个复杂的波函数，而是一连串的“产生”算符。它们从一个空空如也的“真空”中生成电子，让它们处于相应的量子态中。系统状态的演化便也由后续的产生、湮没算符调整量子态中存在的电子数目来完成。

这样，他的算符语言不仅能新颖、简洁地描述电子，也能同样地描述无质量的光子。不同的只是光子是玻色子，不受泡利不相容原理限制。同一个量子态上最多只能有一个电子，却可以有着任意数目的光子。光子的总数也不恒定，可以“随意”地产生、湮没。

由此，狄拉克统一了电子和光子的量子理论，不再需要花开两朵各表一枝。

他更可以在一个物理系统中同时描述电子和光子，以及它们之间的相互作用。电子在某个低能量态上湮没，同时在某个较高能量态上产生时会伴随着光子的湮没。那便是光子被电子吸收而使得电子向高能级的跃迁过程。反之亦然，电子在高能态上消失、低能态上出现时伴随着光子的产生，即光的发射。

狄拉克欣喜地看到这个新理论中十分自然地出现了爱因斯坦十年前只能凭空假设的电子与光子相互作用的三个途径：自发辐射、受激辐射和受激吸收。这说明他的新理论并不只是一次数学形式上的简化、优化，而是揭示了新的物理。

---

① 系统状态取决于波函数的绝对值平方，不受正负号变化的影响。

他不仅证实了爱因斯坦当年的高瞻远瞩，还得以不做任何假设地计算出每个过程发生之可能性。因此，他第一次完完全全地从原理出发推导出黑体辐射的普朗克定律。[36]116-118,[4]136

在索尔维会议上，狄拉克言简意赅的介绍没有引起众人对他新理论的注意。在与玻尔激辩之后，爱因斯坦又恢复了他安然端坐沉默不语的优雅。当年，他只是为了热平衡的需要不得不引进自发辐射的概念，还专门强调那是他的理论最大缺陷所在。这个典型的“上帝掷骰子”行为现在被狄拉克纳入量子力学的正统，还有了计算掷骰子结果的精确公式。这大概让爱因斯坦在内心中哭笑不得。

狄拉克在会议上所讲的其实是大半年之前他还在哥本哈根时就已经完成的理论。那时他在玻尔研究所为时半年的访问正接近尾声，已经相继提出量子力学的变换理论和费米 - 狄拉克统计，可谓硕果累累。但他那茕茕孑立、沉默寡言的性情和对数学语言的一往情深在很大程度上限制了他物理思想的传播。他的理论被当作纯粹的数学游戏而不被理解、重视，甚至不为人所广知。

识人无数的玻尔始终也没能真正接近这个“最奇葩”的怪人。在哥本哈根，狄拉克是唯一不会被玻尔时常拉差充当他反复斟酌论文、讨论问题的听众和记录员的小字辈。玻尔不是没有尝试过，但在领教了狄拉克沉默寡言中偶尔冒出的尖酸回应后立刻就放弃了这个念头。[36]111

在狄拉克即将离开的 1926 年年底，玻尔邀请这位孤身在外的小青年到家里共度圣诞节。从小因为父亲专横跋扈而从未有过家庭温暖的狄拉克非常感动。玻尔对事业和家庭的兼顾、严格又忠厚善良的品格在年轻的狄拉克心目中留下了深刻的印象。[36]120

图 27.1　1927 年初，玻恩（中坐者）在哥廷根家中与他研究组成员合影。狄拉克（站立者右二）自顾自地手不释卷。站立者左四是奥本海默

1927 年初，狄拉克离开哥本哈根，按原计划前往哥廷根访问半年。玻恩和约旦在那里完成海森堡的矩阵力学后，哥廷根成为仅次于哥本哈根的量子力学圣地，与玻尔研究所一样吸引着世界各地的青年才俊（图 27.1）。狄拉克在那里与刚到哥廷根、同样不合群的美国纨绔子弟罗伯特 · 奥本海默（Robert Oppenheimer）交上

好朋友，经常一起出门远足。但除此之外，他依然独往独来，没有介入当地的朝气蓬勃的氛围。即使是在科研上与他走得最近的约旦，他也只有泛泛之交。[36]121

约旦在变换理论上曾先于狄拉克拔得头筹。那时狄拉克还不知道约旦在他和费米之前就已经提出了费米 - 狄拉克统计，只是因为玻恩的疏忽才痛失资格。同样精于数学的约旦在量子力学领域的研究与狄拉克始终亦步亦趋，却总稍微走在前头。直到这个以算符为代表的新辐射理论，狄拉克才开始超越比他还年轻两个月的约旦，第一次有了自己的首创性成果。

也只有约旦当即就领悟了狄拉克这套新语言背后的深层含义。

早在 19 世纪，法拉第提出电场和磁场的存在，分别作为那捉摸不透的电、磁超距作用的中继媒介。麦克斯韦随后统一这两个相互作用，以严谨的数学方程描述电磁场，并预测电磁波的存在。经过赫兹的实验证实，抽象的场得到普遍接受，成为物质存在的一种形态。电磁波是电磁场的波动，如同水中荡漾的水波或空气中振荡的声波。光也是这样的电磁波。

这个简单的图像却与爱因斯坦揭示的波粒二象性不合拍，因为那纯粹的波动中不存在粒子的踪影。在狄拉克的新理论中，场是决定量子态的物理背景。而粒子是场的激发态，随着产生、湮没算符随时随地出现、消失。所以，光子既不是爱因斯坦那被鬼场牵引着的物理粒子，也不是德布罗意想象中导航波头的弄潮儿。光子只是电磁场的激发态。它们的存在和处于各个态中的数量分布表达着电磁场所处的状态。

因为电磁场、电磁波的存在早已是定论，狄拉克的这个描述也并非惊世骇俗。然而，他进一步指出电子与光子没有本质区别，同样地不过是一个潜在“电子场”的激发态。电子与光子一样可以随时随地产生、湮没，只是它们的总数保持守恒并服从泡利不相容原理。

可能出于这是在海森堡、薛定谔量子化过程之后进一步发展的考虑，狄拉克将这个新理论叫作“二次量子化”（second quantization）。① 约旦更为敏锐地意识到狄拉克的创新在于将一直在“波乎？粒子乎？”的怪圈中挣扎的量子力学推进到“量子场论”（quantum field theory）的新阶段。如同拉格朗日、哈密顿等人在一两百年前将牛顿的动力学改写成更具备数学规范的经典场论，约旦相信狄拉克的新思路代表着量子理论的未来。

---

① 这个名称其实不恰当，量子化并没有一次、二次之分。

但在哥廷根，狄拉克和约旦都没能说服导师接受这一观点。已经人到中年的玻恩对他们这一激进思想兴致缺缺。在索尔维会议上，狄拉克也没能让那些久经沙场的大师们领会他的眼光。他那套自己发明的抽象、怪异的算符语言在他们看来只是年轻人在要弄数学游戏，不具备物理意义。①[36]126

直到很多年后，狄拉克的新数学才逐渐被物理学界接受，成为量子力学的标准语言。

索尔维会议召开时，狄拉克已经结束了在哥廷根的访问，回到母校剑桥任教。大半年没见过这个无法理喻年轻人的玻尔在会上曾好奇地询问他那时正在忙什么。狄拉克回答：相对论量子力学。玻尔讶异地回问：克莱因不是已经解决这个问题了吗？

量子是研究微观世界的物理学。那里物体质量微小，引力、广义相对论的作用都可以忽略不计。但索末菲早在玻尔提出最初的原子模型时就指出电子的运动速度相当快，狭义相对论效应不可忽视。由他推广的玻尔－索末菲原子模型实现了量子力学与相对论的珠联璧合，完美地解释氢原子光谱的精细结构。

从那时起，相对论——至少狭义相对论——与量子理论难解难分，齐头并进。当德布罗意提出物质波时，他的出发点也是狭义相对论，以至于他那个本来简单明了的概念变得复杂难懂。他的导师郎之万不得不求救于爱因斯坦。就连数学上得心应手的薛定谔也是在爱因斯坦的指点下才破解了德布罗意的迷津。

因此，当薛定谔在滑雪场旅馆里为德布罗意的波构造波动方程时，他的出发点自然地包含了狭义相对论。不料，当他在外尔的帮助下得出方程的解时却始终未能重现氢原子的光谱。经过一番无结果的挣扎，薛定谔不得不诉诸简单化，在方程中略去相对论效应。这样，他一举获得了能准确计算氢原子光谱的薛定谔方程。在那之后他一连发表六篇论文，系统地阐述了他的波动理论及其与海森堡矩阵力学的等价性。然而他却没有想起也顺带介绍一下那个包含相对论效应的波动方程。那对他来说只是一次失败的尝试。[19]196-200

薛定谔的波动方程与矩阵力学一起掀起了新量子理论的浪潮。在那激动人心的时刻，很少人注意到这个新理论其实只能计算氢原子的基本光谱线，对谱线中

① 早年曾率先提出以波作为粒子的引导，却惨遭玻尔和克莱默"劫持"、异化为那篇臭名昭著 BKS 论文的斯莱特这时在剑桥也在狄拉克的导师福勒指导下做出了同样的结果。即便如此，斯莱特也没能理解狄拉克的数学形式。[36]118-119

的精细结构却无能为力，还不及十年前的索末菲模型。

因此，即使是在索尔维会议上信誓旦旦宣布量子力学已经胜利完成的海森堡和玻恩也不得不承认，相对论效应是现有量子理论的最大欠缺之处。

就在索尔维会议之前，玻尔的前助手克莱因与戈登[①]一起发现了包括狭义相对论效应的波动方程形式。他们和玻尔都不知道那其实就是薛定谔早已写在笔记本中但从未公开发表的方程式。与那时的薛定谔一样，他们也无法用这个方程推算出氢原子的光谱。

其实，相对论并不是新量子理论的唯一缺陷。薛定谔在 1925 年年底与红颜知己上山滑雪时，他还不知道荷兰的古德斯密特和乌伦贝克正在说服爱因斯坦和玻尔接受电子有自旋的新概念。自然，无论是他的波动方程还是海森堡更早的矩阵中都没有自旋的存在。

与地球的自转相似，自旋显然是一个粒子才有的运动形式，似乎无法在非局域的波动中出现。然而，麦克斯韦电磁波不仅携带着能量和动量，也能传输转动的角动量。这个“旋转”性质来自电磁场振动的不同模式，叫作“偏振”(polarization)。根据玻尔的对应原理，这种经典波动的角动量便可以对应于光子的自转。

但薛定谔用于描述电子的波动方程、波函数却没有这样的角动量。曾经强烈反对自旋概念的泡利这时已经改邪归正，试图将这个只有两个分立数值的电子自旋以矩阵的形式引入波动方程，构造出一个带有自旋矩阵的薛定谔方程。

受泡利的启发，狄拉克干脆把电子的波函数一分为二，成为有着分别描述两个自旋方向分量的矩阵。由此，他构造出一个有机地整合自旋和狭义相对论的新波动方程。它不仅简洁优美，还能够准确地计算出氢原子光谱的精细结构。新量子理论终于不再落后于索末菲那简单的旧量子模型。[②]

1928 年元旦，第五届索尔维会议结束两个月后，福勒将狄拉克的论文提交给英国皇家学会发表。那时的剑桥依然是量子的荒蛮边陲。除了他这位前导师和达尔文，没有其他教授懂得量子力学。不显山露水的狄拉克也没有声张，所以他的同事们对这个新突破一无所知。

但在海峡对面的欧洲大陆，他的论文立刻就引起广泛且巨大的反响。也在这

---

① 当初就是他在柏林大学通告爱因斯坦和泡利证明了波动和矩阵力学的等价。

② 薛定谔最初的相对论方程无法得出氢原子光谱正是因为它缺少电子的自转。那个方程被克莱因和戈登重新发现后称作“克莱因 - 戈登方程”，后来被用来描述没有自转的基本粒子。

个难题上埋头苦干的约旦看到后目瞪口呆，知道他再也无法与狄拉克比肩。海森堡五体投地，对人声称今后不再有与狄拉克竞争的必要。哥廷根的玻恩、哥本哈根的玻尔更是再一次对这个奇葩的年轻人刮目相看。[36]143-146,[4]136-139

“狄拉克方程”不仅是狄拉克本人，也是 20 世纪 20 年代量子力学的登峰造极之作。它的出现标志着电子、光子运动和相互作用的完整描述，即“量子电动力学”（quantum electrodynamics，QED）的诞生。

第 28 章　哥本哈根的诠释

狄拉克还在哥本哈根解决曾经让爱因斯坦束手无策的电磁场量子化时，苏黎世的两位德国小伙子沃尔特·海特勒（Walter Heitler）和弗里茨·伦敦（Fritz London）正向泡利攻读博士学位时无能为力的难题——氢分子——发起挑战。

在伽利略、牛顿之后，物理学匹马当先，成为唯一具备坚实数学基础、精确定量的学科。正如阴错阳差地获取诺贝尔化学奖的卢瑟福所言，化学、生物等其他学科在 20 世纪初依然只是在“集邮”。深具优越感的物理学家相信自己研究的是一切自然现象的基础，化学、生物同行们所搜集的“邮票”背后肯定都会有着物理的根据。所以，他们时刻准备着伸手拉兄弟一把，用物理的规律解释化学、生物现象。

分子是走向化学领域的第一步。玻尔在 1913 年发表原子模型时，他的论文题目是《关于原子和分子的构成》。那时，他很乐观地认为他的电子轨道模型不仅能支持卢瑟福的原子，还可以解释原子如何互相结合形成分子。为此，他针对氢、氧等简单的分子做了一系列研究。[49] 然而，虽然他后来以壳层模型成功地为在化学中举足轻重的元素周期表提供了物理根基，① 但他在分子的结构上最终还是力有不逮、功败垂成。

氢分子是最简单的分子，有着两个氢原子。这种不带电的中性原子如何能够互相吸引而结合成为分子——所谓“共价键”（covalent bond）的形成——在化学上是一个谜。可是，这个只有两个原子核、两个电子的小东西却已经超出玻尔、泡利以简单物理模型所能对付的范畴，也让后来的矩阵力学束手无策。

薛定谔的波动方程提供更为强大的数学武器。海森堡在求解有着两个电子的氦原子后还进一步为如何对付氢分子提供了思路。但后者的波函数依然过于复杂，无法严格求解。在薛定谔的指导下，海特勒和伦敦另辟蹊径，采用一种叫作“变分法”（variational method）的计算手段获得非常接近的近似解。他们从理论上计算出与实际测量相符的氢分子的各个结构参数，解释了共价键的物理机制。[9]171

① 在 1922 年获得诺贝尔物理学奖前后，玻尔也曾在 1920 年、1929 年两度被提名诺贝尔化学奖。

其后不久，在美国哥伦比亚大学攻读博士学位的中国留学生王守竞也独立地完成了相似的计算。[50]

他们的计算标志着现代科学一个不大不小的里程碑：五彩缤纷的化学现象不再只是化学家观察、收集、归类的对象，它们可以从物理的基本原理出发解释、预测。从那时起，化学与物理学有了亲密无间的缘分，在后者的引领下也步入精确科学的境界。

这片肥沃的处女地顿时激发了哥廷根、哥本哈根、慕尼黑等地 20 多岁年轻人的热忱。他们采取各种计算方法，将目标逐次锁定越来越大的原子、分子，不断地攻城略地。不久，狄拉克在 1929 年的论文中总结："理解物理学大部分和化学全部所需要的物理定律现在已然完全知悉。剩下的困难只在于应用时会遭遇过于复杂的方程，无法准确求解。"[36]158

那不过是第五届索尔维会议之后一年半。这些兴致勃勃地计算各种波函数的青年一代对爱因斯坦与玻尔的那场争论毫无兴趣。

索尔维会议结束半年后，玻尔引以为傲的互补原理终于以文字形式面世。他一共发表了 4 个基本雷同的版本：科莫湖和索尔维两个会议记录中都有其法文版。① 另外，他在德国学术刊物上发表德文版，又专门在英国的《自然》发表英文版。

老派的《自然》编辑们对这个满满当当 10 页长，却只有区区 6 个数学方程的典型玻尔式科学论文拿不准。他们特地附加编后感，希望玻尔所述不至于成为量子力学的终极结论，将来还能看到粒子就是粒子、波就是波的简单物理和因果关系在量子世界中的王者归来。

泡利看到后不禁怅然，写信给玻尔大发了一通牢骚。[9]161

《自然》的编辑们的确显得迂腐。与德布罗意的垂头丧气相反，海森堡在索尔维会议后兴高采烈。那整整一星期，他和泡利追随着玻尔，亲眼看见首领如何在自己的帮助下成功地击溃爱因斯坦屡败屡战的挑衅，一举奠定对量子力学的正确理解。那是他心目中"哥本哈根精神"的胜利。

将近 30 年后，海森堡在 1955 年回顾那个历史时刻，又将"哥本哈根精神"改成更为正式的"量子力学之哥本哈根诠释"。虽然这个新名称在 20 世纪 20 年代末未曾现身，以玻尔的互补原理，辅之以玻恩波函数概率解释、海森堡

① 尽管论文内容与他在会上的实际发言出入极大。

不确定性原理以及玻尔早期的对应原理为主体的“哥本哈根诠释”（Copenhagen interpretation）在1927年的索尔维会议后已经赢得公认，成为物理学界的共识。[16]276

就连在会议上鼓吹导航波、隐变量的德布罗意也“叛变”了。爱因斯坦会后在巴黎火车站的鼓励来得太迟。德布罗意回家后思虑再三，不久就放弃自己半生不熟的理论，归降哥本哈根的正统。[2]347

一年后，爱因斯坦环顾四野，只有薛定谔还与自己站在一起。他们都已经沦为物理学界的“持不同政见者”。惺惺相惜，他给薛定谔写信抱怨，“海森堡和玻尔那舒服的哲学——抑或是宗教？——的确构造得很得体。它为虔诚的信徒提供了一个柔软的枕头可以安然入睡而不容易被唤醒。就让他们昏睡着吧。”

末了，爱因斯坦还没忘补上一句：“这个宗教……对我却没有半点鬼作用。”[20]107,[21]163,[9]161

索尔维会议后，薛定谔的事业、生活都进入春风得意的时期。虽然他的波函数理念在玻恩和海森堡的连番质疑、攻击下体无完肤，但至少他的波动方程获得了一致认可，随着波函数的概率解释成为哥本哈根正统思想的一部分。会后，他在柏林大学正式接任普朗克的教授席位。那里人才济济，拥有着爱因斯坦、能斯特、劳厄等大牌教授，还有退休后仍然坚持授课的普朗克。

但与量子浪潮正风起云涌的慕尼黑、哥廷根相比，柏林显得老气横秋。这里的教授们穿着正式、古板，在讲台上毫无新意地根据写就的讲义照本宣科。①40岁的薛定谔倜傥不羁。他随意地穿着休闲毛衣来上课，夏天时更只是着短袖。为此他竟被校卫当作闲人挡在门外，需要他的学生来认领救驾。② 在课堂上，他也与自己当年钟爱的老师哈森诺尔一样，从来不带笔记，信马由缰自由发挥。

到柏林后，薛定谔毫无悬念地被接受为普鲁士科学院成员。他积极参与科学院、学界的社会活动。作为普朗克70岁生日纪念，薛定谔领衔筹款、组织，设立“普朗克奖章”，由德国物理学会每年奖励在理论上有突出贡献的物理学家。1929年首次颁发时，获奖者是普朗克本人和爱因斯坦（图28.1）。[19]241-246

与爱因斯坦一样，柏林五光十色的夜生活让薛定谔如鱼得水。离开苏黎世那个自由的圈子后，他很快在这里又有了好几位新的红颜知己。薛定谔甚至认真地考虑过是否离婚改娶，但在一番严谨考证后还是作罢。

① 因为享有特殊待遇，爱因斯坦不需要授课，也不经常到学校上班。
② 无独有偶，薛定谔在索尔维会议期间也曾因穿着太随便被当作游客拒绝入内。

与此同时，他家里不那么好也不那么差的妻子安妮固然安于现状，却也满腹牢骚。两人的家庭生活只流于形式。[19]249,253-255

在柏林，不惑之年的薛定谔与知天命的爱因斯坦有着太多的共鸣。在物理研究上，薛定谔与爱因斯坦几乎亦步亦趋，在数学性强的统计、相对论、量子等领域涉猎广泛。他们都厌恶古板的清规戒律，崇尚自由自在的生活方式。而在个人生活中，他们也都是传统价值观、道德观的叛逆者。

图 28.1　1929 年 6 月 28 日，普朗克向爱因斯坦颁发普朗克奖章

于是，他们自然地成为难得的知己。在爱因斯坦新建的乡间别墅，他们不再是大教授、知识分子，经常无拘无束地赤膊赤足，或在山野间徜徉或在湖中扬帆，尽享功成名就后的中年生活。[19]249,[20]118-121

相比之下，量子力学的烦恼并没有那么重要。

在柏林之外，哥本哈根诠释的信徒们正在急剧地扩展他们的地盘。海森堡已经是莱比锡的教授。泡利在爱因斯坦的母校苏黎世联邦理工学院得到自己的教授席位。约旦也修成正果，成为德国北部罗斯托克大学教授。[16]277

在他们后面更有着一大批已经在哥本哈根、哥廷根、慕尼黑等地游学，近距离接受量子力学正统陶冶的年轻人正在世界各地开始扎下自己的根基，犹如四处飘逸的波函数在逐个择地坍缩，开花结果。以学术渊源而言，他们都属于玻尔的子孙，笃信哥本哈根的理念。他们更以玻尔为个人偶像，在所到之处都会试图建设起自己的“玻尔研究所”，重现那自在、活跃、青春朝气的学术气氛。

相比之下，习惯于单枪匹马的爱因斯坦、薛定谔乃至德布罗意都发现他们既不见信徒拥趸也没有直接传承的弟子，只能眼睁睁地看着自己的影响日渐式微。

以玻尔为代表的量子力学哥本哈根诠释的确如爱因斯坦所言为这新一代青年才俊提供了舒服的枕头，让他们深信不疑当初玻尔曾经准备在科莫湖会议上对付的所谓“量子力学基础问题”已经有了定论，剩下的只是各种各样的实际计算。这对他们是一场亢奋而又残酷的竞赛。他们必须尽快地在这片肥沃的土壤中种植、收获，从而奠定自己的学术地位，进而出类拔萃。

在这个现实的压力下，他们的榜样其实是务实的狄拉克而并非哲学的玻尔。

狄拉克在那时写道，“理论物理的唯一目的在于计算出可以与实验比较的结果；没有必要为一个现象的全部缘由提供令人满意的描述。”[4]179

海特勒和伦敦的成功表明即使是复杂的原子、分子也都可以用量子力学计算，结果不仅能够与实验测量比较，而且有着非常精确的吻合度。而这些计算与爱因斯坦和玻尔耿耿于怀的那一切——如何看待上帝的骰子、如何诠释量子力学——毫不相干。

当 24 岁的乔治·伽莫夫（George Gamow）在 1928 年的夏季来到哥廷根时，他立刻成为这些年轻人中的一员。哥廷根活跃、前沿的物理研究让刚刚在老家苏联惹上政治麻烦的伽莫夫觉得换了个新天地。在那青春激情中，他没有随大流去计算原子、分子的波函数，却自己另起炉灶，计算起更为微观的原子核。

在上帝所掷的骰子中，放射性是最早被察觉，也是最直接观察到的随机现象。贝克勒尔和居里夫妇在世纪之初发现某些矿物会自发地产生辐射，由卢瑟福随后鉴定为原子核因 α、β 粒子的逃逸而发生嬗变。原子核的衰变没有先兆，没有缘由，只是以一定的概率——卢瑟福测定的半衰期——发生。居里夫妇认为这既深奥又令人惊愕：原子核似乎在自主地决定是否衰变、什么时候发生衰变。

爱因斯坦后来为了推导普朗克定律而不情愿地提出原子的自发辐射时也曾顺水推舟，以原子核的衰变为类比作为这种莫名其妙的自发、随机现象的根据。

就在狄拉克为爱因斯坦的自发辐射奠定理论基础的一年后，伽莫夫也在哥廷根揭开了原子核的 α 衰变之谜。伽莫夫到来时，狄拉克已经离开哥廷根回到剑桥。两个年轻人当时未能碰面。但他们后来结识，成为非常好的朋友。

伽莫夫摒弃 α 衰变是原子核产生、发射 α 粒子的通常看法，大胆设想 α 粒子是原子核中的既有存在。它们之所以被禁锢在原子核内，是因为原子核的外围有一个势垒，就像监狱的高墙。α 粒子本身的动能有限，无法突破这个阻碍。但这堵墙固然很高，却也不是无限。依照薛定谔的波动方程，α 粒子的波函数不仅存在于高墙之内，在高墙之中甚至之外也会有着蛛丝马迹。这说明 α 粒子虽然最大概率处于原子核内，它同时也有一定的可能性是身在原子核之外。

就像爱因斯坦描述的球形波，这个波函数只是 α 粒子在被观测前所在之处的概率分布。当人们观察放射性现象时，α 粒子的波函数如同光子击中屏幕时那样发生坍缩。绝大多数情形中，波函数会坍缩在原子核内，α 粒子便继续被禁锢在其中，没有丝毫异常。然而，如果波函数碰巧坍缩在原子核外时，α 粒子不再能够回到墙内，只能以它的动能逸出。那个原子核便永远地失去了这个 α 粒子，亦即发生了嬗变或衰变。

这样，原子核并没有自主、随机地“放射”α 粒子。粒子本来就有着处于原子核之外的可能性，只是因为波函数的坍缩成为现实。奇异的放射性只是量子力学、波函数的特性使然。果然，伽莫夫只进行了简单的计算就获得了与实验测量相符的结果。①[51]41-53,[21]164-168,[9]184-186

在海特勒和伦敦将量子力学延伸到化学的分子后，伽莫夫将其推进到原子核领域，再度显示这个新理论在实际应用中的威力。无论上帝是否、如何掷骰子，物理学家都能具体地计算出骰子落地时所呈现的统计规律。②

1928 年 3 月，爱因斯坦在瑞士访问时突然晕倒。医生诊断他心脏肿大，需要长期卧床休养。妻子艾尔莎担当起理疗护士重任，遵医嘱为他烹制无盐食品，照料他的日常起居。那几个没有外界干扰的月份为爱因斯坦提供了难得的清静（图 28.2）。他很快又有了重大的突破。[16]278,[20]111

图 28.2　1928 年 9 月，在巴尔干海滨疗养的爱因斯坦

1929 年初，欧洲、美国各大报刊均刊登醒目大标题，报道爱因斯坦的最新发现。这是继爱丁顿的日全食观测证实广义相对论后的又一轮媒体风暴。他们不约而同地宣布人类的世界观再一次被爱因斯坦全面颠覆。

爱因斯坦的新成果是一个叫作“远距平行”（teleparallelism）的统一电磁与引力作用的数学方法。在索尔维会议上失道寡助后，统一场论成为他的避风港。那是一片荒芜的自留地，只有外尔、爱丁顿、克莱因等寥寥无几的物理学家在协同耕耘。即使有着媒体的喧嚣，物理学界内部也没有几个人顾得上关注爱因斯坦这个新发现。

---

① 伽莫夫依据的量子力学机制叫作“隧道效应”（tunneling effect），意即粒子不需要翻越高墙而可以通过墙脚的隧道穿过。这个名字并不恰当，因为它暗含着粒子从墙内到墙外的运动过程。其实，粒子并没有翻墙或钻洞。它只是在墙内、墙外都有着一定的出现概率。

② 伽莫夫以及他提出宇宙大爆炸的贡献详情请参阅《宇宙史话》第 13 章。

热衷于评判他人工作的泡利是那极少数之一。他给杂志投信挖苦：“你们将爱因斯坦的新场论文章当作‘精确科学结果’接受的行为真是勇气十足。他那无穷无尽的创造天才，他死盯着既定目标的顽固，这些年来平均每年都会给我们一个这样的新理论作为惊喜……我们应该欢呼：‘爱因斯坦的新场论已经死了，爱因斯坦的新场论万岁！’”。

在给爱因斯坦的私信中，泡利更是毫不留情地指责对方已经误入歧途，背叛了作为物理理论的广义相对论。他以尖酸的口吻祝贺爱因斯坦终于成功地转型为“纯数学家”，还预言对方在一年之内就会幡然悔悟，改弦更张。

的确，爱因斯坦不到一年就不得不舍弃了“远距平行”。但他倒没有立即回头，仍然继续谋求出路。直到两年后，他才给泡利回信认输：“果然你是对的，你这个混蛋。”

但爱因斯坦还是没有放弃统一场论。那依然是他余生的目标。新闻媒体也一如既往地关注着他的“进展”，稍有风吹草动便又会来上一波“爱因斯坦重大发现”的头条新闻。只是这些都不再能引起物理学家——尤其是年轻一代物理学家——的注意。

与爱因斯坦的大张旗鼓相反，外尔在苏黎世不显山不露水地提出了一个统一场论的新路径。他的思想没有镁光灯的追逐却有着更为深远的影响。30 多年后，杨振宁（Chen Ning Yang）等新一代将其发扬光大，成为现代理论物理不可或缺的“规范场论”（gauge field theory）。

泡利对爱因斯坦的“转型”尤为恼火。他一再表示爱因斯坦对量子力学正突飞猛进的新进展置若罔闻、事不关己的鸵鸟态度令他十分丧气。玻恩也心有戚戚地感叹，“我们很多人觉得这是一个大悲剧。对（爱因斯坦）而言，他自己深陷于孤独的摸索中；对我们来说，我们失去了一个领袖和旗手。”[20]112-116,[2]336-344,[9]161-162

其实，泡利和玻恩都无法真切地体会爱因斯坦对他曾孤军奋战、独力支撑的量子概念之情有独钟。在年轻一代轰轰烈烈的计算和媒体统一场论的热闹背后，他仍然默默地思索着量子力学的内在矛盾和其背后的基础问题。当第六届索尔维会议在 1930 年召开时，他出乎意料地有备而来，再一次试图唤醒那些枕着哥本哈根诠释舒适枕头昏睡着的信徒们。

第 29 章 爱因斯坦的光子箱

伽莫夫在 1928 年的夏天来到哥廷根时发现一个生机盎然的科学天堂。那里的年轻人却没注意到他们导师玻恩的沉重心情。这个崇尚亨德尔音乐、曾经举办过玻尔节的大学城也是纳粹党的早期活跃基地之一。一些大学生正在偷偷地搜集整理教授中的犹太人名单，准备有朝一日实施清洗。玻恩是一个极力融入德国主流社会，对自己的犹太血统并不在意的知识分子，但他也不得不为前途忧虑。

45 岁的玻恩正陷入严重的中年危机。他曾经与约旦一起完善海森堡的矩阵力学，为薛定谔的波函数提出概率解释，因而在量子力学创始过程中成就显著。但他的贡献一直没有得到广泛赞誉，只是作为锦上添花而已。这几年，他眼睁睁地看着曾为麾下的泡利、海森堡、狄拉克、约旦都在学术上超越自己，真正引领着物理学的风骚。玻恩知道他已经落伍了。他曾以精通数学为傲，却竟然无法理解狄拉克和约旦所津津乐道的量子场论，甚至提不起兴趣。

玻恩还不知道，他的得意门生约旦那时正积极地在地下流传的小刊物上匿名发文，为纳粹党的宣传攻势摇旗呐喊。让他更为焦虑的还是自己的家庭。玻恩作风老派，却与妻子感情不和而长期分居。他察觉到妻子已经有了外遇，小家庭随时可能分崩离析。

凡此种种，玻恩终于不堪压力精神崩溃。那年，他离开大学岗位，整整一年独自到野外远足、滑雪，在大自然中寻找自我。刚刚来到哥廷根担任助手的海特勒不得不代替他承担起大部分教学职责。[9]171,[21]124,[36]131,151

还不到而立之年的狄拉克和海森堡却正春风得意。与爱因斯坦和薛定谔不同，他们还是快乐的单身汉。在第一次世界大战结束后异常繁荣、癫狂的“咆哮二十年代”（Roaring Twenties）即将落幕时，两人分别在美国巡回讲授量子理论，尽情游览新大陆。这里的大学竟相开出丰厚的美元支票，足以让他们乐不思蜀。

当他俩在美国的中西部相遇时（图 29.1），海森堡提议干脆结伴横渡太平洋取道亚洲，完成一次环球旅行。曾在哥本哈根镀金的一位日本学生早就邀请他们去访问，正好顺道。

在完成各自的讲学任务后，他们在美国西部风景奇异的黄石公园会合，一起到旧金山搭乘邮轮横渡太平洋，于 1929 年 8 月底抵达日本。在夜夜笙歌的邮轮上，海森堡尽显风流地活跃在舞会之中。狄拉克却总是独自坐在角落里观望。他很不理解海森堡为何如此热衷跳舞。海森堡耐心地解释，与好女孩共舞非常愉快。狄拉克沉思良久仍然不解，问道："可是海森堡，你在跟她跳舞之前，怎么可能知道她是不是个好女孩？"

图 29.1 1929 年，狄拉克（左）和海森堡在美国芝加哥

邮轮靠岸时，海森堡在甲板上愉快地接受了登船的日本记者采访。当记者抱怨找不到狄拉克时，海森堡也热情地表示他可以代替朋友回答一些问题。狄拉克当时正站在海森堡身旁，事不关己地欣赏着异国风光。

这是继爱因斯坦 1922 年来讲学后第二次有欧洲一流物理学家访问日本。爱因斯坦那次带来相对论，狄拉克和海森堡则带来量子力学。他们为日本物理学界与国际接轨起了相当大的作用。

日本的行程结束后，他俩才分道扬镳。海森堡继续乘邮轮沿南方海路经印度回德国。他曾在上海短暂停留，得到当地物理学家的招待。[52] 狄拉克则渡海北上到他心向往之的苏联，乘火车沿西伯利亚铁路横跨欧亚大陆。[36]160-165

两个英气勃勃的物理学家都没意识到世界正处于一个大变动的前夜。

1929 年 10 月 25 日，美国纽约证券交易所的股市价格在早晨开门后急剧下滑，拉开了"大萧条"的序幕。大西洋彼岸的德国首当其冲。

20 世纪 20 年代也曾是德国的黄金时代，有着第一次世界大战之后经济和文化的稳定、蓬勃发展。然而，虽然战后的经济封锁已经解除，德国依然背负着战争赔款的沉重负担。表面的繁荣基本依靠来自美国源源不断的贷款。当美国突然自顾不暇时，原已显露疲态的德国经济顿时一落千丈。大批工厂破产倒闭，失业人口在 1930 年激增至 300 多万。被暂时遏止的通货膨胀也再度冒头，重新回到战争刚结束时的凄惨和混乱。

在啤酒馆政变失败后曾备受打击、一蹶不振的纳粹党在 1930 年 9 月的国会选举中起死回生。它们原来在国会 577 个席位里只占有区区 12 席，这一次却骤然赢得 107 席，一跃成为第二大党。

玻恩只是最早感受到潜在威胁的个别科学家。在 20 世纪 30 年代来临之际，象牙塔中的物理学家仍然是受社会尊重的高级知识分子，保持着养尊处优的地位。几年前因为相对论被当作“犹太物理学”饱受攻击的爱因斯坦认为希特勒只是“存活在德国人饥饿的肚腹上。一旦经济条件复苏，他的重要性就会立即消失。”[19]260-261,[16]289-290

那年 10 月，第六届索尔维会议照常在布鲁塞尔举行。

洛伦兹去世后，组织索尔维会议的重任落在郎之万的肩头。在以“光子与电子”为主题的第五届会议三年后，量子力学的主战场已经从哲学性的争执转为实际的计算和应用。郎之万将 1930 年的会议主题定为“磁性”。

磁铁和金属在磁场中的表现早就是物理学的常规问题。德鲁德和洛伦兹在世纪之初以微观的电子理论大体解释了这些宏观现象。但他们那时所能依据的只是经典物理，有着很多缺陷。海森堡、费米等人将量子力学的新规则——尤其是泡利不相容原理——应用于固体中的自由电子气，立刻就有了长足的进展。在海特勒、伦敦和伽莫夫分别向分子与原子核进军的同时，量子的先锋也已经进入日常生活所熟悉的固体领域。

与三年前的盛宴相比，1930 年的会议不再那么引人注目（图 29.2）。金属的磁性也很难与物理学的基础问题相提并论。但爱因斯坦显然醉翁之意不在酒。还是在旅馆的餐桌上，他面对玻尔坐着，不紧不慢地抛出一个假想实验。它与磁性毫不相干，却是三年前他们针锋相对的故伎重演。

图 29.2　爱因斯坦（左）和玻尔在 1930 年索尔维会议期间

设想有一个箱子，里面有着很多横冲直撞的光子。爱因斯坦慢条斯理地描绘着：你可以称量这个箱子的重量。箱子上还有一个非常小的窗口，可以在给定时间内快速地打开然后关上。窗口打开的那一瞬间，可能会有一个光子正好从中逃出。

玻尔聚精会神地听着。他觉得这个设计在原理上与上次那些单缝、双缝屏幕大同小异，没有新意。这时爱因斯坦缓缓地又补上一句：窗口关上之后，你可以再称一下箱子的重量。

话音未落，玻尔已经大惊失色。

三年前，爱因斯坦的一系列假想实验都被归结为对光子或电子位置、动量的同时测量。海森堡的不确定性原理残酷地限制了这类测量的准确性，而爱因斯坦的种种尝试均未能突破这一禁锢。不确定性原理并不只是针对位置和动量，也同样适用于其他类似的成对物理量，比如能量和时间。那正是爱因斯坦这次的攻击点。

在这个新设计中，爱因斯坦用一个定时的机关打开箱子的窗口并迅速地关上。如果有光子从那里逃出，其通过窗口的时间便可以由这个定时机关准确测定。而在窗口打开的前后分别测量箱子的重量，又可以得知光子所带走的能量——因为狭义相对论，能量与质量[①]是等价的。这样，当光子逃出窗口的那一霎，我们既能确切知道它的能量也清楚该事件发生的准确时间。

据会上一位目击者描述，那天晚上的玻尔犹如一只刚遭受一顿痛打的流浪狗，灰头土脸惶惶不可终日。如果爱因斯坦这个假想实验成立，量子力学的整个根基将被动摇，大厦岌岌可危。而这个简单明了的实验却让他一筹莫展，找不出其中的漏洞。海森堡、泡利、克莱默等也都是一脸茫然束手无策。

看着他们的狼狈，爱因斯坦面含微笑，一副胜券在握的悠然自得。

一夜未眠之后，玻尔在下楼加入早餐行列时脸上又恢复了笑容。为了拆解这个新的智力游戏，他将爱因斯坦的泛泛描述像工程蓝图般仔细地描画出来（图 29.3），一丝不苟地琢磨如何用弹簧和刻度称量箱子的重量，又如何用时钟定时控制窗口的开关。这时，他胸有成竹地向爱因斯坦解释：当光子离开窗口时，箱子重量发生的变化势必引起挂在弹簧秤上的箱子向上移动。这是称量箱子重量变化的原理。这个微小的运动却会使得箱子里的时钟在地球重力场中的位置发生变化。根据广义相对论，重力场的减小会导致时钟变快。这样，窗口机关开启的时间并不是当初设定的时刻。

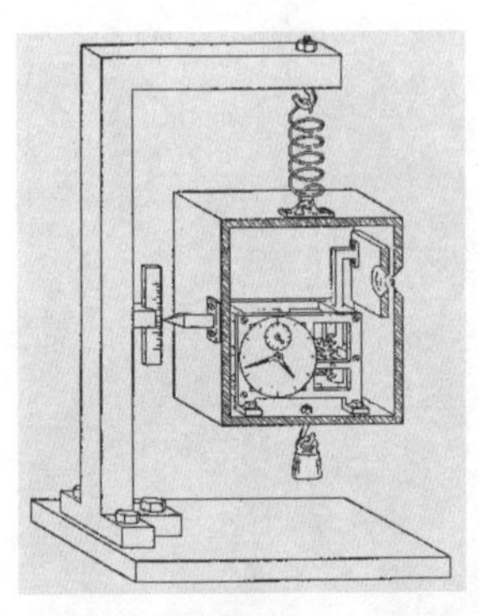

图 29.3　玻尔描画的爱因斯坦光子箱模型

这下轮到爱因斯坦惊讶地合不上嘴了。当然，玻尔并没有能力进行广义相对论的具体计算，那正是爱因斯坦的专长。尽管玻尔是在试图否证他的实验设计，爱因斯坦也立即施以援手，兴致勃勃地演算起光子逃逸时箱子移动所带来的时间变化。他果然发现，在这个前提下，对光子的能量和

---

① 因为广义相对论，物体的质量就是称量出的重量。

时间测量的准确性无法超越不确定性原理的限制。[16]281-288,[2]348-349,[33]53-54,[21]168-171

玻尔以子之矛攻子之盾，用爱因斯坦自己的广义相对论挫败了爱因斯坦对量子力学处心积虑的新挑战。这神来之笔不仅让他反败为胜，为哥本哈根诠释赢得历史性胜利，也成为物理学界经久不息的美谈。

历史往往是由胜利者书写。爱因斯坦和玻尔在索尔维会议上的辩论也是这样的一个实例。

他们在 1927 年和 1930 年两次会议上的争论都发生在会下，大多是餐桌上的茶余饭后。辩论的内容因而没有出现在会议的纪要中。爱因斯坦会后除了在讲学中重复提到那些假想实验外没有留下过自己的文字记录。1949 年，玻尔在纪念爱因斯坦 70 岁生日时详细地写下了那场思想交锋的回顾和分析。在那之后写就的量子力学历史往往都以玻尔的版本为主，辅之以海森堡、埃伦菲斯特等人的点滴回忆。他们显然也都偏向于玻尔。

于是，爱因斯坦在两届索尔维会议期间频繁挑战不确定性原理，在玻尔睿智敏捷的回击下一败涂地的传奇与哥本哈根诠释的正统地位一样，成为量子力学历史的主旋律。

第六届索尔维会议大半年后，埃伦菲斯特到柏林拜访爱因斯坦。他回家后立即在 1931 年 7 月 9 日给玻尔写信，详尽汇报交谈内容。埃伦菲斯特告诉玻尔，爱因斯坦其实早就接受了不确定性原理，对位置、动量和能量、时间这些物理变量不可能同时精确测量没有疑惑。

爱因斯坦也从来没有去设计一个“可以称重的”光子箱。他的目的更不在于挑战能量与时间同时测量的精确度。那是玻尔自己的理解或想象，又一次将爱因斯坦引入了歧途。爱因斯坦的本意与上一届索尔维会议上提出单缝、双缝假想实验一样在于量子力学中的局域性和系统之间的可分离性，以及这两个概念背后那至关重要的因果联系。

如果同时测量窗户开启的时间和箱子重量的变化，爱因斯坦承认这个测量的精确度肯定会受到不确定性原理限制。但根据玻尔的哥本哈根诠释，测量的选择会决定测量的结果。如果我们不去测量重量的改变，就能够准确地知道光子离开箱子的时间。反之，如果不去看控制开关的钟，也可以非常精确地知道光子所带走的能量。

问题是，这些测量并不一定要在窗户开启那一刹那进行，完全可以等个半年、一年之后。半年后，逃逸的那个光子已经跑了与我们相隔着一个天文数字的距离：将近 50000 亿千米。再想象一下在那个地方置放一面镜子，就很有意思了。

如果在窗口开启的半年后我们选择仔细地看一下当初控制开关的时钟，那我们会非常准确地知道光子离开箱子的时刻。这样，我们也可以准确无误地预测那个光子被镜子反射，在一年之后回到箱子的时间。只是我们不可能知道该光子的能量或频率（颜色）。

而如果我们不去看那个时钟，却只是精确地测量箱子重量的变化，那我们就能准确地知道那跑出去的光子是红色还是蓝色，却对它会在什么时候回来完全没有概念。

我们在看箱子时所做的选择就这样会直接、瞬时地影响到那个 50000 亿千米之外、几近无影无踪的光子所处的状态：它或者突然有了确定的频率，或者突然有了确定的所在地点，只因为爱因斯坦或玻尔随意地决定是好好地看一下时钟还是弹簧秤。

这是因为在量子力学里，本来浑然一体的波函数不会因为互相之间的距离变得遥远而脱钩。那个光子即使跑到宇宙的另一头，也依然与箱子里的其他光子藕断丝连，无法“退群”。当某种测量在箱子所在地发生时，远在几万亿千米之外的波函数也同时发生了坍缩。

爱因斯坦早已发现这个不可分离性。还在 1927 年的第五届索尔维会议之前，他不得不撤回了自己即将付印的论文，放弃“鬼场”理论，就是因为他无法接受理论中出现的这一不可分离性。在他心目中，波函数这个性质呈现的是荒诞的超距作用，违反因果律。

即使在 20 多年后，当玻尔以非常详尽的笔调回溯他与爱因斯坦的争论时，他仍然以全部的笔墨描述爱因斯坦对不确定性原理的挑战和失败。他没有提到过埃伦菲斯特那封信。也许他依然无法理解爱因斯坦背后的深意，也许他觉得这个变故不值一哂，也许他压根就没看到过那封信①。[53],[42]95-97

深具施瓦本人之倔强固执的爱因斯坦和木讷憨厚的玻尔都不善辞令，绝非能言善辩之流。发生在他们之间的历史性对话也许只是一场鸡同鸭讲的美丽误会。②

---

① 埃伦菲斯特当时把信寄给玻尔的夫人玛格丽特，请她在玻尔不那么忙碌时再转交。[54]132

② 玻尔动用广义相对论驳倒爱因斯坦的手法固然精彩，也似乎赢得了爱因斯坦的首肯，但那其实并不合逻辑。量子力学自身的内在矛盾不应该需要广义相对论来补救。

索尔维会议结束后，爱因斯坦在年底远赴美国访问。加州理工学院的校长、曾经用实验证明他光电效应预测的密立根盛情款待。爱因斯坦还参观了附近的威尔逊山天文台，拜访天文学家埃德温·哈勃（Edwin Hubble）。他终于舍弃自己的宇宙常数和宇宙模型，全盘接受了勒梅特和哈勃的膨胀宇宙概念。①

在广义相对论和宇宙学的讨论之外，爱因斯坦也没忘记量子力学依然存在的迷雾。在加州理工学院，他与物理学家理查德·托尔曼（Richard Tolman）和博士后鲍里斯·波多尔斯基（Boris Podolsky）就光子箱的假想实验又进行了一番探讨，合写一篇论文在美国的《物理评论》上发表。这一次，他们在那个箱子上开了两个窗口，可以同时向相反的方向放出两个光子。[53]

尽管他无力唤醒沉睡中的玻尔及其哥本哈根正统势力，爱因斯坦对量子力学基础的疑虑依然耿耿于怀，还没有放弃努力。

① 详情参阅《宇宙史话》第 11 章。

第 30 章 冯·诺伊曼的证明

随着 20 世纪 30 年代的开始，泡利、海森堡、狄拉克、约旦相继进入人生第 30 个年头，开始告别他们的青春岁月。

牛顿在 24 岁时发明微积分、动力学和万有引力，创立宏伟的经典力学。爱因斯坦在专利局的奇迹年中连续发表光电效应、布朗运动、狭义相对论时是 26 岁。玻尔也是在 27 岁时提出原子模型。麦克斯韦完成他的电磁学方程时也不过 30 岁。物理学——尤其是理论物理——永远属于最富有创新能力的年轻人。

渐次年长的这新一代也已大致完成了新量子理论的创建。他们都有了稳定的学术地位，进入收获季节。

与世纪同龄的泡利在 1930 年率先进入而立之年。到苏黎世担任教授后，他还是像在慕尼黑、汉堡时一样地花天酒地，每晚在夜总会声色犬马。他退出了从小随父母皈依的天主教会，还娶一位舞女为妻。这个门不当户不对的婚姻不到一年解体。让泡利愤愤不平的是把他老婆拐跑的竟然是一位“太过一般的化学家”。

雪上加霜，他那也是高级知识分子的母亲因为无法容忍他父亲的外遇吞药自杀。他父亲却很快与小情人再婚，更让泡利愤恨不已。在父亲建议下，泡利结识了在苏黎世已经成名的精神分析师卡尔·荣格（Carl Jung）。他俩随即开始长达 26 年的亲密交往。荣格对这位科学天才的心理案例如获至宝。他们逐渐从为泡利解析梦境、排解心结过渡到两人共同探讨心理学和量子物理——两门 20 世纪初的新兴学问——之间可能存在的内在联系。

在这场个人危机中，泡利没有像玻恩那样逃避本职工作。有悖于一向执着于数学严谨的风格，他提出原子核的 β 衰变时还伴随有另一个粒子，以保证过程中的能量守恒。这个未知粒子无质量、不带电，因而实验探测不到。泡利提出这么一个无法实际验证的假设后非常尴尬，将之归咎于他正所经历的疯狂岁月，才会有如此愚蠢的念头。[①][9]80-82,197-201,[61]185-188

海森堡和狄拉克青春结伴环游世界后，都开启了他们著书立说的教授生涯。

海森堡的动作最快。他出版的就是在美国讲学时所用的讲义，书名叫作《量

① 泡利预测的“中微子”直到 26 年后才被实验证实。参阅《宇宙史话》第 24 章。

子理论的物理原理》①。这本书从头到尾贯穿着他秉承的“哥本哈根精神”，也就是玻尔的正统思想。

狄拉克恰恰相反。他在 1930 年还只有 27 岁时获选英国皇家学会院士，成为那个老派学会历史上最年轻的成员之一。他那年出版的是《量子力学原理》②。

文如其人，狄拉克的书逻辑严谨、词语简洁，用他自己那套符号语言高屋建瓴地构造出量子力学的数学结构。他的书里没有互补原理。除了介绍、推导不确定性原理也不带有“哥本哈根精神”的痕迹。玻尔那套理论依然没有任何数学方程，无法在他的推理中出现。就连玻尔的大名也只是在回顾旧量子理论历史过程时才有过昙花一现。

泡利自然不甘落后。他在 1933 年发表了一篇内容全面、详尽的量子力学综述。那是他几乎独门的拿手好戏。还是在攻读博士学位期间，泡利就因为替导师索末菲撰写相对论的综述而声名大振，赢得包括爱因斯坦在内的众人的高度赞赏。在量子领域，他也早在 1926 年发表过一篇综述，全面阐述了那时的玻尔 – 索末菲理论。1933 年的新综述问世后，他戏称这两本书犹如量子力学“圣经”之《旧约》和《新约》，分别集旧、新量子理论之大成。

三个人的三本量子力学教程风格迥异，各有千秋。只是狄拉克的数学语言依然超前于时代。他那本书还要等一二十年后才显露出真正价值，成为量子力学的经典教材。海森堡的讲义简单明了，是理想的入门教程。而泡利的综述面面俱到、缜密周详，倒真的成了研习量子理论的圣经。[9]201-206

在他们以各自的风格整合量子力学理论之际，一本名为《量子力学的数学基础》③的教科书也在 1932 年横空出世。它的作者只有 29 岁，却是一位数学家。

即使与量子力学黄金一代相比，约翰·冯·诺依曼（John von Neumann）也是一个不折不扣的神童，甚至有过之而无不及。1903 年，他出生于匈牙利首都布达佩斯的一个富足的犹太家庭。父亲是当地显赫的银行家，由奥匈帝国皇帝册封贵族，因而姓氏上得以冠上“冯”字名号。

冯·诺依曼号称在 6 岁时就能心算两个八位数的除法，8 岁时自学掌握微积分。到 19 岁中学毕业时，他已经发表正式论文，首创集合论的“序数”（ordinal

---

① *The Physical Principles of the Quantum Theory*

② *The Principles of Quantum Mechanics*

③ *Mathematical Foundations of Quantum Mechanics*

number）概念。

虽然他从小表现出非凡的数学能力，务实的父亲还是坚持要他去学化工以获得有价值的谋生技能。冯·诺依曼很听话。在22岁大学毕业时，他有了一个化工专业的文凭。但同时，他也获得数学的博士学位。

哥廷根的数学大师希尔伯特参加了他的博士论文答辩。据说希尔伯特在会上忍不住发问：谁是这位候选人的裁缝？与他的数学一样，冯·诺依曼的着装永远一丝不苟，极为考究。

图30.1　1932年的冯·诺依曼

毕业后，他师从希尔伯特真正开始数学生涯。短短三年里，他以几乎每月一篇的速度连续发表了32篇有分量的数学论文，涵盖数学的各个分支领域，很快便暴得大名。这时他再度扩展自己的地盘，进入最前沿的量子物理领域。

那时他已经受聘为美国普林斯顿大学的教授（图30.1）。他这本出乎意料的《量子力学的数学基础》进一步推广了狄拉克和约旦为量子力学所归纳的数学形式，将整个理论统一为希尔伯特空间的公理体系。按照数学逻辑，他从最简单的基本假设出发逐一推导出薛定谔、海森堡、狄拉克、约旦等人的全部结果。

在这个逻辑发展中，他遇到的最棘手问题就是让爱因斯坦焦虑的波函数坍缩。

爱因斯坦最早在1927年的第五届索尔维会议上以"泡泡悖论"的形式正式提出这一质疑。无论是他自己的"鬼场"、德布罗意的导航波还是薛定谔的波函数，他们在处理波粒二象性时都会遭遇到同样的麻烦：原来在空间中广为弥漫的波必须在某个时刻、某个地点突然聚集——即坍缩——成为局域性的粒子。这个瞬时的过程不满足薛定谔方程，也不存在任何其他数学、逻辑的描述。

玻尔不以为然。在他的哥本哈根诠释中，量子力学只适用于微观世界。波函数的坍缩只发生在微观世界与宏观世界相遇——"测量"——时的表现。因为对微观世界的观测只能通过经典物理描述的宏观仪器——荧光屏、盖革计数器、云室等——进行。这种测量的结果给我们以波函数坍缩的错觉。其实，只有测量结果才是真实的。那之前既没有粒子也没有波，也就不存在坍缩的过程。

在索尔维会议上，爱因斯坦曾屡次指责玻尔在"作弊"。为了应对爱因斯坦的挑战，玻尔不得不一而再再而三地将不确定性原理应用于屏幕、光子箱本身的运动，违背了他自己设定这些宏观仪器不遵从量子规律的前提。玻尔无言以对：他始终无法给出一个区分微观世界和宏观世界的明确界限。

主张量子力学只适用于微观世界却无法同时界定这个适用的范围，这显然在逻辑上是不完备的。为摆脱这个明显的软肋，冯·诺依曼提出量子力学是普适的。无论是微观还是宏观世界，它们都应该遵从同样的物理定律。

但他也指出，测量的过程必然地包括两个截然分开的部分：测量方和被测量方。作为描述客观世界的理论，量子力学只涉及被测量的对象而不涉及观测者。在测量尚未进行时，被测量的世界依照量子力学或薛定谔方程的描述，连续、确定、平稳地随时间演变，风平浪静波澜不惊。只是当测量发生时，因为来自测量者的干扰，被测量的系统会发生瞬时、不具备因果确定性的突然变化，也就是坍缩。

由此，测量作为一个分离且奇特的物理过程第一次正式出现在量子力学的教科书里。尽管冯·诺依曼背离了哥本哈根的正统思想，玻尔、玻恩、海森堡等人还是为他的另一个大发现喜出望外。冯·诺依曼在书中宣布，他这个滴水不漏的数学体系可以严格地证明量子力学在测量时所呈现的随机性是理论的内在必然，不可能出自某种暗藏着、尚未被发现的隐变量。

于是，无论是爱因斯坦的鬼场还是德布罗意的导航波，都被他彻底地宣判了死刑。

多年以后，冯·诺依曼成为举世公认的数学大家，享有“冯·诺依曼可以证明任何事情；冯·诺依曼证明的任何事情都不会错”的盛誉。在 1932 年时，他尚未那样地一言九鼎，却也足够让哥本哈根的人们欢欣鼓舞。无论在论文中还是讨论时，他们只要提一句“冯·诺依曼已经证明……”，就可以轻松地了结有关隐变量的争执。[17]106-109,187,196;[33]14-15,66-69

1929 年春天，泡利和克莱默不约而同给玻尔去信，询问能否在复活节放假期间回哥本哈根的“母校”访问。玻尔收信后灵机一动，干脆向曾在他的研究所工作过的 20 多个年轻人发出邀请，在复活节那个星期同时“返校”，来个热闹的重聚。

这个提议当然获得热烈响应，立即成为玻尔研究所的一项年度活动。每年这个星期，玻尔的前弟子们纷纷从欧洲各地赶回哥本哈根朝圣，熙熙攘攘不亦乐乎。与索尔维那个论资排辈的女巫盛宴相反，这里没有资格等级。除了玻尔自己和喜欢凑热闹的埃伦菲斯特外都只是一群二三十岁的青年。玻尔还特意要求已经担任教授的人带上一位学生来见世面。

他们没有在豪华的旅馆，只是就近寻找房间。教授和学生不分彼此地搭伙搭铺。这个聚会不安排学术报告，甚至没有日程。玻尔与几个同僚商量，随便抛出几个有意思的话题，便任由在场的人们随心所欲，天马行空。

年轻人更有着年轻人的玩法。在哥廷根发明原子核 α 衰变理论后，伽莫夫回国途中顺路拜访玻尔。在玻尔的热情挽留和资助下，伽莫夫在那里逗留了一年多，成为哥本哈根青年中的主力成员。天生好事的他在 1931 年的聚会上冒出鬼点子，组织所里年轻人编排节目在最后一天献演，以热情、幽默的方式欢庆自己的节日并表达对恩师的感激。

1932 年是玻尔研究所成立 10 周年，更是喜气洋洋。然而，伽莫夫回苏联后被政府没收护照，无法再躬逢其盛。节目的编排任务于是落到刚刚来到研究所的 26 岁小青年马克斯·德尔布吕克（Max Delbruck）① 的肩头。那年也是德国诗人歌德逝世 100 周年。作为纪念，德尔布吕克改编了歌德的著名戏剧《浮士德》②，将其“嬗变”为量子世界的奇闻轶事为聚会献礼。[9]5-6,21,31-32,44-47,218

剧中代表正义的上帝（Lord）自然非玻尔莫属。他的对立面魔鬼（Mephisto）正是那经常与玻尔顶撞，自以为是、目空一切、言语刻薄的泡利。夹在二者之间患得患失的主角浮士德则成了现实生活中也是菩萨心肠、优柔寡断的埃伦菲斯特。[9]51-52, 56-57 这些角色都由年轻的学生扮演，每人脸上带着画有角色头像的面具。他们吟诵着既脱胎于原剧又符合各自物理学家性格特征和经历的诗句。

原剧中的魔鬼讲过一个故事：有一个昏庸的国王，宠爱着自己豢养的跳蚤，让他身边的人叫苦不迭。③ 在德尔布吕克的版本里，这个高高在上的国王便是爱因斯坦（图 30.2）。他那只讨厌的跳蚤也有了个名字，叫“统一场论”。[9]224-225

图 30.2　在哥本哈根的《浮士德》中，爱因斯坦牵着宠物跳蚤出场（伽莫夫绘 ④）

海森堡、狄拉克和其他一些熟悉的物理学家都在剧中占据一席之位。就连

---

① 德尔布吕克后来成为分子生物学创始人之一，获得 1969 年诺贝尔生理学或医学奖。

② *Faust*

③ 即著名的《跳蚤之歌》。

④ 当时不在场的伽莫夫多年后从德尔布吕克那里索取到当初所用的剧本，由他妻子翻译成英语作为伽莫夫写作的《震惊物理的三十年》（*Thirty Years that Shook Physics: The Story of Quantum Theory*）书中附录出版。伽莫夫还发挥自己善于画漫画的特长为这个剧绘制了大量插图。[9]47

伽莫夫也在铁窗后露面，抱怨监狱高墙的势垒实在太高，无法像 α 衰变那样逃逸。

全剧最后，狄拉克的角色仿照原剧中的诗句警示：“啊！年岁就是发寒热，每个物理学家都深受其苦！当他过了 30 岁，跟死去已经没有区别！”①

海森堡的角色接话道，“那最好还是让他们都早点死去。”就连作为魔鬼的泡利这时也不再有话可说，悲伤地落下大幕。[9]72-73,95

在量子力学理论蓬勃发展的 20 多年里，卢瑟福的卡文迪什实验室一直只是个旁观者，在玻尔离去后不再有显著的建树。也是在 1932 年，他们在实验中终于接连有了重大突破。那年 2 月，詹姆斯·查德维克（James Chadwick）宣布发现了中子：原子核中不同于质子的新粒子。中子的发现根本性地颠覆了物理学家对原子核的看法，开辟了核物理的新时代。②[36]206-207

中子随即成为那年哥本哈根会议上反复争论的新话题。在他们的《浮士德》中，查德维克作为浮士德的助手瓦格纳（Wagner）出场。[9]226-227

哥本哈根的《浮士德》落幕仅三个星期后，卡文迪什实验室的约翰·考克饶夫（John Cockcroft）和欧内斯特·沃尔顿（Ernest Walton）再传捷报。他们利用在伽莫夫帮助下设计制作的加速器将质子加速后轰击锂原子核，成功将其“击碎”，实现原子核的人工嬗变。

随后的那年 8 月，美国加州理工学院的研究生卡尔·安德森（Carl Anderson）在他的同学、中国留学生赵忠尧（Chung-Yao Chao）先期实验的启发下，又发现了一个新的粒子。它与电子有着同样的质量，却带有正电荷。这个与电子既相同又相反的粒子是电子的“反粒子”，叫作“正电子”（positron）。

反粒子正是狄拉克已经纠结了好多年的奇葩概念。他那个让理论家心旷神怡的狄拉克方程自出生就带有一个致命的缺陷：电子会有无穷多个负能量的态。这不仅没有实验证据，即使在逻辑上也无法自圆其说。为了摆脱困境，狄拉克提出那所有的负能级都已经有电子占据，所以不被察觉。只有当这个布满电子的“海洋”中出现空位时才会显现出其存在，那就是一个与电子相对的正电子。

---

① Certainly! Old age is a cold fever / That every physicist suffer with! / When one is past thirty,/ He is as good as dead!

② 那年，不到 30 岁的伽莫夫在英国出版了《原子核的组成和放射性》。那是历史上第一本核物理教科书。出版商不得不专门再聘请一位物理学家纠正其中的拼写和语法，因为伽莫夫的书稿“偶尔会出现一句正确的话”。[9]192

狄拉克的这番狡辩实在过于天方夜谭，从来没有被同行们接受。在哥本哈根聚会时的讨论中，宽厚的玻尔也失去耐心，反复诘问“告诉我们，狄拉克，你真的相信这些？”在《浮士德》里，狄拉克的角色被编排进行严肃的自我批评，承认自己理论荒谬，只配被付之一炬。

正电子的发现石破天惊地验证了狄拉克荒诞的预测。那年，他在剑桥受聘久负盛名的卢卡斯数学教授席位。他依然不到 30 岁，只比牛顿在 1669 年上任这个席位时大几个月。[36]204-207

在那个动荡的年月，原子核也不是唯一被强力撕裂的实体。卡文迪什实验室中轰击原子核成功的三个月后，纳粹在 1932 年 7 月 31 日的大选中成为德国议会第一大党。1933 年 1 月 30 日，希特勒获任德国总理。

第 31 章 现实世界的坍缩

哥本哈根的年轻人取笑爱因斯坦和他的跳蚤时，爱因斯坦刚刚结束又一次在美国的访问回到德国。那是他第三次去美国，也是连续第二年在加州理工学院越冬。校长密立根正在施展浑身解数，试图将这位独一无二的国际大师聘请到自己的学校。这不仅会大力提升他这个新学院的地位，也足以让美国在学术领域与欧洲的传统列强分庭抗礼。

爱因斯坦和夫人艾尔莎对南加州的阳光海滩赞不绝口，誉之犹如天堂（图 31.1）。但爱因斯坦还是难以割舍欧洲的传统文化氛围和他在柏林近郊的别墅，只同意每年冬天来这里访问几个月。[2]368-376,401-405

图 31.1　1933 年 2 月，爱因斯坦在南加州海滩

1932 年年底，他们第三次来到加州理工学院。新年刚过，德国的形势便急转直下。1 月底，希特勒正式掌握行政权。2 月底，“国会纵火案”事件发生，希特勒借机取缔了作为主要竞争对手的德国共产党。3 月，议会通过决议事实上赋予希特勒政府独裁权力。

及至 4 月 7 日，议会又通过法律，强迫在德国大学、公务员系统中的犹太人教授、职员辞职。在年迈总统保罗·冯·兴登堡（Paul von Hindenburg）的坚持下，曾在第一次世界大战中服役或有直系亲属为国捐躯者以及在战前业已任职的得以豁免，大大缩减了法案的适用范围。但即便如此，仍有成千上万人在一夜之间面临突然失业的命运。

作为犹太人中的佼佼者，爱因斯坦首当其冲。那年 3 月，当爱因斯坦还在从美国返回的邮轮上时，他的别墅遭到搜查，心爱的小帆船被没收充公——他被怀疑参与走私、窝藏武器等阴谋活动。邮轮在比利时靠岸后，他立即前往布鲁塞尔的德国领事馆退还了护照。这是他在 15 岁时逞少年之勇后第二次放弃德国国籍。

在柏林，普朗克收到了爱因斯坦辞去普鲁士科学院、柏林大学全部职位的信件。他大松一口气，回信表示感谢。因为那是一个能够让大家都避免麻烦的体面之举。爱因斯坦在国外批评德国政策的言论已经在国内引起轩然大波。作为最早慧眼识珠并一路提携的伯乐，普朗克非常不愿意面对不得不亲自开除爱因斯坦的局面。

科学院的秘书却擅自以官方名义发表了一篇谴责爱因斯坦的声明。当年曾受普朗克之托作为第一个学术界人士到专利局拜访那无人知晓的“爱因斯坦教授”的劳厄打抱不平，要求表决撤回声明。他的提议没人响应。普朗克认为那只会造成适得其反的后果。

普朗克已经 75 岁了。刚上台的希特勒给他发来生日贺电。

借答谢机会，普朗克在那年 5 月谒见总理，委婉地希望对犹太人也能有所“区别对待”，为德国的科学和未来保留一些人才。希特勒不由分说地拒绝了他的请求，声称不惜过几年没有科学的日子也必须彻底清除犹太人影响。[2]406-408,[16]291-294

在十多年前的第一次世界大战期间，普朗克的两个儿子都上了战场，一个战死一个被俘。他自己曾在战争初期联署公开信为德国的传统、行为辩护，并在战后的满目疮痍中竭尽全力鼓舞士气，主张科学救国。战后主要在德国孕育、发展的量子力学证明了他的远见，也是他作为德国人的骄傲。为了保存这来之不易的果实，普朗克与德国其他“雅利安种族”科学家一样，在讲课、演讲前一丝不苟地行纳粹礼。他以服从的态度解雇了自己的犹太职员并禁止犹太学生来上课。他讲课的内容中不再提及犹太科学家的贡献、名字，包括他已故的好朋友、德国物理学会前主席瓦尔堡。[55]26

爱因斯坦在柏林最亲近的朋友、曾在他与米列娃离婚过程中斡旋的著名化学家哈伯也陷入困境。哈伯是犹太人，但早已皈依天主教。他因为在第一次世界大战中研制、使用毒气弹的功劳成为德国的国家英雄①。作为化学研究所的主任，他消极抵制开除犹太人，最后不得不辞职离开祖国。在欧洲流浪几个月后，他贫病交加，在瑞士辞世。[55]185

爱因斯坦的宿敌斯塔克和莱纳德则重新回到权力中心。自十多年前充当反对

① 当然也被敌方协约国视为战犯。

“犹太物理学”的先锋后，这两位诺贝尔奖获得者在德国学术界沦为默默无闻的边缘人。斯塔克一度弃学经商，很早就成为纳粹的支持者。希特勒掌权后，他也卷土重来，在莱纳德的协助下占据了德国物理学会和科研基金会的领导地位。但他试图全面控制、重建“德意志物理学”的努力遭到劳厄公开的强力抵制，未能得逞。[55]148-149,[56]

纳粹崛起的主力军还是激进的年轻一代，尤其是热血沸腾的大学生。被当地学生们称为“犹太大学”的哥廷根大学首当其冲。那里的物理系由玻恩和第一个实际探测到能量量子化现象的弗兰克分别主持着理论和实验两大部门。两人都是犹太人，也都曾是第一次世界大战中的功臣，属于被新法律豁免之列。面对学生们群情激愤的压力，弗兰克选择了辞职。玻恩随即也在报纸发表的停职表上看到了自己的名字。

哥廷根的数学系比物理系更负盛名，也更为遍体鳞伤。当教育部长询问希尔伯特他的研究所是否真的因为失去犹太教授而损失重大时，希尔伯特无可奈何：“损失？不，没有损失。部长先生，只是研究所已经不复存在了。”[16]295-296

5 月 10 日的傍晚，哥廷根、慕尼黑、柏林和德国各地大学的学生们燃起熊熊篝火，大举焚烧“反德”“非德”的政治不正确书籍。爱因斯坦的著作自然也在其中。第二天凌晨，当校园广场上的火堆还在细火慢烧，空气中弥漫着烟雾和灰烬之时，玻恩带着妻子和儿子乘车离开了这个历史悠久、环境优美的大学城。

图 31.2 1933 年夏，玻恩（右三）和他一家子在阿尔卑斯山中避难

他们没有离开德国太远，就在境外意大利北部与奥地利、瑞士接壤的边境小镇塞尔瓦住下（图 31.2）。这里地处阿尔卑斯山中，也是一个度假胜地。在玻恩他们来到的初夏，成片的野花正在满山坡上怒放，仿佛世外桃源。很快，在苏黎世的外尔带着玻恩的两个女儿前来汇合。玻恩的一些年轻学生也闻讯陆续赶来。在那里，他们登山越野，继续研讨量子物理，似乎是在与往年无异地举办夏季学术活动。[54]142-144

就连身宽体胖、从不参与户外活动的泡利也来凑热闹。在中立国瑞士的泡利还没有感到切身的危险。他曾写信约海森堡一起来商讨如何抵制希特勒的排犹政

策。海森堡虽然对攀登阿尔卑斯山很是心动，还是拒绝了师兄的邀请。与普朗克一样，海森堡的心思完全在于如何保全德国的物理学。他致信玻恩劝导师忍辱负重，回祖国效力。[19]272-273

他们的另一个师弟约旦则已经公开地加入了纳粹党。他志愿成为其最激进、暴力的冲锋队一员。

还在纳粹得势之前的1932年，英国牛津大学的教授弗里德里克·林德曼（Frederick Lindmann）曾在德国穿梭旅行考察。他已经预感到德国犹太人将会面临危险，开始未雨绸缪。在人道营救的同时，林德曼也有着私心的企图。他所在的那个老资格大学在20世纪错过了蓬勃发展的现代物理学，已被隔壁的剑桥远远甩下。他们迫切需要新的人才。德国形势的恶化正是一个机会。

在20世纪30年代初，牛津大学也每年邀请爱因斯坦来讲学，是与加州理工学院争聘这位国际大师的最强劲竞争对手。

但林德曼更关注年轻的一代。他早期曾在柏林大学师从能斯特获得博士学位，还被邀请作为秘书参加过1911年的第一届索尔维会议。凭借多年的关系，他在德国广泛物色合适的人选。索末菲向他推荐了刚刚成功计算氢分子光谱的伦敦。

伦敦那时已经到柏林大学担任薛定谔的助手，正踌躇满志地要在这个学术宝地大展身手，没有立即接受林德曼的聘请。当林德曼与薛定谔商量时，薛定谔提出如果伦敦执意不受，他愿意取而代之。

林德曼大吃一惊。薛定谔不是犹太人，在柏林正风生水起，完全不在他涉猎、营救的目标范围内。

满腹学究的薛定谔从来不过问政治。但在纳粹德国，政治也在逐步地过问到他头上。爱因斯坦的去国不归令他失去一位好不容易才得到的契友，不再能有田野漫步湖上泛舟的好时光。当普鲁士科学院因为爱因斯坦而起争执时，薛定谔洁身自好，不再参与这个他曾经花了相当心血的机构的活动。

1933年的4月1日是德国全面抵制犹太人商店的日子。薛定谔那天正好在一家犹太人开的大百货公司附近，因为看不惯现场众多纳粹冲锋队员的蛮横而发生言语冲突。好在冲锋队中有一位物理研究生认出了大教授，及时将他护送出围，才让他免受一顿暴打的厄运。

柏林已经不再是薛定谔钟情之地。

伦敦其实也没有自己选择的余地。作为犹太人，他很快被柏林大学解雇，不得不接受林德曼的聘请。林德曼倒也没有因此放过薛定谔这条更大的鱼。他回国筹集资金，又专为薛定谔设立一个席位。[19]267-271,[20]127-129

在哥本哈根，玻尔也深切地体会到时局的变化。他的研究所依然生气勃勃，但来来往往的物理学家们不再只是沉浸于科学的探求。他们面带焦虑，人人担心着自己的前景，互相交流更多的是如何在英国、美国等更安全的地方寻找机会。

玻尔自己的地位早已不同往日。长期资助他和研究所的嘉士伯啤酒公司创始人去世后将其豪华的府邸捐献给国家，由丹麦科学院遴选在科学、文学、艺术方面做出突出贡献的人免费使用。玻尔在 1932 年成为第一人选。

嘉士伯的基金会也在他的引导下开始了营救犹太科学家的计划。接受玻尔邀请到研究所工作的不再只是二十来岁的年轻人，也有了诸如哥廷根的弗兰克这样的老牌教授。他们在这里得以暂时落脚，等待机会再继续前往美国、英国等地。[16]296

1933 年春天，玻尔到美国讲学访问。那年的复活节聚会于是推迟到 9 月中旬才举行（图 31.3）。“校友”和年轻人再度济济一堂，却也无法重现一年前《浮士德》演出时的轻松和欢乐。

图 31.3　1933 年 9 月玻尔研究所的学术讲座上。前排左起：玻尔、狄拉克、海森堡、埃伦菲斯特、德尔布吕克、利斯·迈特纳（Lise Meitner）①

会后，狄拉克和与他私交甚密的埃伦菲斯特在嘉士伯府邸门前道别。狄拉克感慨这里虽然看起来是年轻人的世界，其实都应该归功于作为长辈的埃伦菲斯特对他们的无私提携。

狄拉克没料到埃伦菲斯特闻听此言竟然泪流满面，拉住狄拉克的手情绪激动地感恩不尽。对人情世故一窍不通的狄拉克不知所措，只能目瞪口呆地看着埃伦菲斯特蹒跚离去的背影。[36]230-233

---

① 这很可能是埃伦菲斯特的最后一张留影。

短短五天后，埃伦菲斯特在阿姆斯特丹的一家护理院里接出他患有唐氏症的15岁小儿子。两人到附近一个公园坐下。埃伦菲斯特掏出手枪，朝儿子的头部开枪后随即结束了自己的生命[9]249-253

埃伦菲斯特出生于1880年1月，在20世纪30年代他进入知天命岁月。他与爱因斯坦年岁相当，是爱因斯坦少有的同辈好友。早在1912年，当爱因斯坦准备离开布拉格大学回苏黎世时就曾推荐由埃伦菲斯特接替他在布拉格的席位，并提示他可以同样地在填表时糊弄有关信仰那一栏。然而，那时还在焦头烂额四处寻找工作但已经叛离犹太教的埃伦菲斯特却不愿意妥协，固执地坚持自己没有信仰而未获通过。后来，荷兰的洛伦兹退休。莱顿大学在争取爱因斯坦失败后，终于接受他的提议聘请了埃伦菲斯特。[2]167-168

在莱顿，他培养了发现电子自旋的古德斯密特和乌伦贝克，挽救了费米几乎夭折的物理生命，也与狄拉克那青年一代有着密切友好的关系。正如德尔布吕克为他定位的浮士德，他心地善良随遇而安，经常在爱因斯坦、玻尔等大师之间充当和睦、调解的中间人角色。但年轻的德尔布吕克不可能知道埃伦菲斯特内心中与浮士德更为相像的另一面。他与歌德剧中的主角一样痛感才疏学浅，为青春不再却还没能做出突出贡献而陷入深深的自卑、抑郁。① 当年导师玻尔兹曼的自杀、德国的反犹政策、好友爱因斯坦的流亡都让他感觉无法摆脱的绝望。最后，他做出了与浮士德不同的另一个抉择。

玻恩终于在狄拉克协助下在剑桥大学谋到一个临时职位，有了新的落脚之地。他年轻时曾在剑桥短暂留学，属于故地重游。[19]276

当第七届索尔维会议1933年10月在布鲁塞尔召开时，与会者中已经没有了埃伦菲斯特，也没有爱因斯坦。在欧洲辗转半年多后，爱因斯坦已经转往新大陆。出乎意料，加州理工学院、牛津大学和其他几个学校都没能如愿以偿。他最后选择了美国东海岸刚刚成立的一所“高等研究院”。那里待遇丰厚，与他在柏林大学一直享有的特殊待遇一样没有教学负担，可以专心眷顾他的跳蚤：统一场论。②

从那时起，索尔维会议上不再有爱因斯坦那神秘莫测的微笑、鬼斧神工般的假想实验。那一年，卢瑟福和玻尔带着其他“女巫”们得以兢兢业业地探究更实

① 在歌德的原剧中，浮士德没有亲手杀死儿子。但儿子死于母亲、浮士德的情人之手。那个情人在哥本哈根的版本中成了“中微子”。

② 爱因斯坦还将他工资的三分之一捐给林德曼，协助他的人道营救行动。

际的会议主题：核物理。

薛定谔出席索尔维会议后便来到牛津大学。

为这位国际知名物理学家的加盟，牛津大学举办了正式的欢迎宴会。当他们完成仪式，依次就座准备进餐时，突然有记者打来电话报喜：他们这位远来的新聘教授刚刚荣获了诺贝尔奖。[19]279-281,[20]130-132

第 32 章　二度难产的诺贝尔奖

在那个让物理学家人心振奋的 20 世纪 30 年代初，已经问世 30 年、逐渐被接受为学界最高荣誉的诺贝尔物理学奖却在 1931 年和 1932 年连续两年空缺。在瑞典的诺贝尔奖委员会人员眼里，那两年居然没有值得表彰的人选。

这个奖上次出现这种状况时还是 1921 年。那时的委员会为爱因斯坦的资格争执不下只好搁置了奖项。老资格的阿伦尼乌斯和古尔斯特朗德认定爱因斯坦的理论不符合诺贝尔遗嘱中设定的条件：为人类福祉做出显著贡献的“发现或发明”。

当 43 岁的奥森在 1922 年加入时，他成为委员会中第一位理论物理学家。他也同样认可“发现或发明”应该是确切的实际结果或被实践证明的预测，不能只是理论的推断。

但他机灵地施展乾坤大挪移，以爱因斯坦在光电效应中发现而且被证实的规律解开了死结，让委员会避免了难以摆脱的尴尬。由此，爱因斯坦最引人注目的相对论从未得到过诺贝尔奖的肯定。但他的光电效应解释基于量子理论，却为后者的获奖另辟蹊径。在爱因斯坦获得被延迟的 1921 年奖同时，玻尔搭上顺风车赢得 1922 年的诺贝尔物理学奖。作为量子理论的创始人，他俩得以双星联袂，倒也不失为诺贝尔奖的佳话。

几年过后，阿伦尼乌斯和古尔斯特朗德相继去世，奥森成为委员会中的权威人物。爱因斯坦和玻尔的旧量子理论也已成为历史，被新一代的理论迅速取代。

从 1927 年开始，新量子理论的代表人物薛定谔和海森堡相继获得提名。他们的呼声也随着理论被广泛接受而逐年增高。奥森每年兢兢业业地审查、报告所有被提名人的贡献。他指出新量子理论还只是数学推理，没能带来切实的“发现或发明”。那几年，物理学奖延续传统，接连颁发给实验物理学家。获奖者中包括发现光子散射的康普顿和发明云室的威尔逊。

1929 年的诺贝尔物理学奖终于别具一格，授予了理论物理学家德布罗意。他那奇异的物质波有了实验证明，成为货真价实的新发现。随后的 1930 年，物理奖又重回实验领域：钱德拉塞卡拉 · 拉曼（Chandrasekhara Raman）因为在光散射中的新发现成为印度也是亚洲的第一个科学类诺贝尔奖获得者。

薛定谔和海森堡在那几年中一如既往地获得多人提名。奥森也始终如一地坚持他们的理论不满足“发现或发明”的条件。他也指出这个新理论不像索末菲的旧量子理论那样包括了狭义相对论，尚未完成。

于是，当年爱因斯坦成就斐然却连年无法获奖的一幕在薛定谔和海森堡身上重演。甚至有人模仿奥森当年的暗度陈仓，在提名中强调海森堡曾在最早尝试计算氢分子光谱时提出因为两个原子核自旋方向不同会出现两种不同的氢分子，即“自旋异构体”(spin isomers)。[①] 那个预测已然被证实，应属于与爱因斯坦光电效应相当的新发现。奥森对这一说法倒没有异议，但调侃如此成就应该为海森堡提名诺贝尔化学奖。

这一次，评奖委员会内部的争执甚至超过了十年前，最终导致 1931 年和 1932 两年持续未能发奖。按照诺贝尔的遗嘱，当年空缺的奖可以在下一年补发。但如果下一年仍然没有合适人选，就只能永久地过期作废。1931 年的诺贝尔物理学奖因而永久空缺。在那之前，这个奖还只在 1916 年时因为第一次世界大战真正地空缺过。

这个荒诞的局面自然让众多物理学家极其沮丧。也与十年前一样，从普朗克、爱因斯坦、玻尔到泡利、费米等重要角色都相继加入提名行列，试图施加压力扭转局面。玻尔过去的助手克莱因已经成为瑞典的知名教授，也积极地参与了游说。不料，转机在 1933 年意外地出现。

那年，狄拉克也获得一个提名。作为后来者，他的声望远不如海森堡和薛定谔。他的理论也是在矩阵、波动力学基础上的延伸。然而，正电子在安德森云室中的出现彻底改变了奥森的立场。因为狄拉克，量子力学终于有了与爱因斯坦光电效应、德布罗意物质波那样被实验证明的新发现。并且，狄拉克方程融合了狭义相对论，又去除了奥森心中的另一障碍。[28],[57],[19]282-289

当 1933 年的诺贝尔物理学奖揭晓时，它既属众望所归又因其分配方式令人瞠目。在奥森的安排下，海森堡因“发明”量子力学并“发现”氢分子自旋异构体独享补发的 1932 年的奖。1933 年的奖则由薛定谔和狄拉克平分，表彰他们“发现”原子理论中的新方法。

海森堡很不好意思。他的矩阵力学是在玻恩和约旦发扬光大之后才真正“发明”了量子力学，自承不该由他独享这一殊荣。薛定谔因为与狄拉克分享而觉得

---

① 分别为“正氢”(orthohydrogen) 与“仲氢”(parahydrogen)。

平白无故比海森堡矮了一截，颇有微词。狄拉克则完全没有想到自己会栖身获奖行列。[16]298,[36]245 他对这一荣誉会带来的社交麻烦恐惧万分，第一反应是要干脆拒绝。老道的卢瑟福提醒他那样只会招惹更多的注意力，狄拉克才很不情愿地踏上领奖之途。[36]234-235

图 32.1　1933 年 12 月 9 日，前来领取诺贝尔奖的薛定谔①（右一）、海森堡（右二）和狄拉克（右三）在斯德哥尔摩火车站相遇。分别陪同他们的是海森堡的母亲（左一）、薛定谔的夫人安妮（左二）和狄拉克的母亲（左三）

正是由于诺贝尔奖委员会莫名其妙的运作，旧量子理论和新量子理论相隔 11 年都出现了奖项难产后的联袂颁发。1922 年时，爱因斯坦在东亚旅行，未能与玻尔同台领奖。1933 年年底，海森堡、薛定谔和狄拉克同时来到斯德哥尔摩，在那里的火车站不期而遇（图 32.1）。

薛定谔与他的结发妻子安妮同来。仍然单身的海森堡和狄拉克则由他们各自的母亲陪伴。海森堡的父亲刚去世不久，狄拉克则没有邀请他那个专制、蛮横的父亲。与沉默寡言的狄拉克相反，他那从来没出过远门的母亲成了媒体明星，四处兴奋地为记者提供各种花絮。她也细致地观察着三位获奖者的表现，发现年长的薛定谔总想以三人之首自居，好出风头而不得；海森堡阳光热情；而她的宝贝儿子总是拼命躲避着各方的注意②。[36]237-243,[19]289-292

10 年前，爱因斯坦到瑞典补做领奖演讲后曾就近访问过哥本哈根。那是他唯一一次踏足玻尔的量子大本营。这次，玻尔也邀请新一代的获奖者顺道来哥本哈根继续庆祝活动。曾经在那里病倒还惨遭玻尔“虐待”的薛定谔谢绝了好意。在玻尔那豪华的嘉士伯府邸里，海森堡意气风发，亲自上场为当地歌星的献唱提供钢琴伴奏。狄拉克却只是偷偷溜回自己房间休息。入夜后，玻尔又会去将他揪起来。客人已经散去，那是他们讨论物理问题的好时光。[36]243-245

很少参与诺贝尔奖提名的爱因斯坦最早在 1931 年 10 月致信诺贝尔奖委员会

① 留意薛定谔的穿着。

② 但狄拉克也有出彩的一刻：在颁奖仪式上致辞时，他出乎意料地阐述起经济、社会问题并鞭笞资本主义制度，令举座茫然。

提名薛定谔和海森堡。他在信中直言表达自己的犹豫：那两人对量子力学的贡献彼此独立，又都相当显著。他们都当之无愧，不应该只是分享荣誉。但爱因斯坦却难以定夺哪一位更应该先得到嘉奖。他认为薛定谔的波动方程更有前途，因而是更高价值的成就①。但在理论的突破上海森堡显然早于薛定谔，拥有优先权。最后，爱因斯坦决定：如果由他做主，他会把奖先发给薛定谔。

他这封提名信发出时早已错过 1931 年的截止期，因而被当作 1932 年的提名。1933 年，爱因斯坦只提了薛定谔，干脆没有再包括海森堡。玻尔那几年则持续提名海森堡和薛定谔，并一直将海森堡列在首位。他们都没有提过狄拉克的名，也绝不曾预料到最后的结局。

但爱因斯坦在这个提名上的犹豫不只是薛定谔与海森堡之间的孰优孰劣。他在信中解释量子力学的贡献应该获奖的缘由时写道："以我之见，这个理论无疑包含了终极真理的一部分。"[57]

在量子力学的基础问题上与哥本哈根正统鏖战多年后，爱因斯坦也无法忽视量子力学在原子分子光谱、原子核衰变和人为嬗变、反粒子等一系列实际问题上所取得的辉煌成就。这样的理论即使不尽合理，也应该会有着其正确的一面。

只是，纵然有着正确的成分，他依然无法肯定量子力学已经是科学的真理。

当海森堡、薛定谔和狄拉克在北欧领奖欢庆时，爱因斯坦已经在美国安家落户。

1929 年 9 月，就在美国股市大崩溃的前夜，在新泽西州经营百货公司的一家子急流勇退，将家族产业出售给纽约市大名鼎鼎的梅西百货公司。兄妹俩都没有子嗣后代，便将套现的巨额财富一部分与职工分享，其余全部用于公益事业。1930 年 5 月，他们以 500 万美元起始资金支持的"高等研究院"注册成立。第一任院长亚伯拉罕·弗莱克斯纳（Abraham Flexner）雄心勃勃，要把它建成一个自由学术的乐园。在这个别具一格的研究院里，学者们生活无忧，没有教学负担，无须参加无聊的会议。他们也没有任何任务指标、年终评比，可以如同诗人、作曲家一样心无旁骛地追求自己心目中"没用的知识"。后来，弗莱克斯纳还以"无用知识的用处"②[58]28-32 为题公开发表了他的办院宗旨。

---

① 这里他特地加上脚注表明只是一己之见，不一定正确。

② *The Usefulness of Useless Knowledge*。

这个诱惑显然对爱因斯坦有着特殊的吸引力。他在 1932 年回绝加州理工学院和牛津大学的盛情，成为这家研究院的第二位受聘专家。

当弗莱克斯纳询问爱因斯坦对薪金的要求时，爱因斯坦小心翼翼地提出每年 3000 美元的价码。弗莱克斯纳目瞪口呆，干脆撇开这位科学大师改与他夫人艾尔莎谈判。他们很快达成协议，支付爱因斯坦 15 000 美元的年薪。那是当时美国也是全世界科学家的最高档位。①

让弗莱克斯纳更为瞠目结舌的却是爱因斯坦提出的另一要求：必须同时聘请他的助手沃尔特·梅耶（Walther Mayer）。

梅耶是个年轻的单身汉。从 1929 年起，梅耶就一直担任爱因斯坦的助手。即使是爱因斯坦与艾尔莎每年跨大西洋到美国访学时，他的私人秘书海伦·杜卡斯（Helen Dukas）和梅耶都伴随在旁。

与玻尔必须在同他人交谈的过程中才能有效工作的风格相反，爱因斯坦的创造性思维永远是他自己孤独的努力。自从普朗克和能斯特以特殊待遇将他聘入柏林大学之后，他就是一个不讲课的教授，也没有自己的学生。他乐此不疲，还经常开玩笑建议政府应该雇用理论物理学家担任海岸灯塔的守灯人，让他们能有更多没有外界干扰的时间独自思考、发现。[2]424

但在年过半百之后，爱因斯坦也深感力有不逮，无法再自己对付广义相对论、统一场论中越来越繁复的数学推演。梅耶是数学博士，正好成为爱因斯坦不可或缺的助手。几年下来，他赢得了一个绰号：“爱因斯坦的计算器”。

弗莱克斯纳心目中的高等研究院成员都是世界首屈一指的学界明星，梅耶显然不合要求。他非常不情愿从一开始就有一个降格以求的先例。但在爱因斯坦固执的坚持下，他也只好让了步。何况，梅耶也是犹太人，独自留在德国会前途莫测。[2]397

爱因斯坦在 1933 年 10 月上任时，高等研究院还并不存在。他们只是临时在附近的普林斯顿大学数学系新楼中租借了几间办公室，等候自己的大楼破土动工。那时他们只有寥寥五名正式成员，其中包括冯·诺依曼和外尔。本来就每年在普林斯顿大学访问半年的冯·诺依曼已经爱上了美国，趁这个机会扎了根。在哥廷根接替导师希尔伯特退休后席位的外尔收到聘请后犹豫了两年，几经反复。最后在希特勒上台、自己精神崩溃后他才下定决心投奔新大陆。

---

① 作为院长，弗莱克斯纳自己的年薪是 20 000 美元。[58]30

弗莱克斯纳虽然被迫接受了梅耶，却只是给了他一个永久职位，并没有把他算作正式成员。爱因斯坦对这个安排并不满意，但梅耶本人更让他失望。在人身安全、职业都有了保障之后，梅耶不再愿意专职为他人打下手。他对统一场论没有兴趣，一头转回了自己的纯数学研究。爱因斯坦于是不得不另觅助手。[1]492-494

或者说，他不得不热情面对主动找上门来的年轻人。那在普林斯顿并不缺乏。

第一个来敲他办公室门的是刚刚获得博士学位的内森・罗森（Nathan Rosen）。他在麻省理工学院师从当年在哥本哈根的 BKS 论文风波中梦魇一场的斯莱特，曾做过统一场论方面的硕士论文。爱因斯坦很感兴趣，当即建议他来研究院“共同研究”。兴奋的罗森旋即成为研究院的博士后。

按照欧洲传统，研究院每天下午 3 点提供茶点，让大家惬意地聊天交流。1934 年的一天，罗森在下午茶时不经意地向爱因斯坦提起他曾经计算过氢分子光谱。量子力学中的氢分子两个原子只能共享同一个量子态，无法存在各自独立的量子态。罗森觉得不可思议。[54]132-133,158-160;[1]494 他不知道爱因斯坦多年前已经在他自己的鬼场中看出这个“分离性”有大问题。海森堡在为氦原子的两个电子构造波函数时也发现过同一蹊跷。

他们的交谈引起了旁边另一位年轻人的注意。那便是曾在加州理工学院同爱因斯坦和托尔曼一起发表过论文的波多尔斯基。离开加州理工学院后，波多尔斯基回到苏联老家，跟着正好在那里访问的狄拉克研究过量子电动力学。之后他也是在爱因斯坦的推荐下来到高等研究院继续深造。[54]130,[1]494

爱因斯坦、托尔曼和波多尔斯基发表的那篇论文没有引起注意，但波多尔斯基自己当然印象深刻。当时他们设想在爱因斯坦的光子箱上开两个孔，让两个光子同时向相反方向逃出。因为光子原来在箱子里处于同一个量子态，它们离开箱子后无论跑出多远，其波函数还是会紧密地联系着。

波多尔斯基意识到两个原子的氢分子和两个电子的氦原子其实都是开了两个孔的爱因斯坦光子箱。当两个原子或电子由于互相作用形成同一个量子态时，它们就会永远地联系在一起。如果这时让它们在空间上彼此分离，各自向相反的方向运动，那就是光子箱假想实验的一个更为直观的实现。他立即向爱因斯坦提议继续探讨这个非常有意思的问题。爱因斯坦微笑颔首。[16]302-303,[59]

1935 年 5 月 4 日，《纽约时报》冷不丁地发表了一篇题为《爱因斯坦攻击量子理论》的新闻（图 32.2）。

这篇报道的标题部分便提纲挈领地归纳了其全部内容："（爱因斯坦）与两位合作者发现（量子理论）虽然'正确'却还没有'完备'""（他们）看到存在更完备理论的可能""相信一个'物理实在'的完整描述终将出现"。

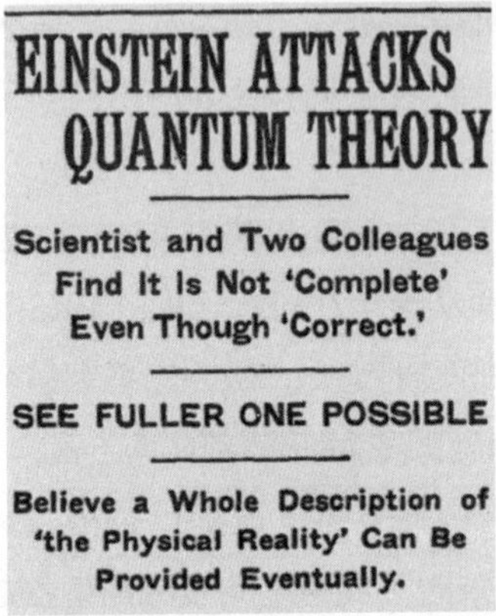

EINSTEIN ATTACKS QUANTUM THEORY

Scientist and Two Colleagues Find It Is Not 'Complete' Even Though 'Correct.'

SEE FULLER ONE POSSIBLE

Believe a Whole Description of 'the Physical Reality' Can Be Provided Eventually.

图 32.2　1935 年 5 月 4 日《纽约时报》报道"爱因斯坦攻击量子理论"的标题部分

第 33 章　鬼魅般的超距作用

爱因斯坦、波多尔斯基和罗森合写“攻击量子理论”的论文在 1935 年 3 月 25 日投寄美国的《物理评论》。《纽约时报》5 月 4 日发布消息时，论文尚未问世。

10 天后，刊载这篇论文的刊物才陆续送达世界各地的物理学家手中。论文的题目是一个直截了当的设问:《量子力学对物理实在的描述可以被认为是完备的吗？》①（图 33.1）。即使没有《纽约时报》的预警，收到杂志的行家不需要阅读内容也能判定这篇带有爱因斯坦大名的论文只会给出一个否定的回答。

MAY 15, 1935　　PHYSICAL REVIEW　　VOLUME 47

Can Quantum-Mechanical Description of Physical Reality Be Considered Complete?

A. EINSTEIN, B. PODOLSKY AND N. ROSEN, *Institute for Advanced Study, Princeton, New Jersey*
(Received March 25, 1935)

图 33.1　爱因斯坦、波多尔斯基和罗森发表的 EPR 论文标题

其实，这篇依惯例按作者姓氏缩写被称作“EPR 论文”的文章并非出自爱因斯坦之手。波多尔斯基晚年曾向儿子透露，他和罗森两人在征得爱因斯坦首肯后独立完成了论文，未经爱因斯坦同意擅自署上后者的大名发表。

罗森则记得爱因斯坦几乎每星期都与他们俩讨论并提供了论文中的主要思路。罗森自己做了具体的数学演算，波多尔斯基作为主笔撰写了论文。②

无论如何，爱因斯坦显然不会像玻尔那样在论文写作时反复斟酌，为每一个措辞斤斤计较。相反，在概念、思路上提供指导之后，他大概的确连论文稿都没仔细看过，就漫不经心地由着两个小年轻拿去发表了。只是在收到大量反馈之后，他才在给薛定谔的私信中抱怨波多尔斯基没能写好这篇论文：太多的数学细节埋没了其实非常简单的基本思想。[20]138-140,[59]

作为一篇讨论量子力学对“物理实在”描述的论文，EPR 开门见山就提出一

① “Can Quantum-Mechanical Description of Physical Reality Be Considered Complete?”

② 英语不是母语的波多尔斯基在论文题目的“量子力学的描述”前遗漏了一个挺重要的定冠词“the”，颇引人注目。

个至少对物理学家而言应该不言而喻的哲学性论断：有一个独立于任何理论的“客观实在”（objective reality）的存在。在这个基础上，人类构造出理论，通过自己的物理概念描述这个客观的实在。

如何才能知道一个理论是否成功？爱因斯坦他们在论文中提出理论必须同时满足两个条件：正确性和完备性。

物理学家对检验理论的正确性非常内行，毋庸多言。一个成熟的理论能够对客观实在做出定量的预测。如果这样的预测能够经得起实验测量的检验，就可以判断理论的正确。虽然量子力学还相当年轻，它毫无疑问已经相当理想地通过了这一检验。也正因为如此，爱因斯坦在诺贝尔奖提名信中承认，量子力学中至少有着正确的成分。

让爱因斯坦放心不下的只是量子力学的完备性。那也正是 EPR 论文的焦点所在。

为了避免无的放矢的泛泛而论，他们也专门给出一个定义：只有当物理实在的每一个因素都能在理论中有对应的概念时，这一理论才是完备的。这样的理论没有遗漏，可以对物理实在的每一个表现都做出可验证的预测。

那么，“物理实在”又是什么呢？论文进一步定义：“如果在不对系统造成任何干扰的前提下，我们能够以百分之百的确信度预测一个物理量的数值，那么该系统中必然存在一个与这个物理量相对应的物理实在。”

这一连串的定义在论文中以强调语气的斜体字出现，强烈地提醒读者注意。只有把这些概念一一交代清楚后，他们才能具体地阐述量子力学的完备性问题。

比如最简单的只有一个粒子的物理系统。由于海森堡不确定性原理的限制，这个粒子的动量和位置不可能被同时确定。针对粒子的动量进行精确测量会造成波函数的坍缩，使之进入一个有确定动量数值的量子态。这时粒子的位置变得完全不可预测，会以同样的概率出现在任何位置。显然，这样的测量干扰了系统的状态。根据他们的定义，这里的位置和动量不能同时是物理实在。

取决于测量者在测量手段上的选择，当这个粒子的动量成为物理实在时，它的位置便不可能是物理实在。反之亦然。这是已经被接受的哥本哈根诠释下量子力学的现状。EPR 指出这也许已经表明量子力学波函数对物理实在的描述不够完备。

但如果更进一步地考察有着两个粒子的系统就更有意思了。那正是爱因斯坦与波多尔斯基和罗森屡次讨论的结果。他们不再需要原来那个假想的光子箱，甚至罗森曾经计算过的氢分子。他们——至少波多尔斯基和罗森——可以直接用量子力学的数学形式来描述这个抽象的双粒子系统。

两个粒子在近距离的互相作用下会进入同一个量子态，由同一个波函数描述、引导。随后，它们相揖而别，各自飞向相反的方向。在没有外界干预的情况下，它们无论彼此分开多远，也会不忘初心，继续处于那个共同的量子态中。

也许，其中的一个碰巧来到地球附近，引起这里人类的好奇。他们观察这个粒子的动量，引起其波函数的坍缩。这个带干扰性的行为使得这个粒子的动量完全确定，进入了一个新的量子态。它的同伴这时可能远在宇宙另一端，遥遥不相及。然而，因为它们之间总动量的守恒，测量者可以由这个近处粒子的动量确切地推算出远方那个粒子的动量。这样，那个粒子的动量也成为已知数。或者说，它的量子态也随之发生了变化。

然而地球上的测量行为只是对近处这个粒子造成了干扰，并没有涉及远处那个粒子。即使这样的测量可能干预到整个体系，这一干扰最快也只能以光速向那另一个粒子所在之处传递。当远处的粒子因为近处粒子被测量而突然具备确定的动量数值时，它显然还不可能感受到地球上测量行为的干扰——那只会是几年、几百年甚至几亿年之后的事情。

于是，爱因斯坦他们提出，远处那个粒子是在没有经受任何干扰的前提下有了百分之百可预测的动量数值。根据他们给出的定义，那个粒子的动量因而是一个物理实在。

同理，如果地球人没有测量动量而是测量了近处这个粒子的位置，他们也能推算出天边那个粒子的位置。这样，那个粒子的位置也会成为一个物理实在。

然而，在量子力学中，地球上对近处粒子动量、位置的测量只能二选一，不能同时精确测量。对远处那个粒子动量、位置的预测也就不可能同时达到百分之百的确信度。对那个粒子来说，它的位置和距离都是客观实在的物理量，却在量子力学中不可能同时准确预测。这说明量子力学中的物理量没能做到与那个粒子的物理实在一一对应。再次根据他们所给出的定义，这样的量子力学显然不可能是完备的。[60],[16]304-308,[1]455-456

经过几十年的努力，美国的物理学界比世纪之初已经有了长足的进步，《物理评论》也有了 40 年的历史。但相对于欧洲的老牌期刊，他们的影响力还是有限的。两年前，波多尔斯基在加州理工学院与托尔曼和爱因斯坦合作的那篇光子箱论文也是在《物理评论》发表，结果只是石沉大海。为了不重蹈覆辙，波多尔斯基这次先向《纽约时报》透露了消息。这家有国际影响的大报一直在追踪爱因斯坦的活动，顿时如获至宝，立刻冠以醒目标题发出新闻。随着世界各地媒体的跟进，欧洲的物理学家们不可能再错过这篇“爱因斯坦攻击量子理论”的新论文。

在苏黎世的泡利火冒三丈。他当即给海森堡写信，对爱因斯坦的又一次故伎重施牢骚满腹：“我们都清楚，他每次这样做都是一场灾难。”他还刻薄地讥讽，如果是一个刚刚接触到量子力学的学生提出这篇论文中的反对意见，那倒是蛮聪明的，会很有前途。[53]

在荣格两年的精神分析帮助下，泡利的个人生活已经大为好转。他不再像过去那样花天酒地，也有了一个稳定的第二次婚姻。虽然他已经暂停了专业的精神辅导，但他对梦境解析的兴趣丝毫未减，还在继续与荣格共同探讨。[61]188

泡利咄咄逼人的个性也有所收敛。他刚刚接受高等研究院的邀请，即将赴美访问与爱因斯坦成为同事。这自然不是他出头惹是生非的好时机，所以他只是激励师弟出面维护哥本哈根的正统。海森堡很快写就反驳文章，但听说玻尔已经在兢兢业业地准备回应爱因斯坦后就作罢。虽然已经是诺贝尔奖得主，海森堡在玻尔面前依然自觉是小字辈。在这个关于量子力学基础的原则问题上，他乐于置身事外，再次旁观高手过招。[16]308-309

玻尔读到 EPR 论文后也觉得非同小可。他立即停下手头一切工作，拽上他的助手里昂·罗森菲尔德（Leon Rosenfeld）夜以继日地讨论如何应对新一轮的挑衅。罗森菲尔德是比利时人。两年前，他在做量子力学的学术报告时，尚在比利时避难的爱因斯坦就曾谈起他与波多尔斯基和托尔曼合作的光子箱假想实验，询问对其中一个光子的测量如何能够直接导致另一个光子量子态的改变。[2]448-449

罗森菲尔德当时无言以对。这时他在哥本哈根发现玻尔也同样焦头烂额，无法理清爱因斯坦的思路。他们俩整整花费了 6 个星期，全力以赴地对付这个头等大事。7 月，玻尔先在英国的《自然》杂志上发表了一个初步的回应，立刻引得《纽约时报》的关注。两位量子大师在物理学中的原则性分歧成为新闻界追逐的好题材。[16]308-310

玻尔的正式回应则发表在 10 月 15 日的《物理评论》上，相距 EPR 论文正好 5 个月。这个论文发表速度对于玻尔也相当罕见。他不仅选取同一个刊物，还干脆采用了同一个题目：《量子力学对物理实在的描述可以被认为是完备的吗？》（图 33.2）。当然，他的答案是确凿无疑的肯定。

OCTOBER 15, 1935　　PHYSICAL REVIEW　　VOLUME 48

Can Quantum-Mechanical Description of Physical Reality be Considered Complete?

N. BOHR, *Institute for Theoretical Physics, University, Copenhagen*
(Received July 13, 1935)

图 33.2　玻尔回应"EPR 论文"的论文题目

有意思的是，在这篇他独自署名、全文采用第一人称单数叙述的论文中，玻尔基本回避了 EPR 论文中由两个粒子构成的物理图像。他认为那个新的假想实验不过是爱因斯坦在 1927 年索尔维会议上双缝试验的翻版，换汤不换药。由此，玻尔在论文中又一次详细分析他自己所称"人们已经熟悉了的"索尔维会议辩论。从单缝试验到双缝试验，他再次全面阐述了互补原理，论证量子力学中不确定性原理之无法避免。

当然，玻尔与爱因斯坦最大的分歧还在于对"物理实在"的看法。

玻尔指出 EPR 论文给出的定义中"不对系统造成任何干扰"这个前提非常含糊，无法适用于量子的微观世界。正如他们在索尔维会议上已经确定的那样，如果在双缝试验的狭缝后面装上诸如云室一类的仪器进行测量，就会不可避免地干扰整个系统。

而如果没有测量，也就没有物理实在。玻尔这一观点与 EPR 论文开宗明义宣布"存在一个独立于任何理论的客观实在"截然相反。他认为人类对物理实在的认识取决于测量仪器和方式的选择。对某些物理量测量的过程必然形成对系统的干扰，从而使得另一些物理量变得不可知。

但玻尔强调，这个"缺陷"不仅仅是出自对那些物理量的无知，更是由于在这种测量的选择下不可能明确地定义那些物理量——只要选择了测量粒子的位置，粒子的动量就无法定义，也就不成其为物理实在。因此，量子力学的这一局限是本体性的，不是只局限于人类的认知层面。

爱因斯坦的新假想实验中那两个有着同一波函数的粒子属于同一个量子系统。对其中一个粒子的测量不仅干扰了这个粒子，也干扰了整个系统，从而同时干扰了另一个粒子。这样，EPR 论文的挑战便迎刃而解：那正是量子世界的必然。至于两个粒子之间距离遥远、以光速尤不可及的实际困难，玻尔并没有专门涉及。他觉得那并不会对量子世界的特性构成障碍，不成问题。[62]

波多尔斯基在论文发表之前向《纽约时报》透露消息的举动保证了他们这篇

论文不至于无人问津。他的苦心却也只带来非常短暂的绩效。玻尔论文的发表不仅省去了海森堡和泡利的麻烦，也一锤定音地为这个长达近十年的辩论下了最后的结论。在那之后，基本上没有人还会继续讨论这个话题。如果有人好奇地提起，也总会得到一个现成的回答：玻尔已经解释过了。[42]97-98

正如冯·诺依曼已经严格地证明了量子力学中不可能还有未知的隐变量。

爱因斯坦对波多尔斯基的行为十分恼火。他罕见地给《纽约时报》去信谴责他们发表未经许可泄漏的新闻，非常不恰当。他声明自己从来不会在媒体上讨论尚未发表的科学结果，这不符合科学研究的规范。①

论文发表时，波多尔斯基已经在爱因斯坦和狄拉克的推荐下获得美国辛辛那提大学的职位并离开了高等研究院。他后来与爱因斯坦不再有个人联系。罗森在高等研究院逗留的时间长一些，继续担任着爱因斯坦的助手。他们在广义相对论、引力波等领域的合作卓有成就。② 罗森也成为与爱因斯坦共同发表论文最多的物理学家。

对于 EPR 论文，爱因斯坦最为失望的还不是波多尔斯基的写作风格和擅自行动。在他看来，玻尔再次剑走偏锋，将他对量子力学中局域性的忧虑转变为对不确定性原理的怀疑。他们的论战又一次陷入鸡同鸭讲的僵局。

因为海森堡的不确定性原理，人类对量子世界的认识犹如在昏暗的油灯下观察一头大象。我们只能迷迷糊糊地看到大象脑袋和尾巴的形状，却没法把它们同时看清楚。如果要凑近仔细观察，能清晰地看到大象脑袋像一块石头时却又看不到大象尾巴，不知道尾巴会是个什么样子。如果换一个角度能真切地看到大象的尾巴像一根绳子，却又不可能知道那时的大象脑袋是个什么样子。

按照玻尔的解释，当我们凑近大象的脑袋时，那个像一块大石头的脑袋是一个物理的实在。但那时，大象的尾巴无法定义，便不是物理实在。如果我们是去观看大象的尾巴，那么尾巴成为细绳状的物理实在，而大象的脑袋却又不实在了。因为我们永远无法同时看清脑袋和尾巴，也就不存在一个客观的大象整体。我们对大象形状的理解与我们自己的主观选择息息相关。

正如埃伦菲斯特在 1930 年索尔维会议后发现，爱因斯坦早就接受了量子力学这个奇异的特性，不再怀疑不确定性原理。在这新一轮质疑中，他与波多尔斯

---

① 当然，爱因斯坦自己无论以前在德国还是后来在美国都经常向媒体透露他未正式发表的新进展，尤其是他在统一场论中时不时的“颠覆性革命”，曾一再引起新闻轰动。

② 详见《捕捉引力波背后的故事》第 1 章。

基和罗森别出心裁地安排了两头这样的大象。它们在一起相处后分开，彼此距离越来越远。在某一个时刻，地球上某一个人决定看看近处的那头象的脑袋，发现它长得像一块石头。就在那一瞬间，爱因斯坦他们指出，十万八千里之外的另一头象也会突然呈现出石头的形状。

反之，如果这个人看到的是自己身边的大象是一根绳子，遥不可及的另一头大象也会同时变成一根绳子。

两头大象似乎拥有特异功能，可以互相心灵感应（telepathy）。在爱因斯坦看来，这就如同海神波塞冬眉头一皱，千里之外立刻洪水滔天一样荒唐。自泰勒斯、勒皮普斯、芝诺以降的哲人已经在这上面绞尽过脑汁：如果自然界果然如此，就无法建立严格的因果关系，也就无从认识、解释这个世界。只有具备可分离性和局域性，才可能有严谨的逻辑。

然而，在量子力学中，那共享着一个波函数的两个粒子之间丝毫不具可分离性。它们纵然天各一方，却依旧如胶似漆密不可分。

虽然 EPR 论文的题目大张旗鼓地设问“量子力学对物理实在的描述可以被认为是完备的吗？”并在文中旗帜鲜明地给出了否定性回答，但爱因斯坦他们也不得不考虑到还存在另一个可能性。那就是量子力学本身其实是完备的，只是不具备局域性。他们的假想实验只能证明量子力学或者不完备，或者非局域。二者必居其一。

但爱因斯坦无法接受一个违反局域性的科学。那样的话，量子理论中会有着经典物理不存在的某种超越空间的关联。他把这个自从“鬼场”起就让他牵肠挂肚的场景称作“鬼魅般的超距作用”（spooky action at a distance）。及至十多年后，他还会在给玻恩的信中念叨：我绝对不可能相信上帝会掷骰子，或行使心灵感应。[16]312

对爱因斯坦来说，违反因果关系的超距作用只能是不合逻辑的无稽之谈。这样就只剩下一个可能性，那就是量子力学并非完备。

狄拉克在那年秋天来到普林斯顿的高等研究院访问。因为语言和性格上的障碍，他与爱因斯坦没有太多接触。他也没有太关注 EPR 论文，只是漫不经心地表示，如果爱因斯坦证明了量子力学不完备，那我们就只好再次从头开始。[16]313

在狄拉克眼里，量子力学面临的危机并不在于如何被“诠释”，而是数学上的“发散”。这是他随着量子场论的推进所发现的新问题：一些具体计算往往会得出物理量变成无穷大的荒谬结果，导致整个理论失去物理意义。这个真实的数学困难正让他一筹莫展。

只有薛定谔一如既往，仍然是爱因斯坦唯一的知音。

薛定谔读到 EPR 论文后立刻致信爱因斯坦，热情洋溢地夸赞老朋友终于掐住了量子理论的脖子。他也当即成为玻尔之外唯一发表论文回应的知名物理学家。在接连发表的三篇论文中，薛定谔系统地总结了量子力学所处的现状和面临的挑战，并为爱因斯坦描述的那种可以超越空间距离、因“鬼魅般超距作用”而不可分离的状态赋予一个形象的名称：“量子纠缠”（quantum entanglement）。[20]139,[19]304-312

第 34 章 薛定谔的猫

薛定谔 1933 年年底来到牛津，当即让学校现成地捡到一个诺贝尔奖。他自己和促成他到来的林德曼都很风光了一阵。薛定谔英语十分流利，讲课风格与在柏林时同样地别具一格，很快在老派英国教授中出类拔萃，成为最受学生欢迎的老师。

他自己却不那么开心。无论是在柏林还是牛津，他都承担着相当多的教学课时，占用了太多精力。老朋友爱因斯坦当初就是一个绝无仅有的不开课教授。离开柏林后，他又得到美国高等研究院的职位，照样没有授课负担。这让薛定谔羡慕不已。赢得诺贝尔奖后，他最期望的就是能获得与爱因斯坦同等的地位、待遇。

为此，薛定谔与爱因斯坦保持通信联系，期望老朋友能在高等研究院也为他谋个位置，重温他们在柏林郊区亲密无间的时光。

高等研究院当时所寄居的普林斯顿大学倒是正在寻求理论物理教授。他们自然地把目标锁定于诺贝尔奖新秀。狄拉克已经在剑桥稳坐卢卡斯席位，海森堡没有离开德国的意愿，薛定谔便成为首选。然而，当薛定谔得知那里给出的 10 000 美元年薪比爱因斯坦的待遇少三分之一，还必须担任教学任务时，他心理无法平衡，回绝了聘请。[20]134-136,[2]431-432

薛定谔没意识到普林斯顿大学的待遇其实已经是美国大学教授的最高标准，只是无法与高等研究院给予爱因斯坦的特例比肩。不过他也不着急，宁愿在牛津静候爱因斯坦迟早会给他带来的更好消息。

至少在个人生活上，薛定谔在牛津正如鱼得水。在这不寻常的日子里，薛定谔看到远在大洋彼岸的爱因斯坦再度出头质疑量子力学，不禁欣喜。

EPR 论文的出现其实只是在玻尔、泡利、海森堡周围的小圈子中引起骚动，在玻尔发表回应后顷刻烟消云散。量子物理学的主流——尤其是更年轻的一代——早已转移战场。中子的发现打开了理解原子核组成、结构的窗口。在 EPR 论文问世之际，伽莫夫已经推出原子核结构的“液滴模型”（liquid drop model），费米提出解释 β 衰变的弱相互作用理论，日本的汤川秀树（Hideki Yukawa）也发表了原子核中强相互作用的“介子”（meson）猜想。这些与实验结果息息相关的新思想激发了量子力学又一个埋头计算、验证的高潮。他们没有闲情顾及爱因斯坦与玻尔那十多年没完没了的务虚争辩。

在他们眼里，爱因斯坦早就无可救药地落伍了。他不再是专利局中异军突起，以相对论的时空观和光的量子性挑战物理学权威那个无所畏惧的施瓦本小伙。几十年后，他业已蜕变为死抱着决定论、局域性、因果关系这些经典规则不放的昏庸卫道士。

爱因斯坦在给薛定谔的信中无奈地自嘲：“毕竟，年轻时的妓女多数会转变为虔诚的老修女，很多青年革命家也会成长为老年的反动派。”① 薛定谔在回信中惺惺相惜，自承也属于从早年革命家变成的老反动派。相隔着大西洋，他们频繁鸿雁往返，有时等不及对方回复就又有信件寄出，分享最新的思想火花。[2]454

爱因斯坦也收到很多反驳 EPR 论文的私信。这些信中的论据五花八门、互为矛盾，让他既觉得滑稽，也更坚定自己的立场。同时，他孜孜不倦地试图找到更有说服力的表达方式，以弥补波多尔斯基在论文中的词不达意。

在 EPR 论文问世不久的 1935 年 6 月，爱因斯坦在给薛定谔的信中提出一个极为简单的情景：有两个箱子、一个球。在打开箱子查看之前，我们不知道球在哪个箱子里。球在每个箱子里都有着 50% 的可能性。一旦打开箱子，真相立即大白：球在一个箱子里的概率或者是 100%，或者是 0。

爱因斯坦指出，箱子打开之前的 50% 概率不过来自我们认知的缺陷：不知道球在哪里，只能如此猜测。作为物理实在，那个球自始至终在其中的一个箱子里。它在那个箱子中的概率从来都是 100%，而在另一个箱子里的概率一直是 0。它在哪个箱子里都不曾也不可能有过 50% 的可能性。这个可能性更不会因为箱子被打开而突然改变。

在爱因斯坦看来，量子力学之所以坚持箱子打开前球在其内的概率是 50%，然后这个概率又会随着箱子的打开而突变，完全是出于主观的认知缺陷，没能完整地描述这个系统的物理实在。因此，量子力学不完备。

两个月后，他又在信中提出一个更具爆炸性的例子：设想有一堆不稳定的炸药，随时可能因为内部发生自燃而爆炸。在任何给定时刻，这一物理实在非常清楚：或者尚未爆炸，或者已经爆炸。然而，爱因斯坦抱怨道，量子力学的波函数

---

① ...after all, many a young whore trns into an old praying sister, and many a revolutionary becomes an old reactionary.

描述却坚持炸药会处于一个既爆炸了又没有爆炸的混合状态。[16]313-316

当一根精确调准的琴弦被拨动而发声时，人们听到的并不是单一频率的纯正音调，而是几种频率混合而成的音色。

乐声来自琴弦的振动。在两端固定的琴弦上，稳定、持续的振动是有着特定频率的驻波。频率最低的驻波波长是琴弦长度的两倍，正好以两端作为半个波长的节点。那就是该琴弦的“基频”。同样的琴弦上还可以形成更多的驻波，它们的频率是基频的整数倍（图 34.1）。

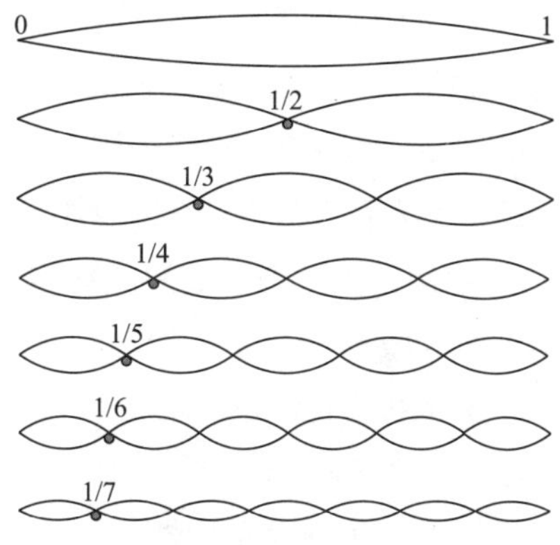

图 34.1　两端固定琴弦上的驻波示意图。最上面的是基频驻波，依次往下是频率越来越高（波长越来越短）的倍频【图来自 Wikipedia:Qef】

乐师以不同的力量和技巧拨动琴弦时会同时激发强度各异的多个驻波。它们组合成不同的音色。耳朵好使的专家能够自然地分辨出乐声中所蕴含的频率成分。技术人员也有着各种频谱仪器可以帮忙进行这样的分析。

驻波能够组合成音色是因为琴弦振动的数学方程是线性的。当每个驻波都是这个方程的解时，它们以任意比例的线性组合也同样是满足方程的解，也就是在琴弦上允许出现的振动。

同样，当牛顿用一个棱镜将太阳光分离成缤纷的彩虹时，他揭示出白光其实是由不同频率的光组合而成的。麦克斯韦方程组也是一个线性的波动方程，棱镜就是一个光的频谱分析器。

无论是光束中的颜色还是乐声中的音调，它们都是实在的物理波动，因此能被仪器分离、过滤。它们组合而成的整体效果在视觉、听觉上可能更为丰富精彩，赏心悦目。但在物理性质上，单频的成分与整体的合集没有区别：它们都是满足同一个波动方程的解，同样的波动。

与声波、光波一样，描述量子波函数的薛定谔方程也是一个线性的微分方程。因此，它的解具备着同样的可“叠加”（superposition）性：如果方程有着多个波动解，那么它们的任意线性组合也同样是方程的解。

在狄拉克、约旦、冯·诺依曼等人的努力下，量子力学已经有了完整的数学表述。相应于琴弦的驻波，薛定谔方程的解有着一系列本征态。它们在玻尔原子轨道上形成的驻波式直观图像正是德布罗意提出物质波的根据。而不仅每一个本征态是薛定谔方程的解，它们的各种线性组合也都是方程的解。后者也就是“叠加态”。

在爱因斯坦的简单例子中，球在第一个箱子里是一个本征态，球在第二个箱子里也是一个本征态。它们的线性组合——球以一定比例在第一个箱子里，同时也以一定比例在第二个箱子里——就是一个叠加态，也是一个满足条件的波函数。同理，炸药可以处在一个既爆炸了又还没有爆炸的叠加态。①

然而，量子力学的波函数也有着与声波、光波截然不同的一面：它不是物理的波动。按照玻恩的诠释，波函数体现的只是概率，本身不是可观测的物理量。如果扔上足够多次的硬币，我们可以总结出硬币正面、反面出现的概率各为50%。但在每次扔硬币的具体测量过程中，我们只会看到或者正面或者反面，不会有一个 50% 的数值出现。

冯·诺依曼认为量子世界的测量是同样的情形。当系统处在一个由多个本征态组成的叠加态时，每次测量的结果只能是其中的一个本征态。只有在大量重复同样的测量后才能看出每个本征态出现的概率由它在叠加态中所占比例决定。这是海森堡早就提出的量子力学中波函数坍缩机制的更准确描述：测量的过程会导致原本处于叠加态的波函数瞬时坍缩到其中一个本征态上，坍缩到哪个本征态上的概率取决于该本征态在叠加态中的分量。

在这样的测量发生之前，没有人为干扰的量子系统会持续处于叠加态中，依照薛定谔方程在希尔伯特空间中运动。这时不会有波函数的坍缩。量子的叠加态像一曲美妙的交响乐，是其中各个本征态的和谐组合。[20]138

于是，在打开箱子测量之前，爱因斯坦的球会以叠加态的方式同时藏在两个箱子里。他的炸药也同样地处于既爆炸了又没有爆炸的状态中。

爱因斯坦那一封接一封的来信让薛定谔欢欣鼓舞。他收到关于炸药的那封信后几乎立刻就回了信，兴奋地告诉爱因斯坦他依照这个思路找到了一个更能显示量子力学之怪诞的例子。

---

① 这些叠加态中两个本征态的相对比例可以是任意数值，只要两个概率加起来成为100%。比如，炸药完全可以处于 80% 已经爆炸、20% 尚未爆炸的叠加态中。用各为 50% 的比例只是为了叙述方便。

随后，他发表了在 EPR 之后跟进的第三篇论文。正是在这篇题为《量子力学之现状》①的论文中，他提议用“纠缠”这个词来描述爱因斯坦那鬼魅般的超距作用。进一步，他又绘声绘色地描述一个新场景：

> 我们还可以构造出更滑稽的情形。一个铁箱子里关着一只猫和一个恶魔般的装置（这个装置必须置放在猫够不着的地方）：在一个盖革计数器内有一丁点放射性材料，其数量如此之小，在一个小时之内最多只会有一个原子可能发生了衰变，但也同样可能完全没有任何原子发生衰变。如果确实发生了衰变，那盖革计数器就会有反应，通过一个接力装置拉动一把锤子，打碎一个盛有氰化氢气体的烧瓶。在这个封闭的仪器不被干扰地置放一小时后，如果还没有原子发生衰变，那猫会活着；只要有过衰变发生，猫就会被毒死。这样一个系统的波函数会把这个状态描述为同等成分的死去的猫与活着的猫混合地涂抹在一起（图 34.2）。

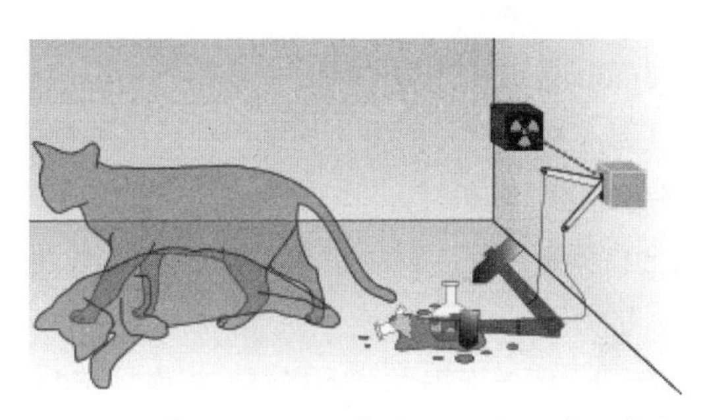

图 34.2　薛定谔的猫假想实验示意图【图来自 Wikipedia:Dhatfield】

他在文中专门为使用“涂抹”（smear）一词抱歉。那其实是一个讨论量子力学时经常使用的字眼，表明电子等微观物体不是一个点状的粒子，而是被“涂抹”开来的波，具有一定的空间分布。但在这里，这个形象的字眼为本来就挺恐怖的场景增添了更为恶心的画面。

他没忘了感谢爱因斯坦，明确表示这一灵感来自与爱因斯坦的持续讨论和那篇 EPR 论文。[19]308,[20]136-143

在 20 世纪 30 年代，美国漫画家鲁布 · 戈德堡（Rube Goldberg）因为擅长以非常复杂的接力方式完成日常生活中最简单任务的漫画名噪一时（图 34.3）。他

---

① “The Present Situation in Quantum Mechanics”

图 34.3　戈德堡 1931 年创作的“自动餐巾”漫画。图中喝汤的人手里举起勺子，逐次牵动一连串运动，最终导致餐巾摇摆擦嘴

描绘的那类没有实际效用但能博君一笑的设计被称为“戈德堡机器”。[63]

薛定谔描述的也是一个戈德堡机器。

把一只猫关在封闭的铁箱子一小时，猫可能会因缺氧憋死，也可能依然苟延残喘地活着。那不过只是爱因斯坦炸药的另一形式。但薛定谔在箱子里增添了放射性材料，加上盖革计数器、锤子、毒气瓶以及它们之间没有明确但肯定会是相当复杂的接力、放大装置。它们连接两个极端：宏观世界中的猫和微观世界中的放射性原子。

这中间正是玻尔的软肋所在。在哥本哈根诠释中，微观是量子的世界。那里只有波函数，在被测量时发生坍缩而显示某种物理实在。宏观则是日常的经典世界，没有波函数、随机性，一切都有着确定的因果关系。这是泾渭分明的两个世界，它们只会在测量过程中发生接触。然而，玻尔他们从来没能说明如何界定这两个世界之间的分野。

薛定谔用那一连串戈德堡机器式机制让这两个世界发生了“纠缠”，显示它们其实不可区分。

依据伽莫夫的解释，原子核中的 α 粒子处于一个量子的叠加态。其中绝大部分的本征态在原子核内部，但也有一小部分处在原子核外的本征态存在。我们对 α 粒子的观测会引起这一叠加态的坍缩。如果坍缩碰巧落在原子核外的本征态上，α 粒子便会出现在原子核外。它会激发盖革计数器，进而带动戈德堡机器运转，直至拉起锤子，击碎烧瓶，毒死那只猫。反之，如果坍缩落在原子核内部的本征态上，α 粒子则继续逗留在原子核内，猫安然无恙。

薛定谔在箱子里置放了合适数目的放射性原子，它们在总体上形成有 50% 的可能性至少有一个 α 粒子出现在原子核外。那戈德堡机器也就有着 50% 的概率处于被触发状态，亦即猫有着 50% 的机会已经被毒死。同样，也有 50% 的可能是所有的 α 粒子都留在了各自的原子核内，箱子里啥事也没发生过。

因为箱子是封闭的，无法对 α 粒子的位置进行测量。在打开箱子之前，所有 α 粒子都会保持着原有的叠加态，不会发生坍缩。它们既在原子核内也在原子核外。

由此，薛定谔宣布，那只猫也相应地处于既死去又活着，两者混合“涂抹”在一起的状态。

这样，宏观世界里、日常生活中的猫也有了量子的叠加态。

爱因斯坦立刻领会了“薛定谔的猫”这个新版假想实验背后的意义。他回信盛赞薛定谔已经完全理解他质疑量子力学的深意。

但爱因斯坦看到薛定谔把他这篇论文发表在德国学术刊物上时大惑不解。他揶揄地指出希特勒治下的德国大概已经不再有关心这个问题的物理学家了。

其实，即使在德国之外也没有人愿意继续奉陪他们的狡辩。当玻尔来英国访问时，他毫不留情地当面指责薛定谔与爱因斯坦合谋，以知名物理学家身份继续攻击量子力学，无异于犯了“叛乱罪”。[19]314,[16]318 那只猫纵然既死又活，也还是没能引人侧目。

在那段时间里，爱因斯坦乐于保持频繁通信联系的老朋友还有玻恩。作为波函数概率解释的始作俑者，玻恩的立场与爱因斯坦迥然相异。但他们依然延续着诚挚的友情。玻恩那时也正自顾不暇，无意介入这新一轮的争论。

1933 年的诺贝尔物理学奖对长期抑郁的玻恩是雪上加霜。当初，海森堡在海岛上的灵机一动是在玻恩的慧眼下才成为严谨的矩阵力学。薛定谔的波动方程也是在玻恩揭示其概率波本质后才有了物理意义。然而，在物理学界最高荣誉面前，玻恩再一次被忽视、遗忘。[16]318 得奖半年后，海森堡曾在访问剑桥时面见玻恩，劝他回国一起挽救、重振德国的物理学。他告诉玻恩已经与政府沟通，会允许他从事科研，只是不能授课。玻恩也只能自己一人回去，不能带家属。看到昔日的弟子居然能够兴致勃勃地转达如此苛刻的条件，玻恩气愤莫名，只能拂袖而去。一年后，他收到一纸公文，正式被哥廷根大学除名。[36]250

还在意大利避难时，玻恩宅心仁厚地只愿意接受临时性职位，以免占了属于年轻人的位置。他自认为早已是国际知名教授，不至于走投无路。在剑桥短短两年，他出版了历史上第一部《原子物理》① 教科书和一本面向大众的科普书籍。

狄拉克的得奖让剑桥有了自己的理论明星，玻恩于是显得多余。在没有更好选择的情况下，玻恩接受新科诺贝尔物理学奖得主拉曼的邀请远赴印度访问。拉曼在组建一个新的研究所，希望能将玻恩留下担任终身教授。玻恩深深喜爱上那里的异国情调。不料，拉曼的提名遭到当地几位教授的激烈反对。有人当场指出

---

① *Atomic Physics*

玻恩只是一个被他自己国家抛弃的不知名二流教授，不够资格。玻恩回家后，不禁在妻子面前潸然泪下。[64]

两手空空回到英国后，他开始学习俄语，准备通过关系去苏联谋生。正在绝望时刻，达尔文终于带来了好消息。

即使是全世界最著名的科学家，爱因斯坦发现美国也不尽是他的理想庇护所。因为他频频发表的演讲和联署的宣言，美国一些民间组织怀疑他是一个共产主义者，曾游说外交部拒绝他入境。① 在 1932 年年底赴美之前，他果然在申请签证时遭受美国领事馆官员的盘问，气愤地甩手离席。幸好妻子艾尔莎及时向媒体报信，引起《纽约时报》等舆论关注后才得以成行。[2]399-401

在普林斯顿，高等研究院的院长弗莱克斯纳唯恐爱因斯坦会说错话，为他这个新研究院带来不利影响。他想方设法限制爱因斯坦的公开露面，甚至私自截留、审查爱因斯坦的私人信件。爱因斯坦发现后，负气地把自己回信地址写成“普林斯顿集中营”，并向研究院理事会提出正式申诉。弗莱克斯纳不得不做出让步，但他们俩还在萌芽中的友谊因之夭折。当爱因斯坦屡屡提出邀请薛定谔、玻恩来研究院时，弗莱克斯纳总是不假思索地予以否决。[2]428-431,[20]134

薛定谔因此没能等到他所期盼的好消息。同时，他发现自己在牛津的好时光也已所剩无几。

林德曼借助诺贝尔奖的光环为薛定谔在牛津延长了聘用期。薛定谔却已经不再满足于这种临时安排。在去美国无望后，他积极在欧洲寻觅正式的职位。

1935 年进入尾声时，在苏格兰历史悠久的爱丁堡大学担任物理教授的达尔文急流勇退，辞职去担任一所学院的院长。爱丁堡大学很快决定聘请大名鼎鼎的薛定谔继任。不料，苏格兰政府迟迟未能办理薛定谔的居留许可。

而此时家乡的维也纳大学和格拉茨大学联合向他发来了邀请。于是，他思乡心切起来，决定逆着逃难大流返回奥地利。

时过境迁，无论是苏格兰还是奥地利，薛定谔能得到的待遇都远远不及当初被他轻易拒绝的普林斯顿大学。而且，他还需要在奥地利那两所大学里承担起更为繁琐的教学任务。[19]116,314-318

在达尔文的推荐下，爱丁堡大学向几近山穷水尽的玻恩张开了双臂。玻恩很快走马上任，终于有了自己的归宿之地。[19]318-319

---

① 还在欧洲时，爱因斯坦为了避嫌曾多次谢绝访问苏联的邀请。

第35章　分崩离析的裂变

EPR 论文发表的 1935 年，67 岁的索末菲退休了。他在给爱因斯坦的信中诉说纳粹的上台摧毁了自己一辈子的爱国情操。现在他宁愿看到德国不复存在，并入一个崇尚和平的欧洲。[65]

索末菲的退休是海森堡在莱比锡一直等待的机会。他梦寐以求返回慕尼黑接替导师的席位。然而他生不逢时。在那之前几年里，海森堡没有参与斯塔克和莱纳德的"德意志物理学"运动，反而支持、协助了劳厄的抵制行动。海森堡坚持物理是客观的科学，无论其理论是否来自爱因斯坦或别的犹太人。

斯塔克没有忘记。为阻挠海森堡的升迁，他发起大批判揭露海森堡的不坚定立场，还给对方戴上"白犹太人"的致命高帽。海森堡措手不及，不得不求助与他家有往来的纳粹高级领袖海因里希·希姆莱（Heinrich Himmler）。希姆莱及时地为海森堡提供了保护，但也严厉警告他必须说话小心，不可造次。在那以后，海森堡吸取教训，不再轻易提及爱因斯坦等犹太物理学家的名字。当然，他的慕尼黑之梦也付诸东流。[16]294,[33]74-74

EPR 论文问世之际，狄拉克正好结束他在高等研究院的短期访问。

相比众望所归的海森堡和薛定谔，名气不高的狄拉克在 1933 年获得诺贝尔奖时只有区区两个提名。其中之一来自在 1925 年因 X 射线衍射实验与父亲共同获奖的布拉格。那时才 25 岁的布拉格迄今还是最年轻的科学奖获得者。狄拉克得奖时 31 岁，成为历届获奖者中最年轻的理论物理学家①。

在高等研究院，狄拉克重写他的《量子力学原理》，推出大为改进的第二版。他那套符号表述还没能得到广泛接受，但至少在他手里已经圆润成熟。然而，美轮美奂的数学背后，计算结果中出现的无穷大问题依然让他束手无策。

至少在同行眼里，年过而立功成名就的狄拉克不再是过去那个心无旁骛、孜

---

① 这个纪录在 1957 年被还不到 31 岁的李政道（Tsung-Dao Lee）打破。（如果按照所得的 1932 年奖来算，海森堡那时比李政道还会更年轻几天。但他是在 1933 年才得到那个奖。）

孜不倦的勤奋青年。他上班时经常在活动室里钻研各种棋局，包括充满异国情调的围棋。似乎数学公式及其困难已经不再能拴住他的身心。

更让他们大跌眼镜的是一向不近女色，过着僧侣般日子的狄拉克居然坠入了情网。一次午餐时，狄拉克偶遇研究院朋友尤金·维格纳（Eugene Wigner）从欧洲来探望的妹妹曼琪（Manci）时一见钟情。曼琪已经是两个孩子的母亲，刚刚摆脱了一场梦魇般的婚姻。她为人爽快健谈，性格活脱脱是狄拉克的反面。[36]252-257

图 35.1　1935 年 7 月 16 日，狄拉克在中国访问国立北平研究院物理所。前排左起：吴有训、狄拉克、李书华、熊庆来、严济慈

结束在研究院的访问后，狄拉克与六年前一样乘火车横穿美国大陆，在旧金山搭乘邮轮经日本、苏联到东欧去看望曼琪。这是他的第二轮环球旅行。[36]267-268

曾经在芝加哥师从康普顿的吴有训已经学成归国，在清华大学担任物理系主任。他得到消息后立即与同校的周培源教授一起邀请狄拉克顺路访问中国。1935 年 7 月 12 日，狄拉克从日本乘船到天津，然后在北平逗留了一星期（图 35.1）。

他游览了长城、故宫等名胜，也在清华大学做了两场关于电子、正电子的讲座。随后，他乘火车由东北转西伯利亚铁路至莫斯科，继续他的行程。[66]

虽然与院长关系紧张，爱因斯坦对普林斯顿的环境还是非常满意。他在 1935 年 5 月专程出国，按规定在美国境外的领事馆递交了归化申请。这是他继瑞士、奥地利、德国后第四次也是最后一次更改国籍。在那之后，他再也没有离开过美国。[2]437-439

他和妻子艾尔莎在小镇僻静的街道上置买了一栋普通小楼，与一直跟随着他的秘书杜卡斯合住。他们的小日子不幸非常短暂。艾尔莎的身体每况愈下，在 1936 年年底去世。随后，艾尔莎的二女儿和爱因斯坦的妹妹相继从欧洲来到美国，与杜卡斯一起照料这个举世闻名的鳏夫。①

① 曾担任过爱因斯坦秘书的艾尔莎大女儿也已经病逝。

爱因斯坦与前妻米列娃的大儿子也来到美国。他在父亲母校苏黎世联邦理工学院获得工程学位，已然成家立业。① 在其后的年月里，他逐渐修复了因父母离异、父子隔绝导致的父子疏离的关系。爱因斯坦和米列娃的二儿子患有精神疾病，留在欧洲继续由母亲照料。

年近花甲的爱因斯坦是在艾尔莎病重后才真切体会到自己对这个保姆式后妻的依赖，一时间急剧衰老。妻子去世后，他更加任性地不修边幅，由着那一头白发在风中狂乱飘逸。他沉默寡言，试图独自沉浸在钟爱的物理之中。但除了他自己，所有人都能看出他在学术上已是勉为其难，不再有睿智的思想火花。[2]441-444

当玻尔在 1937 年初来到普林斯顿时，他看到的正是这样一个激情不再的爱因斯坦。那还是他们 1930 年索尔维会议分手后的第一次见面。在与薛定谔、玻恩等朋友热火朝天通信来往时，爱因斯坦与这位老对手完全没有联系。索尔维会议后，埃伦菲斯特作为两人的共同好友曾一度居中传话，试图澄清误解。这个别扭的渠道早就随着他的自杀消失了。[16]302

尽管爱因斯坦和玻尔在两次索尔维会议上的唇枪舌剑中始终保持着友好的姿态，但天长日久的争执也不可避免地伤害了个人感情。这次重逢，他们寒暄依旧，却不再能敞开心扉畅所欲言。[16]319-320

玻尔只是在他的环球旅途中路过普林斯顿。日本的物理学家在爱因斯坦、海森堡和狄拉克相继访问后已经花了十年时间在邀请、期盼玻尔来访。奈何玻尔日程繁忙，曾几度推迟行期。1934 年，他与大儿子和朋友出海游玩时遭到风浪，儿子落水遇难，给这个和睦的家庭带来沉重打击。这样直到 1937 年，玻尔才得以携妻子玛格丽特和二儿子踏上旅途。他们在普林斯顿短暂逗留后也横穿美国大陆，乘邮轮前往日本。

吴有训得知后又赶紧委托在美国的周培源向玻尔发出顺路访问中国的邀请。② 玻尔欣然同意，于 1937 年 5 月 20 日从日本乘船抵达上海。他们一家三口先后访问上海、杭州、南京、北平，拍摄了大量照片甚至一段彩色影片。沿途，玻尔也做了多场演讲、座谈，向中国的物理学家、知识分子讲解互补原理以及最新的原子核理论（图 35.2）。

直到 6 月 7 日晚，他们才从北平乘火车出山海关，与狄拉克一样取道苏联返

① 爱因斯坦曾经像自己父母拒绝米列娃一样强烈地反对儿子的婚姻选择。

② 周培源在加州理工学院获得博士学位后在莱比锡和苏黎世分别担任过海森堡和泡利的助手。在他们的推荐下，他曾到波尔研究所访问，是当时去过那里唯一的中国人。

图 35.2　1937 年，玻尔（前排中）访问中国时与当地科学家合影

回丹麦。[67]

一个月后，北平郊区的卢沟桥发生事变。短短半年间，玻尔曾经流连忘返的那几个城市相继沦陷于日本军队的铁蹄之下。中国进入全面战争状态。

当薛定谔在 1936 年 10 月回到阔别十多年的故乡时，那里已物是人非。奥地利名义上还是独立国家，但已经沦为德国的附庸。虽然薛定谔既不是犹太人也不热衷政治，他在荣获诺贝尔奖前突然离开柏林大学的行为让德国政府和纳粹党徒大为光火，曾经在报刊上大肆批判。回到矮檐下的薛定谔只好低下头，专注于自己的教学任务和学术研究。在跟着爱因斯坦纠缠了一番猫的死活后，他又对爱因斯坦与爱丁顿正在研究的统一场论产生了浓厚的兴趣。

作为一个小小的象征性反抗，普朗克还主持将 1937 年的普朗克奖章授予了薛定谔。那正是薛定谔自己八年前为德国物理学会设立的大奖项。[56]

然而，不到半年后，德国正式吞并了奥地利。这个也是希特勒故乡的小国成为德国的一个州。一时间，奥地利的犹太人成为被清洗、驱逐、羞辱的对象。薛定谔也成为眼中钉，言行受到紧密的监视和控制。为了保住岌岌可危的职位，他向校方递交了一份“自白书”，承认自己过去的认识错误，无保留地宣誓对德国和元首的效忠。这封热情洋溢的信件立即出现在德国和奥地利报纸的头版，并通过英国报刊的转载传遍全世界。在伦敦，林德曼和牛津大学的同僚们为之气愤、痛心。[19]337-338

他的高调表态一度改善了处境。1938 年春天，他被许可到纳粹德国的首都柏林参加普朗克 80 岁大寿的庆祝活动。[55]159,[20]153 夏天，他又拜访了普朗克夫妇，一起在阿尔卑斯山中度假。然而，薛定谔回家后就收到了被解职的公文。奥地利已经不再是他的容身之地。他和安妮不得不再次踏上流亡路，在费米的帮助下取道意大利逃出法西斯领地。[19]343-344

第一次世界大战后从英国赢得独立的爱尔兰那时正在努力提升自己的文化、

科学地位。他们模仿普林斯顿的高等研究院在自己首都创建一个同样的学术机构，连名字也完全照搬：都柏林高等研究院。薛定谔还在奥地利时，爱尔兰人就已经辗转地通过玻恩与安妮秘密接头，希望能有这个诺贝尔奖获得者去当新研究院的带头大哥。于是，薛定谔在一番折腾后阴错阳差地获得了他求之不得的理想职位。他不再需要花时间站讲台授课，还有了个至少在名义上与爱因斯坦平起平坐的位置。①

已经屡次被薛定谔行为激怒的林德曼也再次伸出援手为他们提供便利。在牛津和比利时临时任职等待一年后，薛定谔和安妮在 1939 年 10 月初到达都柏林安家。

他的生活又恢复了正常。

1939 年初，玻尔再度来到普林斯顿。高等研究院已经永久性地聘请他为访问成员，拥有随来随去的特权。这一次，他在研究院驻扎了半年之久。然而，爱因斯坦似乎有意回避远道而来的客人，他们只在所里的聚会场合有过几次碰面。其间爱因斯坦做过一次统一场论进展的讲座，玻尔躬逢其盛。爱因斯坦一如既往地坚持那才是有望解决量子力学问题的最佳途径。但他又直视着玻尔强调他不愿意再继续讨论这个话题。被当场噎住的玻尔甚是不快，无可奈何。[16]322

其实玻尔这次也不会有多大兴致继续那个争论，他有着更紧迫的现实问题。就在丹麦码头登船那一刻，他得知来自柏林的最新实验结果：当铀原子被中子撞击时，出现了质量不到铀一半的钡原子。因为犹太人身份逃离德国的利斯・迈特纳（Lise Meitner）和侄子奥托・弗里施（Otto Frisch）认为那是铀原子核被打击后分裂成两个质量差不多的碎片，钡是其中之一。

卢瑟福早就确定了原子不是一成不变的“元素”。质量重的原子核可以自发衰变为另一种原子，轻的原子核也能被考克饶夫和沃尔顿的加速器中出来的质子打开，发生人工嬗变。但原子核整个地一分为二却还是非同小可。弗里施借用生物学中细胞分裂的术语把它称作“裂变”（fission）。

还在横渡大西洋的邮轮上时，玻尔已经认定伽莫夫的液滴模型是理解原子核裂变的有效工具。自然地，他需要一个得力的年轻助手协助他完成具体的计算

---

① 在其后的 20 世纪 40 年代，玻恩所在的爱丁堡和薛定谔的都柏林成为美国之外中国学生的聚集地。彭桓武、程开甲、杨立铭、黄昆、胡宁等人曾在那里学习、进修。

并撰写论文。事有凑巧，在纽约港口迎接他的是曾在哥本哈根镀过金的老相识约翰·惠勒（John Wheeler），玻尔立刻就抓了他的差。惠勒已经是普林斯顿大学的助理教授，正好天时地利人和。师徒俩一头扎进这个新课题，短短几个月时间奠定了原子核裂变的理论基础。[68]20-31

相比之下，爱因斯坦的纠缠和薛定谔的猫不是那么急迫。

那年 7 月，玻尔结束在美国的访问回到哥本哈根。两个月后的 9 月 1 日，他和惠勒合作的论文正式发表。同一天，德国军队发动闪电战大举入侵波兰。欧洲的第二次世界大战揭开序幕。[69]19

那个夏天海森堡也一直在美国巡回访学、出席学术会议。尽管他刻意回避，但他们的话题总不可避免地会涉及一触即发的战争形势。在罗切斯特，他过去的助手维克托·威斯科夫（Victor Weisskopf）和老相识汉斯·贝特（Hans Bethe）都极力劝说他在美国留下。但海森堡立场坚定。他相信德国会赢得这场战争。虽然他本人对纳粹并没有好感，却必须为国效力。

一站又一站，海森堡的老朋友们听到的是同一个回答。在 8 月的会议上，他没等会议结束就匆匆辞别。因为他必须赶回德国去参加机关枪射击训练。[68]32

短短三年后，贝特和威斯科夫不得不向美国政府提议在战争中寻找机会以绑架、轰炸甚至暗杀等方式对付他们这位过去的导师、朋友，以“否决敌方的大脑”①。

其后两年中，美国军方做了多次尝试，只因种种缘由未能奏效。1944 年 12 月，海森堡到中立的瑞士讲演。他不知道听众席上正坐着一位怀中揣着手枪的美国间谍②，其使命是只要听到海森堡透露出他们在核武器上有任何进展的迹象就不惜任何代价将他当场击毙。海森堡的那次演讲却是纯学术，讲解他为解决量子问题新发明的“散射矩阵”（S-matrix）理论。为避免引起外交纠纷，间谍没有采取行动。① [70]379-405

海森堡侥幸活到了战争的结束。与贝特和威斯科夫一样，当年在一起探索大自然奥秘的物理学家在战争中归属了敌对的两个阵营。发现电子自旋后就到美国工作的古德斯密特受命在战场上搜捕参与核武器计划的德国物理学家，将他们统一关押于设在英国的特殊营地，通过监听手段获取他们的机密。海森堡、劳厄、

① deny the enemy his brain

② 这位间谍名叫莫伊·伯格（Moe Berg）。他原来是美国职业棒球明星，也是普林斯顿和哥伦比亚法学院毕业的高才生。他通晓七国语言，在战争爆发后投身地下工作。

莱纳德等人都成为那里的阶下囚。他们是在那里听到原子弹在日本爆炸的新闻时才知道美国、英国已经超越德国，获得了他们未能攫取的成功。[70]408-449

87 岁高龄的普朗克也被古德斯密特追踪捕获。他没有被送往战俘营，而是获准自己养病。普朗克深受脊背痛苦，已然伛偻龙钟。在 80 岁生日之后，即使德高望重也因为立场不坚定被指为“白犹太人”的他决定彻底退休，不再过问时事。临别之际，他还做主把 1938 年的普朗克奖章授予德布罗意：一位追随“犹太物理学”的法国人。

普朗克曾在第一次世界大战中失去他的大儿子，二儿子在法国战场上被俘而幸存。战后，二儿子逐渐成长为政府中的部长助理，但在希特勒上台那天辞职。1944 年，已经败像毕露的德国军队内部发生政变，部分高级官员刺杀希特勒失败。在随后的大清查中，普朗克的儿子也涉案被捕。年老的普朗克不得不低声下气地频频向希姆莱、希特勒求情，但儿子还是被处以绞刑。①[55]1-4,135-139,146-147,153-154,163

卢瑟福没能看到原子核裂变的发现。他在那之前的 1937 年一次手术中意外离世。[17]228-230 作为原子核嬗变的鼻祖，卢瑟福清楚核反应时会释放能量。但他认为那能量过于微弱，不具备实用价值，只是所谓的“月光”（moonshine）：不切实际的痴心妄想。

裂变是剧烈的核反应，释放出比卢瑟福看到过的嬗变中大得多的能量。那却也不过是稍微明亮一点的“月光”。匈牙利物理学家利奥·西拉德（Leo Szilard）却一直坚持着一个设想：铀原子核裂变时还会产生几个中子。如果这些中子又能碰到另外的铀原子核如法炮制，便可以形成持续性的“链式反应”（chain reaction）。这样，微观世界那微乎其微的能量可以在极短时间内聚集，在宏观世界中雄伟壮丽地爆发，甚至成为可以决定战争胜负的巨型炸弹：原子弹。[17]27-28

西拉德也是众多从欧洲逃到美国的犹太人之一。他人微言轻，只好联合同是匈牙利人的维格纳和爱德华·泰勒（Edward Teller）说服大名鼎鼎的爱因斯坦出面。西拉德、维格纳和泰勒三人后来因此被戏称为促成核武器的“匈牙利阴谋”。他们起草了一封致美国总统富兰克林·罗斯福（Franklin Roosevelt）的信，提醒政府

---

① 曾在哥本哈根改编《浮士德》的德尔布吕克的妹妹、妹夫和妹夫的弟弟也在那次事件中牺牲。[55]137

图 35.3　1939 年 8 月，西拉德（右）与爱因斯坦讨论给罗斯福总统的信稿

注意这个潜在的威胁和机会（图 35.3）。当这封信带着爱因斯坦的签名被送达白宫时，德国刚刚入侵波兰。[17]303-309,[2]471-477

那年年初在纽约港口迎接玻尔的除了惠勒还有费米。因为妻子是犹太人，费米在意大利也处境维艰。正好，他因为核物理研究的成就获得了 1938 年诺贝尔物理学奖。在斯德哥尔摩领奖后，费米带着妻子和两个孩子以奖金为路费直接来到美国。[17]248-250,264-265

三年后，费米和西拉德带领的团队在芝加哥实现了人类第一个链式核反应。

1945 年 8 月 6 日和 9 日，两颗不同型号、设计的原子弹分别在日本的广岛、长崎上空爆炸。8 月 15 日，作为法西斯轴心国最后堡垒的日本无条件投降。第二次世界大战结束。

作为德国研制核武器的“大脑”，海森堡虽然逃过了反法西斯同盟国的追杀，却没能为他的祖国建造出原子弹。第一次世界大战之后，德国的物理学在普朗克坚定、稳健的领导下重新崛起，在最尖端的量子力学、核物理上傲视全球。海森堡没能在核武器上取得突破，也始终确信敌对方更不可能有所成就。直到在战俘营中听到原子弹爆炸的新闻他才如梦初醒。迫于形势，他极力改写历史，为自己塑造出一个在内部消极抵抗纳粹，故意拖延原子弹进程的新形象。

原子弹的爆炸再一次将爱因斯坦推上举世瞩目的前台。卢瑟福的“月光”在一瞬间变作史无前例之“比一千个太阳还亮”的释放，充分展示狭义相对论所揭示质量转化能量的威力。

因为那封给罗斯福总统的信，爱因斯坦也经常被看作原子弹的始作俑者。其实，他的信只得到一般性的注意。美国研制原子弹的“曼哈顿计划”是在那之后两年多才开始实施。那时日本已经轰炸了珍珠港，将美国拖进大战。原子弹的初步研究也已经在英国完成。

由于还有着同情共产党和反战的嫌疑，爱因斯坦没有获得接触最高机密的资格，与“曼哈顿计划”无缘。而对原子弹举足轻重的也不是他的相对论，而是那

同样由他首创，却始终让他爱恨交加的量子理论。[2]477-478，480-482

真正领衔实现了海森堡未能做到之壮举的却是一个由他过去同事、朋友和学生组成的强大团队。他们中的主力正是包括西拉德、维格纳、泰勒、弗兰克、费米、贝特、威斯科夫等一大批因为纳粹迫害而逃离欧洲的犹太物理学家。他们中也有着如斯莱特、惠勒那些曾经在欧洲的量子力学圣地游学、镀金的少壮。当然，还有曾在美国各个大学校园中聆听索末菲、玻尔、玻恩、海森堡、狄拉克等人巡回讲座的年轻人。而最为出乎意料，他们这一方的“大脑”竟是曾在剑桥和哥廷根镀金，与狄拉克相交甚欢的那个纨绔弟子奥本海默。

毫无例外，他们都是以玻尔、海森堡为代表的哥本哈根学派的成员，或者是在其熏陶下学习、掌握量子力学的新一代。

原子弹的爆炸不仅宣告了第二次世界大战的结束，也标志着人类进入核能量的新时代。从世纪之初贝克勒尔在铀矿石中发现放射性，经过卢瑟福、玻尔、爱因斯坦、海森堡、薛定谔等人的不懈努力，量子的概念不再只是为了解释黑体辐射、光电效应、光谱数据的权宜之计，也不再局限于看不见摸不着的微观世界。它伴随着原子弹那炫目的闪光、骇人的蘑菇云进入了寻常百姓的视野。

原子弹的成功又一次无可辩驳地宣示了量子力学的正确性。而在那战火辉煌的年代，爱因斯坦对量子力学完备性的质疑只是杞人忧天，无人再问津。

惠勒只是愧疚他们的动作还是太慢了。他的一个弟弟曾在 1944 年惨烈的意大利战场上寄回一张明信片，上面只写有两个字:“快点！”① 拥有历史学博士学位的弟弟了解哥哥曾经与玻尔一起研究过原子核裂变，早就猜想到他是在后方参加研制威力强大的新武器。但弟弟已经等不及了，明信片寄出几个月后，就在战场上捐躯。[68]18-19

① hurry up!

第 36 章 费曼的路径积分

当惠勒被玻尔临时抓差去研究原子核裂变时，他正和自己的学生在钻研一个有意思的课题：超距作用。

惠勒出生于美国的一个普通家庭。他父母都是图书馆职员，家里富有的就是藏书。15 岁中学毕业时，惠勒争取到州政府奖学金进入约翰斯·霍普金斯大学。他选择的是工程专业，期望将来容易找工作。但上学不久，他在图书馆中翻阅到物理期刊，在几个老师的影响下迷上了新兴的量子理论，遂转学物理。

那时，约翰斯·霍普金斯大学还是一所成立才半个世纪的新学校，也是最早引入德国式强调科学研究的美国大学之一。它鼓励本科生参与科研，可以直升研究生院。惠勒在那里游刃有余，本科入校后不久就开始发表论文，总共只用了六年就获得博士学位。[68]85-87 那是 1933 年，新量子理论随着泡利“新约”综述的发表大功告成。那年年底，海森堡、薛定谔和狄拉克获得诺贝尔奖。其时还不到 22 岁的惠勒只比狄拉克小 9 岁。

图 36.1　1935 年，23 岁的惠勒在哥本哈根【图来自 AIP Emilio Segrè Visual Archives】

毕业后，惠勒又赢得政府奖学金（图 36.1）。他先在纽约大学做了一年博士后，再负笈海外到玻尔研究所继续深造。为了节省开支，他搭乘的是远洋货轮。那时玻尔痛失大儿子不久，研究所的气氛大不如前。即便如此，惠勒在那一年中依然大开眼界，亲眼看见玻尔如何引导一群年轻人多方位开拓物理学的前沿。在那个熙熙攘攘的物理中心，他结识了来自世界各地的众多名家和后起之秀。

在玻尔的指导下，惠勒也成果甚丰，一年内完成三篇论文。不料，玻尔却以不成熟为由直接“枪毙”了其中两篇。惠勒不仅没有失望，反而对导师更为尊敬甚而崇拜。他已经成为哥本哈根大家庭中的忠实一员。[68]130,137-143

回国后，惠勒顺利得到北卡罗来纳大学的聘请。三年后，他放弃已经到手的终身教授位置，在 1938 年秋季转入普林斯顿大学继续担任助理教授。那学期开学前，一个刚刚到校的研究生走进了他的办公室。

理查德·费曼（Richard Feynman）那年大学毕业，本来准备留校继续攻读博士学位。他是毫无疑问的佼佼者，作为本科生已经发表了两篇有影响的论文。然而，他所在的麻省理工学院虽然是与约翰斯·霍普金斯大学几乎同龄的新学院，却有着完全相反的政策。麻省理工学院希望自己的学生毕业后离开，去其他学校拓宽视野，体验不同的学习、科研环境。这让费曼很失落，他早已认定麻省理工学院是美国最好的学院。

费曼的导师正是那里的物理系主任、曾在玻尔手下吃过苦头的斯莱特。他爱才惜才，一边毫不留情地禁止费曼在自己学校继续读研究生，一边直接与普林斯顿大学的物理系主任联系，极力推荐。普林斯顿那时对犹太学生有着名额限制，但经不住斯莱特的软硬兼施终于接受了费曼。[71]83-85

费曼倒也觉得普林斯顿是麻省理工学院之外的最好选择（图 36.2）。那里人才济济，拥有维格纳和冯·诺依曼那样的物理、数学名师。高等研究院也在附近，有着刚刚到来的爱因斯坦。费曼希望能师从维格纳，普林斯顿便安排他第一学年担任维格纳的助教。[69]7-8,11

图 36.2　在普林斯顿大学图书馆中读书的费曼

不料，费曼来到普林斯顿报到时发现他被临时调换，为一个从没听说过的新教授当助教。当他悻悻然地走进惠勒的办公室时更觉诧异，这个教授看起来就跟他一样的年轻。

惠勒看到费曼进来坐下后，从口袋里掏出一块怀表放在桌子上。这是他成为教授后培养的习惯，在与学生面谈时注意控制时间。两人商谈片刻后费曼告辞。

几天后，他们再次见面时惠勒照例又掏出怀表。对面的费曼不紧不慢，也从兜里掏出一只新买的廉价手表，正正经经地放置在桌上自己一方。教授出乎意料，一时目瞪口呆。半晌，惠勒终于忍不住先笑出声来。两人随后都开怀大笑，无法再讨论正事。自那以后，两个年龄相差不到 7 岁的小伙子不再拘泥形式，更像是一对师兄弟。[69]15,21

费曼也改变了主意，选择惠勒为他的学位导师。惠勒在北卡罗来纳大学的三年里已经培养过几个博士，却还从未遇到过费曼这样的学生。

费曼在麻省理工学院读本科时已经阅读了大量的经典著作，最崇拜的是逻辑简洁数学优美的狄拉克。他对狄拉克在《量子力学原理》书中的最后一句话记忆犹新："看来这里需要某种本质上的新物理思想。"① 对费曼来说，这个让全书戛然而止的悬念比任何电影情节都更为惊心动魄。[72]

狄拉克是在描述他那量子电动力学所遭遇的无穷大困难时无可奈何地以这么一个期望结束他的教程的。其实，那个问题并非量子理论所独有，它在经典电磁学中同样地存在。

一个多世纪以前，法拉第为了避免电磁现象中的超距作用引入"场"的概念。带电的物体会在其周围的空间产生一个电场，作为中继与一定距离以外的另一个带电体发生作用。这个看不见摸不着的抽象概念经过麦克斯韦的数学描述和赫兹的实验证明在 19 世纪获得广泛接受。

这样一来，电子不再只是一个单纯的粒子。它的周围永远伴随着由它的电荷产生的电场。电子运动时会连带着改变这个电场，也就有着额外的惯性，叫作电子的"自能"(self-energy)。如果把电子看作一个没有大小的点，它产生的场在那个点上有着无穷大的强度。相应地，电子的自能会是无穷大。

当然如果电子即使非常小也有着一定大小，那么就可以避免这个数学上的困难。那时电子的自能虽然还是非常之大，它在具体计算中只是作为"背景"出现，对计算结果没有影响——至少在经典电磁学中如此。

狄拉克发现他的量子方程也能忽略自能的影响，进而得出与实验相当符合的精确结果。但那却只是理论的最初级近似。如果精益求精地包括更高阶的修正，那么每个修正项中都有着类似自能的贡献而成为无穷大，导致这样的计算完全没有物理意义。这个荒谬的结果说明他的理论存在着致命的缺陷。他无计可施，只好求助于未来"本质上的新物理思想"。[71]99-100

新思想正是大学本科生的费曼的强项。他觉得电子产生的场反过来作用在自己身上很荒诞，类似逻辑上的循环论证。于是他认为只要硬性规定电子只能与其他电子发生作用，不能自己跟自己过不去就可以避免这一困难。在与惠勒的一次

① It seems that some essentially new physical ideas are here needed.

讨论间隙，他壮起胆子向新导师提起这个念头并陈述了自己已经做过的一些推导。

没想到惠勒当即告诉他洛伦兹早就发现无线电天线工作时存在“辐射阻尼”（radiation resistance），那正是电子产生的电场作用于自身的表现，已然被实验证实而毋庸置疑。他接着又不假思索地指出费曼推导过程中的几个致命漏洞，让这个只是稍微年轻的学生佩服得五体投地。但更让费曼出乎意料的是惠勒并没有因此否定他这个稚气的想法，反而当场提出能够弥补其逻辑缺陷的新思路。

费曼是后来才逐渐意识到惠勒并不是像他怀疑的那样自己事先做过这些推导。有经验的导师完全可以凭借物理图像和直觉看出那些问题。[72] 但惠勒的确也曾有过同样激进的想法。

惠勒进入物理学领域时正是核物理大发展之际。中子、正电子的发现，介子概念的提出让原来很简单的微观世界突然变得繁杂无序。他觉得如果假设质子、中子等都是由最简单的电子、正电子组成，就可以大大简化。① 然而，如果中子由电子和正电子组成，它们就会有着卢瑟福原子模型同样的困难，不可避免发生辐射而不稳定。费曼的想法引起了他的共鸣。如果只是这些粒子之间有直接的相互作用，中间却没有那作为中继的场，那么就不再会有自能、辐射这些困难。

于是，惠勒带着费曼一起进入了他称之为“一切都是粒子”② 的新世界。[68]120 在这个世界里，没有场、没有波，只有电子和正电子。它们组成其他的粒子，也可以相隔很远地直接发生相互作用，无须作为中继的场。当然，这个超距作用不像爱因斯坦的那般鬼魅。它不是瞬时发生，而是如麦克斯韦方程描述有着时间上的滞后，不违反相对论，也不会与已有的理论冲突。③[69]56-65

虽然惠勒在哥本哈根的时间并不长，但他已经对玻尔的风格耳熟能详，也经常刻意地模仿。无论是在北卡罗来纳还是普林斯顿，依然年轻的他身边有着许多更年轻的学生。他的脑子里时时刻刻会出现各种荒诞念头，总是急不可待地找学生分享。在他后来几十年的教学生涯中，几代学生都异口同声地标榜他们的老师是个“疯子”，并引以为傲。

费曼住在学校的研究生宿舍，只在大厅里设有公用电话。惠勒经常会没日没夜地打电话找他商讨。爱促狭的费曼便在这头唯唯诺诺地回应，假装对方是爱因

---

① 在中子、正电子发现之前，狄拉克也曾猜想过他理论里电子海洋中的空位就是质子，因而所有粒子都是由电子组成。[36]177-178

② everything is particles.

③ 因为时间方向的对称性，他们这个理论中也有着“超前”的相互作用。

斯坦教授，让他的同学们深信他日常性地在与国际大师探讨科学难题。[71]98

一个晚上，惠勒又极其兴奋地打来电话：“费曼，我终于明白为什么所有电子都有着相同的质量和电荷了！”费曼赶紧问那是怎么回事。惠勒答：“因为，它们就是同一个电子！”在他那突然大开的脑洞里，电子既可以随时间从过去走向未来，也能逆着时间从未来穿越回到过去。同一个电子这么没完没了地来回穿梭，每次经过不同的空间位置。这样在任何一个时间点，我们能观察到空间中到处都是电子，近乎无数。那其实就是在顺着时间跑的同一个电子。至于那些同时也在逆着时间跑的，就是我们看到的电子背面：正电子。懵懵懂懂的费曼倒没有让导师完全绕糊涂，他问道：“可是大教授，并没有与电子数目相当的正电子啊？”惠勒不在乎这个细节，只搪塞说也许还有更多的正电子都藏在质子内部。[72]

惠勒不仅具备玻尔那思想活跃不拘一格的一面，还很相似地不擅长数学演算。而那正是费曼的专长。从中学到研究生院，他总是以能得心应手地计算各种繁复的积分著名。在惠勒的指导下，费曼很快理清了他们“延迟的超距作用”背后的数学，证明那是一个逻辑自洽的体系，可以与传统的麦克斯韦理论分庭抗礼。

兴奋的惠勒立即在系里安排讲座，让费曼自己上台讲解。主持的维格纳专门邀请了冯·诺依曼、泡利、爱因斯坦等名家出席。那还是费曼第一次上台，不禁忐忑不安。惠勒和维格纳自然是一番安慰、打气。泡利还是泡利，他立即指出这个理论肯定无法成立。但他倒也没忘了客气地征询爱因斯坦的意见。爱因斯坦和善地回应，不，这个理论看起来有着合理性，只是与引力可能不合拍——他还惦记着自己的统一场论。年轻的费曼大松一口气。[71]110-115,[69]62-64

他们这个新理论只适用于经典的电磁作用。惠勒告诉费曼下一步的量子化不过举手之劳。他预定了下一场讲座时间，准备自己动手完成后就宣讲。泡利却私下告诉费曼他的导师只是在说大话。这次，他猜得没错。惠勒无法找到量子化的途径，不得不取消了讲座。

如何将经典的理论量子化那时候已经有了一套现成的程序。惠勒是在掉以轻心后才发现他们的新理论极其不传统，无法按既定方针办。泡利却在讲座中一眼就看出了这个问题。[71]127-128,[69]65

费曼只好自己另辟蹊径。一天晚上，他郁郁寡欢地来到镇上小酒馆解闷，不期相遇一位刚从欧洲逃难过来的物理学家。那人告诉他狄拉克曾经写过一篇论文，用拉格朗日量描述量子系统，可能对他有帮助。第二天，他们一起跑进图书馆，在一本不那么知名的刊物里找出那篇没人留意过的小论文。[72]

牛顿的经典动力学有着一个非常直观的物理过程：一个物体处于某个位置，受着一定外力作用。外力造成的加速度和物体本身的速度一起决定它在下个时刻会处在的位置。那里的外力再度施以加速度，改变其运动方向、速度。这样，物体在外力牵引下一步一步从起点走向终点。它的轨迹由初始的位置、速度和沿途所受的外力完全确定。无论是我们手里抛出的石头还是绕着太阳公转的地球，它们都如此这般地运动着。

为了这样逐步地推算物体的运动轨迹，牛顿专门发明了微积分作为数学工具。但在 18 世纪，欧拉、拉格朗日等数学家发现另外一个窍门，可以省略这个渐进的步骤。他们把物体在每个点上所受的力改换成空间分布着的势场，物体在这个场中的运动轨迹就是一个简单的极限选择：一条能让一个叫作“作用量”（action）的物理量有着最小值的曲线。这就是“最小作用量原理”。

物理学家对这样的原理并不陌生。皮埃尔・德・费马（Pierre de Fermat）在欧拉的一个世纪前就总结出“费马原理”（Fermat's principle）：光线在反射、折射时走的是花时间最短的路径。最小作用量原理是费马原理在力学中的延伸，也是一个普适的规律。爱因斯坦发明狭义相对论后，普朗克立刻证明了这个奇异的新理论没有违背最小作用量原理。

欧拉和拉格朗日的描述与牛顿方程完全等价，只是数学上更为清晰、便利。但它也带来一个有意思的新视角：物体不再是如牛顿所描述一步步由外力牵引从起点到达终点。它似乎是在仔细勘测了两点之间所有可能的路径后“选择”了作用量最小的那一条“理想”途径。

也许是出于数学上的好奇，狄拉克尝试着构造了量子力学的拉格朗日描述。他在论文中指出这个作用量在经典和量子世界之间存在着直接的类比。费曼对这个语焉不详的说法发生了浓厚兴趣，当即在图书馆的一块黑板上进行了演算，发现所谓的“类比”就是简单的正比关系。由此，他找到了将他和惠勒的另类电动力学量子化的途径。[72]

在量子世界里，粒子可以同样地勘测起始两点之间所有可能路径的作用量。但它不再只是选取作用量最小的那一条而对其他路径视而不见。这里所有的路径都对粒子的运动有贡献，贡献的大小取决于那条路径的作用量。[69]155-156

或者说，粒子还是在按照作用量的大小选择路径。作用量越小的路径“获选”的可能性越大。作用量大的路径被选上的概率很小，但不再是零。

这样，粒子的运动便是所有可能性的总和或平均。因为路径的数目会是无限多，所以这个求和的加法其实是一个积分。费曼把它称作“路径积分”(path integral)。

这依然是他们那个“一切都是粒子”的世界，没有场也没有波。但因为不同路径的可能性是一个复数，它们相加时不是简单的累计，而是有时相互叠加，有时互相抵消。于是，它们会在结果中自然地出现类似波动的干涉、衍射图像，与薛定谔的波函数无异。

正如最小作用量原理与牛顿动力学方程等价，费曼证明了他的路径积分与薛定谔方程完全等价，是继矩阵、波动之后量子力学的第三个表述。[73]38-40

惠勒对这个学生的能力深为折服，只是不满意费曼所用的平平淡淡的名字。惠勒自己把这个量子力学新表述叫作“对所有历史求和”(sum over histories)。在他看来，费曼的发现表明量子世界的粒子的确是在仔细勘探了每一条可能的路径，然后才依照作用量的权重决定其运动状态。这相当于粒子在每条路径上都已经走过，具备所有路径的全部“历史”知识。

以这个眼光再去看那曾在索尔维会议上让爱因斯坦、玻尔等人绞尽脑汁的双缝实验似乎便豁然开朗：光子、电子在运动时已经有了从源头到屏幕所有路径的历史信息，所以它们的确“知道”有着两条缝隙的存在，故而可以在屏幕上形成干涉条纹。它们并不是单纯地从某个缝隙中通过。

假如在缝隙的背后设置障碍或测量仪器，那么光子、电子所掌握的历史即被改写。它们求和而得到的运动便会截然不同，不再有干涉条纹。

有了这一重大进展，惠勒带着费曼兴冲冲地来到爱因斯坦居住的小楼。这已经不是他们第一次来这里了。爱因斯坦很喜欢这一对朝气蓬勃的小字辈，总是热情、耐心地接待他们。他俩向大师详细地介绍这个量子力学新表述，强调这是经典物理的自然延伸，不像海森堡的矩阵、薛定谔的波函数那么突兀、人为。惠勒满怀期望，这是否足以说服爱因斯坦改变他对量子力学的深刻抵触？

爱因斯坦却一眼看穿费曼只是把量子力学中的随机性从波函数转移到路径的选择上，不过换汤不换药。他悠悠地作答：“我无法相信上帝会掷骰子，但也许我已经赢得自己犯错误的资格了。”[69]75-76,[68]167-168

第 37 章　物理世界的重整

惠勒和费曼在象牙塔中指点量子江山的好日子并不长。他们很快分别被征召参加与备战有关的研究项目。惠勒预见到即将来临的风暴，催促费曼立即以已有的结果申请学位。费曼依言而行，却也没忘在论文中强调其中的诸多不足。维格纳和惠勒没有拘泥形式，授予他博士学位。[71]146-148

随后，他们都全身心投入原子弹工程。惠勒和维格纳专注于核燃料的制备，费曼则在新开张的洛斯阿拉莫斯基地服务。直到 1945 年战争结束后，他们才得以重拾旧业，陆续发表几年前的成果。他们的第一篇论文发表在那年《现代物理评论》(*Reviews of Modern Physics*) 庆贺玻尔 60 岁生日的专刊上，让惠勒尤为自豪。[69]104-105,[68]32

泡利那年接到一份意外的电报，通知他获得该年诺贝尔物理学奖。战争爆发后，他带着妻子离开苏黎世，凭借高等研究院的邀请来到美国避难。虽然瑞士是中立国，他依然切身感受到纳粹的威胁。

在海森堡、薛定谔和狄拉克的突破之前，泡利发现冠以他大名的不相容原理，率先揭示出量子世界的不同寻常。但他与玻恩一样被诺贝尔奖委员会忽视，主持人奥森尤其坚持泡利在那一发现之后不再有显著的新成果，不宜颁奖。这个难以逾越的障碍直到奥森在 1944 年年底去世才消失。

泡利正在申请美国国籍，没有去瑞典领奖。高等研究院为他们的第一份诺贝尔奖举行了庆祝活动。在众多的祝贺声中，爱因斯坦最后的即兴发言让泡利刻骨铭心。即便十年后，泡利还会记忆犹新地回味那一幕，感觉是一位老国王在指定自己为继承人。他大概不会知道，爱因斯坦那年曾给斯德哥尔摩发电报为他提名。

晚上，惠勒又招呼起普林斯顿的年轻一代为泡利举办啤酒晚会（图 37.1）。[9]127,264-265,[61]194-195

1946 年，普林斯顿大学为庆祝建校 200 周年举办一系列学术讲座。维格纳邀请众多嘉宾一起探讨“核物理的未来”。他特意安排已经是校友的费曼为狄拉克做介绍。费曼看到狄拉克事先提供的论文后却大为失望。他这位当年的偶像已经

图 37.1　1945 年 11 月，来自中国的胡宁（左一）和泡利（左三）等在庆祝诺贝尔奖的啤酒晚会上

与物理的前沿脱节，不再有精彩的思想火花。

果然，狄拉克了无新意的演讲平平淡淡。费曼只好发挥自己的特长，插科打诨地活跃气氛。下面的玻尔看不惯，竟站出来当众要求费曼严肃点。

讲座之后，费曼看到狄拉克在独自踱步，就上前询问一直让自己好奇的问题：他当初发表那篇作用量论文时是否知道他所谓经典与量子物理中作用量存在的“类比”其实就是一个直接的正比关系。狄拉克颇为惊讶，但也只是问了一句“真的吗？”就转身走开了。与当年一样，他无意继续深究那条思路。[36]332-334

在群雄云集的洛斯阿拉莫斯，费曼成为年轻人中独一无二的明星。他以自己特有的机智、幽默和能力得到一致的爱戴，也留下一箩筐脍炙人口的轶事。顶头上司、主管理论部的贝特尤其欣赏他敢于当面挑战权威的性格，无论什么问题都会随时找他激烈辩论。玻尔来访时也曾如法炮制，却无法感受费曼美国式的直率、较真，故而对他一直没有好感。[69]103-104,[71]257 也许，费曼会让他回想起当年那个无法相处的年轻狄拉克。

已经成为狄拉克内兄的维格纳也颇有同感。他眼里的费曼是“第二个狄拉克，只是这次是个人”①。[36]334

当他们大功告成，准备各自重回平静的书桌时，费曼成为各方抢夺的青年才俊。最后还是贝特捷足先登，将他揽到自己所在的康奈尔大学。

在爱尔兰的薛定谔没有被战争打搅。作为中立国的外国侨民，他没有参与军事行动的权力或义务。他在那里的事业、人生蒸蒸日上，乐不思蜀。

让他在都柏林名声大噪的却不是他那只倒霉的猫，而是他跨界到生物领域所做的一系列讲座。他提出量子物理学已经成熟，足以从微观的原子、分子结构出发理解自然界最神奇的现象：生命。他在这些讲座基础上出版的《生

① Feynman is a second Dirac, only this time human.

命是什么？》① 成为经久不息的畅销书，对现代分子生物学的诞生有着深远的影响。[19]394-414,417-423

大洋彼岸的老朋友爱因斯坦却处于“赋闲”状态。在纳粹德国的威胁面前，爱因斯坦暂时搁置了他坚持一生的和平主义信念，积极寻找机会协助美国的军事科研。但因为背负同情共产党的嫌疑，他被拒之门外，只是偶尔能为军方提供一点咨询。他所能做的只是在高等研究院与避难中的泡利一起钻研统一场论，与现实世界几近隔绝。②[2]480-482

当时没有人知道，花甲之年的爱因斯坦心中其实也正燃烧着最后的激情。那些年里，他与来自苏联的玛格丽塔·柯南科娃（Margarita Konenkova）关系密切，直到战争结束时柯南科娃回苏联后依然保持书信往来（图 37.2）。③ 就连一直监控他的联邦调查局也没能察觉这段情缘。半个世纪后，爱因斯坦的黄昏恋因为柯南科娃保存的情书被发现才公开。更大的惊奇却在于柯南科娃很可能是一个带着刺探原子弹机密任务的间谍。[2]502-503

图 37.2　1935 年，爱因斯坦（右）与初结识的柯南科娃

相隔着大西洋，薛定谔和爱因斯坦依然保持着紧密的通信联系。无论是经典和玻色的统计理论、相对论、辐射还是德布罗意波，薛定谔在近 40 年的学术生涯中一直紧跟着爱因斯坦的步伐。在跟随 EPR 论文提出量子纠缠却无人喝彩后，薛定谔这时也一头扎进了统一场论，继续扮演爱因斯坦唯一知音的角色。春风得意中的薛定谔甚至反过来建议爱因斯坦干脆也搬到爱尔兰，再现他们当年在柏林的大好时光。爱因斯坦则回应自己已是老树，不宜再换新盆栽种。

爱因斯坦在书信中详细地向薛定谔通报研究进展，只是他们的努力最终总是被泡利证明此路不通。他只能在信中感叹，“泡利又向我吐出了舌头”。薛定谔积极回信，频频为老朋友出新点子，要让泡利把舌头缩回去。同时，他谦虚地表示爱因斯坦是在猎取大狮子，而他自己不过是在跟着寻觅一些小兔子。

---

① *What is Life?*

② 除了学生或助手，爱因斯坦很少与他人联名发表论文。他与泡利那几年合写的论文是绝无仅有的例外。

③ 柯南科娃的丈夫是苏联著名雕塑家，曾被高等研究院雇用为爱因斯坦制作头像。

终于，在战争结束后的 1947 年 1 月，薛定谔在打兔子时也碰到了雄狮。那个月底，他在爱尔兰皇家科学院豪华的演讲大厅里宣布已经成功地解决了困扰爱因斯坦 30 多年的统一场论。立刻，当地报刊上连篇累牍地报道他们“自己的”薛定谔的历史性突破，尤其热衷于渲染他如何无惧爱因斯坦的权威而实现了完美的超越。

在公开的媒体上，爱因斯坦低调回应，指出薛定谔的新发现不过尔尔。私下里，两个老朋友的关系急剧恶化，各自准备上法庭起诉对方剽窃，只是在泡利的劝说下作罢。后来，爱因斯坦不再理睬薛定谔解释、道歉的来信，与他中断了联系。[20]186-198,[19]425-435

1947 年 6 月 1 日，20 多位衣冠楚楚的年轻物理学家在纽约市中心集合。惠勒带着他们，像参加课外活动的小学生般登上一辆老旧的大客车向郊外驰去。在繁华的市区，他们的行动并不引人注目。但出城后不久，一名警官骑着摩托赶来。问明他们是物理学家后，他闪起警灯，一路护送客车到渡口旁的一家餐馆。那里的老板专门为他们提供了丰盛的免费食物。

餐馆老板的儿子和警官本人都曾经在太平洋战场服役。原子弹没来得及帮助在意大利的惠勒弟弟，但提前解除了老板儿子和警官的生命威胁。他们将这些神秘的科学家视为救命恩人，自发地表达感激之意。

美国物理学家的社会地位在战后达到高峰，与疆场拼杀的军人一样享有国家英雄的光环。在原子弹之外，他们研制的雷达、通信设备也是赢得胜利的关键。政府继续慷慨地将大笔资金投入物理学领域，期望能有更先进、更具威力的武器出现。

但那辆车上的物理学家心思却不在武器上。他们刚刚结束五年多的战争服务，重新捡拾起尘封多年的论文、笔记。这时他们迫切地希望能了解被战争耽搁的物理研究最新的进展和走向。

在饭馆里享受免费午餐后，他们坐轮渡登上位于海峡中央的谢尔特岛，在那里一家度假旅馆住下，举行为期三天的会议。他们已经为这一聚会筹备了一年多。它借鉴著名的索尔维会议模式，将为数不多的人集中在一起同吃同住，一起商讨量子物理的基本问题。

其实，这个会议只是在表面形式上与索尔维会议相似。[①] 新兴的美国没有论资排辈的贵族传统，自然不会举办“女巫的盛宴”。他们的邀请名单由年仅 34 岁的惠勒拟定。其中没有爱因斯坦，没有迈克尔逊、密立根，甚至没有康普顿。只有伊西多・艾萨克・拉比（Isidor Isaac Rabi）一人是诺贝尔奖获得者。

与会者中年龄最大的是曾担任玻尔助手的克莱默，当时 53 岁。他因为正好在高等研究院访问就近参与。其他人年龄上都不到 50 岁，正是年富力强的一代。年龄最小的便是费曼，还未到 30 岁。在不远的未来，他们这 20 多人之中会出现 6 位诺贝尔奖获得者。[②]

除了克莱默，他们都是美国公民或正在成为美国公民。而他们之中却有近一半人出生于欧洲，包括冯・诺依曼、贝特、威斯科夫、泰勒、乌伦贝克等。这也正是美国物理学界的一个缩影：因为希特勒的排犹政策，作为移民大熔炉的美国获得大量人才输入，一跃成为科技大国。

会议由 43 岁、已经因为原子弹闻名天下的奥本海默主持。他开门见山地邀请拉比报告最新的实验进展。

拉比因为发现原子核在磁场中的“磁共振”（nuclear magnetic resonance）现象刚刚获得 1944 年诺贝尔物理学奖，已经担任哥伦比亚大学物理系主任。[③] 战争结束后，他马不停蹄地招聘曾一同从事雷达研究的人才，将战争中发展出的微波技术转为基础物理研究，以前所未有的精度测量氢原子的光谱。

因为电子带有电荷又有着自旋角动量，本身会带有“磁矩”（magnetic moment），其效应会在光谱中显现。这是自海森堡、泡利和朗德研究反常塞曼效应始便众所周知的事实。但拉比在会议上透露，他在哥伦比亚大学的同事波利卡普・库施（Polykarp Kusch）测量发现电子的磁矩比理论预测数值稍微大出了一点。接着，也是哥伦比亚大学的威利斯・兰姆（Willis Lamb）又公布他测量的氢原子光谱精细结构，其中出现了理论上不应该有的谱线分裂。

库施和兰姆分别发现的“电子反常磁矩”[④] 和“兰姆位移”（Lamb shift）第一次

---

① 索尔维会议在 1933 年讨论过核物理后就停办了，直到战后的 1948 年才恢复。它一直延续至今，却早已没有了昔日的风光。

② 其中五个物理学奖，一个化学奖。

③ 拉比与中国留学生王守竞和最早提出自旋概念的克勒尼希曾是哥伦比亚大学同学，经常一起自学量子物理。在欧洲求学期间，拉比曾先后师从索末菲、玻尔、泡利等名家。

④ 与“反常塞曼效应”一样，这里的“反常”只是指电子磁矩的数值与理论不符合。

暴露了狄拉克量子电动力学的缺陷。[①] 在那之前，这个漂亮的理论只是在计算过程中会出现令人困惑的无穷大，但完全可以置之不理而照样得出与实验相符的结果。这两个新发现表明理论中存在着被那些无穷大数值掩盖的真实物理现象，比如来自电子自能的影响（图 37.3）。

图 37.3　谢尔特岛会议一幕：众人围观费曼（中坐、执笔者）演示他的计算过程。斜坐沙发上持烟斗的是奥本海默。左一为兰姆（右一为下一章将出场的玻姆）

如何在各个无穷大中提取有实际意义的数值成为谢尔特岛上的独特挑战。在接下来的两天里，他们经常凑在一起反复进行各种运算，却都无功而返。费曼也借机展示了他那独特的路径积分，引起广泛好奇。但没人能看明白他那个魔术般的运算方式。[68]242-245,[73]33-35

还是贝特在会后返家的火车上终于找出推导兰姆位移的途径。不久，与费曼同龄、也是公认天才的哈佛大学教授朱利安·施温格（Julian Schwinger）也取得了成功。他们把那些数值无穷大的项合并到公式里的电子质量、电荷，将它们重新定义为现实世界中有限数值的质量、电荷。所有的无穷大因而消失，而剩余的计算结果准确地推算出了电子反常磁矩和兰姆位移。这个处理无穷大的方式叫作“重整化”（renormalization）。

奥本海默当即安排后续会议。短短九个月后，他们又在宾夕法尼亚州的山中重聚。这次，他们还邀请了玻尔、狄拉克、维格纳等著名人物来评议新的突破。

施温格花了一整天的时间详细地讲解他的推导过程。一串又一串繁复的方程接连不断地出现在黑板上，既令人目不暇接，却也井井有条。在漫长的八个小时后，他终于得出了符合哥伦比亚大学测量出的电子反常磁矩和兰姆位移结果。

接下来，费曼走上讲台，向一屋子已经疲惫不堪的听众表示他的路径积分也能得出同样的结果，但只需要几十分钟时间。他在黑板上写出的不是公式，而是一系列卡通式的图像。图中有着电子、光子所走的路径和互相的碰撞、发射或吸收，却没有场也没有波。惠勒看到他这个昔日学生画出的正电子路径正是逆着时

---

① 1955 年，库施和兰姆分享了诺贝尔物理学奖。

间运动的电子（图 37.4），不禁欣然。

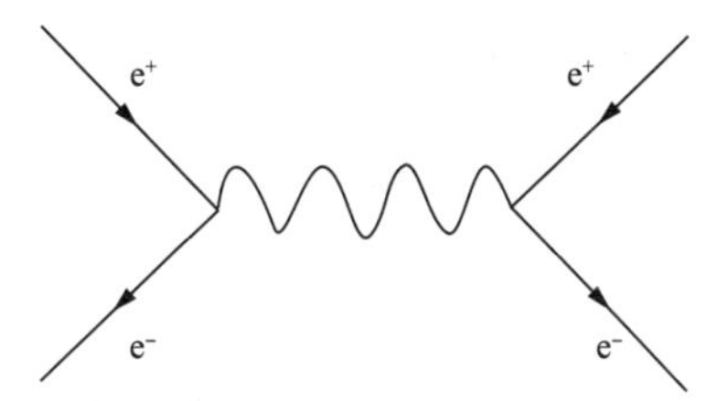

图 37.4　费曼图一例。电子和正电子（直线）在碰撞中湮没，产生光子（波浪线）。该光子随后又分解为一对电子和正电子。注意电子与正电子在时间的运动方向相反

但惠勒之外的行家却觉得费曼花里胡哨的图像和描述只是不知所云的天方夜谭。泰勒看到他把两个电子画在一起，立即指出他违背了泡利不相容原理。玻尔则大为惊诧，海森堡的不确定性原理早就否定了电子轨迹的存在，哪里可能还会有路径。费曼左抵右挡，逐渐力不从心。他发现这些权威们每人都手握一个原理、定律，而他正在一个个地违反着。狄拉克又突如其来地问起一个数学问题，更让费曼溃不成军。他匆匆结束了自己的讲解，只反复声明他的演算可以与施温格同样地得出应有的结论，只是无法解释清楚个中缘由。①[71]6-7,255-261;[73]33-35

及至他们一年后在纽约州再度相聚时，局势才骤然明朗。从英国到康奈尔留学，师从贝特的年轻研究生弗里曼·戴森（Freeman Dyson）成为主角。他以精湛的数学基础疏通了施温格繁复的逻辑，又在与费曼朝夕相处中理解了后者的思路，并证明这两个截然不同的算法完全等价，恰似 30 年前量子力学矩阵与波动之争的重现。[73]56-58,[69]142-144,148-156

在这次会议之前，奥本海默还意外地收到一封日本来信。那里的朝永振一郎（Shinichiro Tomonaga）声称他已经找到消除狄拉克理论无穷大的途径。当年海森堡和狄拉克联袂在日本讲学时，朝永振一郎是礼堂里少数能够完全听懂的大学生。他后来曾到海森堡所在的莱比锡留学，战争爆发时匆匆赶回日本。在战乱和战后的艰苦环境里，他独自发现了重整化的途径。当然，他在日本发表的论文完全不为人所知，只是在新闻中得知美国物理学家的动向后才立即与奥本海默联系。[73]55-56,[74]

戴森也顺带证明了朝永振一郎的方法与施温格、费曼后来的发现完全合拍。他们三人各自发现了同一个理论的不同表现形式。多年之后，他们仨共同获得 1965 年诺贝尔物理学奖。②[73]59-61,[69]144-148

在那短短三年里，曾经困扰狄拉克十多年的无穷大问题得以彻底解决。

奥本海默随即宣布量子电动力学已经大功告成，从谢尔特岛开始的这一系列

① 因为自己尊重的导师玻尔在质疑，惠勒这次没有出面为学生救场。

② 戴森未能一同得奖，主要因素应该是诺贝尔奖规定获奖者不得超过三人。

会议也完成了使命。施温格和费曼都是美国土生土长，未曾到欧洲镀金的新一代。戴森则是从欧洲来美国留学的研究生。在战后欧洲满目疮痍百废待兴的时刻，他们的成就和谢尔特岛系列会议标志着美国已经超越历史悠久的欧洲，取得物理学的领先地位。

兰姆位移是光谱线中极其精细的结构，需要在百万分之一的精度上测量。重整化后的量子电动力学也计算出同样精确的数值。从那时开始，量子力学这个以不确定性原理——或曰"测不准原理"——为精髓的理论一举成为饱受实际检验的最为确定、最精确的科学理论。[73]34

那是 1949 年，距离普朗克解释黑体辐射正好半个世纪。普朗克已经在两年前去世。由他开创的量子概念经过爱因斯坦、玻尔、索末菲、玻恩、泡利、海森堡、薛定谔、狄拉克等人的持续努力，终于在施温格、费曼、朝永振一郎、戴森的手里集大成，成为描述电磁相互作用的完美理论。

那年，施温格和费曼均三十而立。与上一代的泡利、海森堡、狄拉克一样，他们在这个哥本哈根《浮士德》中狄拉克角色所述物理学家关键年龄之前取得傲人的成就。经过戴森的解析，费曼演算中所用的"费曼图"（Feynman diagram）有了严格的数学定义，很快因其简洁性取代施温格的繁复推导成为量子电动力学的标准语言。

玻尔那年是在高等研究院访问时顺便去参加会议的。自第二次世界大战以来，他已经成为美国的常客。那一次，他是为爱因斯坦在 1949 年的 70 岁大寿做准备，在高等研究院专心撰写他们在索尔维会议中那场争论的回忆。①

在与薛定谔中断联系之际，爱因斯坦不再回避玻尔。这两个老朋友在战后发现一个共同关心的问题：原子弹是一个恐怖的新武器，务必推动各国政府分享知识、控制使用。他们由此也恢复了过去的友情。然而，玻尔依然无法说服爱因斯坦接受哥本哈根诠释，他一筹莫展地发现爱因斯坦与 20年前同样固执。[2]482-484,[16]324-325

比他们年轻的狄拉克也接近了半百的人生。他对拯救了自己理论的重整化方法深恶痛绝。因为那个把无穷大归于电子质量、电荷的做法简单粗暴，完全不具数学美感。他鄙夷地告诉曾经在剑桥上过他课的戴森：假如重整化不是那么丑陋，

---

① 这也成为那场辩论得以传世的唯一系统性记录，尽管它只是玻尔的一面之词。

我还真可能认为它会是正确的。

在世界进入和平的 20 世纪 50 年代，重整化的成功让量子力学的新一代欢欣鼓舞，他们走上当年伽莫夫、伦敦、海特勒那代人同样的道路，埋头计算更新颖、更精确的量子系统。历史也在重复：他们同样地不需要顾及应该如何诠释量子力学。玻尔的回忆和爱因斯坦、薛定谔的纠缠只是老一代怀旧的惆怅，不足为虑。

只有谢尔特岛会议上的一个默默无名的年轻人是个例外。

第 38 章　奥本海默的哥本哈根 

玻尔在同惠勒一起理清原子核裂变的机制后对制造原子弹其实并不乐观。他对“匈牙利阴谋”成员泰勒表示，那会是一项规模浩大的工程，除非把整个国家转变为一个巨型工厂。几年后，玻尔在参观洛斯阿拉莫斯基地时不得不向泰勒承认他低估了美国的决心和实力：你们还真是把整个国家变为巨大的工厂。[17]500

然而，那并不是很早就和西拉德一起游说核武器的泰勒的功劳。令玻尔、泰勒和其他所有物理学家更为惊讶的却是，美国“曼哈顿计划”的“大脑”会是还没到不惑之年的奥本海默。

与他在轴心国的对立面海森堡同样，奥本海默是一个理论物理学家，完全没有能力进行对原子弹至关重要的实验工作。他也不具备领导、管理大型团队的经验。[71]159 他的资历不仅远远不如海森堡，与美国已经拥有的一批物理学精英也相差甚远。况且，他的政治背景相当不可靠，有可能是美国共产党成员。

图 38.1　1945 年 9 月第一次实现核爆炸后，奥本海默（左）与格罗夫斯视察爆炸点。他们脚下的钢丝是置放原子弹高塔的唯一残留

这一切都没能让“曼哈顿计划”的总负责人莱斯利·格罗夫斯（Leslie Groves）将军望而却步。他慧眼独具地认定奥本海默是一个能洞察全局的奇才，尤其善于组织队伍、鼓舞士气、启迪新思想，比其他那些埋头苦干、精于专业的物理学家更具备领袖气质。

奥本海默果然不负众望。他与格罗夫斯精诚合作，在短短三年内将黑板上描画的原子弹变为惊天动地的现实，提前结束了第二次世界大战（图 38.1）。

为了得到这个报国机会，奥本海默也付出了一点个人代价。在接受安全审查时，他指认自己的学生戴维·玻姆（David Bohm）是美国共产党员，可能会是个危险的角色。[54]187-190

奥本海默 1904 年出生于纽约市的富足之家。父亲是早年从德国移民的犹太人，

在新大陆白手起家成为进口纺织品的富商。母亲则是艺术家出身。他们居住在市区的豪华公寓，家里收藏有很多世界名画。奥本海默从小熟读经典，还在爷爷的影响下喜爱上收集矿石。但他也瘦弱多病，让父母多操了不少心。他们请专业教练带他户外活动，甚至不远万里送他到美国西部牧场体验野外生活。

出于对矿石的兴趣和爱好，奥本海默到哈佛上大学时选择的是化学专业。但他在学校里广为涉猎，自己旁听、自修了大量文学、哲学以及数学、物理课程，同时还不间断地创作诗词、小说。尽管如此，他还是只用了三年时间就以优异成绩毕业。[17]119-124

其后，奥本海默负笈海外，慕名来到卡文迪什实验室。诺贝尔化学奖得主卢瑟福看到他简历中没有足够的物理训练，将他拒之门外。退休后还在实验室工作的汤姆森却收留了他。很快，他动手能力差和性格缺陷在那里暴露无遗，自己也陷入彷徨、抑郁的泥潭。出于对实验室中负责带他的帕特里克·布莱克特（Patrick Blackett）的嫉妒和不满，奥本海默将一个他偷偷浸泡过化学试剂的苹果置放在布莱克特的桌上。幸好，布莱克特没有中招，他后来赢得 1948 年诺贝尔物理学奖。

得知消息急忙赶来的父母经过一番活动让奥本海默免于被开除的命运，只接受了心理治疗。他被诊断为患有精神分裂症。不得不离开实验室后，奥本海默留在剑桥专心理论研究，反倒发现一片新天地。他很快发表两篇论文，然后离开英国去哥廷根投奔玻恩。[36]90,97;[17]123-126

狄拉克 1927 年在哥廷根见到这个只比他小两岁的不成器纨绔子弟时，正是量子力学的火红年代。那里聚集着一大批他们的同龄人，正在热火朝天地进行着各种计算。已经基本上摆脱了心理阴影的奥本海默表现出他的另一面。他在组会、讲座中过于活跃，频频出言打岔，还刻意模仿约旦天生的口吃。同组的年轻人不得不联名给玻恩写信要求处置。奥本海默看到玻恩有意留在桌上的信件后才有所收敛。

同样难以与人相处的狄拉克与奥本海默惺惺相惜，成为经常一起远足的好朋友。狄拉克对奥本海默整天卖弄诗词也不甚其烦，讥嘲曰：“我不知道你怎么能够同时从事科学和写诗。在科学上，你需要用每个人都能懂的语言解释无人知晓的新发现。在诗词里，你却总是要用没人能懂的话去描绘一些所有人都明白的事情。”[36]121-124,133

当然奥本海默的天赋并不仅在艺术方面。他在量子理论的计算中越来越得心应手。在研究分子光谱时，他发明了“玻恩 – 奥本海默近似”方法，为量子的计算开辟一条新路。他也以此成就获得博士学位。

玻恩长出一口气。他给埃伦菲斯特写信通报奥本海默天资聪慧但缺乏心理约束，让他经受了从未有过的痛苦。他的哥廷根已经被奥本海默折腾得瘫痪良久，总算又可以恢复正常了。[17]126-127;[36]121-124,133

宅心仁厚的埃伦菲斯特几年前曾将在哥廷根碰壁的费米招至身旁，挽救了费米的物理生涯。这时他故伎重演，从玻恩手中接下这块烫手山芋。但一年后奥本海默想去哥本哈根继续深造时，埃伦菲斯特立即阻止，不敢让他再去祸害玻尔。他推荐奥本海默去苏黎世，并给泡利写信明言只有他才能“修理”好这个犟头青年。

泡利果然不在乎奥本海默的个性，还言传身教，把自己言语不留情面的刻薄全数传给了这个放荡不羁的新弟子。奥本海默也在泡利指导下率先发现了狄拉克方程中的无穷大困难。曾经在量子力学问世前因为无法解释反常塞曼效应而忧郁，要放弃物理改当小丑演员的泡利因之旧病复发。这次他声称准备改行去写小说。[9]208-209,[73]29-30

短短几年里，奥本海默发表了十余篇有影响的论文，成绩卓著。虽然没能去哥本哈根亲自聆听玻尔的教诲，他在玻恩、埃伦菲斯特、泡利的训导下已经完全皈依哥本哈根学派。他的名声也已抵达那个圣地。在玻尔研究所的《浮士德》中，奥本海默和他的口吃也曾登台亮相。①

自然，奥本海默成为美国大学竞相追逐的明星。他别出心裁地同时接受了加州理工学院和加州大学伯克利分校的聘请。加州的这两个学校一南一北，相距不是很远。他按学期轮流在两个校园里讲课，主要传授量子力学。

同后来的惠勒等哥本哈根忠实弟子一样，奥本海默的梦想是在美国重现玻尔研究所的辉煌和热闹。他心目中自己的哥本哈根是北加州的伯克利。

相比于已经拥有迈克尔逊和密立根的加州理工学院，伯克利那时还是学术界的不毛之地。学成归国的奥本海默带来了欧洲的最新研究进展。他的量子力学教程不仅内容新颖，而且蕴含着自己深厚的文学功底，在美国独树一帜。

成为教授的奥本海默也散发着独特的个人魅力。他身材修长清瘦，穿着一丝

---

① 编剧德尔布吕克曾在哥廷根学习。他不知道奥本海默是在恶意模仿约旦，还以为他也是天生的口吃。

不苟，头上永远戴着一顶小礼帽。仗着家境宽裕，他时常带着学生们拜访邻近旧金山市内的高档餐馆、音乐会和剧院，让那些在经济萧条时期上学的穷小子们有机会体验上层社会的生活方式。无疑，他受到青年学子的一致爱戴。他的做派、说话的节奏和抑扬顿挫等都成为竞相模仿的样板。有的学生甚至会跟随他在两个学校之间穿梭，不间断地听他讲课。

当玻姆在 1941 年加入这个追星行列时，奥本海默已经在伯克利建立起美国的第一个理论物理中心。玻姆的师兄谆谆教诲："玻尔是真主安拉，奥本海默是他的使者"。[6]147,[33]93

玻姆也是犹太人。他在 1917 年出生于美国东部一个普通家庭。与奥本海默相反，他的童年在贫困、孤独中度过。他母亲患有精神疾病，发作时年幼的玻姆只好躲起来自己读书。他在科幻小说中找到逃避现实的乐园，也逐渐喜欢上科学。对科学一窍不通的父亲资助他上了当地的宾夕法尼亚州立学院[①]。毕业后，他以优异的成绩被加州理工学院录取为研究生。

那是一个私立学院，学生大多是有钱的贵族子弟。玻姆在那里格格不入。听了奥本海默的课后，他不仅追随老师北上，还干脆转学进了作为州立大学的伯克利。

那时的伯克利不仅是奥本海默的哥本哈根，还有着各种各样的左派政治团体，包括仿照苏联榜样成立的共产党、共青团等社会组织。他们经常性的活动吸引了当地的大学生和年轻人。奥本海默那群思想活跃的青年学生自然地成为其中的积极分子。出于对纳粹迫害犹太人的义愤，玻姆也签名加入作为纳粹对立面的共产党。不过他在参加几次会议后感到乏味，很快又退了党。

玻姆来到伯克利不久，奥本海默便成为"曼哈顿计划"的负责人，不再有时间指导学生。玻姆甚至不得不代替导师讲授量子力学的课程。他当然也希望加入研制原子弹的队伍，但申请遭到拒绝。冠冕堂皇的理由是他在欧洲还有不少亲属，[②]属于安全隐患。他不知道自己已经被钟爱的导师出卖。

1943 年，玻姆完成了氢原子核（质子）与氘原子核散射的计算，准备写成论文申请博士学位。不料，他的这项研究被发现对原子弹设计大有帮助，立刻被设

---

① 即现在的宾夕法尼亚州州立大学。

② 因为是犹太人，那些亲属后来大多死于纳粹集中营。

定为军事机密。玻姆虽然是作者，却不再有资格接触这一内容。他既不能答辩也不被允许写论文。好在奥本海默为他出具了一份能力证明，促使伯克利直接授予他博士学位。[33]91-94,[16]332

战争结束后，奥本海默成为家喻户晓的英雄人物，名气在物理学家中仅次于爱因斯坦。普林斯顿的高等研究院看中他在“曼哈顿计划”中表现出的非凡管理才能，聘请他担任院长，期盼他能够继续带领世界一流的科学家再创奇迹。

也许出于内疚，奥本海默将玻姆作为他最好的学生推荐给隔壁的普林斯顿大学。惠勒借在伯克利开会的机会面试了玻姆，当即表示支持。1946 年，玻姆被普林斯顿大学聘请为助理教授。随后，惠勒也将年轻的玻姆列入谢尔特岛会议的邀请名单。[68]215-216

玻姆几乎没有参与那个会上的激烈讨论。他对施温格和费曼繁杂的数学演算没有兴趣，觉得无穷大困难不过只是一个技术性的细节。他更为关心的是量子力学的基础问题。在普林斯顿，他一连几年开设量子力学课，以奥本海默当年的讲义为范本系统地梳理、讲解量子力学的内在逻辑，准备出版自己的教科书。

作为奥本海默版哥本哈根的毕业生，玻姆也成为玻尔的铁杆信徒。但他觉得哥本哈根诠释、互补原理那一切都还只存在于玻尔、海森堡等人的泛泛而谈中，缺乏一个系统的阐述。他希望自己的教材能弥补其欠缺，一统量子力学的思想。

为此，玻姆花了相当的篇幅论述冯·诺依曼的测量理论，还专门探讨了爱因斯坦和罗森、波多尔斯基共同提出的纠缠问题。他甚至提出一个与他们的假想实验等同，但更为直观的试验版本。

爱因斯坦他们在那篇 EPR 论文中假想的是两个从光子箱中逃逸出来的光子或者从氦原子中分离出的电子。因为它们开始时非常接近，处于同一个量子态，在分开之后即使渐行渐远也保留着互相纠缠的量子特性。如果测量其中一个的位置或速度，就会瞬时地改变另一个所处的状态。

当玻姆在“第二次世界大战”之后考虑这个问题时，物理学家已经熟悉了狄拉克提出的反粒子概念。在费曼那神奇古怪的图中，电子和它的反粒子正电子会经常地成对出现、湮没。它们或者来自一个光子（如图 37.4 所示），或者干脆就是无中生有地在量子的“真空”里随机出现。

如果这样的一对电子、正电子突然出现，它们自然会处于同一个量子态中。同时，它们各自的自旋也应该彼此相反，互为抵消以保证角动量的守恒。

电子的自旋是古德斯密特和乌伦贝克的发现。作为其反粒子的正电子也有着完全相同的特性。虽然如洛伦兹和爱因斯坦当年的分析，微观粒子的自旋是一个纯粹的抽象量子概念，并不等同于经典物体的旋转，但类似地球自转、陀螺旋转依然可以作为理解自旋的直观图像。它们旋转时有着顺时针、逆时针两个相反的方向。电子自旋也同样地有着两个不同的状态，姑且以其“旋转轴”指向称作向上和向下。在凭空产生的电子、正电子对中，如果其中一个的自旋朝上，另一个自旋肯定会朝下。

当然，无论是电子还是正电子，它们出现时的自旋方向都是随机的，即处在向上和向下这两个本征态的叠加态中，像薛定谔的猫一样既死又活。在这样的情形下，如果有人测量近处电子的自旋，发现其自旋向上。远处那个正电子就会同时发生波函数坍缩，自动进入自旋向下的本征态。

玻姆的这个基于自旋的假想实验与 EPR 的场景并没有本质的不同。只是它不再纠结于位置、速度那样的连续变量，代之以向上和向下这种泾渭分明的分立状态，使得其中波函数坍缩的图像更为清晰。如果想象这电子、正电子是一对孪生的猫，它们的自旋是其生与死的标志。那么，当我们在近处看到这只猫是活着时，我们同时就已经隔空打牛，瞬时“杀死”了远在天边的另一只猫。①[61]175,[6]149-150

第二次世界大战的结束没有带来人们期盼的天下和平。世界很快分裂为以英美为首领的西方列强和苏联的东方势力两大阵营，进入冷战（Cold War）时代。

在美国，国会众议院“非美活动调查委员会”的注意力开始集中于共产主义理念在国内的渗透、影响，以及可能的苏联间谍活动。在集中调查以好莱坞为代表的左派艺术家后，他们也开始关注科技领域。曾经被奥本海默点名的玻姆首当其冲。

图 38.2　1949 年 5 月 25 日，刚刚参加完国会听证的玻姆

1949 年 5 月 25 日，收到传票的玻姆出席委员会的公开听证（图 38.2）。当被问及他是否曾经是共产党员、还知道什么人是共产党员时，玻姆一律援引宪法第五修

① 当然，这只是一个类比的说法。薛定谔的猫的生和死——或者放射性元素的衰变与否——并不像电子、正电子对的自旋那样非此即彼。

正案，拒绝回答。

第五修正案是美国宪法中保护个人权力、被称作“权利法案”（Bill of Rights）的十项修正案之一，着重于公民作为被告时不可剥夺的权利，包括政府无权强迫公民交代可能对自己不利的信息。凭着这一尚方宝剑，玻姆有权不回答议员们提出的那些问题，更可以拒绝出卖自己的朋友。

两个星期后，奥本海默也被传唤。他不仅承认自己过去曾是共产党的同路人，还指认了他的一些学生在伯克利期间曾经加入过美国共产党。[75]394-395

三个月后的 8 月 29 日，苏联爆炸了第一颗原子弹，震惊世界。美国的专家们很清楚，以其科技、工业实力，苏联肯定能够自己研制出原子弹。但他们没料到这一天的到来如此迅速，不能不怀疑原子弹的机密已经泄露。

也是这一年，美国终于破获了为苏联传递核武器机密的间谍网。痛定思痛的政客们开始大规模的抓特务运动，进入所谓的“麦卡锡主义”时期。约瑟夫・麦卡锡（Joseph McCarthy）是上任不久的参议员，因其后来积极以防范共产主义为名实施政治迫害的行为被用来为那场运动命名。作为参议员，麦卡锡与众议院的听证调查其实并没有直接关系。

同年 12 月 4 日，玻姆突然遭到联邦法警拘留，被以“藐视国会”的罪名起诉。普林斯顿大学随即取消了他的授课资格。虽然他们还继续按雇佣合同支付工资，却禁止他踏足校园。

1951 年 2 月，依然在取保候审中的玻姆欣慰地看到他精心写作的《量子理论》① 出版问世，获得一致的好评。那是一部当时绝无仅有，全面、系统地以正统哥本哈根诠释解读量子力学的大作。就连曾经写过量子力学“旧约”“新约”的泡利也非常欣赏。他一改刻薄的口吻，给玻姆写信致以真挚的祝贺。

不久，玻姆接到一个意外的电话。听筒里传来爱因斯坦那苍老的德国口音。爱因斯坦已经拜读了玻姆的新书，想约他谈一谈。[33]95-96

---

① *Quantum Theory*

第39章 玻姆的隐变量

1926年年初，爱因斯坦在他的柏林公寓里接待25岁的海森堡。他提醒这个刚发明矩阵力学的青年留意电子在云室中留下的轨迹，给意气风发的海森堡留下深刻印象。几年后，海森堡在那次谈话的启迪下揭示出矩阵乘法不对易背后所深藏的量子奥秘：不确定性原理。

四分之一世纪后，当玻姆在1951年初走进爱因斯坦在高等研究院的办公室时，他已经34岁，却远远没有海森堡的自信。玻姆在刚刚出版的《量子理论》中全面清晰地整合了哥本哈根诠释，引起爱因斯坦的注意。然而，大作告成后的玻姆却是莫名的失落，总觉得他论述的逻辑有所欠缺。

已经72岁的爱因斯坦慈祥耐心，夸赞玻姆已经成功地将玻尔的观点表达得淋漓尽致。不过，他同时表示怀疑，难道那就是量子力学的全部吗？

转眼间，爱因斯坦和罗森、波多尔斯基的EPR论文已经问世15年了。在玻姆旧话重提之前，波函数的纠缠和薛定谔的猫早被历史尘封。面对这个新一代的玻尔信徒，爱因斯坦谆谆提醒：在那些既定教条的背后，也许还隐藏有更深层的物理。

像当年的海森堡一样，玻姆从办公室中走出的那一刻起就反复地琢磨着爱因斯坦的话外之音。对玻姆来说，这意味着一个他未曾考虑的问题：量子力学会不会还存在着不同于哥本哈根正统的另类可能？

短短几个月后，他找到了答案。[33]96-98

玻尔与爱因斯坦那场旷日持久的争论涵盖着量子力学诸多方面，包括随机性、非局域性、因果律以及完备性等。但至少在爱因斯坦看来，他们最本质的分歧在于微观世界中是否存在着客观的物理实在。

当年在专利局中的青年爱因斯坦曾经笃信逻辑实证主义。因为我们无法感知牛顿定义的绝对空间和绝对时间，它们就不会是客观的物理实在。我们能认知的世界取决于我们具体地如何测量时间、长度等物理量。由此，他发明相对论，改变了人类的世界观。

海森堡和玻尔继承了这个传统。在他们看来，我们只能通过各种观测手段认识微观的量子世界。与相对论中的参考系选择类似，这些测量的结果会因测量方式的选择以及测量过程本身而改变。量子力学所能描述的便只能是这些测量结果的总体。在那之外不复存在一个独立于测量过程的客观实在。

爱因斯坦不以为然。他曾屡次发问："如果你没抬头看，那月亮就不存在吗？"[8]

海森堡在柏林惊讶地发现 50 岁时的爱因斯坦已经背离了实证主义，并把那信念当作一个不能重复两次的笑话。的确，人过中年的爱因斯坦越来越执着于客观的物理实在。

EPR 论文发表后，罗森和波多尔斯基相继离开高等研究院另谋高就。曾在爱丁堡师从玻恩的利奥波德·英菲尔德（Leopold Infeld）前来谋职。院长弗莱克斯纳依然对爱因斯坦怨气冲天，拒绝再出钱为他聘请助手。为了生计，英菲尔德惴惴不安地向爱因斯坦提议合写一本通俗的物理学史，用稿费支持他们的工作。

爱因斯坦欣然同意。他们很快写就《物理学的进化》①，阐述物理学从简朴的早期概念发展到相对论、量子论的过程。仗着爱因斯坦的大名，这本书一经问世便洛阳纸贵。他俩平分了版税，收益不菲。

毫无疑问，《物理学的进化》贯穿着爱因斯坦个人的视角和理念。书中强调人类对"客观实在"的信念是物理学能够存在、发展的最根本原因。只有相信人类的理性能够认知世界，相信客观的自然界拥有着局域、和谐的因果律，才可能有科学。[2]460-465

还在波函数的概念随着新量子理论问世之前，爱因斯坦曾提出"泡泡悖论"，揭示波粒二象性的内在矛盾。在 1927 年的第五届索尔维会议上，他又以之为例说明波函数没能完整地描述量子的实在。

在他的心目中，电子是一个客观的实在。当人们看到荧光屏闪亮时，在那里出现的电子不会只是在那一刻才成为实在。在那之前的瞬间，电子应该就已经处在那个点附近。它既不可能突然地无中生有，也不应该来自以其速度不足以抵达的远方，更不可能处于连光速都不可及的遥远所在。

玻尔则坚持相反的观点。他认为电子在荧光屏上的出现只是因为那是一个测量位置的经典仪器。在那之前的瞬间，电子并不知道它下一时刻会遭遇的是荧光

① *The Evolution of Physics*

屏还是另外一个测量速度的仪器，因此那时它还不会有确定的位置。在遭遇荧光屏之前，量子力学中所能有的只是一个尚未坍缩的波函数。电子的位置、动量——乃至电子本身——都只是抽象的概念，并非物理的实在。

在爱因斯坦的启发下，深谙玻尔思想的玻姆却在量子力学中找出了一个新的表述，能够追踪遭遇荧光屏之前的电子所在。在他这个新表述中，粒子随时随刻都有着确定的位置和速度，无论是否、如何被测量。

玻姆发现，只要在量子的动力学中加上一个“量子势”（quantum potential），就能像经典力学一样推算粒子的轨迹。这个量子势本身来源于薛定谔的波函数，因而蕴含着波动的信息。它像外加势场一样左右着粒子的运动。这样，即使是不受外力影响的自由粒子也会因为量子势不断地变换自己的轨迹。

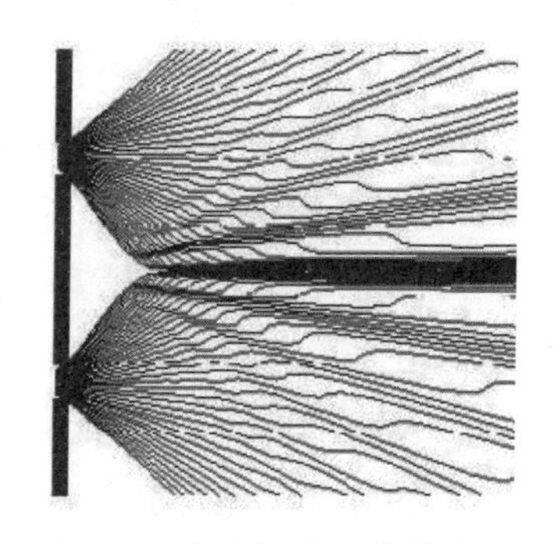

图 39.1　在玻姆量子势作用下的粒子在双缝实验中的路径

在那个让所有人头疼的双缝实验中，玻姆的粒子在经过两条缝隙的任何一条后不是沿直线继续前进，而是在量子势的作用下歪歪扭扭地到达荧光屏上某个点（图 39.1）。自始至终，它走的路径是确定的。在抵达荧光屏之前的一瞬，它的确已经来到了那个亮点的附近。

当然，完全确定一个电子的轨迹不仅需要有它在势场中的路径，还要准确地掌握电子在初始时刻的位置和速度。因为海森堡的不确定性原理，这在量子力学中不再可能。于是，虽然玻姆能计算出电子可能沿袭的各条路径，他却无法准确地认定每个电子会具体沿着哪一条路径运动。只有在大样本实验中，每条路径都可能有电子通过时，才能在荧光屏上看到总体的统计效果：干涉条纹。[33]98-103;[6]154-155,167-169;[32]118-121

那是 1951 年的夏天。玻姆在做出这一发现的同时也得到另外的好消息：法庭审理他那“蔑视国会”案后确认他的行为受宪法保护，宣告他无罪。

然而，普林斯顿大学还是决定不再延续他的雇佣合同。那时的玻姆在量子力学的教学、研究之外还在等离子体、金属电子气等课题上建树不菲，是首屈一指的专家。他手里更握有分别出自爱因斯坦和奥本海默的强力推荐信。但几个月下来，他处处碰壁，没有一个学校愿意接收。

玻姆明白他已经上了黑名单，在自己的国家里不再有容身之地。[①] 他甚至怀疑联邦调查局在日夜跟踪监视，惶惶不可终日。当远在天边的巴西圣保罗大学发来聘请时，走投无路的玻姆抓住机会，逃离美国。

他期盼那只是一次暂时的流亡之旅。他的论文发表后应该会引起物理学界的注意，从而改善自己的处境。至少在天高皇帝远的巴西，他还可以出访欧洲，继续与那里的物理学家切磋交流。

当玻姆那两篇论文以《一个以“隐”变量诠释量子理论的建议》[②] 的标题在 1952 年 1 月 15 日的《物理评论》上同时发表时，他已经人在巴西。

不过一年前，他刚刚出版了《量子理论》，宣讲正宗的哥本哈根诠释。在那本受欢迎的教科书中，他之所以用自旋重新表述爱因斯坦的 EPR 假想实验，只是为了讲解冯·诺依曼 20 多年前的数学证明：量子力学中不允许有潜在的隐变量。[6]149-150

然而，随后与爱因斯坦那次会面却彻底改变了他的看法。

1951 年的玻姆事先不知道德布罗意早在 25 年前的第五届索尔维会议上就已经提出过一个隐变量理论。在德布罗意的描述中，粒子像冲浪健将那样由一个“导航波”引导着运动。玻姆的量子势与那个导航波大同小异。在论文鸣谢中，玻姆说明他是在完稿后才得知德布罗意当年的思想。

在那场群雄汇集的女巫盛宴上，德布罗意遭到哥本哈根学派的泡利、克莱默接连抨击。克莱默问道：一个光子击中玻璃反射时，玻璃会因为受到撞击反弹。如何在这个新理论中计算这一反弹？

德布罗意哑口无言。他没能当场意识到克莱默的问题其实很不公平：那是一个即使当时量子力学的正统理论也会束手无策的难题：电子与玻璃分别处于微观和宏观世界，有着不同的物理规律。但正是克莱默的质问让德布罗意灰心丧气地放弃了导航波。他没有听从爱因斯坦会后的鼓励，皈依哥本哈根的正统。

玻尔曾一再强调微观与宏观是两个不同的世界。宏观世界是经典的物理实在，只是在测量的过程中与微观世界接触而获得信息，也同时改变微观世界的进程。

---

① 爱因斯坦曾试图将他招进高等研究院，声称“假如能有人改写量子力学，那就是玻姆。”他的提议遭到作为院长的奥本海默断然否决。[75]400

② “A Suggested Interpretation of the Quantum Theory in Terms of ‘Hidden’ Variables”，两篇论文标题一样，分为 I 和 II。

但他从来未能明确定义那两个世界之间的分界线。后来，薛定谔以他那戈德堡机器式的假想装置将微观的放射性元素和宏观的猫纠缠在一起，形象地表明这样的界线根本不可能存在。

25 年后的玻姆不再承认这个人为的分界。在他的理论中，电子、光子、玻璃、荧光屏等都一视同仁地有着量子势，遵从同样的运动规律。这样，他不仅能计算光子的发射，也能同时计算玻璃的反弹。只是玻璃由近乎无数的原子组成，这个实际计算过程会超越物理学家的能力和想象。[33]45-46,102-103;[43]152-155,220-223

薛定谔的猫也同样地由原子组成。它们的共同波函数既有着猫活着的状态也有猫死去的状态。在这样的量子势影响下，猫的原子们相应地运动着，或者造成猫的死亡或者让它继续存活。虽然与双缝实验中的单个电子一样，因为初始条件的不确定，我们无法知道具体一只猫是死是活。但那只是我们认知中的缺陷。作为物理实在的猫或者已经死去或者继续活着，不会处于既死又活的荒诞状态。[32]121-124

显然，这已经与哥本哈根的量子力学诠释势如水火。

远在南美的巴西像加州一样富有灿烂的阳光海滩。由于地理的偏僻和科学的落后，那里并不是物理学家的乐园，除了费曼。

在康奈尔大学几年后，费曼厌倦了那里冰天雪地的冬天。他接受加州理工学院的聘请跳槽到阳光明媚的南加州。他还争取到一年的学术假，不远万里来到巴西。在里约热内卢新成立的物理中心，他发现那里的物理课死板教条，学生只会死记硬背。于是他兴致勃勃地推动起巴西的教学改革。

但更多的时候，他流连于海滩、酒吧，追逐着美丽的女郎，尽情享受异国情调的单身时光。他还用心学会了打班戈鼓、跳桑巴舞，感受热情似火的拉丁艺术。在一年一度的嘉华年会中，他扮成魔鬼出现在狂欢大游行的行列中。那正是泡利在哥本哈根《浮士德》中的角色。[71]283-287

在相距不远的圣保罗，流亡中的玻姆却度日如年。他不会烹调，自小就折磨他的胃病在辛辣的异乡食物刺激下经常恶性发作，每每令他卧床不起。为了防止他叛逃苏联，美国领馆人员收缴了他的护照，换成一张只能回美国的身份证。此举粉碎了玻姆以巴西为基地去欧洲交流的美梦。在这个科学的不毛之地，他只有偶尔能碰面的费曼可以讨论物理学的前沿。可费曼却对他的隐变量理论毫无兴趣。玻姆只能艳羡着费曼的生活方式暗自悲伤，体验与世隔绝的悲哀。[33]97-98,106

好在他那两篇论文没有像他所恐惧的那样石沉大海，但陆续而来的反应却也不是他内心所期。

不久前刚对玻姆的《量子理论》赞不绝口的泡利率先发难。他来信指出玻姆的论文不仅是一派胡言，而且还不是新鲜的胡言：那不过是已经被自己和克莱默驳倒过的德布罗意导航波的翻版。玻姆没有泄气。在连续通信讨论半年后，泡利不得不承认玻姆的新理论比德布罗意进步，至少达到了逻辑的自洽，无懈可击。但他还是坚持那只是"人为的形而上学"，没有物理意义。

哥本哈根学派的大将海森堡和玻恩自然也异口同声地附和着泡利。玻尔没有公开发话，只在私下里表示玻姆的理论很愚蠢。他的助手罗森菲尔德却毫不含糊。他不仅频频给玻姆写信批驳甚至羞辱，还四处活动，阻止英国《自然》杂志发表玻姆的以及另外介绍他理论的论文。

玻姆发现他真真切切地成了叛徒。这一次，他不是通苏联背叛祖国，而是彻头彻尾地背叛了哥本哈根的正统，自绝于物理学主流。他付出的代价是如出一辙地惨遭放逐。

处于哥本哈根边缘的德布罗意看到玻姆寄来的文稿时没太在意。与泡利相似，他回信告诉玻姆自己过去提出过同样的理论，早已被否证。在玻姆耐心的解释下，已经年届花甲、科研上早已不再活跃的德布罗意幡然悔悟，再度对哥本哈根诠释产生了疑虑。爱因斯坦听说后，立即给德布罗意写信再次赋以激励。①[5]253

在哥本哈根学派之外，薛定谔只是让秘书回信告知玻姆他没有兴趣。而最让玻姆失望的回应却来自曾将他一语惊醒的爱因斯坦。

对爱因斯坦来说，玻姆的理论也只是新瓶子里装的旧酒。25 年前，爱因斯坦即曾经沧海，深知其中要害：无论是当年他自己的鬼场、德布罗意的导航波，还是玻姆现在的量子势，它们都包含着波函数内在的不可分离性。粒子之间可以通过这一机制发生瞬时的联系，亦即有着那鬼魅般的超距作用。这样，玻姆虽然给出了作为物理实在的粒子轨迹，却是以破坏局域性的量子势为代价。这并没能解决量子力学的实质问题。

因此，爱因斯坦认为玻姆复活德布罗意理论的做法"过于廉价"②。[33]106-114

在普林斯顿的高等研究院，一位来访的物理学家自告奋勇地介绍了玻姆的新

① 德布罗意也曾试图认领隐变量理论的优先权。玻姆回问：如果一个人捡到宝石却以为是普通石头扔掉了。另一个人再捡到，认出是宝石。这颗宝石应该归谁所有？

② too cheap

理论。他惊异地发现象牙塔中的精英们反应强烈，一致对玻姆表现出各种不屑，讥讽他的理论不过是一次“幼稚的反叛”。他们居然不屑于提出理性的批评。玻姆曾经的导师、研究院院长奥本海默毫不留情地当场宣布：如果我们无法驳倒玻姆，那就必须一致地忽视他。[33]89-90

历史在重复。和过去出现过的对哥本哈根的质疑、挑战一样，玻姆的论文很快销声匿迹。

在玻姆人生的至暗时刻，还是爱因斯坦伸出了援手。他当初的助手罗森已经辗转到了新成立的以色列，在那里从无到有地建立物理专业。曾经为犹太复国主义倾注心血的爱因斯坦利用他的影响力①让罗森为玻姆安排了一个职位。也是在爱因斯坦的劝导下，玻姆申请到巴西国籍，然后用巴西护照离开巴西，前往犹太人的新家园。[33]114

在美国，愈演愈烈的麦卡锡主义让爱因斯坦深为忧虑。他担心德国当年的政治性疯狂会在美国重演。当奥本海默自己也遭遇调查，被取消接触机密的资格时，爱因斯坦少见地积极活动，逐个说服高等研究院成员联名支持奥本海默的公开信。因为一位中学教师的求助，爱因斯坦还在媒体上公开与麦卡锡参议员对抗，维护美国的学术自由。

1954 年 11 月，身心俱疲的爱因斯坦给一家杂志社去信感叹，如果他还年轻，他不会去当科学家。他可能更愿意去做一个水管工，那个职业在当前形势下比在学术界更为独立、自由。此言一出，全国各地的水管工纷纷来信，热情邀请爱因斯坦加盟。[2]531-534,[76]

爱因斯坦早就知道他已经时日无多。

1948 年，医生在一次手术中赫然发现他腹部主动脉上长着一个血管瘤，随时可能破裂致命。那年，他还不到 70 岁。[2]516-517

他最亲爱的妹妹在 1951 年辞世，身边只剩下秘书杜卡斯和艾尔莎的二女儿。他也早已从高等研究院退休，但依然保留着一间办公室。每天，他 9 点多起床，边吃早餐边读报。10 点半左右，他自己缓缓地步行到研究院上班，在那里与助手讨论。下午 1 点，他或者在同事陪伴下或者独自步行回家（图 39.2）。午饭后他会睡

---

① 当他的老朋友、第一任总统魏茨曼去世时，以色列人心所向是邀请爱因斯坦接任这个象征性职位。

图 39.2　晚年的爱因斯坦下班离开高等研究院独自回家的背影。【图来自高等研究院的 the Shelby White and Leon Levy Archives Center；Alan Richards 摄影】

上两三个小时。下午和傍晚的时间则是在家里会客、处理信件或者推导公式中度过。[2]508-509,[1]473

经常在家里或者在电话上陪他聊天的还有一个女朋友。比他小 22 岁的乔安娜·范托娃（Johanna Fantova）早在芳龄 28 岁时就在柏林结识了爱因斯坦，曾经是他那个心爱的别墅里和小帆船上的常客。她 1939 年来到美国，在普林斯顿附近担任图书馆管理员。在 20 世纪 50 年代，她成为爱因斯坦最后的人生伴侣，耐心地倾听、记录老人日常的病痛和抱怨，还有他的科研进展和喜欢讲的笑话。[2]535,538;[77]

爱因斯坦与薛定谔也恢复了联系，继续在通信中讨论统一场论的数学问题。薛定谔总是小心翼翼地提出意见，唯恐言语不当再次失去珍贵的友谊。爱因斯坦达观地表示他们以前的过结只能留给上帝去定夺。[20]207-208

海森堡没有那么幸运。他在 1954 访问美国时登门拜访，却不再能感受到当年在柏林时的融洽。爱因斯坦礼貌但冷淡地接待了他，事后还告诉范托娃来访的是一个“大纳粹”。[20]211,[77]

在最后的几年里，爱因斯坦念念不能忘怀的还是量子理论，这个他“花费了比相对论多 100 倍功夫”的难题。他也终于开始悲观，不再坚信统一场论能提供解决的途径。在给好朋友贝索的信中，他颇为伤感：“整整 50 年的思索没能让我

接近这个问题的答案：光量子是什么？”①[5]3,[1]382

还是在 1905 年 3 月，26 岁的爱因斯坦在专利局发表了那个奇迹年的第一篇论文：《关于光的产生与变换的一个启发性观点》。在这篇解释光电效应并会为他带来诺贝尔奖的文章中，他第一次提出了光量子的概念。在那篇论文中，他——人类——写出了量子作为物理概念的第一句话。

整整半个世纪后，76 岁的爱因斯坦在 1955 年 3 月写下了一则简短回顾。最后一句话表达了他对量子问题永远的存疑：“看来，能否用场理论解释物质、辐射及量子现象的分立性结构值得怀疑。大多数物理学家会信心十足地回答‘不可能’，因为他们相信量子问题已经通过其他途径基本解决。也许果真如此，但莱辛②那令人欣慰的话语依然与我们同在：对真理的追求比对真理的拥有更为可贵。”③[1]372,468

那是他为量子概念写下的最后一句话。一个月后的 4 月 18 日，爱因斯坦离开了这个世界。

① All these fifty years of pondering have not brought me any closer to answering the question: what is light quanta?

② 戈特霍尔德·莱辛（Gotthold Lessing）是德国哲学家。

③ It appears dubious whether a field theory can account for the atomistic structure of matter and radiation as well as quantum phenomena. Most physicists will reply with a convinced ‘No,’ since they believe that the quantum problem has been solved in principle by other means. However that may be, Lessing’s comforting word stays with us: the aspiration to truth is more precious than its assured possession.

第 40 章　艾弗雷特的世界

爱因斯坦去世半年后，玻尔迎来自己的 70 岁大寿。

在物理学界内部，玻尔的声望已经超越爱因斯坦。从哥本哈根玻尔研究所出来的一批又一批精英，如同当初伯克利的奥本海默和这时普林斯顿的惠勒，正在世界各地扎根发芽开花结果，培养出一代又一代的追随者。他们像自己的导师一样视玻尔为至高无上的“教父”。在相对论淡出视野、量子理论成为物理学主战场的 20 世纪，年轻人眼里的爱因斯坦、薛定谔、德布罗意乃至狄拉克都不过是远离物理主流的古董。只有玻尔老当益壮，依然在前沿指点江山运筹帷幄。[16]356

在为玻尔祝寿的文章中，海森堡第一次正式提出“哥本哈根诠释”这个一锤定音的名称。作为国际知名的一流科学家，海森堡在战争结束后没有遭遇太多麻烦。他定居于玻恩不得不逃离的哥廷根，与劳厄等人一起重建德国的物理研究。适时地高举以玻尔为首的哥本哈根大旗显然对他个人形象的重建也大有益处。①[33]61-62,83-85

图 40.1　玻尔为获得大象勋章设计的纹章

在大寿的几年前，玻尔已经得到丹麦新国王授予代表国家最高荣誉的“大象勋章”（Order of the Elephant）。依照传统，他为自己设计了一枚贵族纹章（图 40.1）。在大象勋章缎带和坠饰的环绕中，纹章的主题是源自中国的阴阳太极图，辅以拉丁文箴言：“对立即互补”。

在玻尔深邃的目光里，当初为解释量子力学之诡异而总结出的互补原理并不局限于物理。他很早就指出生物在整体上有着自主的目的性，而组成生物体的分子却只遵从机械的物理定律。与光的粒子、

---

① 战后出现的第一本原子弹通俗历史书是瑞士一位记者根据海森堡一面之词写作的《比一千个太阳还亮》（*Brighter than a Thousand Suns*）。玻尔读后十分愤怒，写了一封信驳斥。但那封信没有被寄出，直到他去世后多年才被发现。因为保密要求，在战俘营中掌握了海森堡真实情况的古德斯密特那时也不便出面揭露。

波动性质一样，这二者互相冲突、不可协调，在理解生物行为时又缺一不可。那便是互补原理在生物学中的体现。

在心理学中，他看到理智和情感的互补。在人类学、社会学……，玻尔发现对立而又互补的关系无处不在。他相信这是他发现的一个放之四海而皆准的哲学、方法论，比他在原子、原子核模型上的贡献有着更为深远的意义。为此，他不遗余力地四处宣讲推销，确立自己的历史地位。[21]200-203

到了 20 世纪 50 年代中期，惠勒才得以在普林斯顿重新安顿下来，专心研究自己钟情的学术。那时他周围的世界和他自己的兴趣都已经发生了巨大的变化。

研制原子弹是美国物理学界在战争期间同仇敌忾的努力。但原子弹所造成的巨大伤亡也让他们中的大多数不堪回首。战争结束后，他们回到各自安静的书桌，不愿意继续染指大规模杀伤武器。惠勒成为屈指可数的例外。他依然无法忘怀弟弟那一句绝望的“快点！”，唯恐美国会落在苏联后面导致悲剧重演。不顾同事、朋友们的反对，他追随泰勒和极少数志同道合者重返洛斯阿拉莫斯基地研制威力更为强大的氢弹。① 经过三年奋战，他们在 1953 年取得成功。

怀着强烈的爱国主义情绪，惠勒在他曾经面试过的玻姆被停职、解雇和奥本海默因接触机密被取消资格时均置身事外，没有加入同情、抗议行列。

在投身氢弹研究之前，惠勒曾提出一个新的原子核模型，弥补液滴模型的简陋不足。他自然将论文初稿寄给导师审阅。玻尔读后非常热情，立即入伙合作。当然，接下来便是典型玻尔式的无休止讨论和修改，一下子竟拖了三年多。直到玻尔自己退出后，惠勒才和他的研究生自行发表了论文。然而为时已晚，哥伦比亚大学的詹姆斯·雷恩沃特（James Rainwater）提出了同样的模型并率先发表，随即由玻尔的第四个儿子奥格·玻尔（Aage Bohr）和本·莫特森（Ben Mottelson）在哥本哈根证实。他们三人后来以此成就获得 1975 年的诺贝尔物理学奖。

失去大好机会的惠勒对玻尔没有丝毫抱怨，反而更为敬重。② 他只是得到了一个深刻的教训：有了新成果应该尽快发表。[68]183-187

---

① 为了劝说反对核武器的费曼加入，惠勒预测下一次世界大战有 40% 的可能会在几个月内打响。那也是费曼远避到巴西的原因之一。[71]278

② 这也是一次历史的重复：玻尔年轻时曾因为恩师卢瑟福的缘故没能发表他的同位素论文，错过一次诺贝尔化学奖的机会。

因为身在普林斯顿，惠勒在第二次世界大战后的中坚一代物理学家中逐渐成为一个绝无仅有的异数：他同时与玻尔和爱因斯坦两位大师保持着极为融洽的师生、同事乃至朋友关系。在爱因斯坦的耳濡目染下，惠勒的学术观点发生了 180 度大拐弯。

在费曼发明粒子运动的路径积分、玻姆复活粒子的确定轨迹之际，惠勒反其道而行之，抛弃他原有的“一切都是粒子”理念，转变为“一切都是场”①。[68]64 那正是爱因斯坦毕生坚持但壮志未酬的信念，也成为年轻惠勒的志向。为了完成统一场论，惠勒提出一个同时具备引力和电磁力的“几何子”（geon）概念。[68]236-239 随着兴趣的转向，他连年自愿在普林斯顿开课讲授那时已经近乎无人问津的广义相对论，以便自己能掌握这个学问。

借近水楼台之利，惠勒每学期都会请爱因斯坦前来客串一堂课，为年迈的大师和年轻的学生提供难得的零距离接触机会。爱因斯坦人生最后一次讲课便是他去世一年前在惠勒为研究生开设的相对论课上。不过，他们的话题却很快转向量子力学。当学生们复述着从惠勒那里学到的测量理论时，爱因斯坦问道：如果是一只老鼠在观察，也会改变宇宙的状态么？

那堂课上有一个刚入学的研究生休·艾弗雷特（Hugh Everett）。与其他同学一样，这是他第一次与爱因斯坦面对面。但这却不是他们第一次打交道。11 年前，还只有 12 岁的艾弗雷特曾给爱因斯坦写信，声称他找到了一个无解问题——当一个不可阻挡的力量冲向一个不可移动的物体时会如何——的答案。爱因斯坦和蔼地回信，解释真实世界里并没有不可阻挡的力量或不可移动的物体，有着的却是一个成功克服了自己为此特意构造的困难的倔强男孩。

各式各样的矛盾、悖论是艾弗雷特自小就心驰神往的乐趣。在天主教大学学习期间，他撰写了一篇证明上帝不可能存在的论文，以无懈可击的逻辑让那里的教授为之癫狂。来到普林斯顿后，他的兴趣也集中在隔壁的数学系。那里的专家们正在热火朝天地发展冯·诺依曼早年创始的“博弈论”（game theory），正合艾弗雷特的口味。他因而有了毕业后将博弈理论运用到军事战略上的志向。

爱因斯坦对量子力学测量理论的批评立刻吸引了艾弗雷特的注意力：那也是一个似乎无解的悖论。他暂时从数学的博弈中脱身，回到物理系对付这个难题。

---

① everything is fields.

自然地，他选择惠勒作为博士导师。与玻尔一样，惠勒时常鼓励研究生要敢于挑战权威，打破砂锅问到底。

于是，艾弗雷特找来冯·诺依曼和玻姆的教科书，开始自己寻根问底。他终于领悟了爱因斯坦的那句发问背后的睿智。在冯·诺依曼总结的哥本哈根诠释中，如果没有人类的测量活动，量子力学便无从谈起。与爱因斯坦一样，艾弗雷特觉得这不可思议。物理学的对象应该是一个独立于人类——更何况老鼠——主观行为的客观实在。

冯·诺依曼将量子力学分成两个截然不同的过程：在没有人测量的时候，量子系统的波函数遵从薛定谔方程演变。那是一个连续、平滑、确定的过程。而当测量发生时，处于叠加态的波函数会突然坍缩到其中一个本征态。那是一个断裂、突然、随机的过程，不仅不符合薛定谔方程，而且完全没有任何数学或逻辑的描述。那其实只是玻尔和冯·诺依曼等人空口白话的断言。

最让艾弗雷特不安的还是这个测量过程需要明确地区分观测者和被观测的对象。玻尔认定观测者属于经典的宏观世界，被观测的是微观的量子世界，二者泾渭分明。这个论断在薛定谔以他那戈德堡机器将微观的放射性原子与宏观的猫纠缠在一起后已然站不住脚。艾弗雷特认同玻姆的看法：微观和宏观世界遵从着相同的物理规律，是一样的量子世界。

但这样一来，当某个人在实施观测时，世界会骤然分成两部分：整个世界都是量子的集合，只有观测者自己单独地“清醒”着，君临天下般观察那个世界并造成其波函数的坍缩。在艾弗雷特看来，这无异于哲学上的“唯我主义”(solipsism)：只有自己是实在的，其他所有一切不过是虚幻。

这在科学上很难站得住脚。无怪乎爱因斯坦会发问，如果那观测者是一只老鼠，也会是同样的情形吗？

艾弗雷特意识到这是量子力学中最基本的矛盾，只有彻底颠覆哥本哈根诠释才能破解这个他平生所遇最为蹊跷的悖论：客观世界中没有观测者与被观测系统的区分，也不存在波函数坍缩这么一个没有任何逻辑推理、证据支持的先验概念。

薛定谔的戈德堡机器将他那箱子里的放射性原子、盖革计数器、毒药瓶、锤子和猫纠缠在一起，成为同一波函数描述的量子系统。在箱子被打开之前，它们的共同波函数遵从他的方程连续、平滑地演变。只是在箱子外的人打开箱子往里看时才发生突然的坍缩。那箱子之外是一个与箱子内部完全不同的经典世界：观测者。

艾弗雷特认为那也是一个既没有根据也没有必要的分野。箱子本身不过是一层隔板，箱子内的猫和箱子外的人同样可以在电磁相互作用下纠缠在一起，属于同一个量子系统。人打开箱子的过程也不过是它们共有波函数演变的一部分。因为不再有外在的观测者，这个波函数的演变完全由薛定谔方程描述，所以不会发生莫名其妙的坍缩。

推而广之，艾弗雷特提出整个宇宙都处于一个统一的“宇宙波函数”（universal wavefunction）之中。这个波函数时时刻刻、永永远远地遵从薛定谔方程连续、平滑地演变。[33]117-122

来得早不如来得巧。惠勒那时也正同另一位研究生、艾弗雷特的好朋友和室友查尔斯·米斯纳（Charles Misner）一起兴趣盎然地研究广义相对论，希望能采用费曼的路径积分将这个被遗忘的经典理论量子化。他们很快遇到一个大问题：如果整个时空宇宙是一个量子系统，那怎么可能会有外在的观测者？更何况相对于宇宙的存在，能够实施测量的人类甚至老鼠都还只是最近才演化出现的角色。

艾弗雷特的宇宙波函数来得正是时候。惠勒在阅读了他严密的数学推导后大为倾服，觉得这可能是实现量子引力理论的有效工具。然而，他同时也对艾弗雷特为新理论提供的物理诠释忐忑不安。

当宇宙波函数完全遵从薛定谔方程演变时，量子的世界与牛顿的经典世界一样是完全确定的，不再具备随机因素：上帝果然不会掷骰子。也许爱因斯坦的在天之灵会为之欣慰，艾弗雷特却还必须解释实际观察中诸如放射性原子衰变、自发辐射那些现实的随机性事件。

他找出了一个听起来惊世骇俗的机制。

处于叠加态中的波函数随时间演变时并不一定总是保持其整体性，也可以依照内含的本征态“分叉”，各行其是地继续演变。当波函数描述的是整个世界时，这意味着世界也随之分裂，变成多个互为独立的世界。每个世界的波函数都只是原来叠加态中的本征态之一。在某些世界里，人们会看到某个原子发生了衰变、某个原子自发地发出了辐射；在另一些世界中，人们看到的却是原子安然若素。这些观察的结果取决于各自世界所拥有的本征态，而这些世界出现的可能性取决于该本征态在叠加态中所占的成分。

这样，在薛定谔的假想实验中，世界便是在箱子被打开的那瞬间一分为二。在其中的一个世界中，人们看到箱子里发生了原子衰变，毒药瓶已经被打碎，猫死去了。在另一个世界中，人们却发现箱子里一切完好如初，啥事没发生过（图 40.2）。

图 40.2　艾弗雷特心目中的薛定谔猫假想实验示意图【图来自 Wikipedia: Christian Schirm】

乍听之下，这个世界性的分裂似乎比波函数坍缩更为突兀甚至恐怖。但这个过程却是波函数连续演化的自然状态，不具备任何突然的变动。世界中的人类、生物不会察觉它的发生。分裂之后的不同世界各自为政，之间无法互通信息也不可能知道对方的存在。对艾弗雷特来说，最关键是这个过程不依赖于测量的发生、观测者的存在，也就不需要人为地区分量子与经典的范畴。量子的世界——或者说整个的世界——都完全是一个独立于人类主观行为的客观实在。[69]182-192,[33]123-124

美国著名诗人罗伯特·弗罗斯特（Robert Frost）在《未选择的道路》[①] 中感慨，在森林中遇到岔路时，只能选择其中一条走下去，无法同时领略另一条路的风光。在他所知的经典世界里，只存在一个选择而无从两全其美。

在哥本哈根的量子世界里，弗罗斯特似乎可以同时走上两条路。但那却只是一个幻觉。当有外人事后窥视（观测）他的行踪时就会发现他其实只走了其中的一条（坍缩）。

而在艾弗雷特的世界中，弗罗斯特的的确确同时走了那两条路。那时已经有了两个弗罗斯特，他们分别在不同的世界中走上了不同的路——与薛定谔的猫无异。只是那两个弗罗斯特彼此永久分离，还是无法知道另一个世界中的自己在另一条路径上获得的感受。他们浑然不知对方的存在。

当惠勒看到艾弗雷特把宇宙比作能够随时"自主"地一分为二的单细胞变形虫（amoeba）时不禁毛骨悚然。但更让他不寒而栗的是这个新思想与他奉之为真的哥本哈根诠释格格不入。即使是极力鼓励学生大胆创新并及时发表新成果的惠勒也不敢贸然造次。依照早已养成的习惯，他把艾弗雷特论文初稿寄给玻尔，请他先行审阅、定夺。在信中，惠勒小心翼翼地反复表明这篇题为《没有随机性的

---

① *The Road Not Taken*

图 40.3　1955 年，玻尔（中）在普林斯顿与研究生交谈。左一和右二分别是米斯纳和艾弗雷特

波动力学》[①] 的论文只是一个极不成熟的看法，有待大幅度地修改。

普林斯顿虽然有着惠勒在仿照玻尔模式建立他的哥本哈根，爱因斯坦的影响却挥之不去。从费曼到玻姆再到艾弗雷特，那里的年轻人似乎一直在离经叛道。玻尔毫无悬念地拒绝了艾弗雷特的提议（图 40.3）。哥本哈根大本营里的年轻助手们更为激烈。他们指责艾弗雷特此举不过是因为他没能理解量子力学的测量理论，盲目挑战一个完全没有问题的既定之规。借在欧洲访问的机会，惠勒亲赴哥本哈根，希望至少能说服他们接受宇宙波函数的概念，但还是一无所获。

无奈，惠勒回到普林斯顿后与艾弗雷特开夜车反复改写论文。在惠勒的指导、坚持下，艾弗雷特舍弃了变形虫的形象比喻，大刀阔斧地删去几乎全部的诠释性文字，只保留惠勒欣赏的宇宙波函数和相应的数学推导。修改后的论文不再强调世界的分裂，只是提出那会是一种逻辑的可能。

艾弗雷特还按照惠勒的建议将他的理论命名为《量子力学的“相对态”表述》[②]：一个不至于令人惊诧的平淡题目。惠勒依然不放心，他又自己写了一篇附录式的论文，为艾弗雷特的新理论提供自己的解释。至此，惠勒至少已经说服他自己艾弗雷特的新思想其实与哥本哈根诠释并不矛盾。[33]127-133,[68]268-271

1957 年 1 月，美国的一群物理学家在北卡罗来纳大学所在的教堂山召开会议讨论广义相对论。惠勒再次成为组织者，带去了米斯纳等一班学生，还邀请了过去的学生费曼。在那次会议上，费曼提出“粘珠论”[③]，指明探测引力波的实际可能性。[④]

艾弗雷特没有赴会。因为他的宇宙波函数对惠勒的引力研究至关重要，惠勒带着他们的论文在会上散发，也引起了与会者的讨论。

---

① *Wave Mechanics without Probability*

② “ ‘Relative State’ Formulation of Quantum Mechanics”

③ sticky bead argument

④ 详见《捕捉引力波背后的故事》第 2 章。

几年前对玻姆的隐变量兴致缺缺的费曼对师弟的宇宙波函数同样嗤之以鼻。①他指出这样的宇宙波函数必须包含着宇宙演化历史中出现的每一个可能性之两面，因而会同时存在着无穷多个同样现实的世界。在费曼看来，这是一个概念性的困难。

会议组织者布莱斯·德维特（Bryce DeWitt）负有为会议编辑论文集，作为专刊在《现代物理评论》杂志上发表的重任。他满怀好奇地仔细研读艾弗雷特的论文，发现他既欣赏这一新思想又无法接受。因为宇宙的不断分裂会出现越来越多的世界，他把艾弗雷特的理论命名为“多世界诠释”（many-worlds interpretation），将他和惠勒的附属论文一起收进了这个广义相对论的论文集。

之后，德维特意犹未尽。他又给艾弗雷特写了一封长信，不断夸赞艾弗雷特独创的思维和严谨的逻辑，同时也频频提出各种质疑。最后，他机智地提醒艾弗雷特：我本人就从来没有感觉到过自己突然分裂成两个自我。

接到这个对他论文绝无仅有的正面反应后，艾弗雷特回信告诉德维特：他读到的只是一个被惠勒残忍阉割过的版本，完全丧失了他的物理思想。稍作解释后，艾弗雷特反过来提醒德维特：当年在伽利略的时代，人们也曾如此反驳地球绕太阳公转的谬论：他们从来没有感觉到过自己脚底下地球的运动。

德维特阅后凛然一惊。[69]196-198

① 费曼也没有看上导师惠勒的“几何子”理论。在那次会议上，他恶作剧地将惠勒的名字 John 改成发音相近的 Geon。

第 41 章　鬼魅般的特异功能

1930 年，美国著名左翼作家厄普顿·辛克莱（Upton Sinclair）自费出版了一本名为《精神无线电》① 的新书，记叙他妻子表现出的读心术、心灵感应等多种特异功能。辛克莱自己做了一些试验，证明妻子和其他一些人士超常能力的确实存在。他相信人类存在着尚未被理解的“第六感”②，可以超越时空局限互相联络。辛克莱希望他的新书能够激发科学家的兴趣，展开更为系统的研究、发掘。

两年后，他的书在德国出版。引人注目的是书中增添了一篇出自爱因斯坦的前言（图 41.1）。

图 41.1　辛克莱的《精神无线电》封面，书中有爱因斯坦撰写的前言

爱因斯坦是在 1931 年第一次到美国南加州访问时结识辛克莱的。在那众星捧月的几个月里，他不仅与好莱坞的名流摩肩接踵，也与辛克莱等崇尚社会主义的左派激进分子打成一片，让邀请、接待他的加州理工学院院长密立根很是头疼。

在辛克莱的引导下，爱因斯坦和夫人艾尔莎带着秘书杜卡斯和加州理工学院的托尔曼教授一同会见当地特异功能名人，近距离体验了各种名目繁多的诡异表演。

爱因斯坦在其后撰写的前言中为辛克莱的人格、诚信做了担保，表示作者并非凭空臆造。但他也没有确信书中所记和他亲眼看见的事例是否为真实的心灵感应，猜测那也许出自无意识的催眠效果。而即便如此，他认为那也会是很有意义的心理现象。[2]373-374,[78][79]

在南加州时，爱因斯坦还在与托尔曼和波多尔斯基合作那篇一对光子从光子箱中逸出的论文。那是四年后他与波多尔斯基和罗森发表 EPR 论文的前奏。在量子的世界里，爱因斯坦正越来越清晰地见识到与心灵感应如出一辙的鬼魅般超距作用，让他同样地觉得不可思议。

---

① *Mental Radio*

② 即在视觉、听觉、嗅觉、味觉、触觉之外的超常感官知觉。

人类意识中可能存在“超自然”特异功能是一个亘古流长的神秘，作为自然世界观察者，物理学家也曾乐此不疲。但他们的热情在 19 世纪渐趋式微。那是以牛顿、拉普拉斯为代表的机械决定论独领风骚的时代，物理学主流确定自然界存在着完美的局域性因果关系。任何事情的发生都有其缘由，可以被实际地观察、认识。在这样的自然界中，海神波塞冬不可能仅凭脾气发作在千里之外兴风作浪，也不再留有心灵感应式超自然联系的存在余地。

及至 19 世纪末开尔文宣布物理学晴朗天空中只剩下两朵乌云时，物理学家的乐观达到无与伦比的顶峰。也正是出于对严格因果律的承继和信念，爱因斯坦对心理界和物理界中超自然的可能性抱着一视同仁的质疑态度。

为驱除那两朵乌云，爱因斯坦在 20 世纪初相继提出了相对论和量子概念，革命性地改变物理学家的世界观。出乎他的意料，量子力学中的随机性和不确定性也随之异军突起，挑战传统的因果关系。

1936 年时，约旦也出版过一本量子力学专著。那时，海森堡、泡利、狄拉克分别出版的教科书已经问世六年。约旦姗姗来迟的书没有引起反响。但他那本书也别具一格，其最后一章专门讲述心灵感应实验，作为量子力学的注脚。那时，约旦在积极投身物理学和纳粹活动的同时还对植物学家约瑟夫・莱茵（Joseph Rhine）复活的“超心理学”（parapsychology）研究兴致勃勃。

1930 年，莱茵在美国的杜克大学创立了一个研究中心，专注于他称之为“超感官知觉”（extrasensory perception，ESP）的实验验证。他让号称有特异功能的人远距离猜测自己手里随机抽取的纸牌上图像，发现其猜中的机会明显大于随机结果——即使他们分别处于校园内不同的楼房里。莱茵认为这证明人类有能够跨越空间隔离的超感官知觉，即通俗所称的第六感。[61]8,191-194

20 世纪初，人类思想革命的范畴不仅限于物理领域。心理学也处于突飞猛进之中。西格蒙德・弗洛伊德（Sigmund Freud）在 19 世纪后期创立的精神分析学（Psychoanalysis）那时正逐渐成为主流时尚，引起广泛注意。

因为两个儿子都有着不同程度的心理、精神问题，爱因斯坦一度对弗洛伊德的心理分析产生过兴趣。作为同时代的著名知识分子，他们也曾在媒体上有过思想交锋。但爱因斯坦对新兴的心理学只是浅尝辄止，没有深究。反倒是他的物理学深深影响了一位心理学家。[2]365-367,381-383

早在 1912 年回到苏黎世联邦理工学院担任教授时，爱因斯坦与也在那里的荣格结识。在荣格频繁的家宴上，爱因斯坦经常被问及他的相对论。他所描述的奇异时空观念每每会让客人们浮想联翩，尤其是同样年轻的荣格。①

荣格一度是弗洛伊德的助手，那时已经分道扬镳。与弗洛伊德强调人的幼年经历和性发育不同，荣格着重于成年的经历和他所谓的“无意识”（unconscious），以此为基础创立了自己的分析心理学（Analytical Psychology）。他尤其强调根源于文化、传统的集体性无意识行为，认为在那背后隐藏着一种人类尚未认识的神秘联系，才会使得彼此不相干的人思想上步调一致。也许爱因斯坦相对论中那超越三维空间的四维时空能提供一个超自然的联络途径。[61]180-181

那时，爱因斯坦自己还未曾认识到量子世界中会冒出鬼魅般的超距作用，还没有量子纠缠的概念。

荣格从那时起便与20世纪的现代物理学结下不解之缘。当泡利在20世纪30年代经历人生危机寻求荣格的心理帮助时，那无疑又是一例天作之合。

泡利赢得诺贝尔奖后顺利地获得了美国国籍。但他还是不习惯普林斯顿平静的乡村生活方式，在1946年初回到作为欧洲大都市的苏黎世。伴随着人到中年，他有着越来越强烈的宿命感。

自年轻时开始，泡利已经名声在外。那不只是因为他在相对论、量子物理中的杰出贡献，他还拥有一个如影随形的“泡利效应”：无论他走到哪里，那里实验室中的仪器就会出现莫名其妙的故障。有一次，哥廷根的实验室发生爆炸事故，无论如何找不出原因。最后只能归结于在那一时刻，泡利乘坐着的火车恰好在邻近的站台上停靠。

就像他所发现的“不相容原理”，作为理论家的泡利与物理实验不相容。

当然，其他理论物理学家也经常会遭遇类似的“效应”，那是学界善意调侃和茶余饭后之笑料。但随着年龄的增长，泡利越来越确信这类巧合并非平常，背后可能隐藏有超自然的联系。于是，他与荣格不谋而合。[61]165-166,197-199

在新量子理论蓬勃发展的20世纪20年代，中国的一些古籍逐渐被翻译成德文，作为“东方哲学”甚至“东方神秘主义”引起知识分子的极大兴趣。荣格精心研读了包括《易经》《太乙金华宗旨》在内的诸多著作，从中获取灵感。他尤

① 20多年后，爱因斯坦已经离婚的前妻米列娃曾在1936年给荣格写信，恳求他帮助治疗二儿子的精神病。没有荣格回信的记录。[80]

其欣赏道学的“天人合一”，认为那正是人类意识超然地互为连接，形成共同的集体无意识之体现。[61]182-184,189

也是在莱茵以实验手段验证超感官知觉的 1930 年，荣格提出“共时性”（synchronicity）概念：一种不构成因果关系的相互联系。用平常的话描述就是人们时常会遇到的令人咋舌的巧合。但荣格坚信有些巧合之所以匪夷所思，其实是因为其背后有着更为深刻的关联。[61]8

泡利的出现和实验仪器的损坏就可能是共时性的一个表现。

1947 年，荣格实现他个人的梦想，在苏黎世创建自己的心理研究所。刚回到那里不久的泡利以诺贝尔奖获得者和荣格挚友的身份为研究所的开张增添风采。他的出席带来意外——或意料中——的后果：一个来自中国的精致花瓶在开幕典礼时毫无先兆地从架子上坠落摔碎。

荣格曾经钻进故纸堆，在炼金术著作中寻找科学家、工匠集体无意识中所共有的“原型”（archetype）。泡利也如法炮制，着迷于 17 世纪开普勒、伽利略等人奠定日心说的艰难历程。他惟妙惟肖地向荣格描述自己身临那个时代的荒诞梦境，还有梦中显现的决定世界走向的时钟。

1950 年时，荣格逐渐完善了他的共时性概念。他在给泡利的一封信中将自然和人类世界中联系方式总结成一个简洁的四元图。泡利看后根据他的物理知识做了修改，成了二人合作完成的关系图。在这个图中，能量、动量与空间、时间相对，那是相对论所揭示的自然界。同时，因果关系也与荣格那非因果的共时性相对，是另一层次的关联方式。与约旦一样，泡利相信莱茵实验中揭示的超感官知觉是这种非因果共时性的表现。①[61]184-185,195-198

图 41.2　荣格与泡利通信集《原子与原型》封面。题图是泡利梦境中的“世界时钟”

荣格与泡利两人几十年跨越心理、物理领域的合作在 1952 年终成硕果。他们联名出版了一本题为《自然与心理的诠释》② 的论著。后来，他们多年的来往通信也结集出版，书名为《原子与原型》（图 41.2）③。其中，泡利细致地记录

---

① “第二次世界大战”之后，泡利专门为西德政府出具证明，担保曾加入纳粹党的约旦属于“可恢复工作”的好人。约旦因此得以重回学术岗位。

② *The Interpretation of Nature and the Psyche*

③ *Atom and Archetype*

了自己的 1000 多个梦，荣格则对其中 400 多个提供了专业解析。

在泡利那些年描述的梦境中，他还遇见过一个与他似乎很有关系的神秘年轻中国女士。他百思不得其解。[81]227-229

巧合对物理学家并不陌生。早在 1939 年，与维格纳妹妹曼琪新婚的狄拉克在剑桥发现自然世界藏有一个惊人的巧合：质子与电子之间的电磁相互作用是它们之间引力作用的 10^{39} 倍。那也恰好是我们宇宙大小与电子大小相比的倍数。这个 1 后面跟着 39 个 0 的大数居然同时出现在最大尺度、最小尺度、相互作用强度这些互不相干的比例上，不免令人讶异。更有甚者，宇宙中所有质子、电子的总数也被估计为 10^{78}。那正是 10^{39} 的二次方。

狄拉克认为这其中一定隐藏着未知的物理定律，以快报的方式在《自然》杂志发表了这一发现。这个所谓的“大数假设”（large numbers hypothesis）引起一些天文学家的好奇，但物理学界对他这种无根无据的猜测却只有嘲讽。当玻尔在哥本哈根看到狄拉克寄来的论文时，他当即走进伽莫夫的办公室警告：“你看看，这就是年轻人结婚的后果。”

同在剑桥的天文学家爱丁顿在其学术暮年也对数字发生了浓厚的兴趣。狄拉克引用的质子、电子总数便来自他的估算。爱丁顿情有独钟的是索末菲当年推广玻尔原子模型计算光谱时发现的“精细结构常数”。那是一个集电子电荷、光速、普朗克常数、真空介电常数这些自然界基本物理参数构成的一个数值。神奇的是这些参数所带有的单位在这里互相抵消，成为一个“无量纲”的纯数字。这个不会因人为单位选择而异的常数数值却又无律可循，似乎只是一个随机的无理数。只是它的倒数非常接近整数 137。

爱丁顿认为这个精细结构常数与宇宙中的质子、电子总数有着紧密的联系。他坚持精细结构常数应该就是严格的 1/137，以保证宇宙的简单和谐。遗憾的是后来基于量子电动力学的计算和越来越精确的实际测量都没能成全他的希冀。[36]288-291

1958 年 12 月，泡利因为腹部剧痛去医院。当他看到病房的门牌号是 137 时，他清楚地意识到自己大限已至。

与 20 年前他经历那场人生危机时一样，泡利在 20 世纪 50年代钟情于梦境解析、心理感应时也没耽误传统的物理研究。有意思的是，他当初“疯狂中”预测 β 衰变过程里的中微子终于在 1956 年被实验证实，成为他人生一大成功。

也是在纪念玻尔诞生 70 周年的 1955 年，泡利奉献出他的最新成果：物理学中有一个非同寻常的严格对称性。如果把所有粒子的电荷调换（带正电的变成带负电，带负电的变成带正电），同时也将空间如照镜子般左右翻转，再让时间倒流，那么所有物理定律会保持恒定，仿佛世界未曾经历过这些变换。

这三个操作在物理学中分别叫作“电荷共轭”（charge conjugation）、“宇称”（parity）和“时间反演”（time reversal）的变换。泡利描述的对称性因而叫作“CPT 不变性”。

因为电荷的正负、镜像的左右、时间的先后在物理定律中都只是相对性质，不具备绝对意义，物理学家普遍认为即使将它们分别地实施变换也不会影响结果。① 但泡利却只能从数学上证明这三个变换同时操作时的对称性，尽管他同样认定这个对称性适用于任何个别的变换。

然而，就在他这个结果问世的第二年，年轻的杨振宁和李政道却提出宇称在 β 衰变的弱相互作用中不会保持不变，即宇称不守恒。泡利看到论文时嗤之以鼻。正如爱因斯坦不相信上帝掷骰子，泡利不相信上帝会与常人一般左手不如右手灵活有力。但在他夸口要为此下大赌注时，吴健雄（Chien-Shiung Wu）——来自中国的年轻女性——和另外两个团队已经通过实验证实了杨振宁和李政道的预测，残酷地击碎了泡利基于和谐、对称的理想世界观。②[61]209-214,[34]

虽然宇称在弱相互作用中不再守恒，但泡利的 CPT 总体不变性至今依然完美无缺。可泡利却并不满足，他更大的失望来自他最亲近的师弟海森堡。

在普林斯顿高等研究院屡次挫败爱因斯坦的尝试后，泡利对统一场论已经完全失去信心。他曾尖刻地指出：“上帝分开了的东西，常人不应去瞎撮合。”③ 但在 1957 年，海森堡也投入了这个物理学非主流领域，提出自己的统一场论。犹如当年第一次见识师弟从海岛上带回的矩阵力学，泡利没有丝毫的刻薄，立即展开了合作。与曾经的薛定谔一样，他们自信终于能一举解决让爱因斯坦束手无策的最大难题。[2]466

1958 年 1 月，美国物理学会在纽约举行大会。应远道而来贵客的要求，吴健雄为泡利安排了专场演讲（图 41.3）。也在美国的玻尔和几百名物理学家在会议室里济济一堂，听取泡利兴致勃勃地讲解他和海森堡的新理论。不料，泡利演讲

---

① 惠勒和费曼那个所谓“正电子就是逆时间运动的电子”也是其中一例，即 CT 变换。
② 在给威斯科夫的回信中，泡利庆幸他未及下赌注。因为他输得起名声却输不起钱财。
③ What God has put asunder, let no man join together.

图 41.3 泡利（左）与吴健雄

中的声调逐渐变得犹豫不决，他边讲边意识到这个理论其实并不靠谱。观众席上，年轻的戴森痛切地感觉到他正目睹一只高贵的动物在缓慢地死去。

在德国的海森堡依然信心十足。在他的一次演讲后，德国的报纸乐观地报道了海森堡和“他的助手”泡利的新成就，更让泡利火冒三丈。他急忙大范围地给物理学界同行写信，宣布已经退出与海森堡的合作，还在学术会议上公开与海森堡辩论，互相诋毁。师兄弟几十年的感情完全破裂。

那年年底，泡利腹痛住院手术时被发现胰腺处已经长出巨大的恶性肿瘤。在 137 号病房内休养两天后，他与世长辞，终年 58 岁。

海森堡没有出席师兄的葬礼。[61]219-224

第 42 章 吴健雄的实验

杨振宁和李政道在 1956 年提出宇称不守恒，随即赢得 1957 年的诺贝尔物理学奖。这个速度被誉为诺贝尔奖中的奇迹。其实，那本应该是常规操作，却几乎是绝无仅有的。

诺贝尔当初设立的是像人们更为熟悉的奥斯卡、金鸡百花奖那样一年一度的奖项。他在遗嘱中指明要奖励的是“过去一年中”最杰出的贡献。但在其后的实践中，诺贝尔奖委员会一边坚持每年获奖者不超过三人的死规定，一边却对其时效性要求置若罔闻。爱因斯坦是在光电效应论文发表的十多年后才因之得奖。泡利 1945 年获奖时，他那作为得奖理由的不相容原理已经问世了整整 20 年。

物理学界也因而没有忘却曾经为量子理论做出显著贡献却屡屡被这个大奖忽视的索末菲和玻恩，几十年来持之以恒地为他们提名。索末菲在 1951 年以 82 岁高龄去世，终究未能遂愿。他倒是赢得历史上被提名次数最多（84 次）物理学家的殊荣。

一直因未能与学生海森堡共同获奖而耿耿于怀的玻恩终于在 1954 年修得正果。那时他已经被提名 34 次。尽管后来在固体物理等方面上又做出突出的贡献，他的获奖理由依然是“对量子力学基础研究的贡献，尤其是波函数的统计诠释”。那已经是接近 30 年前的成就了。[①]

玻恩得奖时已经是一位 72 岁的老人。在那两年前，他从爱丁堡大学退休，回到战后的德国安享晚年。

在用她的 β 衰变实验率先证实杨振宁和李政道提出的宇称不守恒而一鸣惊人时，吴健雄已经在哥伦比亚大学默默无闻地服务了十多年。

吴健雄 1912 年出生于中国江苏。她有一对重视教育的父母。父亲还创建了一所女校，让女儿和其他当地女孩能接受基本教育。吴健雄后来在南京的国立中

---

① 当年与玻恩一起完善矩阵力学并参与创立量子力学、量子场论的约旦后来只得到寥寥数次的提名，更没能获奖。他应该是受到自己纳粹历史的连累。

央大学本科毕业，并在浙江大学进修了物理研究生课程。

1936年，24岁的吴健雄来到美国，在旧金山港口上岸。她的目的地是远在美国东部的密西根大学，准备去那里攻读物理博士学位。在旧金山逗留期间，在也是从中国到来不久的新生袁家骝（Luke Chia-Liu Yuan）[1]的陪同下，她参观了附近的伯克利校园。

图42.1 1942年5月30日，吴健雄（左二）和袁家骝（左一）婚礼照片。右一右二为密立根夫妇

伯克利那时正在成为奥本海默的哥本哈根。发明回旋加速器的欧内斯特·劳伦斯（Ernest Lawrence）在那里开展着热火朝天的核物理实验。吴健雄被这朝气蓬勃的气氛深深吸引。在听说密西根存在严重的性别歧视后，她毅然改变计划留在伯克利，在劳伦斯和埃米利奥·塞格雷（Emilio Segre）指导下开始她的研究生生涯。[2]

四年后，吴健雄以优异成绩获得博士学位，同时也成为β衰变的实验专家。她继续留在伯克利从事博士后研究。1942年，她与已经转学到加州理工学院师从密立根的袁家骝喜结连理，在密立根的家中举行了婚礼（图42.1）。婚后，夫妇俩一起搬迁到美国东部工作。

1944年，吴健雄在哥伦比亚大学参加了支援曼哈顿工程的研究项目，与在原子核结构上抢了惠勒之先的雷恩沃特成为同事。她在伯克利时做的一项测量结果也帮助惠勒解决了核反应堆中出现的一个难题。

第二次世界大战之后，哥伦比亚大学在拉比的领导下急速成为世界领先的实验物理中心。吴健雄再也没有离开那里。她在1952年升为副教授，是哥伦比亚大学物理系第一个获得终身职位的女性。[82]

当她在伯克利毕业时，玻姆已经追随奥本海默来到那里。两人那时没有交往。而当玻姆在1957年注意到已经成为名人的吴健雄时，他自己正在以色列流亡。而让玻姆感兴趣的并不是β衰变中的宇称不守恒，而是吴健雄八年前一个不引人注意的小实验。

---

① 袁世凯的孙子。

② 劳伦斯和塞格雷后来分别在1939年和1959年获得诺贝尔物理学奖。

还在他幻想一切粒子都是由电子、正电子组成的年月里，惠勒曾研究过那样的世界中最简单的“原子”：由一个正电子和一个电子以各自正负电荷互相吸引而形成的“正电子素”（positronium）。它与由一个质子和一个电子组成的氢原子相当。但因为正电子的质量与电子相同，是质子的 1/1800，它无法同样地约束电子。惠勒通过计算发现正电子素如果能够存在也会极其不稳定，只有 0.12 纳秒①的寿命。随后电子与正电子就会互相湮没，化为一对高能的 γ 光子。

在当时的条件下，没有实验能够捕捉那么一个稍瞬即逝的存在。但惠勒提出可以通过寻找两个同时发出、在偏振方向上有关联的 γ 光子来判定正电子素（原先）的存在。[68]119-120

1949 年，吴健雄带着研究生欧文·萨克诺夫（Irving Shaknov）在哥伦比亚进行了这个实验，证实惠勒的预测。②他们的结果以“致编辑信”的快报方式发表在 1950 年 1 月 1 日的《物理评论》杂志上。那时，玻姆还在普林斯顿精心写作他那本集哥本哈根诠释之大成的《量子理论》，用电子自旋重新表述爱因斯坦的 EPR 假想实验。

1955 年，玻姆摆脱在巴西的梦魇来到以色列后时来运转，仅仅两年后受到英国一所学院的聘请。虽然仍然无法返回自己的祖国，但他终于能够结束学术流放，重回与欧洲同行自由交流的科学大家庭。

在以色列那短短的两年里，他收获甚丰。他在那里终结了自己的单身日子，幸福地结婚成家。一位名叫雅基尔·阿哈罗诺夫（Yakir Aharonov）的本科生也投师麾下，两人开始精诚的科研合作。大学毕业后，阿哈罗诺夫跟随着玻姆到英国继续攻读博士学位。

为了不耽误学生的前程，玻姆曾经主动约法三章：他们之间只传授、研究“主流”物理学，不涉及他那离经叛道的隐变量理论。这样，他们在不涉及量子力学基础的“安全”领域中发现电磁场中一个原来未知的奇怪现象。这个所谓“阿哈罗诺夫—玻姆效应”在物理学界引起相当大的轰动和持久的科研兴趣。

但玻姆没能完全信守诺言。当他看到吴健雄和萨克诺夫简短的实验报告时，脑洞突然为之大开。

---

① 0.000 000 000 12 秒

② 更确切地说，他们证实的是约翰·沃德（John Ward）的预测。沃德和他在牛津大学的博士导师莫里斯·普赖斯（Maurice Pryce）在惠勒之后发表了更为严谨的计算结果。[73]95-96

在先前出版的《量子理论》中，玻姆为爱因斯坦的 EPR 假想实验提供了一个更为简洁、清晰的描述：当一对电子、正电子在真空或由高能光子转化产生时，它们之间的自旋态会保持着互相的纠缠，即使它们已经彼此飞离了非常远。

玻姆领悟到吴健雄和萨克诺夫做的其实就是这么一个实验，只是粒子产生的过程正好相反：不是通过光子产生电子、正电子对，而是通过电子与正电子的湮没产生出一对新的光子。那对光子在这个过程中同时产生，必然处于同一个量子态。因为动量、角动量的守恒，它们也会各自向相反的方向飞离，同时保持着二者的纠缠。

与电子一样，光子也有着自旋。那正是吴健雄和萨克诺夫所测量的偏振态。玻姆和阿哈罗诺夫一起进行了一次颇为罕见的操作。他们作为理论学家把别人八年前的实验数据重新实施与其初衷迥然不同的分析，得出该实验结果中蕴藏着光子的确处于纠缠状态的结论。[83]

于是，玻姆与阿哈罗诺夫在 1957 年发表论文宣布，那曾经让爱因斯坦牵肠挂肚的鬼魅般超距作用的的确确是量子世界中的真实存在，已经被人类观察到。只是当初进行实验的吴健雄和萨克诺夫浑然不知。① 在那之后也没有人看出其中的奥妙。

那时，爱因斯坦已然作古。

和他的老朋友一样，薛定谔始终没有接受正统的哥本哈根诠释。比爱因斯坦尤甚，薛定谔一直强烈反对玻恩的波函数概率解释。他坚持波函数是实际的物理存在，比粒子更为现实。而这样的波函数不可能会发生莫名其妙的突然坍缩。

1952 年夏天，薛定谔在都柏林举行的系列讲座中再一次阐述了自己对量子力学诠释的看法。他告诉听众现在物理学界主流对量子测量的看法是每次或者测到这个值，或者测到那个值，二者非此即彼。但其实还可以存在着一种可能性。那就是不同的测量数值是可以同时存在的。他承认这样的想法听起来十分疯癫，在主流人士看来自然是绝对的不可能。[84]127-128

那年年底，英国历史和哲学历史学会召集玻尔、玻恩、薛定谔和一些哲学家齐聚伦敦，准备让他们在量子力学诠释上再来一场面对面的思想交锋。然而，薛定谔急性阑尾炎发作，不得不接受手术并卧床休息三个月，错过了这一机会。之

① 萨克诺夫做完实验毕业后投笔从戎，不久阵亡于朝鲜战场。

后，他把早已准备好的发言稿交给创刊不久的《不列颠科学哲学杂志》① 发表。论文题目是一个触目惊心的设问：《量子跃迁存在吗？》②。

自然，他给出的答案是否定的。不仅如此，薛定谔还在文中将玻尔最早提出的那个瞬时、不连续更没有数学根据的“跃迁”与克劳迪斯·托勒密（Claudius Ptolemaeus）在哥白尼的日心说之前为解释行星运动所杜撰的“均轮”“本轮”等繁复而无益的概念③ 相提并论，百般挖苦。假如他当时能够按原计划当着玻尔的面宣读这篇论文会是一个怎样的情景，只能留给历史想象。[19]451-452,[20]208

同样只能付诸想象的是他对艾弗雷特五年后提出的量子力学多世界诠释的可能反应。在惠勒和玻尔的合力打压下，艾弗雷特的毕业论文在普林斯顿和哥本哈根小圈子之外基本上无人知晓，很快销声匿迹。没有证据表明薛定谔曾听说过那个理论。然而，艾弗雷特正是在数学上严格推理出薛定谔那个“不同测量数值可以同时存在”的疯癫想法：他的猫同时是死的和活的，只是分别处在不同的世界里。

正如玻姆的隐变量理论是对德布罗意导航波的承继和推广，艾弗雷特的多世界诠释也与薛定谔的波函数观一脉相承。[43]139 30 年前，尚且年轻的德布罗意和薛定谔在第五届索尔维会议上被泡利、海森堡等人驳得体无完肤，被摒弃于量子力学主流之外。30 年后，年轻的玻姆和艾弗雷特的命运如出一辙，甚至更为残酷。

在爱因斯坦去世的 1955 年夏天，薛定谔告别了都柏林和那里的高等研究院。他再度回到家乡奥地利，在维也纳大学继续担任教授。那时，他 67 岁的身体在急剧地每况愈下。终于回到他所钟爱的阿尔卑斯山的薛定谔极其遗憾地发现自己在小山坡上已然举步维艰，再也不可能尽情地登山跋涉。

一生陪伴着他的妻子安妮也疾病缠身，同时患有严重的哮喘和抑郁症。在步入晚年之际，这对患难夫妻终于情投意合、心心相印。

即使在 70 岁时正式退休后，薛定谔仍然孜孜不倦地继续着他的物理和哲学思考。与早年写作的《生命是什么》相对应，他回忆录最后部分的总标题为《实在是什么》④。与爱因斯坦一样，薛定谔坚信量子世界的基础是真实的物理实在，而他的实在就是波函数。

---

① *British Journal for the Philosophy of Science*

② “Are There Quantum Jumps?”

③ 参阅《宇宙史话》第 2 章。

④ “What is Real?”

图 42.2　薛定谔与妻子安妮合葬的墓地。墓碑上方写有他的波动方程

在没有爱因斯坦的日子里，他的主要通信对象是比他还年长五岁的玻恩。1960 年 10 月，73 岁的薛定谔在给玻恩的信中抱怨："你知道我爱你，没有任何事情可以改变这一点。但我需要好好地给你洗一次头，所以你站好了别动。你一而再再而三不带任何保留地宣扬哥本哈根诠释已经被广泛接受的无礼行为实在让人难以忍受。……难道你对历史的判决不带焦虑吗？你就如此地自信人类会很快在你自己的胡说八道面前俯首屈服？"

三个月后，薛定谔在 1961 年 1 月 4 日离开了人间（图 42.2）。[19]460-482

薛定谔去世时，以他命名的波动方程已经是物理学生的必修课，也是哥本哈根正统量子力学不可或缺的根基之一，几乎能与牛顿的动力学方程并驾齐驱。在物理学之外，他的《生命是什么》激励了一代年轻学生投身遗传生物研究，包括在 1953 年发现 DNA 双螺旋结构的詹姆斯·沃森（James Watson）和范西斯·克里克（Fancis Crick）。薛定谔方程和方兴未艾的分子生物学是他永恒的丰碑。

那时依然不为人所广知的是他那只有着奇怪命运的猫。还有由他命名、在玻姆眼里已经被切实观察到的量子纠缠。

第 43 章 维格纳的朋友

1962 年，正值不惑之年的托马斯·库恩（Thomas Kuhn）写作出版了《科学革命的结构》①。因为提出科学思想发展中的“范式转移”（paradigm shift）概念，这本书风靡一时。

库恩是哈佛毕业的理论物理博士，在取得学位后“移情别恋”，专注于物理学史和科学哲学的研究。那时他已经是伯克利的科学历史教授，创办了“量子物理历史档案”② 项目，带领着团队满世界收集早期量子力学的原始资料。爱因斯坦、泡利、薛定谔已经相继作古。他们抓紧时间当面采访德布罗意、玻恩、海森堡、狄拉克等依然在世的人物。当然，还有 77 岁高龄的玻尔。

那年 11 月 17 日，库恩再一次来到哥本哈根的嘉士伯府邸。作为丹麦最杰出的公民，玻尔一家已经在这座豪华公馆中居住了整整 30 年。在过去的三个星期里，库恩已经来过四次。他估计还要跑好些趟才能完成录制玻尔口述历史的任务。

这天的话题是玻尔与爱因斯坦在索尔维会议期间的争论。面对着库恩带来的录音机，玻尔又一次打开了话匣子。

在回顾了他第一次世界大战结束时与爱因斯坦第一次见面时的交谈后，玻尔抱怨“与爱因斯坦交谈的整个过程对我来说非常困难，因为爱因斯坦总是在不断地批评。在我看来，他已经在每一个论点上都被证明是完全错误的。可他却接受不了。”③ 他为自己的老朋友深为惋惜，觉得爱因斯坦最后在那篇 EPR 论文上是完全落入了波多尔斯基的圈套。回顾那个年月，玻尔又说罗森其实更为差劲，因为他至今还相信着那个假想实验。而据玻尔所知，波多尔斯基自己则已经放弃了。玻尔强调，那篇 EPR 论文中的质疑实在不可能构成什么问题。[33]163-166

爱因斯坦已经去世七年了。他在玻尔心中依然栩栩如生。每当考虑一个新问题时，玻尔总是不由自主地首先设想爱因斯坦会如何反应。然后，他在脑子里悄

① *The Structure of Scientific Revolutions*

② Archive for History of Quantum Physics

③ The whole thing with Einstein is so difficult to me because really Einstein had a lot of criticism, and he was shown at every single point, to my mind, that he was entirely wrong. But he did not like it.

悄、平静地与老对手你来我往。

那天晚上，意犹未尽的玻尔在黑板上又画出爱因斯坦 32 年前在第六届索尔维会议中提出的光子箱，独自对之思忖良久（图 43.1）。他还是无法理解爱因斯坦为什么不能接受互补原理，为什么终其一生顽固地质疑着量子力学。

第二天中午，玻尔饭后照例午睡。当妻子玛格丽特听到突然的一声大叫赶到楼上卧室时，她发现丈夫已经因心脏病发作撒手人寰。[16]327

库恩没能完成他的采访计划。

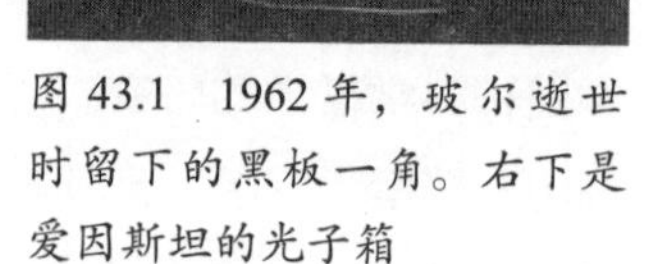

图 43.1　1962 年，玻尔逝世时留下的黑板一角。右下是爱因斯坦的光子箱

波多尔斯基其实并没有像玻尔以为的那样放弃了他主笔的 EPR 论文。只是没有了爱因斯坦，他和罗森在物理学界不再有影响。也是 1962 年，在俄亥俄州一所学院担任教职的波多尔斯基组织了一次学术会议，讨论量子力学的基础问题（图 43.2）。他能邀请到的人很少，但有从以色列前来的罗森。在英国的玻姆依然无法回国，由他的学生、已经在美国任教的阿哈罗诺夫代表。

图 43.2　1962年，参加在俄亥俄州举行的一次量子力学基础会议的物理学家合影。前排从左到右：维格纳、罗森、狄拉克、波多尔斯基、阿哈罗诺夫

比较出乎意料的是狄拉克和他的内兄维格纳一起从普林斯顿赶来，为这个小地方的小聚会带来名人风采。

会议刚开始，他们就讨论起波函数坍缩。有人提出艾弗雷特有一个可以完全避免这个奇葩概念的理论。但包括曾与艾弗雷特同校的维格纳在内，他们中没有人知之甚详。于是他们紧急联系上早已离开了物理学界的艾弗雷特。他也爽快地临时乘坐飞机赶来与会。

五年前，艾弗雷特还在导师惠勒压力下大举删节毕业论文时就已经联系好了下一步的工作：加入美国军方研究所，应用他最爱的博弈论于战略、战术决策。那时惠勒曾极力鼓动他前往哥本哈根与玻尔等人当面探讨，也许能澄清彼此之间的误解。艾弗雷特未能成行。

1959 年 3 月，已经毕业三年、在职场上得心应手的艾弗雷特借携家人去欧洲旅行的机会来到哥本哈根。玻尔和几个助手一起礼貌地接待了他，进行了一整天毫无结果的辩论。那天晚上，艾弗雷特独自回到旅馆，在吧台上猛抽香烟、狂饮烈酒，脑海里逐渐浮现出一个清晰、崭新的念头。不过，他那时的思路已经与玻尔、惠勒以及量子力学不再有任何关系。他发现了一个优化军事资源的新算法。回到美国后，他申请了专利。在为国防事业做出重大贡献的同时，他自己也获利甚丰。

在俄亥俄州这个会议上，他的多世界诠释终于得到与会者认真的讨论，但也仅此而已。[6]225-227,[33]135-138

当物理学界同行来家里拜访时，狄拉克会习惯性地介绍妻子曼琪为“维格纳的妹妹”，仿佛那是一个比“狄拉克夫人”更为合适的头衔。[36]286

维格纳出生于 1902 年的维也纳。在那个世纪之交前后，匈牙利的一些犹太人取得显著的经济、社会地位，养育出一拨出类拔萃的后代。以年龄而论，在维格纳之前有着西奥多・冯・卡门（Theodore von Karman）①、诺贝尔化学奖获得者乔治・德海韦西（George de Hevesy）和著名物理化学家迈克尔・波拉尼（Michael Polanyi），在他之后则有冯・诺依曼、西拉德和泰勒。有人把这个鹤立鸡群的群体统称为“火星人”。因为匈牙利人无论说什么外语都会带有浓重的口音，天外来客选择这一身份容易蒙混过关。而这些人在成年之际都离开了匈牙利，操着带奇怪口音的外语在各地游荡。

维格纳的父亲是皮革厂业主。虽然不如作为银行家、册封贵族后代的冯・诺依曼背景显赫，但维格纳也是在富足的环境中长大，而且与冯・诺依曼在同一个贵族中学。两人都酷爱数学，很快结成形影不离的好朋友。不过，维格纳渐渐地意识到这个比他低一年级的伙伴才是真正的数学天才，不禁自愧不如。在务实的父亲坚持下，维格纳放弃数学梦想，选择了更为实用的化学工业。1924 年，他在波拉尼的指导下获得了化工博士学位。

学成归家的维格纳协助父亲从事皮革鞣制的工业生产。但他已经心不在焉。在柏林求学期间，他曾频繁参与德国物理学会的活动，亲耳聆听过普朗克、能斯特、爱因斯坦、劳厄、海森堡、泡利在那里指点量子江山。那个激动人心的场面

---

① 冯・卡门在加州理工学院期间是胡宁、钱学森、郭永怀、林家翘等中国留学生的导师。

时刻召唤着他。两年后，他离开了父亲的工厂，回到柏林投身物理研究。又一年后，他来到哥廷根担任索末菲的助手。[85],[17]106-109,[36]152-153

维格纳年龄上只比狄拉克小三个月、比约旦小一个月，与新量子理论弄潮儿泡利和海森堡相比也只小了一两岁。但他已经错过了那个黄金年月。在哥廷根，他跟着约旦推广刚出现的狄拉克方程，发展量子场论。[36]136-137

冯·诺依曼那时也在哥廷根大张旗鼓地研究数学①。他们俩再度携手，共同钻研量子力学背后的数学基础。当冯·诺依曼在1932年出版那本奠定量子力学根基、证明隐变量理论不可能存在的教科书时，维格纳也硕果累累，出版了自己的《群论及其在量子力学原子光谱中的应用》②。与大数学家外尔同时，维格纳将属于纯数学工具的群论引进物理学，系统、严谨地描述量子力学中的对称性。他也是在那时首先提出了宇称守恒的对称观念。

1930年，求贤若渴的普林斯顿大学同时招聘了冯·诺依曼和维格纳，以振兴学校的数学和理论物理实力。这两位后起之秀因而得以逃避欧洲的纳粹和战争。[17]187 在美国，他们也都全力以赴地投入“曼哈顿计划”。在以对称性研究原子核结构、反应的同时，维格纳还发挥自己兼备的化工特长主持核反应堆的设计。[86]

战后的1957年，冯·诺依曼因为癌症在53岁时英年早逝。受这位几十年朋友、同事影响，维格纳一直笃信着量子力学的哥本哈根诠释——虽然他自己从来未曾踏足过玻尔研究所③。冯·诺依曼的去世也唤起了维格纳对那个诠释中测量问题的兴趣④。与他在普林斯顿曾经的同事玻姆一样，他的立场发生了动摇。

就在与狄拉克一起现身波多尔斯基的会议之前一年，维格纳发表了一篇题为《关于意识与物质问题的想法》⑤的论文，系统地表述对量子力学正统思想的质疑。[87]

在玻尔和冯·诺依曼的测量理论中，测量者属于宏观世界，使用的是经典物理的仪器。被测量的则是微观的量子世界，它们的行为因测量方式的选择而异。这两者之间存在着一道彼此分离的鸿沟，只是测量的行为会导致被测量系统的波函数坍缩。

---

① 他也同样为父亲获得过化工学位。

② *Group Theory and its Application to the Quantum Mechanics of Atomic Spectra*

③ 他自称“从来没接到过邀请”。

④ 量子力学“测量问题”（measurement problem）这个术语就是维格纳首先提出的。

⑤ “Remarks on the Mind-Body Question”。这里的mind和body都有双关含义。

薛定谔打破了这个界限。他那个假想实验中箱子里宏观的猫与微观的放射性元素有着相互纠缠着的共同波函数，服从同样的量子规律。但即便如此，作为测量者的人和被测量的箱子也还是完全分离的两个世界。波函数的坍缩正是发生在箱子外的人打开箱子观察——测量——的那一刹那。显然，薛定谔并不认为箱子里的猫——或爱因斯坦的老鼠——有能力造成波函数的坍缩。那需要人类的有意识参与。

维格纳觉得这便把人的意识引进了原本只是研究由物质组成的客观世界的物理学。他设想一个略微不同的情形：他让一位朋友去打开薛定谔的箱子观察，自己却置身事外。过了一段时间后，维格纳可以肯定他的朋友已经打开过箱子，但他自己却依然不知道猫是死是活。这类似于球迷观看事先收录的球赛。球赛早已打完有了结局。但只要那球迷还不知道结果，他看球时仍然会有着与看现场直播时同样的悬念。

那个时候，他朋友面前的箱子里波函数已然坍缩，那猫或者已经死去或者还活着，二者只居其一。但在维格纳的眼里，箱子和他的朋友构成一个量子系统，它们的波函数并未坍缩，仍然处于猫死去、朋友悲伤和猫活着、朋友高兴的叠加态中。

这样，对猫是死是活这个客观现象，维格纳和他的朋友有着完全不同的认识——他们分别“看到”的是两个截然不同的实在。而且，如果维格纳事后向朋友求证，朋友会告诉他打开箱子时的情形：他自己曾经悲伤或者高兴过，却从来未曾处于悲伤与高兴的叠加态之中。

于是，维格纳对朋友的观察、测量所得与朋友的实际经历完全不符。

在波函数坍缩这个关键环节，冯·诺依曼的机制在这里也不再能自圆其说。在这个新版的假想实验中，那个朋友既是观察者也是被（维格纳）观察的对象。他在打开箱子的刹那已经知道猫的死活，也就有了悲伤或高兴的反应。如果他所在的波函数也是在那一刻坍缩，那么当时维格纳还未及观察，坍缩如何能够发生？反过来，如果那个波函数是在之后维格纳与朋友交谈时因为维格纳获得信息（观察）才发生的坍缩，那么如何能够保证这个信息传播是可靠的测量过程？他们两个人对猫死活的反应会完全一致吗？他们之间是否也会出现鸡同鸭讲的误会，或者朋友干脆没有说实话？

在维格纳看来，作为对客观世界描述的量子力学如此依赖于人类的意识和行为，无疑应该是一个大问题。[87]

玻姆提出他的隐变量理论后曾经期望能在苏联赢得共鸣。他这个粒子有着确

定轨迹的理论与他信奉的唯物主义（materialism）世界观很合拍。在苏联，以哥本哈根诠释为代表的量子力学和相对论的确都因其唯心主义（idealism）倾向在遭遇批判，但玻姆也没能得到支持。倒是他的激进左派立场迫使麦卡锡时代的美国物理学家退避三舍，在很大程度上限制了他可能有的影响。[33]108-109

维格纳没有这个负担。在意识形态光谱上，他正好是玻姆的反面。

移民美国时，维格纳和冯·诺依曼都入境随俗，分别改用了“尤金”“约翰”的常见英语名字。他们也很快成为美国的忠诚爱国者，在“曼哈顿计划”之后还与泰勒、惠勒等少数物理学家一起研制了氢弹。因为在匈牙利和其他欧洲国家的个人经历，维格纳在美国是坚定的右派，或者说那时占主流的保守派。

他同时也是一个异常谦和的教授。物理学界有一个尽人皆知的事实：永远不可能在维格纳的身后走过一道门——因为他总会坚决地扶着门留在最后。他是一个“固执地通情达理”① 的绅士。②

1963 年，维格纳因为“在原子核、基本粒子理论上的贡献，尤其是对基本对称性的发现和应用”赢得诺贝尔物理学奖。他的影响力更上了一层楼。在爱因斯坦和薛定谔逝世后，对量子力学的质疑再一次有了重量级大师的参与，不只是玻姆、艾弗雷特的人微言轻。[85]

然而，维格纳在那篇论文的结尾也无可奈何地承认他清楚自己并不是第一个讨论这个问题的人，在他之前的先行者们都已一概被否定或忽视。他知道自己也难逃同样的命运，只是依然觉得这个讨论至少会有启发意义，值得再度提起。[87]

其实，他在 1961 年第一次提出这个后来被称为“维格纳的朋友”设想时并没有采用薛定谔的猫做例子。他只是描述了对量子系统中物理量的测量过程。他那篇文章发表在一本多学科论文集里，其读者中大概没有几个人听说过薛定谔的假想实验。

直到 1965 年，哈佛著名哲学家希拉里·普特南（Hilary Putnam）从他物理同事那里听说了薛定谔和他的猫，经过一番思索发表《一个哲学家看量子力学》③论文，引领哲学家进入这个旷日持久的物理争议。发行量相当大的普及性杂志《科学美国人》（*Scientific American*）随即发表评论予以介绍。整整 30 年后，“薛定谔的猫”终于开始揭开历史的尘封，进入大众视野。[20]4

---

① stubbornly reasonable

② 也是在维格纳的帮助下，库恩得以让个性最为隐秘的狄拉克第一次敞开心扉，录制了他人生经历的口述历史。[36]371-372

③ “A Philosopher Looks at Quantum Mechanics”

第 44 章 席夫的《量子力学》

玻尔确实有足够的理由和自信认定他早已在与爱因斯坦的辩论中大获全胜。在去世前的那些年里，他亲眼看到量子力学在物理学各领域开花结果，取得一个又一个的辉煌成就。

在第二次世界大战结束不久的 20 世纪 40 年代后期，曾经证实电子波动性的贝尔实验室又传捷报。贝尔实验室的物理学家沃尔特·布拉顿（Walter Brattain）、约翰·巴丁（John Bardeen）和威廉·肖克利（William Shockley）发明晶体管，带来了以固体器件为代表的电子革命。这个历史性的突破影响持续至今，也标志着量子物理从原子弹走向和平应用，为人民福祉添砖加瓦。

几年后，哥伦比亚大学的查尔斯·汤斯（Charles Townes）等人在 1953 年制造出微波波段的“激光”。可见光范围的激光也随后问世，为人类提供一种超越自然的新型光源。激光的原理历史悠久：那正是爱因斯坦在 1917 年提出的基于量子概念的光辐射理论。

物理学家也在宇宙射线和越来越强大的加速器中发现越来越多的粒子，展现出一个过去未曾预料过的微观世界。虽然它们之间的关系在 20 世纪 50 年代尚未厘清，基于量子电动力学的各种尝试也在凸显量子理论的威力。在宇称不守恒被实验证实之后，对称性成为物理学研究的热门。杨振宁和罗伯特·米尔斯（Robert Mills）在 1954 年推广外尔的规范场概念，开辟了量子场论的一条新途径。

薛定谔在柏林时的助手伦敦在第二次世界大战之前接受林德曼的救援逃难英国后不久移民美国，在南方偏僻的杜克大学任职。在与海特勒一起成功地计算分子光谱之后，伦敦的眼光超越更大型的分子，直接转向宏观物体。他率先提出实验中早已观察到的液氦在极低温时表现出“超流”（superfluidity）——没有黏滞阻力的流动——是一个量子现象，根源就是爱因斯坦在 1924 年推广印度小伙玻色所提出的量子统计理论，即玻色 – 爱因斯坦凝聚。[88]

伦敦的这个创见也是在 20 世纪 50 年代才得到广泛重视。1957 年，已经在伊利诺大学任职的巴丁带着他的博士后里昂·库珀（Leon Cooper）和研究生约翰·施里弗（John Schrieffer）发现金属低温时出现的“超导”（superconductivity）——没有电阻的电流——也是类似的宏观世界中的量子现象。他们的理论揭示金属内部的电子可以两两结对成为玻色子而发生玻色－爱因斯坦凝聚，形成超导体。①

也是在那个年代，费曼等人在液氦的超流研究中又推广了伦敦的先见。量子力学的波函数的确并未像玻尔当初猜测地那样只局限于看不见摸不着的微观世界。波函数同样可以在宏观尺度上出现，以超导、超流这类近乎魔幻的方式将量子世界的神奇直接展现在人们眼前。

即使是在质疑量子力学的 EPR 论文中，爱因斯坦也承认量子力学的正确性早已久经考验，毋庸置疑。

在 20 世纪 50 年代，同样没有争议的是物理学的地位。

1951 年，在美国政府中担任原子能委员会主席要职的普林斯顿大学物理系主任亨利·史迈斯（Henry Smyth）公开提出国家应该战略性地“储存”（stockpile）、“配给”（ration）科学家人力资源。因为他们已经不再只是增进科技、文化的人才，更是维持和平不可或缺的战争工具或资产（asset）。[48]16,[33]80

那时的美国不仅需要晶体管、激光、超导这些民用新技术，更必须面对日益加剧的冷战威胁。苏联不但很快地爆炸了他们自己的原子弹和氢弹，还抢先成功发射了第一颗人造地球卫星、第一次实现载人宇航。在朝野一片“美国已经落后”的危机感中，物理学首先进入大规模培养、储存人才的蓬勃发展时期。

1941 年，在珍珠港遭受日本偷袭而进入第二次世界大战的美国总共毕业了 170 位物理学博士。十年后的 1951 年，全国获得物理学博士学位的人数已经超过 500。这个强劲的趋势在 50 年代继续节节上升。在它背后，是政府大量的资金投入和受到原子弹激励的一代年轻学子对物理学的突发热情。[48]17-18,23;[33]79-80

这一冲击波也让教授们猝不及防。各大学的物理系在战后急剧膨胀，原来不过十来人的课堂突然变成熙熙攘攘的上百人，不得不动用有阶梯座位的大讲堂。面对那么多如饥似渴的面孔，教授不可能再因材施教、细致讨论，只能在讲台上通过投影仪照本宣科。学生的作业、考试也从启迪性的研讨迅速转变为千篇一律有标准答案而容易批改的公式推导和方程求解。

毕竟，他们需要培养的不是思想家，只是国家急需的工具和资产。

---

① 布拉顿、巴丁、肖克利在 1956 年因发明晶体管获得诺贝尔奖。巴丁、库珀、施里弗在 1972 年因超导理论获得诺贝尔奖。巴丁因而成为唯一两度获得诺贝尔物理学奖的人。他也是维格纳的学生。

1949 年，斯坦福大学的伦纳德·席夫（Leonard Schiff）推出了他的《量子力学》[①] 教科书。席夫曾经在伯克利听过奥本海默的量子力学课程。在深受影响之余，他自己的版本却风格迥异。在他这本《量子力学》中，测量和波函数坍缩的概念只是作为背景知识一带而过。教材着重的是如何求解薛定谔方程，如何在各种不同条件下计算相应的物理量。那是作为工具的学生们最应该掌握的基本技能。这本应运而生的教科书面世后立即大受欢迎，很快在 1955 年、1968 年连续推出第二、第三版。新的版本更加注重量子力学中的计算过程，还专门增加了为学生演练而提供的习题。短短几年间，它成为美国大学中的标准教材。[48]19,[33]81-83

玻姆曾经在他几乎同时出版的《量子理论》中用 50 页篇幅讨论量子力学中的测量问题，包括他自己改写的 EPR 假想实验。在席夫的《量子力学》横空出世之后，玻姆的书不再有人问津。在急于完成教学任务的教授眼里，玻姆所注重的是物理学家最不屑一顾的"哲学讨论"，繁琐而于事无补。在众多书评里，他们不约而同地夸赞席夫的《量子力学》有效地避免了在那一类不实际内容上的纠结。专注实用的计算手段业已成为教科书之简洁、明晰的通用标准。

1961 年，在哈佛获得博士学位的戴维·梅尔敏（David Mermin）在功成名就的 30 年后回想当年经历时深有感触。他将自己所属的这一浪潮称为"第三代量子物理学家"。以爱因斯坦、玻尔、海森堡、薛定谔为代表的创始人是第一代。他们对量子力学的奇葩有着切身体会，因而不可避免地会在其背后的"哲学"问题上争论不休。

受这些大师耳提面命成长的第二代人已经对那些争论没有兴趣。当导师们在索尔维会议内外喋喋不休时，那一代的海特勒和伦敦在计算分子光谱，伽莫夫在计算 α 衰变……他们务实性的成功是无可辩驳的榜样，也是量子力学发展的真正动力。

到了梅尔敏所属的第三代，他们更加不愿意去浪费时间思考、讨论量子力学背后的含义。在他眼里，所谓的哥本哈根诠释其实就是一个简单明了的指令："闭嘴、计算！"[②][89]

这个十分形象的"定义"逼真地概括了几十年量子力学的教学和实践，在物理学界引起广泛的共鸣。虽然梅尔敏不久就后悔用孩子气的语言诋毁辉煌的历史，

① *Quantum Mechanics*

② Shut up and calculate!

但这个说法已经流传甚广，成为那个时代的象征。[90]

“闭嘴”的席夫教科书中没有讨论薛定谔的猫或爱因斯坦的 EPR 质疑。大学里的教授偶尔会在课堂中提及这些内容作为历史典故活跃气氛，启发学生的思考。但在那些暂时性的好奇之外，教授和学生们更重视的还是如何得心应手地对付席夫书中的习题。

爱因斯坦早在 1928 年时就曾把哥本哈根诠释比作一个柔软的枕头，让虔诚的信徒们安然沉睡。30 年后的下一代更是习惯了这一舒适，可以安心地埋头于“计算”。他们中间偶尔会冒出一个玻姆、一个艾弗雷特。这些个别的新一代持不同政见者无力改变已经根深蒂固的格局，只能地火般悄然运行。

在 20 世纪 60 年代，这个小火种传到了欧洲核子研究中心。

才 11 岁时，约翰·贝尔（John Bell）在家里骄傲地宣布他长大要当科学家。他母亲压根不知道“科学家”是干什么的。在北爱尔兰首府贝尔法斯特贫民窟里生活的父亲了解自己为养家糊口从事过的各个行当：木匠、铁匠、农夫、粗工、马夫……，也知道大学里有着知识渊博的教授。他们把自家这个书呆子式的儿子亲昵地称为“教授”。[91]12-13

图 44.1　1945 年，17 岁刚上大学时的贝尔

与那里的孩子一样，贝尔的姐姐和两个弟弟都在 11 岁上下时辍学打工以帮衬家用。只有贝尔是个例外。他幸运地得到一笔奖学金继续上学。16 岁中学毕业时，他还没到当地大学要求的最低年龄。于是他到大学实验室中打工，获得物理老师的赏识。他们借书供他自学，并许可他工作之余旁听大学课程。一年后，贝尔再度赢得奖学金正式入学（图 44.1）。有着旁听的基础，他只用三年时间就完成了学业，成为实验物理学学士。因为还有一年的奖学金，他留校继续攻读一个理论物理学士学位。

1949 年，席夫的《量子力学》刚刚出版，已经漂洋过海地来到了贝尔所在的女王大学。初次接触量子世界的贝尔对不确定性原理很摸不着头脑，无法接受粒子在被测量之前没有确定的位置和速度。他在席夫的书中没能找到满意的解释。他的老师也只是重复书中的标准说法，这激起年轻气盛贝尔的愤怒。他当面指责老师在学术上缺乏诚实态度，将他们几年的师生友情毁于一旦。

不甘心的贝尔自己又找来玻恩刚出版的《原因和机遇的自然哲学》①，终于找到了一个说法。玻恩的解释是冯·诺依曼十多年前已经做出了严格的数学证明，量子力学中不可能存在更深一层的隐变量来描述测量之前粒子的位置、速度等物理量。那正是哥本哈根诠释出台后的一贯言辞。

虽然未尽信服，但只是大学生的贝尔无可奈何地接受了现实。[91]44-48

毕业后，贝尔离开北爱尔兰到英国谋生。当年在卡文迪什实验室研制第一台加速器的考克饶夫在主持一个研究机构，曾经在第二次世界大战中为“曼哈顿计划”做出巨大贡献。贝尔加盟后专注于设计、优化加速器运行的工作，很快在那个行业中出类拔萃。②[91]81-82

1952 年，他在工作之余读到玻姆刚发表的论文，突然又唤醒了大学时的疑惑。玻姆描述的正是一个隐变量理论，让粒子随时都具备确定的位置和速度。他的理论不仅没有与正统量子力学冲突，反而完全等价。在这篇论文里，贝尔活生生地看到了玻恩、冯·诺依曼所声称“不可能”的发生③。

冯·诺依曼的《量子力学的数学基础》已经问世 20 年了，曾一再被玻尔、玻恩等人频繁援引。曾经为隐变量理论始作俑者的德布罗意也为之信服，不顾爱因斯坦的鼓励放弃了那个追求。

贝尔这时惊讶地发现这本经典著作还没有英文版。他不得不求助于一位懂德语的同事共同研讨。几个星期后，贝尔大惊失色：冯·诺依曼的证明中存在明显甚至荒唐的逻辑漏洞，根本无法排除玻姆所提出的隐变量理论。而在这 20 来年里，竟然一直没有人指出这一点。④

其实，年轻的贝尔也有所不知。早在冯·诺依曼的书出版后两年，德国的年轻女数学家格雷特·赫尔曼（Grete Hermann）就已经指出冯·诺依曼使用了一个不合理的假设，因此整个证明过程只是无意义的循环论证。赫尔曼那时正在新量子理论发源地之一的哥廷根，是那里发现物理学中对称性和守恒律对应关系的数学家艾米·诺特（Emmy Noether）培养的第一个博士。为了增进对物理的理解，赫尔曼在 1934 年还亲赴莱比锡，与同年龄的海森堡学习讨论。

---

① *Natural Philosophy of Cause and Chance*

② 贝尔在那里的第一个顶头上司便是后来被揭露为偷窃核武器秘密的苏联间谍克劳斯·福克斯（Klaus Fuchs）。

③ I saw the impossible done.

④ 玻姆在他的论文中也只是含糊地辩解自己的理论与冯·诺依曼的证明并不矛盾。

赫尔曼质疑冯·诺依曼的论文发表在一份小刊物上，没有引起注意。在物理学界，只有海森堡身边区区数人曾经知道她这一质疑。海森堡也从未在公众场合介绍过赫尔曼的工作。作为学术界少有的女性，赫尔曼和她导师诺特的工作长期被忽视。[54]151-154,157-158;[6]100-102;[32]103-105

对赫尔曼一无所知的玻尔、玻恩、德布罗意等人显然也都没有亲自研究过冯·诺依曼的证明。他们认定了那一句“冯·诺依曼已经证明过……”便志得意满地鸣金收兵了。①

贝尔做出这一发现不久，研究所因他本职工作中的出色表现给予奖励，让他脱产两年去伯明翰大学攻读博士学位。那里有曾先后师从索末菲和泡利并在莱比锡由海森堡指导获得博士学位的鲁道夫·皮尔斯（Rudolf Peierls）。见到新来的贝尔，皮尔斯提议他在小组中做一个学术报告。贝尔表示他可以讲讲加速器的技术设计或者玻姆的新理论与冯·诺依曼的问题。隶属第二代量子专家的皮尔斯不假思索地选择了加速器技术。他不觉得量子力学的基础方面还会有什么值得讨论的内容。

在皮尔斯的指导下，贝尔再次搁置他多年的困惑，兢兢业业地研究量子场论中的对称性。他在博士论文中独立地发现了 CPT 不变性，只是那时泡利等人已经发表了同样的结果。贝尔晚了一步，尽管他的证明过程更为简洁明了。[91]133-145

与第二次世界大战之后欣欣向荣的美国相比，大洋彼岸的欧洲大陆满目疮痍，百废待兴。经过纳粹的浩劫和战争的摧残，他们早已失去传统的物理学领先地位。当年引以为傲的众多一流人才专家这时也大多在美国扎根，成为新霸权的主力部队。年轻一代的学子们也正追随戴森的足迹，沿着他们上一辈相反方向去新大陆留学、镀金。

为了遏制这个每况愈下的局面并吸引已经在美国的杰出物理学家回流，留在巴黎的德布罗意在 1949 年提出了一个惊人的创意：战争之后的欧洲各国应该立即尽释前嫌，联合起来建造大型物理实验室与美国竞争。他的提议得到玻尔、海森堡等人的一致支持。1953 年，由包括英、法、西德、丹麦等 12 个西欧、北欧国家共襄盛举的欧洲核子研究中心正式成立。他们一边在日内瓦大兴土木修建加速器，一边暂时栖身在哥本哈根的玻尔研究所开展理论研究。

---

① 爱因斯坦的助手后来回忆在他们的一次讨论中，爱因斯坦曾指着冯·诺依曼书中的证明抱怨，“这怎么可能成立？”。他们当时没有继续这个话题。[6]100,[54]161

当 32 岁的贝尔在 1960 年加入这个史无前例的国际科学合作机构时，他不仅已经有了理论物理博士学位，还已经成家立业。夫人玛丽 · 贝尔（Mary Bell）也是一位志同道合的加速器专家。贝尔的岗位依然是加速器设计，但他别具一格地自称为“量子工程师”。

“工程师”本职工作几乎占据了他全部时间，没有功夫继续思考他的“量子”。四年后，他和玛丽终于有了学术假，可以到美国的实验室、大学巡回访问。当玛丽在美国继续学习、钻研加速器技术时，贝尔决定利用这一年的“空闲”再度拾起玻姆、冯 · 诺依曼的老问题，圆一圆他那总还在时时牵挂中的量子之梦。

第 45 章　贝尔的不等式

双胞胎在日常生活中并不少见，却还是引人注目。他们难分彼此的容貌、举止和相互间的默契总能让人由衷感叹。更令人惊奇的是双胞胎的相似并不都是因为有着一起长大的经历。有些双胞胎出生后被分开，在不同的环境下各自成长。他们多年后相遇时也赫然发现两人有着很多共同之处。尽管生活经历迥异，他们还是喜欢着同样的体育项目、风格一致的穿着打扮。他们也许还会钟情类似的食物，从事相同的职业，甚至选择了同类型的生活伴侣。

这样的事例不仅仅是媒体出于猎奇的夸张渲染，或者只是偶然的随机巧合。它们是遗传、心理学家的研究对象。显然，双胞胎——尤其同卵双胞胎——携带着相同的基因，决定了他们身材、长相甚至性格上的很多相似之处。假如是某个基因促使一个人喜欢足球，那么同为双胞胎的两人都热衷足球便不足为奇，纵使他们的生活环境有着天壤之别。

然而，人类的行为是来自先天的基因还是后天的环境影响是一个历史悠久的辩题，即所谓“自然或养育”[①]之争。喜欢足球是一个生活细节，更大的可能与基因无关，是一种社会性的感染，或者不过是偶然的心血来潮。这样的话，互为隔绝的双胞胎会同样地为足球着迷便会有些诡异。在心理学家荣格、作家辛克莱的眼里，那显然是“共时性”心灵感应的表现：当双胞胎之一喜欢上足球时，另外那个也会自觉或不自觉地产生共鸣，同样地喜欢上足球。尽管两人可能相距十万八千里，完全不知道对方的存在。

1964 年，当贝尔在美国进行学术访问，终于有机会自己静下心来考虑冯·诺依曼证明、玻姆的隐变量以及爱因斯坦的质疑时，他意识到量子力学中的神秘联系也需要鉴别“自然或养育”的区别。那便是局域性与非局域性之争。

在爱因斯坦与波多尔斯基和罗森合作的 EPR 论文中，他们描述了一个简单的假想实验：因为相互作用而有了共同波函数的两个电子彼此分开后相隔万里。在被测量之前，它们都不具备位置或速度这样的经典物理性质。当其中一个电子遭

① nature vs. nurture

遇某个测量仪器时，它会突然有了确切的位置或速度——具体有了这两个物理量中的哪一个取决于测量方式的选择。

在那同一时刻，另外的那个电子也相应地具备了确切的位置或速度。它不仅瞬时地“知道”万里之外那个电子被测量了，而且还“知道”具体被测量的是哪一个物理量。

这类似于一对双胞胎中的一个看到足球而当即喜欢上时，他毫不知情的另一个兄弟也同时喜欢上了足球，而不是篮球或排球。如果喜欢足球并非先天基因决定而是一个后天“养育”形成的情感，那么他们必须通过某种交流才能做到步调一致。在双胞胎不可能作弊的前提下，他们只能依靠神秘的心灵感应。

在 EPR 论文中，爱因斯坦和他的合作者承认量子力学中也许会存在这样的可能。但他们更指出如果发生测量事件的信息是瞬时从一个电子传递到另一个电子，那么这个信息传输的速度超过光速，违反了狭义相对论。或者说，那是一种鬼魅般的超距作用，违反了因果关系的局域性。

虽然爱因斯坦对辛克莱那些人描述、表演的心灵感应相当好奇，也保留着一定的开放心态，但他在自己的专业领域中却坚定不移地守护着自古希腊而来的传统底线：物理学研究的是客观、实在的世界，容不得神秘、超自然的联系。如果海面上突然恶浪滔天，那只是是因为当地起了大风，而不会是海神波塞冬隔着大洋在咆哮。

因此，他们更倾向于另一个可能：两个电子当初在相互作用的纠缠过程中早就达成了某种“协议”，或者获取了某种“指令”。彼此飞离后，它们各自都还携带着同样的协议或指令。在遇到测量仪器时，它们不过只是按照既定的协议、指令行事，表现出似乎是协调一致的行为。正因为我们对这协议、指令是什么、如何作用等一无所知，爱因斯坦认定量子力学尚未完备，有着深刻的欠缺。那神秘、未知但具备决定性意义的协议、指令就是其中还深藏着的隐变量。

这样的隐变量相当于双胞胎身上携带的基因，先天“自然”地决定着双胞胎或电子分开后的行为。它决定了兄弟俩都会喜欢上足球，无须临时再互相联络统一口径。这样的量子力学虽然尚未完备，但毕竟不会违反相对论，也符合传统的局域性因果关系，无须鬼魅般的超距作用。

因此，在 EPR 论文中，他们只是象征性地提出他们的假想实验背后存在着不完备或非局域——“自然或养育”——的两个可能性。但紧接着，他们便指出后者显然不可接受。唯一的结论只能是量子力学还不完备。爱因斯坦坚信传统、局域的因果律，认定那是所有科学逻辑能够存在的前提，量子力学也不例外。所以，在非局域和不完备之间，他毫不犹豫地选择了后者。

贝尔是在看到玻姆发表的早已被冯·诺依曼判决为“不可能”的隐变量理论后才被重新唤醒对量子力学这一基础问题兴趣的。在玻姆的动力学中，粒子时刻有着确定的位置和速度。但这样的轨迹却只是数学表述，无法在现实中直接观测，故而属于隐变量。在那个理论中，粒子运动过程中还会受到一个附加的“量子势”作用，它来自与其他粒子共享着的波函数。

这样，EPR 假想实验中的两个电子虽然在现实空间中相距甚远，它们在玻姆的描述中却并没有完全分离，依然通过量子势有着瞬时的联络，如同双胞胎之间时刻存在着心灵感应。

爱因斯坦早在新量子理论诞生之前就在自己发明的“鬼场”中遭遇这样的“不可分离性”。那时，他试图以鬼场作为引导电子行为的隐变量，但随后不得不撤回已经付印的论文。作为古希腊哲人的承继者，爱因斯坦相信只有在可分离的前提下才能言及因果关系，才可能有科学逻辑。同样地，他对随后出现的薛定谔波函数、德布罗意导航波以及玻姆量子势都抱着怀疑态度，乃至指责玻姆 20 多年后的复辟企图“过于廉价”。

在爱因斯坦看来，量子力学的隐变量只能像双胞胎身上携带着的基因一样，与微观粒子如影随形，在其所在的地点局域性地起作用。唯如此才能保证科学的因果律。在他的后半生，爱因斯坦锲而不舍地在统一场论中寻找这类隐变量的蛛丝马迹。但他所有的尝试均以失败告终。

年轻的贝尔思想上与爱因斯坦一脉相承。他也对玻姆动力学中嚣张的非局域性感到不可思议：在玻姆的那个世界里，任何地方一块磁铁的挪动都会导致宇宙中所有粒子瞬时改变运动轨迹。然而，玻姆的理论却与正统量子力学完全等价，可以计算出同样的结果。这让贝尔觉得非常矛盾。[33]149

在发现冯·诺依曼关于量子力学中不可能存在隐变量的证明并不成立之后，贝尔花费了大量的功夫寻求局域性的隐变量，以取代那不合常理的德布罗意、玻姆理论。与爱因斯坦一样，他也是屡屡碰壁而不得要领。

但与爱因斯坦自始至终坚定不移的态度不同，贝尔开始怀疑这样的努力是否命中注定地会徒劳无功。在美国的斯坦福直线加速器实验室，他再次仔细推敲冯·诺依曼 30 多年前的证明过程。他发现如果摒弃冯·诺依曼那个不必要的假设，原先的结论也并非完全一无是处。量子力学虽然没有一概地排斥隐变量，却的确不允许爱因斯坦所坚持的局域性隐变量。

于是，如果隐变量能够在量子力学中存在，它必须是非局域性的。这是为什么德布罗意和玻姆能够相继成功而爱因斯坦与贝尔却只得无功而返。

在斯坦福，贝尔将他的思考写成一篇《关于量子力学隐变量问题》① 的论文，系统地回顾、评论了自冯·诺依曼以来的理论研究。尽管其中有他自己的新发现，贝尔觉得这基本上还是一篇综述，就向专门发表这一类论文的《现代物理评论》投了稿。很快，他接到好消息。论文通过了评审，审稿者只是提议他再增加一点讨论具体测量过程的内容。② 贝尔不愿意节外生枝，只在文中增添了一个解释：测量过程过于复杂，不在这篇论文中讨论。随后，他把修改稿寄回杂志社。[91]193-201,[54]248

在那之后，他才开始认真考虑审稿者的建议。如果量子力学中不允许局域性的隐变量，那它是否真的就会有被允许的非局域性隐变量？那曾令爱因斯坦忧心忡忡的鬼魅般超距作用确实存在吗，如何才能通过实验确证？

当一个人喜欢足球时，我们无法知道他是受其基因驱使还是一时的兴之所至。如果他的双胞胎兄弟也喜欢上了足球，我们更无法判断那是因为他们有着共同的基因还是他们之间发生了自觉或不自觉的心灵感应。作为神秘未知的特异功能，心灵感应不可能被物理地阻断、屏蔽，也就无法验证。

要实际地区分这两个不同的因素，贝尔意识到必须想办法找出一个单靠基因——或任何局域性的隐变量——无法产生的效果。如果真有那样的现象存在，就可以证明量子力学中果然存在非局域性。

设想我们有很多对双胞胎可以一对一对地盘问。每一对双胞胎中的兄弟或姐妹俩都各自回答一个简单的问题："你喜欢足球吗？"或"你喜欢篮球吗？"或"你喜欢排球吗？"。他（她）们只能回答"喜欢"或"不喜欢"。

如果同为双胞胎的两人凑巧被问到同一个问题，他（她）们的答案应该会相同：都喜欢足球，或者都不喜欢排球。这个结果不会告诉我们他（她）们是如何达成一致意见的。无论是基因还是心灵感应，都会产生这同样的效果。对这样的双胞胎，我们只会知道他们都喜欢足球，或者她们都不喜欢排球。

---

① "On the Problem of Hidden Variables in Quantum Mechanics"

② 这位匿名的审稿者很可能就是玻姆。

当两个人分别被问到不同的问题时，我们就有了两个答案：双胞胎中的一个喜欢足球，一个不喜欢排球；或者一个不喜欢篮球，一个喜欢足球；如此等等。

当大量的双胞胎经过这个程序后，我们可以做一些统计分析。在这些数据里面，应该存在一些简单的关系。比如：

（一个喜欢足球一个喜欢篮球的双胞胎总数）≤（一个喜欢足球一个喜欢排球的双胞胎总数）+（一个不喜欢排球一个喜欢篮球的双胞胎总数）

这是一个很有点弯弯绕得莫名其妙的关系，但它的逻辑关系其实也很简单。在最前面第一项一个喜欢足球一个喜欢篮球的双胞胎中，如果他们也喜欢排球就会被包括在后面第二项里。如果他们不喜欢排球则会包括在第三项里。所以，后面两项之和总会大于或至少等于最前面的第一项的总数。

当然，实验中每次问答时应对的都是不同的双胞胎。每一对双胞胎只在上面其中一项中被计数。但在有大量双胞胎的样本统计中，这个数学关系仍然会严格成立。即使他们不老实地各自随意胡乱回答，统计结果在呈现出强烈随机性的同时依然会满足这个简单的关系。如果采集到的数据违反了这一关系，那么双胞胎们肯定是在利用心灵感应或其他什么作弊手段互相联络、“串供”，干扰了统计规律。[33]153-156,[92]278-281

贝尔之所以对这么一个别别扭扭的数学形式发生了兴趣，便是因为他石破天惊地发现这个关系——“贝尔不等式”——在量子力学中恰恰会不成立（图 45.1）。

图 45.1　1982 年时的贝尔。黑板上方是他 18 年前发现的不等式，下面是相应实验设计示意图

在玻姆版的 EPR 假想实验中，电子被测量的物理量不再是位置或速度，

而是它们的自旋方向。因为两个电子分离前的总角动量为零，它们的自旋方向会相反。如果其中一个电子的自旋是向上的，那另一个的自旋必定会向下。这也是一种如同双胞胎式的默契。

像位置、速度一样，电子在被测量之前并没有确定的自旋方向。它的自旋处于由各个可能本征态组成的叠加态上。在三维空间中，电子的自旋有着三个互为独立的方向。比如左右、前后、上下。① 如果电子的自旋态因为测量在上下方向发生坍缩，有了一个确定的指向时，它的自旋态在左右、前后方向上依然会处于原先的叠加态。

在每一个方向上，电子的自旋都只有两个分立的本征态：向上或向下；向左或向右；向前或向后。

贝尔因而设计出一个与双胞胎如出一辙的实验：将纠缠着的电子对分开，分别对每个电子的自旋在某个特定的方向上进行测量。电子自旋的三个独立方向正好可以对应于足球、篮球、排球三个球类，每个方向上的两个本征值则对应于“喜欢”和“不喜欢”的选择。比如，在左右方向上的测量相当于“你喜欢足球吗”的问话，测出自旋向左便是“喜欢”向右则为“不喜欢”。同样地，前后方向上的测量对应于对篮球的态度，上下方向则是排球。

而贝尔并不需要真正地去实施这个实验。因为这个物理过程对于已经熟练掌握席夫教科书中技巧的量子物理学家来说不是难题，他们可以轻而易举地计算出量子力学会给出的结果。薛定谔方程预测，对这样电子对的测量会违反相应的贝尔不等式。

于是，贝尔发现微观世界的粒子的确在作弊。它们不是仅仅按照“自然”机制，以先天的基因局域性地决定自己的行为。它们不仅能而且会表现出局域性隐变量做不到的行为，违反他定义的不等式。

因为量子力学的种种计算结果均已完全被实验证实，没有理由怀疑它在这个实验中的预测会失败。故而量子力学不仅仅会允许有非局域性存在，而且的的确确必须存在着非局域性的联系。[6]101-104,[42]101-104,[16]341-347,[91]201-214

于是，爱因斯坦毕生所坚持的不可能：特异功能式的心灵感应或鬼魅般的超距作用，其实是量子世界中的实在。

那时，贝尔已经离开了斯坦福，按原计划在美国中部的威斯康星州短暂逗留后来到了东部的布兰迪斯大学。他在那里把这一成果写成一篇题为《关于爱因斯坦 – 波多尔斯基 – 罗森悖论》② 的新论文。

在论文的结尾，他乐观地表示文中所描述的实验并非假想，完全可以在实验室中实施。他希望能以此看到爱因斯坦与玻尔那场旷日持久的争议可以很快摆脱其哲学思辨的阴影，成为真正脚踏实地的物理研究。

---

① 在解析几何中，这三个方向通常分别标识为 x、y、z。

② “On the Einstein-Podolsky-Rosen Paradox”

这时，他却遇到一个未曾预料的尴尬。

伴随着美国物理学界地位的突飞猛进，《物理评论》也已超越传统的德国学术刊物荣登世界领先地位。爱因斯坦的 EPR 论文、玻尔的回应，以及后来玻姆的隐变量理论都曾在《物理评论》上发表。显然，贝尔的这个新发现也应该投稿《物理评论》。

但为支撑期刊的运作，《物理评论》要求作者支付版面费。这项费用对个人来说相当不菲，但通常是从科研经费中支出或由作者所在大学、机构承担。贝尔没有专项资助，在布兰迪斯只是一个临时的过客。这篇论文的内容更与他来访问的加速器“正业”八竿子打不着。他不好意思开口请求学校为他自己的“业余爱好”掏版面费。

事有凑巧，普林斯顿大学的固体物理教授菲利普 · W. 安德森（Philip W. Anderson）在那年创办了一份新刊物。他和他的同僚觉得已有的杂志过于专业死板，希望能走出一条生动活泼的新路子。他们的新期刊就叫作《物理》，但同时用了英语、法语、俄语的“物理”作为刊名。

最吸引贝尔的是这个刊物不收版面费，反而还支付作者稿费。于是，他向这个新生事物献出了自己的论文。安德森作为编辑亲自审了稿。他以为贝尔的论文只是从一个更为新颖的角度再度证明了哥本哈根诠释，不假思索地批准发表。

当贝尔的这篇论文在 1964 年 11 月在《物理》上刊登时，他早先那篇论述隐变量的论文却依然不见踪影。那篇论文的修改稿被《现代物理评论》杂志社人员放错了档案而“遗失”。编辑还发过催稿信，寄到斯坦福时贝尔早已人去楼空。他们迟至两年后才重新接上头。于是，他在量子力学基础问题上的第一篇论文直到 1966 年才得以面世。①

有着贝尔不等式的第二篇论文因此后发先至，但其命运也好不了多少。

安德森那充满理想主义情怀的《物理》期刊没能坚持多久就销声匿迹，贝尔的论文也随之石沉大海。他在经济上更是得不偿失。廉价的《物理》没有为作者提供免费的论文单印本。贝尔不得不自掏腰包购买一些单印本分发给同行，所需费用超过了所得的稿费。[91]161-162

在无人喝彩的寂静中，贝尔又回到了他的老本行，继续在加速器上不断地创新。

---

① 也是在那年，两个数学家西蒙 · 科兴（Simon Kochen）和恩斯特 · 施佩克尔（Ernst Specker）独立地证明了贝尔第一篇论文中的结果，差点抢到贝尔论文发表之前。

第 46 章　持不同政见者的盛宴 

将近五年之后，贝尔才收到对他论文的第一个正面回复。那是 1969 年 2 月，发表他论文的《物理》杂志已经关门大吉。给他来信的不是什么著名人物，甚至不是教授专家，只是哥伦比亚大学一个还没毕业的研究生。

约翰·克劳泽（John Clauser）那时已经为贝尔的论文纠结了两年多。他是在学校图书馆里无聊地翻阅期刊时偶然看到那份奇怪的刊物和其中贝尔论述 EPR 实验的论文。与贝尔的导师皮尔斯一样，克劳泽的导师对他兴奋的汇报丝毫不感兴趣，只告诫他那个领域不会有踏实的物理问题，搅进去只会影响自己的前途。克劳泽只好顺从地选择了那时正热火朝天的测量宇宙微波背景辐射实验做学位课题。

但他也没忘了父亲的教诲。克劳泽的父亲和伯伯是一对同卵双胞胎，双双进入加州理工学院投师冯·卡门攻读博士学位。冯·卡门分不清他俩谁是谁，干脆就只要求他们完成两篇选题、内容都完全不同的学位论文。他慷慨地允诺："你们可以各自做一篇，或者一个人做两篇，也可以两个人做两篇。"兄弟俩选择合作，联名提交了两篇论文。一篇是纯数学的理论推导，另一篇则是彻底的实验结果。

博士毕业后，克劳泽的父亲成为世界著名的流体力学专家、航空工程师。他自然也很关心物理学。虽然量子力学与流体力学的数学形式颇为相近，他却无法理解其中的物理。当儿子选择物理专业时，他谆谆告诫"要看数据。人们总会有各种各样的时髦理论，但你总得回头看原始数据。看你自己能否得出同样的结论。"[93],[95]

克劳泽却发现在量子力学的基础问题上并没有原始的数据可供察看。无论是当年的爱因斯坦、玻尔还是后来的玻姆、贝尔都只是理论甚至哲学的思辨。除了玻姆和阿哈罗诺夫重新解释的吴健雄实验，他们没有任何实际的数据。当他看到贝尔描述测量纠缠中电子的自旋方向，然后检验其中的关联是否符合那个奇怪的不等式时，克劳泽明白那的确是一个可以获得切实数据的途径。可惜的是贝尔的论文只字未提具体的实验，只表示了期望。

尽管导师极力反对，克劳泽还是在忙于论文课题的同时抽时间查找文献，寻找可能与贝尔不等式相关实验的蛛丝马迹。他找到同校的吴健雄咨询，但一无所获。在麻省理工学院，他打听到伯克利的尤金·康明斯（Eugene Commins）教授和他学生所做的一个光学实验相当接近贝尔的意图。

克劳泽的孜孜不倦终于感动了他的导师。导师建议他直接给贝尔写信询问这几年可能有的进展并讨论他自己的想法。于是，贝尔终于等到了第一个对他论文真正感兴趣的回音。[33]193-196,[48]43-44

贝尔那时不知道他当初遗留在布兰迪斯大学的一份论文初稿已被那里的同事辗转传到了隔壁波士顿大学新教授艾布纳·西蒙尼（Abner Shimony）的手中。

西蒙尼是学哲学的。他大学本科和研究生都在耶鲁和芝加哥大学的哲学系中度过。1953 年，他在耶鲁大学获得哲学博士，① 研究的方向是可能性和概率。也是在阅读玻恩新著的《原因和机遇的自然哲学》后，他对经典统计物理与量子物理中分别涉及的概率产生了浓厚的兴趣。

在美国军队中服役两年后，西蒙尼忍不住又回到校园。这次是到普林斯顿大学物理系当研究生。入学时，一位教授让他阅读爱因斯坦的 EPR 论文，找出其中的谬误。西蒙尼没能通过这一关，他只觉得论文所述很有道理。

后来，他另外找到维格纳担任博士导师，研究他所感兴趣的统计物理。1962 年，西蒙尼获得他的第二个博士学位。那年，他还跟着维格纳和狄拉克参加了波多尔斯基在俄亥俄州的会议，讨论玻姆、艾弗雷特对量子力学的新诠释。[6]225-227

正是在那些年间，维格纳对量子力学中的测量问题越来越感兴趣，逐步发展出他那个“维格纳的朋友”悖论。深具哲学背景的西蒙尼来得正是时候。师生俩经常半物理半哲学地讨论得不亦乐乎。

在波士顿大学，西蒙尼同时担任着哲学和物理两个系的教授，颇为左右逢源。他曾经带着三个研究生摆开阵势，按照维格纳的描述真实地展现“维格纳的朋友”情形，试图找出人的意识通过波函数坍缩过程传递的证据。[48]169-170 贝尔的论文再度唤醒他当初阅读 EPR 论文时的感受，更激起他对物理学中这个最富有哲学意味问题的兴趣。当新入学的研究生迈克尔·霍恩（Michael Horne）来请他担任统计物理研究的导师时，西蒙尼不由分说地回应他已经不再做统计物理。他让霍恩读读贝尔的论文，设计一个能验证其中不等式的实验。他告诉霍恩无须着急：这个领域无人问津，他们肯定可以一鸣惊人，无须担心被他人抢先。

几个月后，他们已经有了可观的进展。西蒙尼原来计划在那年美国物理学会的年会上发表他们的进展，但因为“不着急”错过了期限。在翻阅年会议程时，

① 哲学系授予的博士学位，非通称的所谓“哲学博士”（Ph. D.）。

他极其意外地看到出自克劳泽的一份提要，其思路与他们几乎完全一致。西蒙尼不得不向霍恩承认失算，他们被克劳泽抢了先。[33]201-204,[54]251

维格纳也注意到了贝尔的论文。

贝尔其实并没有以现实生活中的双胞胎做例子阐述他的想法。他的论文充斥着抽象的数学符号，可能也是被物理学家普遍忽视的原因之一。几年后，维格纳通俗化地重新演绎贝尔的证明，强调其中逻辑的普适性：贝尔不等式在量子力学、经典物理学乃至日常生活中都同样地适用。在梅尔敏等物理学家不断推广、完善后，贝尔的证明才逐渐有了诸如以双胞胎为例子的通俗表述方式。

不过贝尔在论文中已经明确地指出他的证明过程不涉及任何具体隐变量的假设，因此结论非常普遍。无论有着如何鬼斧神工的精巧设计，只要隐变量的作用是局域性的，就必然会在他设计的测量过程中表现出符合那个不等式的统计结果。

但量子力学的计算结果却表明针对电子自旋方向的测量会违反其相应的贝尔不等式。这就只有两个可能：量子力学对电子自旋现象的预测是错误的，会被实验证伪。倘若果真如此，量子力学便需要根本性的修正，而爱因斯坦所坚持的局域性可能依然牢不可破。反之，如果实验一如既往地证明量子力学的正确性，电子的自旋果然如理论所描述，那么唯一的结论只能是那非局域的鬼魅般超距作用、心灵感应般的量子纠缠是真实的存在。

维格纳得知西蒙尼的挫败后鼓励他不要轻易放弃，并建议他直接找克劳泽联系合作。正在孤独之中的克劳泽接到西蒙尼的电话后很是欣喜，立即答应合兵一处。在霍恩之外，西蒙尼还从哈佛借来一位研究生理查德 · 霍尔特（Richard Holt）。他们因而有了一个四人小团队。

虽然贝尔以电子对的自旋作为探测量子纠缠非定域性的实例，但克劳泽和霍恩都不约而同地意识到光子对会是更好的实验对象。电子在实验室中时刻受到环境影响，很难完全屏蔽无处不在的电磁场。光子则不同，在发射和被吸收之间可以飞行相当长的距离而不因环境影响改变自己的状态。

光子与电子一样有着自旋，对应于宏观电磁波的偏振态。测量光子的自旋因而也相当简单直接：在光子的路径上设置类似于观看立体电影时所戴眼镜那样的偏振片。如果光子能够通行无阻，那么它们的自旋方向便与偏振片所设定的方向一致。如果没有光子能通过，那么它们的自旋方向则与偏振片方向垂直。

吴健雄正是这样测量了γ光子对中两个光子自旋的关联而证实它们来自正电子素的湮没。玻姆和阿哈罗诺夫认为那恰巧也证明了那样的光子对处于远距离的纠缠之中。但是，那个实验最多只证实了当双胞胎之一喜欢足球时，另一个也同样地喜欢足球。它无法区分这个默契是来自他们（局域）的基因还是因为两人之间发生了（非局域的）心灵感应。当然，吴健雄当初实验目的不在于量子纠缠，那时也还没有贝尔的不等式。

要回答贝尔提出的问题，还需要询问双胞胎是否喜欢篮球、排球，也就是测量光子在不同方向上的偏振。但正电子素湮没所产生的γ光子能量太高，不适合这样的测量。克劳泽找出的伯克利那个实验更为合适，康明斯却也不知道贝尔的工作。他们只在同样或互相垂直的方向上分别测量了两个光子的偏振，那恰恰是两个无法区别局域与非局域隐变量影响的角度差。如果改用其他的角度差重新测量，就能一举确定贝尔不等式是否被违背。

克劳泽这时已经以微波辐射背景的测量成果通过了他的博士答辩。但如他导师所警告，他在寻找博士后职位时非常不顺利。虽然他从事的是“正经的”物理研究，但他在面试时有意无意透露出对贝尔不等式的兴趣吓跑了大多数教授。经过一番周折，因为发明激光获得诺贝尔物理学奖、那时已经从哥伦比亚大学转到伯克利的汤斯给了他一个位置。克劳泽对他能去康明斯所在的伯克利很是暗自庆幸。

克劳泽从父亲那里承继到的不仅是对实验数据的重视，还有对航海的爱好。他在纽约研究生期间一直以停泊在港湾的小帆船为家。得到位于西海岸的伯克利职位后，他没有以常规方式穿越美国大陆，而选择驾着自己的帆船沿东海岸南下，准备绕过佛罗里达半岛进入墨西哥湾后上岸，用汽车拖运帆船到南加州，再继续驾船沿西海岸北上到旧金山附近的伯克利。

在波士顿的西蒙尼不得不一次又一次将他们频繁修改中的论文稿邮寄到每一个克劳泽可能停靠的港口。克劳泽航行中也在不断地撰写论文，到港口后便与西蒙尼长途电话协调。在他遭遇风暴不得不改变航程但终于安全抵达伯克利时，他们的论文也基本大功告成。

1969 年 10 月，署名克劳泽、霍恩、西蒙尼、霍尔特的论文《检验局域性隐变量理论的实验提议》[①] 在《物理评论快报》（*Physical Review Letters*）上发表，量子

---

① “Proposed Experiment to Test Local Hidden-Variable Theories”

纠缠的辩论以此从纯粹的思辨走向实际的验证。根据作者的姓氏缩写，这篇文章后来被称为 CHSH 论文。[33]204-205,[91]252-257

其实，贝尔论文发表后收到的第一个回信并不是来自克劳泽。早在 1966 年 12 月初，那篇被《现代物理评论》耽误了两年的论文终于发表时，他收到了罗森菲尔德措辞严厉的信件。罗森菲尔德直截了当地告诫："我需要告诉你，我觉得你寻找隐变量是在浪费才华。我不知道你应该为此高兴还是难受。"

同样遭到罗森菲尔德冷嘲热讽的还有德国海德堡大学的年轻教授迪特尔・泽赫（Dieter Zeh）。泽赫是理论物理学家。他是在研究原子核时发现量子力学的蹊跷的。原子核是一个自我封闭的量子系统，其中质子、中子都在同一个波函数的纠缠中演变。以小看大，泽赫突然想到整个宇宙就如同一个原子核，世间万物都在其中以同一个波函数纠缠演变。唯一的区别只是宇宙之外不会有测量者造成波函数的坍缩。于不知情中，泽赫重新发现了艾弗雷特的多世界诠释，并发展出比艾弗雷特更为详尽的数学理论。

泽赫的导师是在 1963 年与维格纳一起获得诺贝尔物理学奖的核物理专家汉斯・詹森（Hans Jensen）。他没法明白学生的新思想，将论文稿寄送罗森菲尔德征求意见。罗森菲尔德的回信措辞严厉，以至于詹森不敢转述给年轻的泽赫，只是告诫他千万不要再继续这个研究，否则会前途尽毁。泽赫后来发现詹森还是在同事中传阅罗森菲尔德的回信，一起哄笑不已。他们的师生情谊因而破灭。

泽赫不信邪地将论文提交给学术刊物发表时一而再再而三地碰壁。反馈的审稿意见基本上一致地指责论文为无稽之谈。无奈，他将论文寄给了素不相识的维格纳，终于第一次获得支持。

那已经是 1970 年，美国的两位物理教授出于对当时主流学术刊物对这方面研究的忽视、歧视的不满，自己创办了一个名为《物理学基础》（*Foundations of Physics*）的月刊以对抗。维格纳是编辑部成员之一。他鼓励泽赫给这个新刊物投稿。很快，泽赫的论文在《物理学基础》的第一期上发表面世。[33]196-201

玻尔尚在世时，罗森菲尔德作为他的长期助手已经成为哥本哈根学派的主力干将。面对相继来自玻姆和艾弗雷特的挑战，罗森菲尔德无论是公开场合还是私下通信都竭尽挖苦、打击之能事。玻尔去世后，他更是当仁不让，将维护导师精神遗产为己任。罗森菲尔德性情急躁，他坚信玻尔的互补原理是唯物辩证法之典范，不容亵渎。①

但在 20 世纪 60 年代后期，罗森菲尔德发现他的使命愈加艰难。贝尔、泽赫这些小字辈不难对付，但挑战哥本哈根诠释之权威地位的并不限于那个躁动年代中的小年轻。

1965 年，属于量子理论第一代、曾经在解释原子光谱反常塞曼效应上抢了海森堡之先的朗德出版专著《量子力学新基础》②。朗德早在 1929 年便离开德国，在美国的俄亥俄州立大学担任教职。在进入学术晚年之际，他不再信服曾坚持了大半辈子的正统思想，提出了自己的质疑。

维格纳更是公然举起了反叛的大旗，在学术媒体上与罗森菲尔德展开激烈的论战。在私信中，维格纳表明他的目的在于为年轻的西蒙尼、泽赫等人提供保护伞，让他们能有一个研究科学问题——包括哲学性的物理学基础问题——的自由学术空间。的确，面对属于前辈的朗德和诺贝尔奖获得者维格纳，罗森菲尔德无力再凭资历居高临下地恶语相向，只能眼睁睁地看着原先那只是一小撮的持不同政见者逐渐发展壮大。[94]

玻尔 1927 年在科莫湖举行的纪念伏特大会上第一次提出他的互补原理时，费米还只是会上一位不知名的物理青年。“第二次世界大战”前后，费米已经以在物理学诸多领域的卓越贡献成为公认的第一流物理学家。为表彰他的成就，意大利物理学会在 1953 年创立“费米国际物理学校”，每年夏天在学会所在的科莫湖举行专题讨论会。一年后，年仅 53 岁的费米不幸因胃癌英年早逝，以他命名的暑期学校则作为纪念延续至今。

图 46.1　1970 年意大利量子基础会议与会者合影。维格纳坐在第二排左八，是唯一系领带者。其他与会者包括：贝尔（二排左六）、德斯班雅（二排右三）、泽赫（一排右二）、西蒙尼（四排右二）

1970 年 6 月底，量子力学的基础问题第一次成为费米会议的主题（图 46.1）。那次会议由法国科学家伯

① 泡利曾经用数学公式将罗森菲尔德表达为玻尔乘以托洛茨基的平方根。利昂 · 托洛茨基（Leon Trotsky）是著名的苏联革命家。

② *New Foundations of Quantum Mechanics*

纳德·德斯班雅（Bernard d'Espagnat）主持组织。他是德布罗意的学生，欧洲核子研究中心的第一位理论物理学家。在维格纳的推荐、协助下，德斯班雅别具一格地邀请了玻姆、贝尔、西蒙尼、泽赫等人①。他们在科莫湖畔欢聚一堂，被戏称为量子力学持不同政见者的盛会。德斯班雅没有邀请罗森菲尔德。

会议第一天，维格纳做了主题发言。他开宗明义地指出如何理解量子力学依然是一个悬而未决的难题，存在包括哥本哈根正统思想之内的六种不同诠释。泽赫兴奋地看到维格纳将他的新理论也列于其中。

贝尔第一次在量子力学的会议上成为众人瞩目的对象。就在那之前一年，剑桥曾举办过一个名为"量子理论及其他"②的学术会议，讨论量子力学的现状和前景。那个会上还没有人提到过贝尔。[95]

西蒙尼在会上作了系列讲座，详细介绍他们准备以实验来验证贝尔不等式在量子力学中表现的设计思想。[91]263-264,[33]207-208

参加科莫湖畔这一盛会的还有德维特。他那时已经成为离开了物理学界的艾弗雷特的非正式代言人。

13 年前，德维特曾致信艾弗雷特声明他从来没有亲身感受到自己在测量过程中"分裂"成两份。艾弗雷特却轻蔑地将他的辩解贬为古代人声称自己感觉不到地球在运动的翻版。在其后漫长的岁月，深受刺激的德维特一直无法忘怀。

在意大利会议的两个月后，美国物理学会的会员刊物《今日物理》（*Physics Today*）发表了德维特的一篇题为《量子力学与现实》③的文章，全面介绍艾弗雷特的多世界诠释。与维格纳一致，德维特将艾弗雷特的理论与哥本哈根诠释相提并论，还指出前者其实更为合理。

在德维特的坚持下，艾弗雷特终于拿出了自己已经封存 14 年之久而陈旧不堪、但尚未被导师惠勒强行阉割的博士论文原稿。德维特阅后更为豁然开朗，完全信服了这个"新"理论。他将这份手稿和其他有关文章汇集，作为学术专著出版。

艾弗雷特的创见这才原汁原味地重见天日。那时候，他自己正在一个接一个地创办科研、咨询公司，成为军工企业行业举足轻重的人物，不再关心物理学中的争执。[96],[69]196-198,[33]243-244

---

① 年迈的德布罗意也为会议贡献了一篇论文。

② Quantum Theory and Beyond

③ "Quantum Mechanics and Reality"

第 47 章　克劳泽的实验

在伯克利，汤斯招来的新博士后克劳泽的研究课题是射电天文学测量。当他初来乍到便找到康明斯教授的实验室询问他们过去做过的光子偏振实验时，康明斯大惑不解。得知克劳泽的意图后，康明斯不假思索地回绝。他们过去的测量只是一个课堂教学设计，目的是让学生练练手观察钙原子辐射时的特殊现象，没有什么科研意义。

当克劳泽提起 EPR 问题时，康明斯更是惊讶莫名。他确信那早就由玻尔回应爱因斯坦的论文解决，不值得几十年后还翻旧账。所以他觉得克劳泽纯粹是多此一举，也与其他教授一样规劝年轻人不要拿自己的学术前途做赌注，以免误入歧途。

汤斯倒很开明。他邀请康明斯一起听取克劳泽的报告，觉得这只是一个利用已有设备的小实验，既无须资金投入也不会太费功夫，不妨一试。出于对诺贝尔奖获得者的尊重，康明斯同意拿出自己的仪器，还让研究生斯图尔特・弗里德曼（Stuart Freedman）给克劳泽帮忙。在汤斯的准许下，克劳泽可以用他的一半时间“不务正业”，致力于自己的兴趣所在。

与吴健雄实验中正电子与电子湮没时发出的高能 γ 光子不同，康明斯的实验利用的是钙原子光谱中的一个特别之处。依照玻尔原子模型和爱因斯坦辐射理论的描述，原子进入某个能量较高的激发态时，其电子会自发地跃迁回到能量最低的“基态”，同时释放一个能量等同于两个量子态能级之差的光子。① 当钙原子处于一个特定激发态时，它的电子返回基态的过程却不是这么一蹴而就的，而是会在中间略微停顿，结果是连续地发出两个光子。这个过程叫作“级联辐射”（cascade emission）。

康明斯当初的目的就是让学生能够同时观察到这个过程中所发出的两个光子。

虽然这两个光子产生时有着极短的时间差，它们依然来自同一个量子跃迁过程，与正电子素湮没时同时发出的光子对一样共有同一个波函数，处于互相纠缠的状态。但它们的频率都处在紫外线范围，能量远远低于 γ 光子，更适合进行偏

---

① 这个属于旧量子力学的描述在量子电动力学之后仍然是合适的物理图像。

振测量。

贝尔是理论家。他的不等式是一个数学推导的结论，没有考虑实验中的各种限制和误差。在他们发表的 CHSH 论文中，克劳泽、西蒙尼等已经将贝尔的理想化分析应用于具体的实验条件，提出了一个更为实际、可以直接以测量数据检验的不等式。他们还详细地论证了改进康明斯实验检验这个不等式的途径。因此，克劳泽能在大教授汤斯和康明斯面前表现得信心十足，势在必得。

但这个实验的困难还是超过了他的预想。因为没有资金，克劳泽和弗里德曼不得不四处搜寻他人废弃的材料来修补、改装康明斯已有的设备，重新投入使用。这个在汤斯眼中不会占据太多时间精力的小实验竟然持续了两年多之久。直到 1972 年 4 月，弗里德曼和克劳泽才收集到足够的数据，在《物理评论快报》上发表他们的论文:《局域隐变量理论的实验检验》①。[91]252-253,256-260;[33]205-207

自从收到克劳泽突如其来的信件后，贝尔一直关注着他们的进展，期盼能早日看到结果。虽然在他们这个极小的圈子之外并没有人关心，但他还是认定那会是量子力学非同寻常的历史一刻。这会是爱因斯坦与玻尔坐而论道以来的第一个真实数据，它足以根本性地改变人类对自然界的理解以及未来的物理学走向。

贝尔因而非常矛盾。他其实希望看到克劳泽的实验能揭示出与量子力学的理论预测不符的现象。唯如此，爱因斯坦所坚持的，也是自古希腊以来一脉相承之科学理念的局域性因果关系才有得以继续保持的可能。但他同时也理智地意识到那只是一个渺茫的期盼。毕竟量子力学早已久经考验。

克劳泽的立场比贝尔更为坚定，或偏激。他确信自己会证明爱因斯坦的正确和量子力学的差错。当阿哈罗诺夫提出打赌时，克劳泽毫不犹豫地把赌注压在爱因斯坦一方。他还豪迈地宣布：如果输了就自我了断，彻底离开物理学。

在物理学与哲学间并驾齐驱游刃有余的西蒙尼态度与贝尔相近。他的研究生霍恩却持有与克劳泽相反的信念，认为量子力学会再次得到实验证实。西蒙尼从哈佛借来的研究生霍尔特比较漫不经心。他开玩笑说如果他们成功地证否了量子力学，他也许能得个诺贝尔奖。但传统保守的哈佛肯定不会颁发给他博士学位。[91]272

在被西蒙尼借去研究 EPR 问题时，霍尔特是哈佛著名实验物理学家弗朗西斯·皮普金（Francis Pipkin）的研究生。完成 CHSH 论文之后，霍尔特回到哈佛

① “Experimental Test of Local Hidden-Variable Theories”

说服自己的导师也开始实施论文中提议的实验。与克劳泽在伯克利沿袭康明斯已有的设备、材料不同，他们完全白手起家，采用的是汞原子级联辐射所产生的纠缠光子。但他们还是进展神速，抢在克劳泽之前就有了结果。也许霍尔特梦想诺贝尔奖心切，他们的数据果然与量子力学的预测不相符：纠缠光子之间的关联表现满足了贝尔的不等式。这就如同双胞胎之间的默契完全可以由他们自身携带的基因解释，无须临时发生超自然的心灵感应。

皮普金很不放心。霍尔特的诺贝尔奖之说固然只是半真半假的戏言，他们这个结果倒是的确会成为第一个显著违背量子力学的实验证据，影响深远。为谨慎起见，他们决定放弃已有的优先权，等待弗里德曼和克劳泽在伯克利的结果。同时，他们也精心寻找自己实验中的可能差错。[91]272-273

克劳泽没那么优柔寡断。他和弗里德曼取得数据后立刻就发表了论文。果然，他们的结论与霍尔特的正相反：实验结果完全符合量子力学的预测，同时也就违背了贝尔不等式。在贝尔精心设计的测试程序下，量子世界的双胞胎表现出了仅凭自身携带的基因不可能做到的高度一致性。他们之间的确存在心灵感应。

在论文的结尾，弗里德曼和克劳泽总结道："我们认为这些结果是反对局域性隐变量理论的强有力证据。"[91]270-273

爱因斯坦所深恶痛绝的鬼魅般超距作用第一次在实验室中真正地显露了身影。

在克劳泽和弗里德曼论文发表的 1972 年，贝尔当选为英国皇家学会院士。他的引荐人在推荐信里罗列了贝尔在加速器和粒子物理方面的很多杰出成就，包括发现 CPT 对称原理和其他理论贡献。信的内容没有涉及他的不等式或对 EPR 问题的讨论，只是在最后有一句话提到贝尔也"因对理论物理中一些悖论的讨论而著名"。[91]266

贝尔那时的确已经大名鼎鼎，是众望所归的加速器设计和基本粒子理论权威。然而，即使是在欧洲核子研究中心内部也只有德斯班雅等极少数同行知道他曾有过一个不等式。他那篇论文已经发表了八年之久，引用次数却屈指可数。

克劳泽和弗里德曼的实验应该是一个历史性的突破，但没能改变这个局面。那年之后，贝尔论文的引用次数反而还比往年减少了一半，更是乏人问津。

在伯克利，克劳泽丝毫没有兑现自己离开物理学界诺言的打算。只是他已经把两年的博士后生涯大部分耗费在这个实验之中，又到了需要找工作的关头。与两年前不同，更为自信的克劳泽这次没有回避、隐匿他的兴趣所在，反而突出展现他的这一实验成就。因为那是他心目中最有意义的物理研究和成果。

自然，他与两年前一样四处碰壁。原来的博士导师竟然在为他提供的推荐信中表明他这方面的探索属于“垃圾科学”(junk science)，除非改换方向不应该录用。远在法国的德斯班雅还曾收到一封来自在美国一所大学担任物理系主任的朋友来信，询问克劳泽的实验是不是“真的物理”。尽管德斯班雅立即回信表示大力支持，克劳泽还是没能获得那所学校的青睐。[33]209,[95]

山穷水尽之际，伯克利的国家实验室为他提供了一个位置。在那里他可以发挥自己在光学仪器中表现出的才能，为实验室“真正的”物理项目做贡献。他所钟情的量子力学基础问题只能退居二线，继续作为业余时的爱好。

弗里德曼在论文发表后顺利通过了博士学位答辩。目睹前车之鉴，他选择立即离开这一学术是非之地，专注于核物理实验。在国家实验室中度过卓有成就的职业生涯后，弗里德曼于 2012 年去世。

克劳泽的论文发表后，哈佛的霍尔特和皮普金对自己结果完全相反的实验越发没有信心。他们没能发现实验中的问题，只好偃旗息鼓，不再继续这个方面的研究。除了一篇在朋友间传阅的预印本，他们也没有正式发表论文。只是霍尔特还是以这个实验结果写就了他的博士论文。

在这篇学位论文中，霍尔特开宗明义地介绍哥本哈根诠释只是量子力学测量问题的一个可能解决方案。其他的还有“艾弗雷特 – 惠勒诠释”、“维格纳的主意”以及“隐变量理论”。那是他所作课题的缘由。[95]

那是 1973 年。三年前，维格纳已经在科莫湖的会议上有过这样的演讲，德维特也在《今日物理》中提出了相同的看法。哥本哈根学派那曾经至高无上不容置疑的权威地位业已开始坍缩。即使是在“传统、保守”的哈佛，霍尔特也能如此无所顾忌地介绍他论文选题的背景。而不过 15 年前，在普林斯顿的艾弗雷特还不得不屈服于导师惠勒的压力大举删除自己论文中类似的离经叛道的言论。他那时只能在承认哥本哈根诠释为量子力学独一无二真理的前提下含含糊糊地描述自己截然不同的思想。

也算是一种塞翁失马，霍尔特没能得到诺贝尔奖，但顺利地获得哈佛的博士学位。他毕业后也没再继续这方面的研究，只是在加拿大的一所大学中谋得教职，兢兢业业。

只有极个别的物理学家注意到克劳泽的实验和他与霍尔特截然相反的两个结

果。他们开始采用不同的设计和材料重复同样的测量。得克萨斯农工大学的年轻教授爱德华·弗里（Edward Fry）大大改进了实验的效率和精确度，证实了克劳泽的结论。就连吴健雄也重做了当年正电子素湮没实验，这次专门注重于寻找贝尔所提出的异常关联。

克劳泽自己则在伯克利另起炉灶，专门重复霍尔特的实验。他又搜寻、借用废弃材料按照霍尔特的设计重新搭建实验仪器，也改用了水银蒸气作为光源，但依然得到自己与弗里德曼早先实验相同的结果。他再次事与愿违地证明了量子力学中的非局域性。

不久，陆续有七个致力于这项测量的独立实验发表了成果。它们之中五个与克劳泽的结论一致：纠缠中的光子违反了贝尔不等式。另外两个实验则相反，它们发现结果满足贝尔不等式，不需要另外的非局域性联系。[91]273-275

虽然贝尔、西蒙尼、克劳泽这时都已确信这些实验中的多数结论，他们也明白这样的数据结果还无法令人信服。作为第一拨尝试者，这些实验条件简陋粗糙，实验数据中的信号与噪声相比非常弱，故不甚可靠。更为引人注意的是，实验的设计中还有“漏洞”（loophole），即光子之间存在着互相作弊的可能。

贝尔的测试设计非常巧妙，相当于随意地分别询问双胞胎三个不同问题之一，然后根据他们的答案进行统计分析。假如他们的答案由随身携带的基因决定，彼此之间不再有串通，这些答案之间的相关性就会有一个上限，即贝尔不等式。如果实际的相关性突破了这个上限，就说明双胞胎之间临时有过协调，统一了口径。

这样的协调却不一定只会通过心灵感应式的特异功能进行。假如双胞胎在到达询问地点前已经获知他们会被问到的问题，他们有可能悄悄地“递纸条”，或使用隐藏的无线电设备来商量如何回答。这样的结果是实验可以发现双胞胎具备超越贝尔不等式的能力，却并不能证明那一定就是源自特异功能。

没有自主意识的光子当然不可能如此狡猾。但在已有的实验中，测量光子自旋的偏振片的方向是预先设定的。它们只能隔一段时间更改方向做新的测量。被测量的光子因而在被测量之前有可能“知道”偏振片的取向，也就是双胞胎会被问及的问题。那时它们彼此距离还很接近，如果互相通气不需要超光速的信息传递，因而也就不会像爱因斯坦所指责地违反相对论。

如果确实出现的是这样的情形，克劳泽等人的实验也许歪打正着地发现了某种过去未知的光子之间互相联络的机制。但他们却没能确定无疑地证明那鬼魅般超距作用的存在。[91]276-277,[95]

1975 年年初，贝尔在办公室里接待了一位慕名而来的法国青年阿兰·阿斯佩（Alain Aspect）。

在克劳泽、弗里德曼和霍尔特分别在美国的伯克利和哈佛埋头苦干的 20 世纪 70 年代初，阿斯佩正在非洲的喀麦隆义务教学。他已经在法国获得物理学硕士学位，但对从事物理研究的前景十分彷徨，准备急流勇退以教师为业。法国政府允许知识青年以社会服务的方式代替服兵役的义务。阿斯佩便选择到喀麦隆教书，为自己的未来打基础。

在喀麦隆的三年里，他在闲暇之余自修了法国著名物理学家克劳德·科昂–唐努德日（Claude Cohen-Tannoudji）新出版的量子力学教科书，又重新唤醒了研究物理学的兴趣。结束义务服务后，他在 1974 年回到法国的母校，准备继续攻读博士学位。德斯班雅建议他看看有关贝尔不等式的各个实验之间的差异和矛盾，设计一个更有说服力的实验。

在仔细研究了贝尔的论文和已有的实验资料后，阿斯佩很快有了自己的想法。他兴致勃勃地来到欧洲核子研究中心，当面咨询贝尔的意见。

面对这位满腔热忱的来访者，曾经热情回信鼓励克劳泽的贝尔十分谨慎。他已经清楚地意识到这个领域对没有资历、名气的年轻人可能会是死路一条。在阿斯佩尚未开口之际，贝尔劈头问道：“你有一个永久、稳定的职位吗？”阿斯佩回答是的，他是法国科研体制内的职员。虽然地位、工资都不高，但的确有保障。

贝尔放心了。他们这才开始讨论共同关心的物理问题。[6]60-62,[91]278,[95]

第 48 章 意识的力量

1969 年，由植物学家莱茵在杜克大学创建，已经有 12 年历史的超心理学会（Parapsychological Association）被美国科学促进会（American Association for the Advancement of Science）接纳为会员，进入美国的科学大家庭。

作为科学促进会理事会成员，物理学家惠勒投了反对票。他认为这个致力于鼓吹“超感官知觉”特异功能的学科是伪科学或至少是非科学，不具备与美国物理学会、美国心理学会等 200 多个科学组织平起平坐的资格。

惠勒在理事会中只是少数派。那时候，他还不知道自己捅的是一个什么样的马蜂窝。[68]343

1972 年 9 月，26 岁的以色列青年尤里·盖勒（Uri Geller）受邀访问旧金山附近的斯坦福研究所（Stanford Research Institute）。这个研究所原来隶属于当地的斯坦福大学，是第二次世界大战、冷战时期美国军方在大学里设立的众多研究机构之一。20 世纪 60 年代以来，大学生出于对军队势力急剧膨胀和越南战争旷日持久的不满发动校园抗议，迫使斯坦福大学与这个研究所解除了关系。研究所遂成为独立的私营机构，依然在国防部资助下从事军事科研。

进入 20 世纪 70 年代时，战后的世界格局大势已定。美国和苏联两个超级大国都已拥有原子弹、氢弹和导弹以及航天技术，进入势均力敌的对峙状态。“缓和”（detente）逐渐取代两败俱伤的军备竞赛。相应地，美国政府大举削减国防经费，原本轰轰烈烈的军事科技突然资金紧缩。行业中一下子变得有闲无钱的大量技术人员只好另谋出路。

斯坦福研究所的两位物理学家别出心裁地从一位富商那里争取到一笔资金，开始他们的超感官知觉研究。盖勒是他们的主要实验样本。他在以色列已经小有名气，不仅精通读心术和心灵感应，还能凭自己的意念将汤勺、钥匙之类的金属物弯折。斯坦福研究所的人员专门设计各种实验手段测试他的超常技能，确认了真实性。他们意图窥觑其背后的秘密，发掘人类自身中还隐藏着的潜在能力。

这个项目在研究所内名叫“psi 实验室”（psi lab）。那是超心理学的常用英文缩写，源自希腊语中“意识”一词的第一个字母 Ψ，也是英语“心理学”（psychology）和其他含义相近词汇共同词根的来源。当物理学家涉足这个领域时，他们自然地注意到 Ψ 也是薛定谔当年为他那含义不明波函数选取的数学符号，业已成为量子力学的象征。[48]65-70

无怪乎荣格和泡利曾确信心理学与量子物理之间存在神秘的“共时性”联系。

20 世纪 60 年代的美国经历了剧烈的社会动荡。在世界大战胜利后成长的新一代不再认同战后经济扩张的繁荣昌盛和社会稳定。他们更注目于国内黑人争取平等的民权运动和国外深陷泥潭的越南战争所暴露的矛盾和动乱。为逃避对现实的失望和未来的迷茫，他们急流勇退，投身于以性解放、吸毒和摇滚乐为号召的“嬉皮士”（hippie）热潮。西海岸的旧金山正是这一运动的中心。在神魂颠倒的迷幻药和动人心魄的摇滚乐刺激下，他们可以暂时性地离开身边的物质世界进入超脱的精神乐园。

身居象牙塔内的青年物理学家也不例外。他们在战后拥有的天之骄子地位几乎一夜间消失殆尽。迫于越战压力，美国政府改变政策，征兵时不再照顾有学问的大学生、研究生。几年前还被视为需要“储存”国家宝贵战略“资产”的物理学子们与社会青年同样地面对远赴越南战场卖命的威胁。

即使幸运地躲过了征兵抽签，他们的前景也不容乐观。逐年扩充的物理专业在 1970 年达到顶峰。那年美国培养出超过 1500 名的物理博士，创历史最高纪录。①同时，冷战的降温导致国防、工业界对物理人才的需求一落千丈。大学里本来不多的教职也已人满为患，能出现的空缺寥寥无几。[48]xv,22-23

于是，他们同样地陷入迷惑和颓废，寻求思想的世外桃源。特异功能、鬼魅般的超距作用这些非主流概念正好可以填补他们的精神空缺。当年，泡利和约旦都曾将超感官知觉与量子力学中的纠缠相联系。后来的维格纳还进一步添砖加瓦：在“维格纳的朋友”中，波函数 Ψ 的坍缩及物理现实都会取决于作为个体的每个人的不同意识。人类的精神意识不再只是心理学的概念。它是物理世界的一部分，更可以通过引发波函数坍缩直接改变这个世界的进程。这一切与随嬉皮士运动而流行的“新时代”（New Age）思维完美契合。

在普林斯顿，维格纳和惠勒都已进入老一代物理学家的行列。在冷战时期，

① 这个纪录直到2008年后才再度被超越。但那时相当一部分博士学位是由外国留学生获得。

两人都坚持保守的政治立场，为美国核武器发展竭尽全力。他们因而在思想左倾的大学校园内成为不为人理解的异端，倒也彼此惺惺相惜友情倍增。

在学术上，惠勒在战后专注于被物理学界遗忘的广义相对论，以他“一切都是场”的理念理解这个世界。20 世纪 60 年代初，宇宙微波背景辐射的发现证实了勒梅特、伽莫夫提出的设想：宇宙起源于一次“大爆炸”，其后处于不断膨胀之中。至少在那个高能的早期宇宙，量子力学是世界演化的主导甚至唯一方式。

当年在与学生米斯纳和艾弗雷特一起探讨时，惠勒就意识到那时的宇宙不存在任何有意识的观察者。艾弗雷特因而提出他的多世界诠释，取代依赖于观察者的哥本哈根正统思想。随着宇宙学的突破，艾弗雷特将整个宇宙看作一个量子系统的观点在 20 世纪 70 年代不再是天方夜谭。他的理论也因为德维特的推介更广为人知。但他的导师却还是没能接受那个出格的思想。

作为玻尔的忠实学生，惠勒始终坚持哥本哈根的正统，其中观察者与被观察的现实不可分割。早在 40 年前，约旦曾不容置疑地宣布，“是我们自己制造出测量的结果”“一个现象只有在成为被观察到的现象之后才成其为实在的现象”。[16]312-313 他所谓的“我们”便是后来由维格纳阐明的有思想意识的生命体。

惠勒认为那是经典物理与量子物理之间的本质区别。他亲手绘制了一幅漫画表现这个不同。在牛顿的经典世界中，观察者隔着一块厚重的玻璃在观察另一边的世界。玻璃那边世界的演化不会因为他的观察而改变。但在量子的世界里，隔离的玻璃被粉碎，观察者的手伸进了世界之中。他在观察的同时也在挪动着那个世界的林林总总。观察本身在“制造”观察的结果。没有观察，就不会有客观的实在。

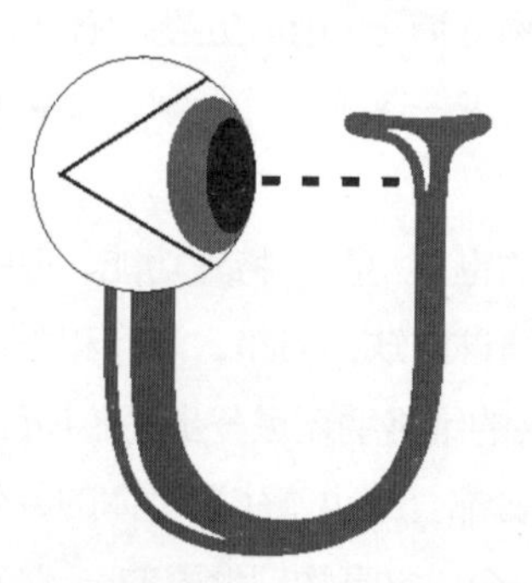

图 48.1　惠勒绘制的“参与式宇宙”示意图。从右上角开始，宇宙在大爆炸中产生并逐步膨胀变大。演化到左上角时，智慧生物出现并学会观察早期的宇宙，触发那时宇宙之演变。整个图像形成一个U，英文“宇宙”（universe）的第一个字母

他把这个量子的世界称为“参与式宇宙”（participatory universe）（图 48.1）。观察者本身就在宇宙之中。

我们之所以知道有一个早期的宇宙存在，是因为我们今天观察到宇宙背景辐射，从中获取了那个客观世界的信息。但惠勒还更进一步。他指出这样的观察同时也是宇宙当初发生演变的缘由：我们今天的参与式观察触发了早期宇

宙波函数的坍缩。

他也绘制了一幅展示这个关联的漫画。在他简洁的图像中，过去与现在、实在与意识、主观与客观，相辅相成对立统一地构造出浑然一体的怪圈。[48]75-80,[69]250-251

克劳泽在 1969 年来到的伯克利已经不是奥本海默、玻姆 20 年前书生意气的那个小镇。经过麦卡锡主义的洗礼，那些曾风行一时的左派共产主义团体烟消云散，硕果仅存者也都转入地下苟延残喘。取而代之的是校园内外的政治抗议和嬉皮士的狂欢，延续着年轻人反抗主流的叛逆精神。

邻近斯坦福研究所的特异功能实验也激励了伯克利的青年。这里的两个物理研究生在 1975 年发起一个名为“基础物理小组”① 的社团，吸引了十来位本校物理系本科生、研究生和青年教师，还有附近闻风而来的国家实验室、企业研究机构的年轻人。他们属于被“闭嘴、计算”抛弃的新一代，正处于前途未卜的窘境。同时，他们也已经对那个传统的研究方式深恶痛绝，渴望对量子力学有自己创新性的深层理解。

他们每星期都定时聚会、讨论。斯坦福的实验和身边的克劳泽都成为关注对象。在这个无拘无束的小团体中，克劳泽意外地找到他在正统学术界遍寻不得的知音。

最令他们感兴趣的自然还是盖勒如何以意念掰弯金属勺子。或推而广之，人类的意识如何才能改变物质的世界。为此，他们集中探讨如何为意识构造出物理模型。

在这群少不更事的嬉皮士之中，稍为年长的尼克·赫伯特（Nick Herbert）成为领头人。他在 1967 年获得斯坦福大学的物理博士学位。之后一直在附近的企业工作，研发新材料和通信工具，尤其是当时最先进的打印、复印、传真技术。利用职务的方便，他大量复印自己找来的非主流物理论文与小组成员分享。

也是出于职业习惯，赫伯特尤其关心人类是否、如何能够通过物理仪器交流意识。与斯坦福研究所类似，他请来各路神人，让他们对一些仪器施展功力，试图在连接着的打印机、传真机上记录他们的意识流。甚至，他认为这样可以时光超越，接收到已经去世的古人发来的信号。

他的现场演示——往往伴随着充足的啤酒和大麻——每次都会成为基础物理

① fundamental fysiks group。其中“物理”一词的拼写来自作为玻尔母语的丹麦语。

小组聚会的高潮节目。[48]84-89

克劳泽在这么一群既桀骜不驯又玩世不恭的嬉皮士中如鱼得水。同时他也理智地调侃这些人不过是精神不正常的“疯子”①。[33]209-210,[48]259 本质上，他自己还是一个在实验室中兢兢业业探索的“正经”物理学家。

在伯克利的国家实验室，克劳泽还有一位前辈支持者。亨利·斯塔普（Henry Stapp）1958 年时就已经在伯克利获得了物理博士学位，其后远赴苏黎世担任过泡利的助手。那年泡利意外辞世，他又去慕尼黑师从海森堡。受泡利的影响，他对人类意识在量子力学中扮演的关键角色无法忘怀。他毫不吝啬地夸赞贝尔不等式是历史上“最深刻的科学发现”②。

虽然他那时已经年近半百，但斯塔普仍旧是基础物理小组的骨干成员。[48]55-57

盖勒在斯坦福成功后名声大噪，一跃而成国际明星。玻姆慕名邀请他前往伦敦访问，亲自测试他的超常能力。美国国防部和中央情报局等部门皆闻风而动，为这个新科技注入大量资金。斯坦福研究所自然也获益匪浅。如果心灵感应、意念移物可以成为现实，其价值无可估量。[48]90-91

虽然斯坦福研究所的实验远比莱茵当年所做精密、全面，但他们还是遭到广泛的质疑。行家们指出他们最大的缺陷在于对自己的科学、技术能力过于自信，没有邀请职业魔术师协助把关。其实，特异功能的表演在历史上并不鲜见，也非常容易令人信服。往往只有魔术师才能以他们专业的眼光识破表演者暗中的手法，破解其骗局。

轰动一时的特异功能那时也已经引起科学界和魔术界的警觉。他们联手成立了一个“超自然声称科学调查委员会”③，专门揭露其中的造假行为。委员会成员、著名魔术师詹姆斯·兰迪（James Randi）应邀来到斯坦福研究所协助分析盖勒的实验。果然，兰迪很容易地以魔术手法“重复”出盖勒的特异功能，让那里的科学家灰头土脸。[48]81-84

但这并未妨碍盖勒继续他的明星生涯。

其实，在主流物理学界的眼里，贝尔、克劳泽、西蒙尼那一小撮也不过几个

① nuts

② the most profound discovery of science

③ Committee for the Scientific Investigation of Claims of the Paranormal

与嬉皮士大同小异的疯子，徒劳地挑战着坚不可摧的量子力学正统。尽管有着维格纳、德斯班雅的努力，他们依然是物理学的边缘人。

曾经发现电子自旋，又在战场上捕获海森堡等德国物理精英的古德斯密特战后长期担任美国《物理评论》和《物理评论快报》的主编。仗着十多年的编辑经验，他在 1973 年专门撰文提醒，物理学是实验科学。如果不能与实验数据相联系，物理理论完全没有意义。因此，他禁止在这些刊物上发表纯粹"哲学性"讨论的论文。

这基本上杜绝了讨论量子力学基础问题的可能。只有像克劳泽、西蒙尼的 CHSH 论文、克劳泽和弗里德曼的实验结果因为讨论的是具体的实验才能过关。克劳泽一针见血地指出，假如古德斯密特的新政出现在 40 年前，玻尔那篇回应 EPR 的论文就不得出笼。

那还是没有互联网① 的时代，他们不得不另谋出路。那年年底，瑞士一家基金会资助创立一份《认识论快报》(*Epistemological Letters*)，为他们提供了一席之地。那其实很难说是一份期刊。它只是由手工打字、滚筒油印，然后简单装订的通信。

这个直接冠着"哲学性"名称的不起眼通信拥有一个后来声名显赫的作者群。德布罗意、维格纳、贝尔、德斯班雅、克劳泽、西蒙尼、斯塔普、霍恩、泽赫等人都曾在那上面展开激烈的辩论。西蒙尼还担任了编辑。在那些粗糙油印的页面里，量子纠缠的早期理论逐渐成形。

借用那个年代的时髦用语，克劳泽亲切地将这个"地下刊物"称为"量子亚文化"(quantum subculture)。那是他们一小撮持不同政见者抱团取暖的窝棚。[33]214-215,[48]121-122,[95]

1976 年 4 月，贝尔和德斯班雅在意大利西西里岛上的埃里斯举办了一个会议。这次会议纪念的是费米当年的学生埃托雷·马约拉纳(Ettore Majorana)。②

那是这群边缘人物六年前在科莫湖欢聚一堂之后的又一次盛会。贝尔已经成为他们的领袖，而克劳泽是理所当然的新星。还在为找工作焦头烂额的克劳泽起初不敢保证他能有时间去意大利。贝尔不得不发紧急发电报祈求："如果没有你，这个会议就只是一幕没有王子的《哈姆雷特》(*Hamlet*)。"克劳泽阅后欣然赴会。

在贝尔的主题演讲中，他系统地回顾了这些年的进展，包括克劳泽、弗里等

---

① internet

② 马约拉纳才华出众，但年仅 32 岁即在西西里乘船时失踪。他曾预测存在一种反粒子就是其自身的粒子，即所谓"马约拉纳费米子"。

人的实验成果。经过几年的摸索、核实，他们已经基本能够确信纠缠中的光子对会表现出违反贝尔不等式的行为，因而存在鬼魅般的超距作用。但贝尔强调，更引人注目的将会是阿斯佩那个还处于策划过程中的实验设计。他期待也相信阿斯佩的新实验能够在不久的将来关闭现有实验中的漏洞，杜绝光子对作弊的可能性，为爱因斯坦的疑惑奠定最终的结论。

身为研究生的阿斯佩第一次参加这样的会议。他在会上报告了实验的设计，很诧异地发现自己已经成为众望所归的对象。会后，一位与会者介绍他认识了偶像科昂–唐努德日。出乎阿斯佩的意料，正在成为法国量子力学最高权威的科昂–唐努德日没有指责阿斯佩的离经叛道，反而对他激励有加。在接下来的几年里，科昂–唐努德日常常走访阿斯佩的实验室，近距离地关注他的进展。

正牌大师的亲自支持改变了阿斯佩在实验室同行们眼中的形象。他不再只是一个自不量力的疯子。至少在巴黎郊区的那个实验室里，量子纠缠的实验也不再被视为毫无意义的无事生非。[33]211,[48]176-177,[95]

第 49 章 嬉皮士的狂欢

1975 年，一本名为《物理学之道》[1] 的书同时在英国和美国出版（图 49.1）。这是一本非主流的小众读物。在美国的出版社只是伯克利一家成立没几年的小作坊，专门推销一些与佛学（Buddhism）密切相关，“改造个人、社会、地球的创造性和良心方式”的书籍，迎合那个年月的“新时代”思潮。这本书名中的“道”来自中国的道学（Taoism），副书名进一步解释了它的主旨：对现代物理学和东方神秘主义类比的探索[2]。

图 49.1 《物理学之道》封面

谁也没料到这么一本题材冷门、作者和出版社都名不见经传的小册子竟会一鸣惊人。印数两万册的第一版在一年内销售一空，其后连年推出新版，印数一再翻番。短短几年间，它被翻译成 20 多种语言，畅销世界各地。在刚刚开放的中国，这本书的编译版《现代物理学与东方神秘主义》于 1984 年与读者见面。[3] 那时，中国也正风行起以耳朵认字、意念移物为代表的特异功能热潮。

书的作者是一位默默无名的年轻物理学家——弗里乔夫·卡普拉（Fritjof Capra），他出生于奥地利，1966 年在维也纳大学获得理论物理学博士学位。作为那生不逢时一代的成员，他几年后就陷入了失业困境。他原本打算编写一本教科书以提升资历。相识的老前辈威斯科夫耐心地帮他审阅书稿，却也告诫他这是吃力不讨好的苦差，既不可能带来稿费收入，也对敲开学术界大门不会有多大帮助。

穷困潦倒之际，卡普拉在海边散心时突然有了灵感。他在加州进行博士后研究时曾被那里的“新时代”嬉皮浪潮吸引，跟着研习了印度学（Hinduism）、佛学、道学、儒学（Confucianism）、禅（Zen）等一系列东方哲学。在惊涛拍岸的轰响中，他领悟到那些神秘的古老睿智哲思与他更为熟谙的现代物理学有着太多殊途同归

---

① *The Tao of Physics*

② *An Exploration of the Parallels between Modern Physics and Eastern Mysticism*

③ 该书是风靡一时的《走向未来》丛书之一。

的共鸣。

他于是全面地改写了书稿。那不再是为物理学生准备的教材，而成为一本迎合新时代青年口味，并行交叉阐述现代物理学与东方传统思想的普及性读物。没有哪个正式的出版社愿意接手这么一本奇怪的作品。在美国，只有伯克利那家也是新时代产物的小作坊将它作为介绍佛学及其他东方宗教的新书推出。[48]150-155

卡普拉因而一举成名。

当玻尔采用阴阳太极图作为贵族纹章时，他只是看到那个图案贴切地体现了自己在量子力学中发现的“对立即互补”理念，但对其背后的道学并没有多少了解或兴趣。

玻尔熟悉的是从古希腊先贤到伊曼纽尔·康德（Immanuel Kant）、马赫、亚瑟·叔本华（Arthur Schopenhauer）的西方哲学。他在大学期间还曾精心研读丹麦前辈哲学家的著述。那些思想对他后来的互补原理影响深远。

与玻尔一样，20 世纪初欧洲知识界的精英们接受的是通才教育。那一代物理学家不仅对西方哲学、历史耳熟能详，还有着自己的艺术专长：爱因斯坦酷爱小提琴，海森堡是钢琴高手，薛定谔则沉迷于戏剧和吟诗作词①。

遥远的东方对他们来说只是一个神奇所在。在 20 世纪初，爱因斯坦、玻尔、海森堡和狄拉克等曾相继远洋旅行，对他们眼中的亚洲风土人情充满好奇和讶异。也是在那个时代，中国、印度的古籍陆续在欧洲得到系统性的翻译介绍，引起知识分子的强烈兴趣。薛定谔、泡利、约旦以及弗洛伊德、荣格等都曾投入大量时间精力研究东方哲学思想。玻恩也在“流放”印度的一年中对那里的文化着了迷。[19]170-174,[48]67-68

从印度的梵典到中国的《易经》，这些古朴遥远的人类思想因其陌生被统称为“东方神秘主义”。

卡普拉曾几度拜访年迈的海森堡，讨论写作中的《物理学之道》，据称得到了这位不确定性原理发现者的首肯。在书出版后不久的 1976 年，海森堡因癌症离世，享年 74 岁。

在卡普拉接触新时代思潮的 20 世纪 60 年代末，美国的嬉皮士也重新发

---

① 基本上全是他为不同女友创作的情诗。

现了东方的哲学和生活态度。打坐冥想、瑜伽、气功、太极都成为追求精神解脱、释放人身潜力的新时尚。与古希腊逻辑强调局域性的因果关系相反，东方哲学大而化之，注重天人合一的整体观念。这正同鬼魅般的纠缠不谋而合。量子力学中人类意识与自然世界的相互影响、惠勒的参与性宇宙更不啻儒学之天人感应。

那个年代的新一辈物理学家、威斯科夫的学生默里·盖尔曼（Murray Gell-Mann）还曾借用佛学中的“八圣道”为他新发现的基本粒子分类法命名。

卡普拉在书中指出，爱因斯坦在 20 世纪初催生的相对论和量子力学是一场深刻的思想革命，颠覆了人类对客观世界的认识。因为相对论，质量与能量、时间与空间成为能够互相转化的概念。因为量子论，物体同时是粒子和波动，薛定谔的猫可以既死又活。玻尔总结的互补原理正相应于道学中的对立统一。

他甚至发现从玻尔到惠勒那些物理学家充满哲理的语言也与上千年前大师的禅宗“公案”、相反相成的理辩如出一辙。在书中，他特意将这古今东西两个不相干阵营的语录并行罗列，相映成趣。

《物理学之道》的畅销让卡普拉一夜间实现经济独立。他后来以文为生，不再需要学术职位。[48]244-245 因为作者系专业出身，又有威斯科夫的把关，他这本书的物理部分逻辑严谨，清晰可靠。虽然隶属于大众畅销书，但它还是在一些大学里被作为物理学入门教材。卡普拉自己也曾在伯克利的加州大学内开坛传“道”。他很得意地向威斯科夫汇报，听他课的学生中三分之一来自正牌物理系。他创作教科书的初心并没有完全付之东流。

相对而言，他书中关于东方哲学的另外一半内容则备受争议。其实，卡普拉也没有试图在现代物理和东方哲学中画等号。他在前言中声明“科学不需要神秘主义，神秘主义不需要科学。但人类却须两者兼备”。[48]155-165

旧金山、伯克利、斯坦福彼此相邻，均在加州北部的海湾周边。在 20 世纪 70 年代，这里正悄然孕育着一场新的科技革命，将在十多年后形成举世皆知的“硅谷”（Silicon Valley）。那里的嬉皮一代当时还没有意识到这个潜在的新潮流，他们的注意力依然集中于抗议、狂欢和修身养性。

盖勒的特异功能不仅引来国防部、中央情报局的注意和投资，也吸引了一批商业场中的成功富豪。他们拿出自己的大笔资金，在湾区招兵买马，一时热闹非凡。当地众多在大裁员中走投无路的物理学家也久旱逢春雨，找到了新的生活来源。伯克利那个基础物理小组的成员们引领潮流，纷纷募得资金建立自成一体、独立于正统学术界的私营研究所。他们以各种途径发表、传送论文，还经常召开名目繁多的学术讨论会。因为当地特有的优越自然环境，辅以财大气粗的高档招待能力，他们的会议每每吸引很多正统学术界的世界名人。惠勒、费曼等人成为这里的常客，德斯班雅和泽赫也不远万里从欧洲赶来。

他们甚至还设立了一个“实在基金会大奖”（Reality Foundation Prize），奖励在量子力学基础问题方面的贡献。克劳泽和贝尔是第一届获奖者。不明就里的贝尔写信向克劳泽询问这个奖的来路。尽管克劳泽打了保票，贝尔还是谨慎地谢绝了奖金。[48]97-119,178-193

卡普拉的成功更是为这个沸腾的场景火上浇油。

伯克利不仅是接受卡普拉的出版社所在地，这里也云集着大量对物理学耳熟能详的嬉皮士。他这个充满着人文关怀的新颖叙述方式首先在基础物理小组中引起强烈共鸣。成员们为其热烈讨论、广泛介绍推销。卡普拉自然也加入了这个激情小团体的行列。

斯塔普一次在家里举办小组聚会时看到三四十人挤在他那小小的后院。他们三五成群，全都在热烈地讨论着准备写一本什么样的书，如何找到更为新奇的视角和表达手法。

确实，从专业的德斯班雅到业余的卡普拉、斯塔普、赫伯特等，那时几乎每个人都在写作量子力学新书，形成一股“通俗形而上学”① 出版热。[48]143 随着这个新浪潮，量子力学、不确定性原理、互补原理、量子纠缠、薛定谔的猫、贝尔不等式这些科学名词几乎家喻户晓。

1979 年，又一本名为《舞蹈中的“物理”师傅》② 的书横空出世，再度洛阳纸贵。这本书的作者加里·祖卡夫（Gary Zukav）也是伯克利基础物理小组的成员。他作为记者参加了一次那时流行的科学讨论会，听到一位来自台湾的太极师傅介绍“物理”在中文里有着诸多同音词：“物理”“吾理”“无理”“握理”“悟理”。祖卡夫大彻大悟，以这些词汇所具备的不同层次含义作导引写出了自己的关于现代物理和东方神秘主义畅销书。这本书名中的“舞蹈”则来自太极的教学方式：物理的师傅不直接教导学生。他只与学生共舞，而学生会从中领悟。[48]136-142

---

① “形而上学”（metaphysics）是亚里士多德整理的学说中物理类科学“之后”或之外的学问，现在通常泛指与科学有关的哲学思考。

② *The Dancing Wu Li Masters*

基础物理小组的赫伯特也乐在其中。但在出书和组织、参加那些没完没了的学术会议之外，他有着更为宏大的目标。

爱因斯坦拒绝接受波函数纠缠的根本理由是那鬼魅般超距作用会超越光速，违反狭义相对论。赫伯特没有这个思想负担。他看到的是克劳泽的实验已经证实了量子纠缠的存在，那么下一步的任务只能是发掘其中隐藏的魔力，实现超越光速的通信联络。在用打印机、传真机接收人类意识的种种试验均告失败后，他和他小组中的同僚们全力以赴发掘量子纠缠的实用技术。

1975 年，赫伯特发表论文以极其简洁的方式重新证明了贝尔的定理。同时，他也证明贝尔不等式的违反必然会伴随着纠缠中粒子之间的超光速联络。以此为基础，他提出一个超光速通信的具体设计。

光子在左右、前后、上下三个互为垂直的方向上的自旋相对于经典波动的“线偏振态”。此外还有着一种“圆偏振态”的模式：相对于光子的运动方向，光子可能有顺时针（右旋）或逆时针（左旋）的两个量子态。圆偏振态和线偏振态并不是互为独立的自旋本征态。圆偏振态只是线偏振态的特定线性组合，亦即叠加态。反之，线偏振态也是圆偏振态的特定叠加态。它们之间的关系类似于解析几何中的直角坐标系和极坐标系。

1936 年，普林斯顿的一位实验物理学家在爱因斯坦和波多尔斯基的帮助下发明了一种“半波片”（half-wave plate），可以探测这个特殊的自旋态。当右旋的光入射半波片时，它会促使半波片旋转一个角度，然后自己变成左旋光射出。左旋光则会让半波片向相反方向旋转，然后自己转化为右旋光。

线偏振光通过半波片时不会引起任何转动，因为它们之中所包含的左旋、右旋光的效应正好互相抵消。

克劳泽实验中所用的偏振片是针对线偏振态设计的。光子通过时，其波函数会坍缩为偏振片预设方向上的线偏振态。如果他改用半波片，那就会促使通过的光子坍缩为圆偏振态。

赫伯特因而设想这一选择可以通过光子之间的纠缠被另一个光子所感知。在克劳泽的实验中，纠缠中的两个光子在产生后分别走向左边和右边的测量仪器。赫伯特提出，可以观察左边那个光子能否让半波片转动而得知右边那个光子在如何被测量。如果右边的光子经过的是偏振片，它会坍缩为线偏振态。因为量子纠缠，左边的光子也随之进入线偏振态，不会造成半波片转动。反之，如果右边的光子经过的是半波片，坍缩为圆偏振态，那么左边的光子也会处于圆偏振态而让半波片发生转动。① 这样，仅仅观察左边光子所在的半波片转动与否，就能知道右边光子所在之处的实验员选取的是偏振片还是半波片。

而这两个测量发生的地点可以相距十万八千里，甚至在宇宙的两端。但这一信息却能够不花任何时间地瞬时传递。更进一步，赫伯特指出，右边的实验员可以有规律地持续变换偏振片和半波片，就如同电子计算机用 0 和 1 两个数字进行编码一样传递实用的信息，实现超光速通信交流。[48]54,195-197,203-207

1976 年，65 岁的惠勒到了普林斯顿的退休年龄。他已经在那里连续任职将近 40 年。惠勒显然没有退休的打算。他又来到美国南方，在德维特任教的得克萨斯大学继续担任教授和新成立的理论物理中心主任。在 20 多年的广义相对论研究之后，他的学术兴趣随着对早期宇宙的思考又转回到量子理论。

受他在普林斯顿的好友维格纳影响，惠勒开始关注量子力学的测量问题。到得克萨斯之后，他与当年在普林斯顿进入广义相对论领域时一样自告奋勇，开设一门量子理论的研究生课程，系统地研究这个被人忽视的问题。

那不是席夫式“闭嘴、计算”的量子力学教程。惠勒在课堂上着重讨论爱因斯坦的 EPR 纠缠、薛定谔的猫，还有贝尔的不等式和克劳泽的实验。他鼓励学生积极搜寻在非主流和地下刊物发表的论文材料，准备编辑成书填补正规教材中的空白。同时，他也与德维特一起经常举办学术会议，邀请各路“神人”前来讲学，让地处偏僻的得克萨斯学生多见世面。[33]228-229

已经完全远离物理学界的艾弗雷特也收到了邀请。在 1962 年的俄亥俄州那个小会之后，他又一次有机会在物理学家面前讲述自己 20 年前的理论，并第一次与他真正的伯乐德维特相见。虽然对德维特冠以的“多世界诠释”这个名字不甚满意，但艾弗雷特对德维特为他的理论重见天日所做的种种努力十分感激。

那年，艾弗雷特还不到 50 岁。在国防工业发财之后，他衣食无愁，却已经陷入酗酒、颓废的深渊不可自拔，与正常生活渐行渐远。[33]249-252,[97]

狄拉克在 1969 年辞去了他在剑桥的卢卡斯教授席位。他一直与讲究排场、资格的英国学院传统格格不入。第二次世界大战之后，他相当多时间是在美国的

① 因为波函数坍缩的随机性，半波片转动的具体方向不可预测，但在这里无关紧要。

普林斯顿高等研究院度过。在那里，他最喜好的工作是在周末协助研究院在周围茂密的树林中砍伐大树，开辟新的路径。

两年后，狄拉克带着妻子曼琪永久地离开了自己的祖国，在美国佛罗里达州立大学安家，继续他完善量子电动力学的努力。[36]387-390

整整半个世纪后的 1977 年，在第五届索尔维会议那场“哲学性”争论中洁身自好、只认同优美数学方程的狄拉克回首往事，也不得不承认他极大地低估了理解量子力学的困难：“事实证明，诠释的问题比写出数学方程困难得多。”①[16]358

在 1927 年的第五届索尔维会议上，120 多年前杨的双缝实验是爱因斯坦与玻尔争论的焦点之一。光通过一个开有两条狭缝的挡板时会在后面的屏幕上产生干涉条纹，呈现波动特征。在量子化后，光由单个的光子组成。每个光子都自行通过狭缝，似乎随机地落在屏幕上的某个点上。然而，众多光子在屏幕上留下的痕迹也会总体性的呈现干涉条纹，证明光同时具备波动和粒子性。

如果在某个狭缝后设置上诸如云室的探测仪器，确定光子究竟是从哪一个狭缝通过，那么干涉条纹就会不复存在。海森堡的计算表明光子在云室中经历的碰撞破坏了它已有的路径，量子力学的不确定性原理“抹平”了原有的干涉条纹。

玻尔则高屋建瓴，指出那是互补原理的表现：云室是一个测量光子粒子性的仪器。因为测量者的这一选择，光子便不可能再呈现波动性。

当测量者选择测量某一类物理量时，量子的世界便会随之展现那一面的客观实在，同时掩藏起其另一面。而自然界是如何响应人类这一选择的，量子力学却没能给出令人信服的答案。那便是测量问题的症结所在。

惠勒提出如果云室不是在光子通过之前放置，而是在光子以光速通过那个地段之后才突然被放置在狭缝背后，会出现一个更为奇妙的情形。海森堡那具体的碰撞、散射计算不再适用，因为光子经过时并没有遭遇云室。然而，测量者还是已经做了测量粒子性的选择，只不过他的实际动作稍微慢了一拍。这样的话，光子在屏幕上是依然会按照测量者的选择表现出粒子特性，还是因为与测量仪器擦身而过未受影响而呈现出波动的干涉条纹？

作为玻尔的信徒，惠勒认为在这个“延迟选择”（delayed choice）的情形中，

---

① This problem of getting the interpretation proved to be rather more difficult than just working out the equations.

已经错过云室的光子仍然会“知道”后者的存在，从而表现出其粒子性。屏幕上不会出现干涉条纹。[6]86-88;[68]334-337;[43];[48]73-75,99

在 1978 年，当惠勒提出这一假想实验时，他的着眼点已经不只是再来一轮有根据的猜测或启发性的思辨。他正密切关注着克劳泽、阿斯佩等人的实验进展，期望在不久的将来能看到这个延迟的选择在实验室中真切地展现。

在赫伯特广为发送他超光速通信实验设计论文的 1979 年，超心理学会已经在美国科学促进会中有了十年的会员历史。这个组织正随嬉皮士、《物理学之道》的影响在发展壮大中。那年，惠勒不得不再次在科学促进会年会上发表演讲，大声疾呼应该取消超心理学会的会员资格，从科学的殿堂中彻底驱除伪科学。

惠勒尤其对超心理学会成员引用他的量子力学论文“证明”超感官知觉的存在深恶痛绝。他在演讲中系统地阐述物理理论，希望能澄清是非。他尤其强调相对论在物理学中的重要性，指出任何关于超光速的推测都不过是痴人说梦，更不能成为心灵感应特异功能的途径。

他再次失败了。直到今天，超心理学会仍然是科学促进会的会员之一。[68]343,[48]98-99

第 50 章 阿斯佩的实验

克劳泽 1969 年博士毕业后带着他的帆船回到西海岸时曾顺路到加州理工学院看望他身为著名教授的父亲。欣喜的父亲特意为他牵线搭桥，约好时间去拜见那里更为著名的费曼教授。

忐忑不安的克劳泽来到费曼的办公室，提起他去伯克利后准备进行的实验。费曼一听之下很生气，嚷嚷道："你这是干什么？你不相信量子力学？等你真找到什么不对的地方再来找我谈。出去吧，我没兴趣。"克劳泽只得悻悻而退。

整整 15 年后，正忙于巡回讲解新实验结果的阿斯佩也应邀来到加州理工学院。这一次，他得到费曼的欢迎和友好接待。[95],[33]223-225

阿斯佩知道没有人会愿意抢着做他设计的量子纠缠实验，因而他与西蒙尼当初一样不着急，从容不迫地慢工出细活。在 1975 年面见贝尔得到首肯后，他直到七年后 1982 年才发表实验结果。那已经是克劳泽和弗里德曼实验整整十年之后。好在他的判断无误，没有重蹈西蒙尼被克劳泽抢先的覆辙。

与克劳泽、西蒙尼的 CHSH 论文一样，阿斯佩很早就以论文的方式发表了自己改进的实验设计。在克劳泽的实验中，钙原子受热激发，通过级联辐射几乎同时产生两个互相纠缠的光子。它们由光学系统分别导向左右两个方向，通过那里的偏振片测量自旋态。这如同一对双胞胎在光源处相揖而别，分别到左右两个检查站各自接受询问。

每次测量时，克劳泽那左右两边的偏振片有着事先固定好的预设方向。那相当于要询问双胞胎的问题在他们分手时已经锁定。如果双胞胎以某种方式得知他们将要被问到的问题，他们完全有机会互相通气、协调答案。

为防备这样的作弊可能，阿斯佩在每个测量地点安装两个有着不同预设方向的偏振片。在抵达它们之前，光子先经过一个反应速度非常快的开关，像火车路轨上的道岔一样临时决定让光子去哪一个偏振片。这样，光子在通过开关之前不可能"知道"它会去哪一个偏振片。当它们各自通过开关时，彼此已经相距相当远，而且即刻便进入偏振片。这时，即使它们有以光速联络的手段也不再有足够时间协调、作弊。

正是这样一个简单的设计让贝尔、科昂–唐努德日和他们那个日渐扩大的小圈子中所有人激动不已，翘首以待七年之久。

作为研究生，阿斯佩并没有多少资助。他不得不仿效克劳泽四处搜集、借用他人的仪器设备。克劳泽还越洋过海地给他送来自己使用过的偏振片，并随时为他提供咨询帮助，包括修改论文中的英语。

阿斯佩把他好不容易得到的一笔资金全都用来购置一台强有力的激光器，作为激发原子蒸汽的能源。那是弗里已经在克劳泽实验基础上做出的改进。经过多年的调试，克劳泽当年需要几天的辛苦才能采集到的样本数目在阿斯佩的实验室中几分钟就可以完成。这不仅显著提高实验的效率，也大大提升了数据中的信号相对噪声的比例，增强可靠性。

1982 年 7 月，他的论文终于在美国的《物理评论快报》上正式发表。伯克利的嬉皮士们早在那半年前就得到了德斯班雅的通报。阿斯佩的实验结果毫无悬念。在杜绝了作弊的可能性后，纠缠中光子对的行为与克劳泽已经证实的完全一致，依然违反着贝尔的不等式。[33]216-217;[48]177-178,228

爱因斯坦所担心的鬼魅般的超距作用在量子力学中再一次得到确实的证明。这个奇特的现象可以瞬时地协调相距天文距离之遥的两个纠缠中粒子的行为，完全不受光速的限制。这彻底违背了传统的局域性因果关系——爱因斯坦心目中所有科学逻辑能够存在的基石。

1979 年初，伯克利那个活跃了四年多的基础物理小组散伙了。卡普拉和祖卡夫因出版畅销书而名利双收的意外成功为这小团体带来心理不平衡因素，不再能继续纯真地讨论他们的学术和精神升华。随着年轻学生的陆续毕业，他们各奔东西，为自己的生计和出书计划绞尽脑汁。[48]237-239

但他们依然无法忘怀实现超光速通信的梦想。

还在赫伯特之前，这个小组的成员们就已经提出过多种根据贝尔揭示的超距作用实现超光速通信的可能方式。如若成功，那会是一个颠覆人类思想、改变世界的重大突破。他们一边争取美国国防部、中央情报局以及形形色色的私立企业、富豪资助，一边甚至开始了专利申请的程序。克劳泽的实验已经基本证明了量子纠缠的真实存在，利用其中的超光速联系进行现实的通信似乎指日可待，其方式也相当直截了当。

当相距非常远的两个光子之一因为被测量发生波函数坍缩而进入某一个特定量子态（比如自旋向上）时，与它纠缠着的另一个会瞬时地进入与之相对的量子态（自旋向下）。如果那里的人——或某种智慧生物——看到那个光子波函数突然坍缩为自旋向下，他们可以知道所在遥远的第一个光子在那一刻经受了那样的测量。这个信息的得来完全不需要时间，超越了光速。

然而，那里的人要“看到”光子波函数的突然坍缩也只能通过实施同样的测量。即使那遥远的第一个光子并没有被测量，这个光子在被测量时也会发生波函数坍缩，随机地显示自旋的向上或向下。因此，只是看到光子波函数突然坍缩并不能确定那是来自远方量子纠缠的信息，还可能是自己在本地的测量结果。

克劳泽和阿斯佩之所以能够证实量子纠缠的存在，是因为他们属于“高高在上”的观察者，可以同时操纵着两个光子在不同地点的测量方式，比较它们的结果。

只在一个光子所在地点的观察者仅靠自己无法区分来自远方的消息和发生在本地的坍缩，他所读到的量子态因而不会有实际意义，只是噪声。为了从中分辨出来自远方的信息，他们必须事先与对方的测量人员沟通，确定测量的方式方法。然后在事后对照他们的结果。显然，这样的沟通、对照只能通过电话、电报一类经典的工具进行。那是一个无法超越光速的寻常通信方式。

伯克利国家实验室的核工程师菲利普・埃伯哈特（Philippe Eberhard）在 1978 年发表论文，系统地论证了这个逻辑瓶颈。他也是基础物理小组的常客，在兴致勃勃的伙伴们中保持了清醒的头脑，给他们当头浇下第一盆凉水。量子力学的非局域性并没有违反狭义相对论，超光速通信仍然是痴心妄想。[48]197-201

相比之下，赫伯特那个利用光子线偏振和圆偏振两个不同量子态进行信息编码的设计更为别出心裁。面对埃伯哈特的挑战，他自信那个精巧的设计已经成功地绕开了埃伯哈特的瓶颈。赫伯特的论文预印本这时已经广为流传，引起远在大西洋彼岸意大利物理学家詹卡洛・吉拉迪（GianCarlo Ghirardi）的注意。在仔细分析赫伯特的论文后，吉拉迪找出了设计中的另一个大漏洞：赫伯特忽视了经典的光束与量子的光子之间的区别。

半波片椭圆偏振光转动是一个宏观、经典的过程，可以由麦克斯韦的电磁波理论描述，即光束中携带的角动量传递给了半波片。相对于由几乎无穷多光子组成的光束，单一光子的自旋角动量极其微不足道，无法被半波片察觉。的确，根据量子力学的不确定性原理，半波片需要有无穷大的质量才能具备探测到单一光子自旋角动量的灵敏度。当然，质量无穷大的半波片根本不可能被光子或任何力量推动。因此，赫伯特的实验设计压根就无法应用于微观世界中的光子。①

1979 年 11 月，吉拉迪和他的合作者阿尔贝托·里米尼（Alberto Rimini）、图利奥·韦博（Tullio Weber）正式发表论文抨击赫伯特的设想。在最后的总结中，他们特意说明之所以如此郑重其事，是为了重申超光速通信之不可能是最基本的物理规律。他们认为必须彻底终止这一无谓的争执。[48]208-209

赫伯特并没有气馁，更没有偃旗息鼓。他冥思苦想不到一年就卷土重来，再次提出一个改进版的设计。

问世 20 年后，激光已经成为物理实验室中常见的仪器。利用爱因斯坦提出的受激辐射原理，激光名副其实地是一个“光的放大器”，可以同时产生大量处于同一个量子态的光子，形成完全“相干”（coherent）而整齐如一的激光束。在赫伯特看来，激光器就是他本职工作中日常打交道的复印机，能够将一个光子“复印”几百万份。这正好能解决半波片无力探测单一光子自旋角动量的难题。在新版设计中，赫伯特不再直接用偏振片或半波片测量到来的光子。他将这个光子引进激光的共振腔，用它作为“原件”复印出几百万个一模一样的光子。它们形成宏观的激光束，都处于与原来光子一模一样的同一量子态。这样，他不再需要担心灵敏度问题。恰恰相反，他有足够的光子可以同时进行多种测量：比如可以将光束等分成两份，分别用偏振片和半波片测量其偏振态。

如果偏振片发现光子自旋向上和向下的数量相同，而半波片也发现光子左旋、右旋的数量等同，那说明到来的那个光子处于随机的叠加态。它的波函数在自己这边的测量之前没有坍缩过。亦即，遥远的对方尚未进行测量，没有送来信息。

如果偏振片发现光子自旋都是向上，没有向下的。那时半波片依然会报告光子左旋、右旋的数量相等。这个情形说明那个到来的光子在己方测量前已经处于自旋向上的本征态。那是因为它远方的纠缠同伴已经被用偏振片测量过，那边的光子波函数坍缩为自旋向下，造成这个光子的自旋向上。

反之，如果偏振片发现光子自旋向上、向下的数量相同，而半波片发现光子都是左旋的，就说明遥远的对方使用了半波片测量，那边的光子进入了右旋的量子态。

---

① 相比而言，用偏振片探测光子的线偏振态时只需要看光子能否穿过偏振片，不需要光子推动偏振片。

如此这般，赫伯特便可以做到在不需要与对方事先通气、事后对比结果的情形下完全获知那一边的测量情形。假如那边的人分别用偏振片、半波片作为 0 和 1 的进行编码，就可以像计算机网络一样传递实用的信息。而这个传递过程没有任何时间延迟，实现超光速通信。

赫伯特兴奋地把这个新设计命名为“闪光”（FLASH）。那是“第一个激光放大的超光速连通”① 的英文缩写。这一次，他把论文提交给始终关注这个领域的《物理学基础》杂志，并循惯例将预印本在同行中广为寄送。[48]209-213

1981 年 10 月，惠勒携夫人应中国科学院和中国科技大学邀请来到中国访问讲学。那是半个世纪前海森堡、狄拉克、玻尔相继访问中国后西方一流量子力学专家的再次来访。这个东方古国已经历了天翻地覆的变化，正处于改革开放之初的百废待兴、朝气蓬勃时期。

惠勒在北京、上海、合肥做了一系列学术讲演（图 50.1），向与世隔绝几十年的中国科学家介绍了现代物理学的新前沿。自然，他也着重讲解了自己提出的“参与式宇宙”概念和“延迟选择”假想实验。[68]307-308,[98]

图 50.1　惠勒 20 世纪 80 年代初访问中国讲学的演讲集封面。上面有惠勒的签名

在中国进入“科学的春天”那个年代，玻姆、贝尔、西蒙尼、克劳泽这些长期被忽视的量子力学持不同政见者也终于迎来了他们的量子之春。在维格纳、惠勒、德维特、德斯班雅的不懈推动下，EPR、量子纠缠、贝尔不等式这些非主流概念开始进入常青藤下的象牙之塔，在惠勒的课程和各种学术讲座、会议上登堂入室。越来越多的主流物理学家开始意识到量子物理中的确还存在基础性的大问题。

费曼在加州理工学院的同事盖尔曼已经因为发现基本粒子的夸克结构赢得 1969 年诺贝尔物理学奖。他在那个年代也开始趟入这一潭浑水，撰文控诉：毫无疑问，发展量子物理合适的哲学表达被耽误了如此之久，完全是因为玻尔为整整一代的理论物理学家洗了脑②。[33]253

作为“觉醒”的新一代，他们与新时代的嬉皮士殊途同归相映成趣。

---

① First Laser-Amplified Superluminal Hookup

② The fact that an adequate philosophical presentation has been so long delayed is no doubt caused by the fact that Niels Bohr brainwashed a whole generation of theorists.

阿斯佩的实验结果正逢其时，没有再像十年前克劳泽那样石沉大海无人问津。

大功告成后，阿斯佩来到旧金山湾区访问度假。克劳泽经常带着他扬帆出海，在加州的蓝天白云下商谈量子力学。他们也热烈地讨论赫伯特的超光速通信实验提议。虽然都觉得难以置信，但他们想不出辩驳的理由。[48]178

阿斯佩的清净日子并没能过多久。他因为自己的实验成为一时的学术明星，不断地收到来自世界各地的讲学邀请，包括费曼所在的加州理工学院。

在那里，已经久经沙场在讲台上游刃有余的阿斯佩不慌不忙地侃侃而谈。最后，他提起曾经读到过的一篇论文，其作者似乎在不知情之下独立地推导出了贝尔的不等式。然而，那位作者却无法判定那个奇怪的结论是否说明量子力学存在麻烦。为此，他在论文中写出了一段弯弯绕绕不知所云的议论。说着，阿斯佩在投影仪上展示出那段莫名其妙的话语。然后，他才显示该作者便是在座的费曼。

讲台下的教授们面面相觑，直至听到费曼自己发笑之后才敢随之哄笑不已。

讲座结束后，费曼热情邀请阿斯佩去继续讨论。在那间克劳泽曾被驱逐的办公室里，两人相谈甚欢。费曼还专门找出自己的论文，证实阿斯佩引用的确实是他的原话。阿斯佩离别后，他又专门去信表达钦佩之意。[95],[33]223-225

费曼自然不是一个“闭嘴”的角色。① 但他在量子力学中最擅长的还是针对具体问题的计算，曾先后发明了路径积分和费曼图那些协助、简化计算步骤的方法。在巴西时，他对玻姆的隐变量尝试丝毫没有兴趣，更觉得艾弗雷特理论中会出现无穷多个大同小异的世界属于荒唐透顶。无怪乎，克劳泽那时没能得到他的青睐。

但在自己发现类似贝尔不等式的关系之后，费曼对阿斯佩的实验有了更为深刻的认识。在那个量子力学的火红年代，他意识到量子世界与经典世界的确有着本质性的不同。对此，费曼也找出了一个独特的视角。

① 梅尔敏所提出的“闭嘴、计算”说法就曾被误传为出自名声大得多的费曼。[90]

第 51 章 鬼魅般的量子态

费曼曾经担任第一个教职的康奈尔大学自 20 世纪 20 年代起就设有一个传统的“麦森吉讲座”（Messenger Lectures），定期邀请各门各类杰出学者来校讲授人类文明进步的新思想。历年的主讲者大多数为人文学科明星，科学家只是偶尔才露面。密立根、爱丁顿、奥本海默、冯·卡门曾经在这个讲坛上介绍科学进展。1945 年时，中国学者胡适（Hu Shih）也在这个讲座上登台，宣传东方文化。[①]

1964 年，费曼受邀走上这个讲台。那年他 46 岁，一年后才会获得诺贝尔物理学奖。但他已经成为超越科学界的公众知名人物。由他在加州理工学院授课记录编辑的《费曼物理学讲义》[②] 刚出版不久，正成为最畅销的大学普通物理教科书。他也开始频繁在电视节目中露面，为大众普及物理和科学知识。

在康奈尔大学，费曼在大礼堂连续 7 天每天一小时做了 7 场演讲，诠释物理学的特点。英国广播电台特意全程录像，将其制作成广为传播的电视片。演讲内容随后也以《物理定律的特征》[③] 为题出版成书，风行一时。

直到第六场时，费曼才提起量子力学。他开宗明义提醒这大概会是最为困难的一堂课，因为“我想我可以放心地宣布没有人真的懂量子力学”[④]，引起哄堂大笑。

当然费曼并不认为他自己不懂量子力学。他只是发现人们——尤其是他面对的非物理专业普通大学生——接触这部分内容时总会不断地发问：“可它怎么可能会是这样？”“电子、光子怎么可能既是粒子又是波？”“为什么它们就不能同时有确定的位置和速度？”他们觉得量子力学不可思议，是因为它无法与日常的经典世界类比。对费曼来说，这只是一个心理障碍。

40 年前，刚刚发现不确定性原理的青年海森堡也曾对爱因斯坦、玻尔等老一辈发出过同样的抱怨：量子力学难以接受，只是因为它无法用人类既定的语言描述。正如埃伦菲斯特在索尔维会议上借用圣经的提示：上帝打乱了人类的语言，

---

① 胡适是康奈尔大学的毕业生。据传学校所在的小镇“Ithaca”的中文翻译“绮色佳”出自他手。

② *The Feynman Lectures on Physics*

③ *The Character of Physical Law*

④ I think I can safely say that nobody really understands quantum mechanics.

让他们无法懂得量子力学。在康奈尔，费曼却劝导更新一代的大学生不要拘泥于试图“懂”量子力学。他们应该搁置满腹狐疑，放弃以自己熟悉的概念做类比的理解方式。如果他们摒弃这样的成见，接受一个全新的世界观：那微观的量子态“是会这样的”，就可以体会到那个世界非同一般之奇妙。[99]121-123

这其实也是一个“闭嘴、计算”式的忠告，只是他的听众不用亲自动手计算，只须接受专家的计算结果。作为物理学家，费曼自己却不能只是这么诗情画意地看待量子力学。他必须计算、理解。其实，他早年发明的路径积分正是用熟悉的经典力学类比奇葩的量子力学：量子的运动是所有可能的经典运动以其作用量为权重的总和。那个发现不仅成为理解量子力学的一条新思路，也为模拟、计算量子世界提供了一个实际途径。[69]169

量子电动力学的成功更令费曼对量子物理充满自信，足以在康奈尔演讲的几年后二话不说将立场不坚定的克劳泽拒之门外。

当阿斯佩 1984 年来到加州理工学院时，他见到的已经不是 20 年前在康奈尔讲台上眉飞色舞的费曼。在 20 世纪 70 年代，费曼经常应邀参与旧金山湾区嬉皮士们举办的各种半学术、半社交聚会，一起讨论量子力学问题。他的看法也在改变。

“计算”一直是费曼的乐趣所在。无论是在中学、大学还是跟随惠勒的研究生时期，他都以能够熟练对付各种复杂数学计算著名。在研制原子弹的“曼哈顿计划”中，他负责多项繁琐的计算任务，曾别具一格地将那里的年轻人组织成“人肉计算机”，流水线般完成编程式的计算步骤。

现代电子计算机在 70 年代的急速发展也引起了费曼的注意。他与麻省理工学院的计算机教授爱德华·弗雷德金（Edward Fredkin）一起钻研用计算机模拟物理世界的方法，通过弗雷德金发明的保持时间反演对称的“逻辑门”（Fredkin gate）取得很大成功。但费曼终究还是发现这个计算方法只适用于模拟经典的物理世界，对量子世界并不完全适用。

1981 年，费曼在加州理工学院的一次计算机技术会议上做主题报告。他提出一个新颖的设问：通用计算机可以模拟物理吗？① 接下来，他解释利用 0 和 1 编码的计算机能够完成的逻辑运算有所局限，不可能模拟出量子物理中的一些特性。他所列举的量子特性其实就是贝尔早已发现的秘密，即量子世界中存在违反贝尔不等式的超距纠缠行为。费曼发现那类非局域性的行为根本无法用以经典、局域

① *Can Physics be Simulated by a Universal Computer?*

物理学为依据的计算机直接模拟。①

如同后来被阿斯佩拿出来取笑的那段论文中语焉不详的文字，费曼不敢肯定他的这一发现是否意味着量子力学本身存在问题。但他为计算机无法模拟真实、自然的物理世界非常忧虑。好在他天性乐观，没有在遭遇这个困难时止步不前。他紧接着提出一个独特的设想：能不能发明出一个更新式的计算机，一个按照量子力学规律运行的计算机，直接模拟、计算量子的世界？[33]224-225;[69]230-231,237-238;[54]325-326

"量子计算机"的概念由此出现在人类的视野。

1982 年，德布罗意迎来他的 90 岁生日。狄拉克那年也 80 岁了。他俩成为量子力学第一代创始人中硕果仅存者②。那年，物理学界在美国、西欧举行一系列会议，总结、交流量子力学的最新进展。量子纠缠和贝尔不等式也不再被回避，成为很多会议中的正式议题。因为惠勒的推荐，年轻的沃伊切赫·祖瑞克（Wojciech Zurek）和威廉·伍特斯（William Wootters）也在这些会议中穿梭，大开眼界。[48]219

当惠勒来到得克萨斯大学时，祖瑞克和伍特斯已经是那里的研究生。他们在惠勒开设的量子力学课上才第一次接触到那些被主流教程忽视、埋没的内容，意识到在量子力学那令人目不暇接的计算背后还隐藏着更为丰富的基础性内容。两个好朋友不由分说，都选取了这方面的学位课题。

时代已经在改变。祖瑞克和伍特斯分别在 1979 年和 1980 年获得博士学位后没有因为他们研究的课题遭遇麻烦。祖瑞克在加州理工学院担任了两年博士后，然后获得国家实验室的正式职位。伍特斯则在历史悠久的威廉姆斯学院任教。他们正成为量子力学基础领域的新一代理论专家。

但在 1982 年，他们最为关心的还是赫伯特那个超光速通信实验设计。

赫伯特的 FLASH 论文还没能正式发表。但其预印本已经广泛流传，成为那年会上会下经常讨论的热门话题。除了赫伯特自己和他身边个别的嬉皮士，没有物理学家相信存在超光速通信的可能。自从爱因斯坦在 1905 年提出以来，狭义相对论经受了无数的实际检验，业已成为 20 世纪诞生的现代物理学中最为成熟、无懈可击的新理论。

在爱因斯坦提出狭义相对论以及光电效应、布朗运动、质能关系的那个奇迹

① 费曼报告的是他自己的发现。他因而成为大概是独一无二的解释贝尔不等式却没有提起过贝尔大名的人。[91]398-399,[100],[101]82-84

② 约旦于 1980 年逝世，享年 77 岁。

年，他还是瑞士专利局中的“二级技术专家”，整天审批着无穷无尽的专利申请。为了节省时间干私活，他只要看到属于“永动机”（perpetual motion）式的发明总会不假思索地予以枪毙。热力学定律赋予他那样的信心，绝对不会出差错。

80多年后，他自己的狭义相对论也有着同样的地位。《物理学基础》杂志首先将赫伯特的论文交给以色列的亚舍·佩雷斯（Asher Peres）审阅。他读后立即下了结论：这篇论文肯定是错的，因为其最后结果违反了狭义相对论。但赫伯特提交的是科学论文而不是专利申请。佩雷斯花了几天时间，没法找出其错误所在，不得不致信《物理学基础》建议发表。他的理由是如果自己花费这么多时间都找不出漏洞，这篇结论错误的论文应该具有发表价值。也许它会启发其他物理学家进一步的思考，不仅能找出问题，还可能从中获得更有价值的新成果。[102]

已经找出过赫伯特原始设计毛病的吉拉迪是另一位审稿者。他收到新论文后又很费了一番心思。经过长达几星期的思考，他终于找出了设计中的问题。如释重负的吉拉迪草草写就一个简短的审稿意见，建议杂志不予发表这篇不现实的论文。

《物理学基础》收到一正一反两份意见无所适从，只好让赫伯特再作修改，然后找新的审稿者定夺。在那段时间里，赫伯特的论文预印本就像薛定谔的猫，以既死又活的状态在物理学界引起越来越大的好奇。

祖瑞克在加州理工学院发现聪明绝顶的费曼也对赫伯特这个实验设计束手无策。[48]224 在参加那年的一系列会议间隙，祖瑞克经常与他的室友伍特斯一起苦苦地思索、讨论这个问题。像当年玻尔对付爱因斯坦光子箱假想实验一样，他们不得不将赫伯特实验中的每一个步骤拆分开来细致地分析，寻找任何可能违反物理定律的蛛丝马迹。在许多不眠之夜后，他们终于找到了症结所在。

赫伯特FLASH实验的关键之处在于他用激光共振腔作为“复印机”，将到来的那一个光子复制成百万个处于同一量子态的光子。激光作为光的放大器，这一功能已经众所周知，并没有问题。但实验室中的激光所放大的只是宏观尺度的光束，不是单一的光子。因而现实的激光也是一个经典仪器。

如果需要复制的“原件”只是一个光子，量子力学这时又会插手干预，使得激光的放大结果变得不可预测。假如到来的是一个自旋处于右旋偏振态的光子，它所处的状态同时也是自旋向上和向下两个线偏振态组成的叠加态。这样的一个光子进入激光共振腔后产生的激光束不会像赫伯特想象的那样是一半的光子自旋向上，另一半光子自旋向下。与进行线偏振测量的结果一样，从激光器射出光束中的光子的自旋在上下方向会变得完全相同：有 50% 的可能光束完全由自旋向上的光子组成，也有 50% 的可能光束中全都是自旋向下的光子。

这样的光束在下一步用偏振片进行线偏振测量时所显示的结果不会是来自远方的信息。它们依然只是出于本地测量而坍缩的随机结果。这样，赫伯特设计中所获得的数据至少一大半还是噪声，无法达到他的超光速通信目的。恍然大悟之后，祖瑞克和伍特斯写出了论文。这是量子力学基本原理的一个简单应用，除了反驳赫伯特的实验设计没什么价值。他们没有多想，将论文稿寄送给不那么引人注意的《美国物理杂志》[①] 发表。那是一个面向物理教学的刊物，只是最近刚刚跟着新潮流整理发表了一批与量子纠缠有关的论文。自然，他们同时也给同行们分送了预印本。

不料，惠勒看到预印本后急忙打来电话，建议他们立即撤稿，稍作修改后改投最负盛名的《自然》杂志。他告知这两位刚毕业不久的小年轻他们论文中描述的是一个重大新发现，应该广为人知。为了更引人注目，惠勒还帮他们拟就一个新的论文题目:《单一量子不可克隆》[②]。"克隆"（clone）是一个生物术语，意为原样复制。

1982 年 8 月，祖瑞克和伍特斯将他们遵循导师建议修改的论文送交《自然》杂志。短短两个月后，它就随着《自然》传遍了世界。那时，赫伯特自己的论文还没有正式发表。[48]213-225

祖瑞克和伍特斯当时不知道，就在他们寄送论文的一星期后，荷兰物理学家丹尼斯・迪克斯（Dennis Dieks）也寄出了论文。他做出了与他们相同的发现。

在意大利，吉拉迪看到《物理学基础》杂志最终发表了赫伯特论文后暴跳如雷，接连写信兴师问罪。但在看到祖瑞克、伍特斯和迪克斯的两篇论文后，吉拉迪才意识到他当初只是在审稿意见信中提及他发现的问题实在是太过于掉以轻心，没有意识到其中蕴藏的重大价值。亡羊补牢，他与韦博合作撰写了一篇相关论文，但他们的论文发表时已经晚了整整一年。

因为惠勒的远见和机智的论文题目，量子态的不可复制这一新发现引起了广泛注意，被称作"量子态不可克隆定理"[③]。在量子力学中，这是一个既合情合理

---

① *American Journal of Physics*

② "A Single Quantum Cannot Be Cloned"

③ no-cloning theorem

又出乎意料的发现，意义远远超越赫伯特的那个实验设计。相继出现的三篇论文从不同角度证明量子态的不可克隆是量子力学的线性可叠加性的必然结果。它完全否决了任何利用量子纠缠的非局域性实现超光速通信的可能性。量子力学中的超距作用固然鬼魅，却并没有破坏它与狭义相对论之间的和谐。

也许九泉之下，爱因斯坦终于能松上一口气。

所谓成也萧何败也萧何。量子态的可叠加性带来薛定谔那只猫的既死又活，成就了量子纠缠。却也正是这个可叠加性遏止了量子态的复制，保证其不违反狭义相对论，以此粉碎赫伯特等嬉皮士的美梦。或许，量子态本身比量子纠缠更显得鬼魅。

赫伯特论文的审稿者佩雷斯也大松一口气。他总算没有无谓地为一篇错误的论文开了绿灯。果然如他所料，那篇论文的意义在于它的启发性，成功地促成一个新的重大突破。

赫伯特在完成他的 FLASH 论文后不久辞去他的技术性本职工作，专心照顾自己的小家庭。他曾一度穷困潦倒，依靠救济为生。1985 年，他终于出版了自己的处女作《量子实在：超越新物理学》①，获得成功。在这本书里，赫伯特罗列了量子力学当时存在着的不同诠释，共有八种之多。哥本哈根诠释只是其中之一。

那时《物理学之道》出版已过十年，这个题材的书籍依然经久不衰。借着畅销的大好势头，赫伯特又相继出版了《比光还快：物理学中的超光速漏洞》② 和《基本精神：人类意识与新物理学》③。他这三本书回顾总结了自己和伯克利基础物理小组在嬉皮时代的经历、研究和探索。书的内容从它们的题目上便可见一斑。[48]248-250

1983 年，惠勒和祖瑞克联名编辑的《量子理论与测量》④ 出版。那是他们在惠勒讲授量子力学课程期间所收集的这方面经典论文之荟萃，发行后大受欢迎。这本书里自然包括了爱因斯坦和波多尔斯基、罗森的 EPR 论文以及玻尔反驳他们的回应论文。忙中出错，他们把玻尔那篇论文的页码顺序印乱了，却居然许久也没人注意到。或者新时代的读者早已不关心玻尔的观点和论据，或者玻尔那习惯性的循环往复即使打乱了顺序也无关紧要。[91]111

两年后，贝尔的定理第一次出现在正式的研究生物理教材中。[48]164

---

① *Quantum Reality: Beyond the New Physics*

② *Faster than Light: Superluminal Loopholes in Physics*

③ *Elemental Mind: Human Consciousness and the New Physics*

④ *Quantum Theory and Measurement*

第 52 章 现实的假想实验

费曼在与来访的阿斯佩亲切交谈时最为好奇的是阿斯佩能够在实验中逐个地观测纠缠中光子间的协调性。既然如此，他是否同样地也可以看到单独一个光子的行为，实实在在地展现那个经典的双缝实验？

阿斯佩对这个问题胸有成竹。他告诉费曼那正是他们下一步的计划。一直在巴黎协助他的大学生菲利普·格兰杰（Philippe Grangier）那时正在实验室着手准备。[6]62-63

那是物理学家等待了 80 多年的实验。

早在 19 世纪初，年轻的天才杨在英国皇家学会展现了光的双缝实验。当一束太阳光通过两条平行的狭窄缝隙时，后面的屏幕上会出现彩虹般的干涉条纹。他的演示无以辩驳地证明光不是如牛顿坚持的由微粒组成，而是一种波动。

整整一个世纪之后，年轻的爱因斯坦却反其道而行之。他在解释光电效应时提出光其实还是由个体、分立的量子组成。宏观光束所表现出的干涉、衍射只是无以计数的光子共同运动时的统计结果。

爱因斯坦的光子概念没有被当时的物理学界接受，但剑桥卡文迪什实验室的汤姆森却很感兴趣。那时他刚发现电子——人类所知最微小粒子——没几年，光子自然让他感到好奇。

既然光的干涉和衍射来自众多光子的协同效应，汤姆森便想象如果光的强度极其微弱，以至于那“光束”不过是一个接一个的孤立光子，会是怎样的情形。那时每一个光子在传播过程中形单影只，没有另外的光子可以与之发生干涉。当这些光子陆续通过狭缝抵达屏幕时，还会留下干涉条纹吗？

1909 年，还是大学本科生的杰弗里·泰勒（Geoffrey Taylor）来到卡文迪什实验室。在汤姆森指导下，泰勒将父母家中一个房间布置成暗室，在里面点上一盏煤气灯。像杨的实验一样，他让灯光通过狭缝，在后面的玻璃照相底版上成影。不同的是泰勒又在油灯和狭缝之间放置好多个厚厚的暗玻璃，足以反射、吸收几乎所有的灯光。他估算能够穿透这些玻璃到达狭缝的光相当于目视一英里[①]之外

---

① 约 1600 米。

蜡烛的光亮，大体相当于只会有一个个的光子单独到来。

无疑，这需要非常长的时间才能让照相底版曝光。好在泰勒也是一位航海爱好者。他每次设置好实验后自己就驾船出海几星期、几个月才回家收取、洗印底版。功夫不负有心人，他在这样的条件下依然看到那极其微弱的灯光在照片上留下了干涉条纹。

泰勒后来成为流体力学家，专长于研究波动。他因为杰出的贡献获得英国国王的封爵。但他没有再继续光的研究，也从未涉足新潮的量子力学。[6]33-35,63

虽然泰勒这个简陋粗糙的实验难以令人信服，但理论物理学家对他的结果却不会惊讶。当爱因斯坦、玻尔等人在 1927 年的索尔维会议参加他们的女巫盛宴时，爱因斯坦的光子在康普顿的实验后终于被接受。德布罗意已经提出物质的波动性，也由戴维森和革末的电子衍射证实。他们在那次会议上围绕着单缝、双缝实验展开激烈的争论，却都一致同意电子或光子如果是一个又一个地独自经过狭缝，也肯定会在后面的屏幕上留下干涉条纹。他们争辩的只是这个现象背后的物理：单独的电子或光子如何能“知道”有两条狭缝存在，或者它们如何自己与自己发生干涉？

然而，尽管对这个现象本身没有异议，他们的津津乐道也不过是作为理论物理学家——甚或哲学家——的逻辑推理，亦即假想的试验。物理学是实验科学，他们却没有任何货真价实的证据。

薛定谔在 1933 年领取诺贝尔物理学奖的演说中曾无可奈何地表白：“公平而言，我们能用单一的粒子做实验的可能性不会高过我们在动物园里养育恐龙。”①[6]59-60 他不接受玻恩的概率解释，坚持自己的波函数是单一粒子的物理实在。但因为实际能观察到的都只是大量粒子的平均效应，他也只好认命。

吉拉迪后来估算过，一个 100 瓦灯泡发出的光，在距离灯泡一米远处一厘米见方的小方块中，每秒钟会有 2400 万个光子通过。在这样的滔滔洪流中单独地分离出一个光子来观测其运动似乎只是天方夜谭——虽然泰勒已经单枪匹马大胆地做过尝试。[6]63-64

在那场索尔维会议的近 40 年后，费曼在康奈尔大学的讲座中也曾祭出双缝

① It’s fair to state that we are not going to experiment with single particles any more than we will raise dinosaurs in the zoo.

实验作为微观世界“就是会这样”的例子（图 52.1）。他解释说这个有着 160 多年历史的简单实验蕴含了量子力学所有的奇葩特性。在这个实验中，光子或者电子单独地穿越某一个狭缝，但最后形成的干涉条纹却犹如它们其实都同时通过了两个狭缝。因为如果关闭其中任何一个狭缝，或者只是试图追踪它们从哪一个狭缝中经过的踪迹，干涉条纹便会消失。

图 52.1　1964 年，费曼在康奈尔大学讲解双缝实验

费曼因而指出，作为微观世界的量子，光子和电子的行为在熟悉日常世界的人类眼里显得非常“狡诈”①。但好在光子和电子的表现是一模一样的狡诈：它们具备同样的波粒二象性，遵从着相同的量子定律。的确，即使是在当年的索尔维会议上，爱因斯坦和玻尔也都没有刻意区分他们讨论的假想实验中用的是电子还是光子。[6]64-65,[99]124-142

与他的前辈一样，费曼在黑板上描描画画口若悬河的同时还是只能遗憾地告诉他的听众单个粒子的双缝实验只是一个假想，无法在实验室中确证。

20 年后，他终于在阿斯佩的实验中看到了希望。

其实，在费曼与阿斯佩会面的 20 世纪 80 年代初，物理学家已经在实验室中实现了单个粒子的双缝实验。只是这一突破的主角并不是光子。

20 年前，就在费曼那轰动性讲座的同一时期，德国物理学家巧妙地在电子束的路径中安置一根粗细是头发几十分之一的石英丝。他们让石英丝带上负电以排斥同样带负电的电子，迫使它们不得不从边上绕行。当电子束分别从石英丝两边绕过时，它们相当于经过了挡板中的两条缝隙。在背后的荧屏上，再度相遇的电子产生出清晰的干涉条纹。

在这个基础上，意大利物理学家在 1974 年又成功地将电子束的流量降到每次只有单独一个电子来到石英丝附近（图 52.2）。在后面的荧屏上，他们可以看到电子持续到来的一个个闪亮。刚开始，发生闪亮的位置毫无规律，似乎完全随机。但在越来越多的电子抵达后，屏幕上累积的光亮却逐渐形成一堆鲜明的干涉条纹。[6]64-68

① screwy

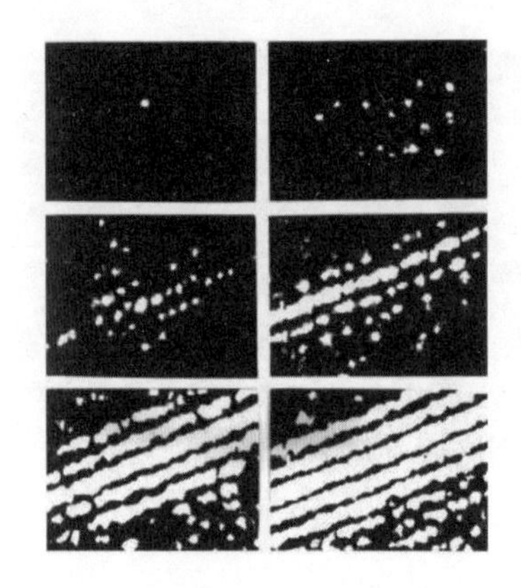

图 52.2　单个电子双缝实验的结果。从左上到右下是每隔 0.04 秒时的屏幕。最初电子抵达屏幕时呈现随机分布，逐渐积累出清晰的干涉条纹

那孤孤单单的一个个电子果然“自己与自己”发生了干涉。它们在量子力学的指令下表现出确切无疑的波动特性。曾几何时，这是一个爱因斯坦不可思议，玻尔理所当然，薛定谔可望不可求的奇葩想象。它终于在 20 世纪 70 年代中期成为真真切切的物理现实，又一次证明量子力学的正确。

阿斯佩曾花了好几年功夫完善他的激光器，直到能够精准地控制激发钙原子级联辐射而产生纠缠光子对的速度。他在实验中因而可以高效率地检测光子对，达到相当高的统计可信度。

在杜绝作弊漏洞的条件下检验贝尔不等式的历史性实验完成之后，阿斯佩又在 1985 年带着格兰杰展开了单光子的双缝实验。这时他们反其道而行之，将激光的激发速度降到非常之低，延长光子对之间的延迟时间。这样，他们可以有足够的时间观测单一光子对的行迹。

与电子的“双缝”实验一样，他们也没有像泰勒那样直接让光子经过两条狭缝。在光学实验中，有一个更为方便的途径：使用历史悠久的“分光镜”（beam splitter）（图 52.3）。

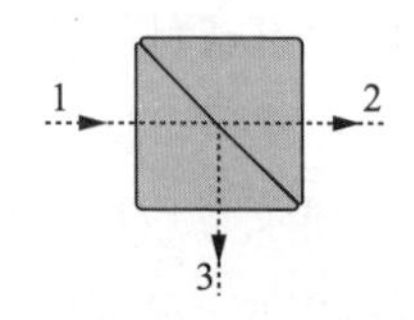

图 52.3　分光镜原理示意图。入射光束 1 在镜面处被分成透射 2 和反射 3 的两道光束【图来自 Wikipedia: MikeRun】

玻璃是光学实验中最为常见也不可或缺的工具。它几乎完全透明，可以让光束不受干扰地穿过。它也可以被制作成各种棱镜、透镜用以折射、聚焦光束。镀膜后的玻璃则成为镜子，可以反射光束。这些仪器的组合让物理学家能够随心所欲地设计、改变光束的走向、形状和性质，实施五光十色的实验。

在反射和透射之间，还存在一种半透的镜子。当光束以 45 度角入射这个镜面时，一半的光直接穿过，继续原来的行进方向。另一半光则被反射，走向与镜面同一侧的另一个方向。原来的入射光束这样被一分为二，分别走向两个方向互相垂直的光路。这样的半透镜就是分光镜。

如此分离的两条光束可以在反射镜引导下经由不同的光路再度相逢，便成为一个与双缝实验完全等价的设计。这样形成的干涉条纹可控、精确，可以用来探测两条光路之间极其细微的差异。19 世纪末，迈克尔逊和莫雷正是用这样的“干涉仪”（interferometer）试图测量地球在以太中的运动。他们“失败”了，却因此获得以太并不存在的证据，为狭义相对论提供了强力支持。一个世纪后，物理学家更是以极为精致的干涉仪捕捉到宇宙时空颤动的引力波，囊取广义相对论的明珠。[①]

阿斯佩和格兰杰的实验用的便是这样一个干涉仪。所不同的是通过分光镜的不再是由无数个光子组成的光束，而只是单独一个孤零零的光子。作为最小单位的量子，这个光子不可能再被分光镜一分为二。在经过分光镜时，它或者直接穿过进入一条光路，或者被反射进入另一条光路。在那个时刻，光子进入的是量子力学的叠加态。像薛定谔的猫既死又活一样，它有 50% 的可能性被反射，也有着 50% 的可能性穿过了分光镜。

因为这个实验针对的是叠加态而不是量子纠缠，他们并不需要纠缠着的光子对。但钙原子级联辐射时几乎同时出现的两个光子为这个实验提供了相当的便利。他们用那一对光子之一作为测量开始的信号，同时让另一个光子单独进入干涉仪，直到它抵达干涉仪后面的屏幕为止。这样，他们可以保证在这个测量过程中，干涉仪中最多只会有一个光子存在，没有其他光子可干扰那个光子的行为，或与之发生干涉。

如果单独测量光子通过分光镜后的行迹，他们验证了光子被反射或穿过半透镜的概率的确各为 50%。而在这样的情况下，他们无法看到光路汇合后的干涉条纹。只有在放任光子在干涉仪中自由通行，从而无法判断它经由哪一条光路时，干涉条纹才会展现在他们眼前。[6]68-80

那正是海森堡在第五届索尔维会议上根据不确定性原理计算所预测的结果，更是玻尔随后提升为互补原理的结论：如果观测者选择探寻光子的踪迹，他只会看到光子的粒子性。只有当观测者选择观看干涉条纹时，光子才会表现出波动性。而这时便无法知道光子是穿过了分光镜还是被反射，走的是哪一条光路。在到达屏幕之前，它处于两条光路选择所组成的叠加态，像薛定谔的猫既死又活那样同时“走”过了那两条光路。也就是说，光子的运动是非局域性的。

---

① 参阅《捕捉引力波背后的故事》第 4 章。

阿斯佩和格兰杰的实验实现了汤姆森和泰勒将近一个世纪前的梦想。他们还真切地在实验室中复现了海森堡、爱因斯坦、玻尔在索尔维会议上的种种推断，证实那些大师们的前瞻眼光和量子力学的逻辑力量。当年的思想交锋在阿斯佩和格兰杰的实验室中活生生地一一展现。

当然，在阿斯佩和格兰杰把假想的单光子双缝试验真切地实现的 1985 年，时代已经不同了。玻尔当年率领海森堡、泡利等亲信弟子在索尔维会议上奠定的哥本哈根诠释不再是不容挑战的霸权。玻姆、艾弗雷特等人的新思想也为这个试验提供了另类的解析。

在玻姆的隐变量理论中，光子是在量子势的作用下运动。这个来自波函数的量子势是非局域的，包含了两条不同光路的全部信息。在它的引导下，一个又一个的光子会顺着不同的路径来到屏幕，自然地构成干涉条纹（图 39.1）。

而在艾弗雷特的诠释中，世界在光子通过分光镜那一刹那拆分成了两份。我们只是在其中的一个世界里看到光子被反射（或穿过了分光镜）。每个光子经过分光镜都会带来一次这样的分裂，产生出非常多的世界。我们在这个属于其中之一的世界里看到那些光子留下的干涉条纹不足为奇，因为那就是薛定谔方程的解。[6]233

玻姆和艾弗雷特的解释以它们不同的方式避免了单独的一个光子同时“走”两条不同的光路、“自己与自己”发生干涉的尴尬，却也带着各自新的麻烦。

还是在那届索尔维会议上，爱因斯坦用他的“泡泡悖论”第一次揭示了量子力学中潜藏的非局域性。在那之后，他通过光子箱、EPR 假想实验逐步完善自己的思考，越来越清晰、贴切地将这个鬼魅般的超距作用展现在世人眼前。他对玻尔正统思想持之以恒的挑战启迪、鼓舞了下一代拒绝“闭嘴”的持不同政见者。在他们的持续努力下，这个曾经无休无止的哲学思辨终于在贝尔、克劳泽、阿斯佩等人的手中成为一个可以由实践检验的物理问题。

随着贝尔不等式的提出和被实验证实，量子力学中的非局域性不再是鬼魅式的幻觉。单一电子、光子的双缝实验比贝尔不等式更为直接、生动地展现了这些微观粒子的“狡诈”和量子世界的不可思议。

在这场历史性的思想交锋中，毕生坚持局域性因果律的爱因斯坦还是错了。实在的量子世界超越了他的想象，的确是非局域的。

在意大利物理学家率先实现单个电子双缝实验的 1974 年，奥地利维也纳大

学的赫尔穆特·劳赫（Helmut Rauch）教授也在进行类似的尝试。他用的既不是光子也不是电子，而是查德维克在 1932 年发现的中子。在第二次世界大战期间，中子因为在原子反应堆和原子弹爆炸的链式反应中扮演举足轻重的角色成为深受物理学家关注的明星。反应堆中产生的中子束也带来了很多实际用途。作为量子世界中的微观粒子，中子也在衍射实验中表现出其波动性，与电子、X 射线一起成为探测晶体结构的有力工具。

劳赫在维也纳精心设计了一个中子干涉仪，让中子束分别经过两条不同路径汇合观察它们产生的干涉条纹。更进一步，他通过降低中子束的强度在干涉仪中每次只有单独一个中子存在的条件下看到了干涉现象。

在美国，西蒙尼原来的博士生霍恩注意到了劳赫的这篇论文。

在 CHSH 论文发表后，霍恩顺利获得博士学位，在波士顿附近的一所小学院谋得教职。在繁重的教学任务之余，他还希望继续自己的物理研究。当然，与他那时的同僚一样，霍恩已经离开了贝尔不等式这个多事之地。劳赫这个实验激发了他的兴趣。他与西蒙尼一起设计出一个新的实验，但他们的论文尚未发表就又一次被人抢先。不仅如此，劳赫在维也纳已经动手实施了他们的新设计。

1976 年，霍恩在意大利西西里举行的量子力学问题会议上见到了在劳赫指导下进行那个实验的研究生安东·塞林格（Anton Zeilinger）。两个刚过而立之年的小字辈一拍即合，在会上会下成为形影不离的好朋友。

塞林格在那场持不同政见者盛宴上孑然一身，是个圈子外的陌生人。劳赫只是看到有这么一个量子力学问题的会议就让他去讲讲他们的单中子干涉仪实验。塞林格没想到他在那里遇到的会是贝尔、德斯班雅那一群物理学界的边缘人。作为学院科班出身的研究生，塞林格不仅对贝尔不等式一无所知，也从没听说过量子纠缠、鬼魅般超距作用等奇谈怪论。

贝尔等人的讲演给塞林格留下了深刻的印象。整个会议期间，他跟着霍恩恶补这一系列知识和历史，感觉一扇大门正在他眼前打开，让他见识到一个过去从未知晓的量子力学新天地。[54]287-289,[103]

第 53 章 量子的密电码

1990 年的一天，牛津大学的研究生阿图尔 · 埃克特（Artur Ekert）在图书馆里静静地阅读爱因斯坦、波多尔斯基和罗森的那篇 EPR 论文。在他的这个学生年代，量子纠缠、贝尔不等式不再是异端邪说，已经进入传统高等学府的大雅之堂。即使对这些进展已经颇为了解，埃克特还是第一次捧起这篇半个多世纪以前的经典，直接与当年的大师面对面。

在那篇题为《量子力学对物理实在的描述可以被认为是完备的吗？》论文的开头，爱因斯坦和他的合作者不厌其烦地为他们即将讨论的基本概念给出确切的定义，包括什么是物理实在，一个理论怎样才是完备的，等等。埃克特尤其注意到他们为"物理实在"下的定义："如果在不对系统造成任何干扰的前提下，我们能够以百分之百的确信度预测一个物理量的数值，那么该系统中必然存在一个与这个物理量相对应着的物理实在。"

作为新生代研究生，埃克特明白爱因斯坦的这个定义来自他对"局域性实在"（local realism）的信念。有着波粒二象性、违背贝尔不等式的量子力学并没能满足爱因斯坦的意愿。

埃克特的目光却集中在"如果在不对系统造成任何干扰的前提下，我们能够……"这一操作性的细节上。在研究理论物理的同时，他的业余爱好是密码学。在他眼里，EPR 这样描绘的所谓物理实在，其实正是一个在不被发现的条件下偷窥机密的过程。既然量子力学中并不具备这样的实在，埃克特突然灵机一动，那就不可能在不造成干扰的前提下得知量子系统的状态。

不久，贝尔来到牛津讲学。埃克特逮到一个机会匆匆忙忙地向这位大师讲述了他的发现：量子系统可以用来作为无法被窃听的通信渠道。

贝尔听后诧异地回问："你是在告诉我这可能会有实际用途？"得到肯定答复后，他不由感慨，"不可思议。"[54]312-315

虽然喜欢自称"量子工程师"，但贝尔毕竟还是身处欧洲核子研究中心象牙塔内的学者，不完全了解外面世界的精彩。在他的心目中，量子力学的基础问题只是理论家、哲学家的坐而论道。量子力学本身的正确性毋庸置疑，在现实世界中的应用也早已硕果累累。那抽象得无从把握的量子纠缠概念却与实用价值完全沾不上边。

贝尔的不等式已经问世快 30 年了。那些年里，他对美国嬉皮士们企图借助量子纠缠实现超光速通信以及超感官知觉、心灵感应等特异功能的喧嚣从来没有兴趣。他也没意识到随着他的理论逐渐被主流物理学界接受，其实际应用的可能性已经不是天方夜谭。

史蒂芬·威斯纳（Stephen Wiesner）出身书香门第。他父亲是麻省理工学院的知名教授，曾经长期担任校长。在父亲的熏陶下，威斯纳从小勤奋阅读，尤其喜欢量子力学、信息理论和通信技术。1960 年，他进入加州理工学院，与也是知名学者家庭出身的本科新生克劳泽结为好友。他们不仅是物理实验室中的搭档，还曾合伙买过一辆旧车。

但克劳泽还在兢兢业业学习的时候，威斯纳却不得不退学，转回东部的布兰迪斯大学继续学业。那正是贝尔在美国访问期间完成其著名论文时所在的学校。当时还是毕业班学生的威斯纳对贝尔的行踪、成果一无所知。

威斯纳毕业后辗转来到哥伦比亚大学攻读研究生学位。他不知道老朋友克劳泽正在那里的天文系里琢磨如何验证贝尔的不等式。在物理系的威斯纳同样也不务正业。那时，高保真度的彩色复印机刚刚出现，复印纸币以假乱真成为一个热门话题。威斯纳也随大流思考起如何防止钱币被伪造、复制的难题来。

他的想法不是一般地超前。

每张纸币都有一个特定的序列号。威斯纳认为可以把这种印在纸面上的数字换作光子的自旋量子态。钱币的序列号就由一串禁锢在狭小空间的光子组成，它们的偏振态构成序列号数值。如果不法分子要制作同样序列号的假币，他必须先读出这些光子的偏振态，即对光子实施测量。但因为这些光子有些处于线偏振的本征态，有些则处于圆偏振本征态，不明就里的假冒者无法知道应该以哪一种偏振方式测量。如果他用线偏振的偏振片去测量一个处于圆偏振态的光子，他就会造成光子波函数新的坍缩而读到一个随机的数值，与原来的序列值不符。

那是 20 世纪 60 年代末。克劳泽还在为他的实验寻求支持，赫伯特也没琢磨出他的超光速通信设计。威斯纳找不到愿意接受这篇“量子钱币”（quantum money）论文的学术刊物，只好给自己的几个朋友寄送了预印本。几年后，他完成了“正经”的研究生论文获得博士学位，旋即离开学术界开始浪荡天涯的嬉皮

士生活。[48]227-230,[92]189-192

十多年后的 1983 年，威斯纳的量子钱币论文终于出现在一份计算机技术刊物上，并没能引起物理学界注意。只有他当初在布兰迪斯大学时的同学和好友查尔斯・班尼特（Charles Bennett）还一直记得他曾经收到的预印本。班尼特大学毕业后在哈佛获得博士学位，随后在国际商业机器（International Business Machine，IBM）公司的研发实验室工作，兴趣逐渐从物理转为计算机、通信技术，也开始涉及量子力学的测量问题。因为惠勒的邀请，他在参加得克萨斯大学的研讨会时结识了那里的祖瑞克和伍特斯，得知他们证明量子态不可克隆的新成果。

班尼特意识到威斯纳的量子钱币之所以无法被假冒，正是因为由光子量子态组成的序列号无法被复制。威斯纳早在十多年前就已经直觉地意识到量子力学这个特性。他没有像祖瑞克他们那样提供严格的数学证明。对威斯纳来说，那是一个不言而喻、天经地义的推断。

这个量子钱币的设计虽然合理，却并不具备实现的可能。但班尼特在老同学的旧论文中看到另一层含义。威斯纳用光子的量子态制作无法复制的序列号，其实就是一项为数据加密的新技术。它可以用来储存、传送各种秘不可宣的机要讯息。

1984 年年底，班尼特和他的合作者、加拿大计算机专家吉尔斯・布拉萨德（Gilles Brassard）在印度举行的国际会议上发布了一个结合威斯纳的创见和量子态不可克隆定理而设计的密码传送新方案。

在 20 世纪 60 年代的中国，作为样板戏的京剧《红灯记》曾经家喻户晓。这个剧的焦点是一本密电码。为了它，李玉和一家子与日本宪兵展开殊死的斗争。

密电码是机密电报通信至关重要的工具。无线电电台发出的通信电波在大气中传播，任何人都可以在附近接收监听。为防止泄密，发信息的一方要先用密电码将电报内容加密，使其成为无法理解的天书。只有使用同一份密电码解密后才能读出电报的内容。

这个保密过程的前提条件是发送方和接收方拥有同样的密码。在《红灯记》中，交通员、李玉和、铁梅和磨刀人以生命保护密电码的安全，前赴后继将其送到作为接收方的游击队手中。这样的情节在真实生活中屡见不鲜。第二次世界大战期间，各个交战国都曾竭尽全力，不惜代价地保护己方的通信密码。他们也同样不顾一切地试图破获、夺取敌方的密码。

还是在大战之后的和平年代，通信专家终于发现一个传送密码的新方法。在这个精心设计的过程中，远隔万里的发送和接收两方不再需要危险的秘密渠道。他们可以分别选定两个大整数，一个作为公开的“公钥”(public key)，另一个则是秘不示众的“密钥”(private key)。然后他们各自用自己的密钥与对方的公钥结合进行特定的代数运算，再坦荡地公开交换运算的结果。由此他们可以推导出一个双方完全一致的数值，成为共有的密码。

除了各自的密钥和最后的结果，这个过程中的运算步骤和中间结果都是公开的。偷听或旁观的第三方完全可以根据这些信息采用代数运算手段倒推出他们所用的密钥和最后达成的密码。只是这个倒推的过程相当困难。比如将两个很大整数相乘是一个极为简单的代数运算。而如果只知道这个乘积需要倒推出原来的两个因子却是难上加难。这个大数因子问题便是一个单方向的“非对称运算”，可以用作公钥、密钥的密码过程。这样产生的密码是安全的，因为即使穷极现有的计算资源也无法在有生之年完成所需的倒推运算。

这个方法以公开提出实施方案的三位专家姓氏命名，叫作“RSA 加密算法”。因为通信双方不需要近距离接触或通过隐秘的地下通道传递密码，它大大地扩展了机密通信的运用范围。今天，所有人都可以在互联网上轻松直接地与万里之外的新朋旧友以及商业公司或政府机关交流，无须惧怕其中的隐私在网络传输过程中被窃听，就是在享受这一算法带来的福利。[①]

然而，这个算法虽然免去了传送密码过程中的危险，它的可靠性却也完全寄托于其中逆向的代数运算复杂性超越现有的计算能力。一旦后者获得突破性提升超越前者，这个算法就不再具备任何保密价值。

为了摆脱这个被计算能力追逐的被动局面，班尼特和布拉萨德提出的新方案不再通过数学计算的方式产生发送和接收方共有的密码。他们又回到传送或分发密码的传统途径。只是他们提出的传送过程不需要李玉和式的牺牲，完全可以通过公开的通信渠道进行。

与克劳泽和阿斯佩的实验相似，发送的甲方先产生一连串的纠缠光子对。每对光子中的一个留在当地，另一个发送给接收的乙方。随后，甲方逐个测量当地光子的自旋，每次按照自己随意设定的次序，或者使用偏振片，或者使用半波片。这样的测量会让光子和它孪生兄弟的波函数坍缩到某个特定的量子态。比如，甲

① 当然，互联网的隐私、安全问题是多方面的。这里只是特指使用“https”加密协议在传输过程中的安全性。

方用偏振片测量第一个光子，发现其自旋向上。那么，乙方收到的第一个光子就会处于线偏振的本征态，自旋向下。接着甲方用半波片测量第二个光子，发现其为左旋。到达乙方的第二个光子便会是在右旋的圆偏振态中。以此类推。

但乙方接收到这一连串光子时并不知道甲方已经实施的测量方式。这些光子对乙方来说就是威斯纳量子钱币的序列号，暗藏着他不知道应该如何阅读的信息。无奈，他也只能像企图伪造钱币的不法分子一样瞎碰运气，随机地选取偏振片或半波片逐个进行测量。

如果他碰巧用了偏振片测量到来的第一个光子，他肯定会看到光子的自旋向下。接下来，如果他还是用偏振片测量第二个光子，他则可能会看到自旋向上或向下。那是因为他的测量造成了处于圆偏振态的第二个光子波函数的再次坍缩，自旋向上和向下各有 50% 的可能性出现。因为只能做这么一次的测量，乙方无法知道他的结果是因为量子纠缠非局域性带来的确实信息（第一个光子）还是自己测量导致的随机结果（第二个光子）。

这也就是赫伯特最初的超光速通信设计被埃伯哈特、吉拉迪等人点中的死穴。如果甲方与乙方没有另外的联络，他们只通过这些光子无法鉴定其量子态中可能携带的有用信息。好在班尼特和布拉萨德追求的不是超光速通信，他们只是要传递隐秘信息。为这个目的，他们让甲乙双方在各自完成测量之后再打开一条常规的通信渠道，比如电话、互联网电邮或短信等。这个渠道的安全性自然不会很理想，但他们也不在乎有人窃听。

在电话上，甲乙双方互相通报各自对每个光子的测量方式，同时也都对自己的测量结果缄口不言。按照光子到来的顺序，如果他们正好都用了偏振片（或半波片）测量同一个光子，那么他们对彼此的结果心领神会，无须多语。反之，如果在同一个光子上一人用了偏振片而另一人用了半波片，那么测量的结果毫无意义。他们可以轻松地把这些噪声从结果序列中剔除。

因为只有偏振片和半波片这两种选择，甲方乙方即使是瞎碰运气也会有大约一半的光子对在两边经历了同样的测量手段，有着双方一致的结果。它们携带的量子态序列便构成一份密码，其数值只有甲方和乙方共同掌握。在那之后，他们可以用这个密码为任何信息加密，放心地用普通的通信渠道传送。只有他们两方才可能拥有这个密电码。

假如有人偷听到了甲方和乙方的这一番通话，偷听者可以获知这个光子系列中哪些光子的量子态构成了甲乙双方手中的密码，甚至也能知道对其中每个光子应该如何测量而得知其量子态。但偷听者却无法知道那些光子的量子态本身，也就是密码的数值。这个至关重要的信息从来没有在电话上提及。

那么，如果偷听者曾悄悄地截获到了先前的光子通信，那他这时不就既知道该测量哪些光子又知道如何去测量了吗？那些光子所携带的密码信息便随之唾手可得。

在班尼特和布拉萨德发表的论文中，他们开篇明确表示这个方案之所以能够行之有效，关键就在于祖瑞克和伍特斯发现的量子态不可克隆定理。如果在甲方、乙方之外的偷听者还能拥有着同一个光子系列可供测量，只能说明那些光子已经被复制。而因为量子力学的保佑，那是绝对不可能的。

电影中的间谍常常潜入某个房间，偷偷拍摄机密信件而不被发现。那是我们日常生活的经典世界场景。如果这些信件是由光子的量子态“写”就，间谍们就只能望“文”兴叹，不再有用武之地。

当然，即使光子的量子态不可能被复制，量子力学也不能保证光子在传输过程中会被做手脚。也许某个光子被偷走，也许有新的光子被注入，都会造成后面的序列对不上号。或者有的光子曾被偷听者测量过，其量子态已经改变。为了保证密码的完整无误，甲方和乙方还需要在已经确定保留的光子中再随机选取一部分进行抽查。他们可以在电话上核对这些光子的量子态。如果一方看到自旋向上，另一方应该是自旋向下；或者一方是左旋，另一方应该是右旋；等等。一旦发现有对不上号的情形，就说明这些光子已经被窃听过。他们这时候只能舍弃这一批光子密码，从头再来。[48]230-231,[101]231-239

正如埃克特在牛津图书馆中的顿悟，量子力学中的偷听者无法“在不对系统造成任何干扰的前提下”窃取系统的信息。他们能够偷听，却不得不留下能被察觉的证据。量子力学的不确定性原理——加上也是由它而来的量子态不可克隆定理——成为机密通信的保护神。

根据班尼特和布拉萨德的姓氏字母和发表年份，他们这个方案在密码学中被命名为“BB84”。这是所谓“量子密钥分发”（quantum key distribution）新技术的第一个具体方案，也是“量子密码学”（quantum cryptography）诞生的标志。

在 20 世纪 80 年代中期，曾经让爱因斯坦、薛定谔、贝尔等人绞尽脑汁的量子纠缠也由此走向了现实世界的应用。

第 54 章 量子的霸权

威斯纳那篇在 1969 年已经完成却直到 1983 年才得以发表的量子钱币论文有着一个非常不引人注目的标题:《共轭编码》①。

远古时代的人类知道在绳子上扎上各种结来记录某个事件的发生，提醒自己需要做某件事情，甚至标记家中财产、欠债数目。这原始的结绳记事便是最早用于储存、交流信息的编码，后来逐渐被语言文字和书写工具取代。更为精致、准确的编码方式在近代又随着工业机器的出现再度焕发风采，尤其在电报、计算机通信中成为不可或缺的应用手段。

1936 年，英国数学家艾伦・图灵（Alan Turing）发表了一篇经典论文，完整地提出“图灵机”（Turing machine）概念。他的机器可以阅读一条无限长纸带上的编码信息，相应地执行几个简单的指令改写纸带上的编码。图灵证明这样一个抽象、通用的机器有能力完成人类所需的所有逻辑运算，无论如何复杂。那便是现代计算机的数学模型。[104]206

在第二次世界大战期间，图灵发挥专长，成功地利用自己设计建造的早期计算机破译德国军队使用的通信密码，为同盟国的取胜做出杰出贡献。战争期间，他曾到美国的贝尔实验室访问，经常与那里的年轻数学家克劳德・香农（Claude Shannon）共进午餐。香农也在为战争贡献力量。但与图灵破解密码相反，香农的任务是构造无法被破解的加密方式，用于保护美国总统富兰克林・罗斯福（Franklin Roosevelt）与英国首相温斯顿・丘吉尔（Winston Churchill）的越洋电话热线不被窃听。

因为保密要求，他们俩完全不知道对方的工作，更无法交流各自在密码学中的摸索、体会。但两人还是一拍即合，在不涉及战争机密的领域找到共同语言。那时，图灵正试图将他的计算机发展成能与人类大脑一样思考的人工智能，而香农则致力于为通信交流中的信息建造一个严格的数学表述。在战争结束后的 1948 年，香农发表了他的理论。[104]204-205

无论绳子上是否打了结，电报中的脉冲是短还是长，纸带、卡片上有没有

① “Conjugate Coding”

打孔，或者电子线路中的电位是高还是低，磁极向上或向下，香农意识到它们都是在用“0”和“1”两个数字为信息编码。那是英国数学家乔治·布尔（George Boole）早在一个世纪前发明的二进制“布尔代数”（Boolean algebra）。这样的编码可以储存、传播所有的信息，更可以为过去只能泛泛而谈却无从定义的“信息”提供一个精准的计量，将之带进现代科学的殿堂。

与普朗克的能量子和爱因斯坦的光量子相似，香农为信息实现了“量子化”：信息有着一个最小、不可再分的单位。他采用贝尔实验室同事、曾经在普林斯顿大学研究生时与费曼同宿舍的数学家约翰·图基（John Tukey）的命名，将这个信息的最小单位叫作“比特”（bit）。这个名称非常上口，本身就有“少量”的意思，也是“二进制数字”（binary digit）的缩写。信息的量子化也因而通俗地叫作“数字化”。[104]174-175,228-229,452-453

在香农发表信息论的同年，贝尔实验室的布拉顿等人借助量子力学发明了晶体管，揭开以电子元件为代表的信息工业革命的序幕。随着现代电子计算机展现出无所不能的功力，图灵当年的逻辑证明成为真切的现实。甚至他梦想的人工智能也在崭露头角。而人类有史以来所积累的全部知识、文化和思想也如香农描述得那样被数字化，变为“长篇累牍”的比特序列被极为方便地储存、传播着。余下的只是如何建造容量更大、速度更快计算机和网络的技术问题。

正当形势一片大好之际，费曼却在 1982 年指出以图灵机为基础的计算机存在先天不足。无论技术如何进步，它们也只能模拟满足贝尔不等式的局域性世界，对不按常理出牌的量子世界束手无策。要克服这一缺陷，费曼认为必须舍弃传统的图灵机另起炉灶，发明、建造直接以量子力学物理定律运作的量子计算机。

那年，威斯纳的《共轭编码》还未正式发表。费曼不知道他心目中的新型计算机已经在悄然萌芽。

为了设计无法伪造的钱币，威斯纳用光子的自旋量子态作为序列号的单位。与图灵的纸带、香农的布尔代数编码具有非 0 即 1 的确定数值相反，量子态本身的数值是不确定的，随阅读的方式——偏振片或半波片——而异。

当光子处于线偏振态的本征态（比如自旋向上）时，它同时也处于圆偏振态的左旋与右旋组成的叠加态中。反之亦然：一个左旋的光子处于自旋向上和向下的叠加态。这便是威斯纳所谓的“共轭”（conjugate），即同时具备两组互为正交的量子本征态。这样的量子态正是海森堡不确定性原理和玻尔互补原理的体现，因而可以如费曼所预见地直接展现量子的行为。

20 多年后的一天，伍特斯与一位理论物理学家朋友讨论这个业已在圈子内风行的编码方式时觉得需要有一个更为大众化的名称。于是，他们半开玩笑地提出一个与时俱进的新名词："量子比特"（qubit）。[105]851-852

那是 1995年。"量子信息"（quantum information）已经成为一门时髦的新学科。量子比特生逢其时，很快成为量子计算机的代名词。

"信息"正是晚年的惠勒最为痴迷的概念。

年轻时，惠勒曾想象宇宙的"一切都是粒子"，还与学生费曼一起幻想过整个世界其实只是一个孤零零的电子。后来，随着兴趣转向广义相对论，他的信念拐了 180 度的大弯，变成"一切都是场"。在得克萨斯大学，重回量子力学领域的惠勒大彻大悟，发现所谓的客观世界其实"一切都是信息"①，既没有粒子也没有场，或波。[68]64

与他当年导师玻尔一脉相承，惠勒认为我们对物理世界的认识局限于实施测量的结果，对没有测量过的部分一无所知。在已经不再只是假想的双缝实验中，我们知道光子进入了仪器，也知道它到达后面屏幕上的某个地点。但因为没有测量，我们便不可能知道它是如何完成这个行程的，包括它究竟经过了哪一条狭缝还是同时经过了两条狭缝。惠勒将这个困境描述为"大烟龙"②。与见首不见尾的神龙不同，这条大烟龙可以清楚地看到尾巴（进入仪器时的光子）和脑袋（抵达屏幕时的光子）。但其余部分被浓厚的烟幕遮掩，无法一窥真身。[6]85-86

玻尔认为这条龙只有那尾巴和脑袋是确切的物理实在。在未被测量的中间过程中，光子（或光波）并不存在。惠勒这时更进一步。他认为那个尾巴和脑袋也只不过是我们通过测量而获取的信息。在光子离开光源和抵达屏幕的两个时刻，我们曾问过："光子在这里吗？"并通过观察得到了肯定的答案。因此我们知道的也只是那两个问题的答案，在那之外我们其实一无所知，包括光子本身——即使在那两个时刻和地点——是不是客观实在。

面对自然界，我们只是也只能在不断地发问：屏幕上的这个点闪亮了吗？云室里这个地方有没有出现轨迹？猫在这个时刻是死了还是活着？……每个问题的答案只会有"是"与"否"两个可能，可以通过观察、测量的手段获取答案。那

① everything is information
② great smoky dragon

每个答案都为我们提供了一个比特的信息。所有的答案汇集起来，便构成了我们心目中的宇宙。

这是惠勒“参与性宇宙”的自然延伸：这个世界是因为我们的发问和观察才得以出现。宇宙的“一切都是信息”。

1989 年，惠勒在一次学术会议上系统地阐述了他这一别致的世界观。曾经将费曼的路径积分称为“对所有历史求和”，为祖瑞克和伍斯特的发现冠以“量子态不可克隆”标题的惠勒向来妙语连珠，善于用言简意赅的通俗语言描述物理或哲学思想。他也把自己这个新见解叫作“万物源自比特”①。[68]340-341

惠勒对信息在物理学中重要性的体会来自他在广义相对论中的研究。②“二战”之后，他的努力促成这个被物理学遗忘领域的复苏。引力波、宇宙的起源和结构相继成为热门的研究课题。

在 20 世纪 70 年代，宇宙的大爆炸起源理论出现了崭新的突破，催生出所谓的“暴胀”（inflation）理论③。暴胀的过程中会同时出现几乎无穷多个平行的宇宙（multiverse）④，我们所在的宇宙不过是其中之一。

这个出人意料的进展再度唤醒物理学界对 20 年前艾弗雷特量子力学多世界诠释的注意。从最小尺度微观世界中诞生的量子力学和最大尺度宇宙学珠联璧合、殊途同归，都出现了存在更多平行世界的可能性。⑤于是，艾弗雷特的理论在 80 年代重获新生，得到更多的支持或同情。

艾弗雷特没能赶上这个好时代。因为长期的酗酒嗜烟缺乏运动，他臃肿肥胖，身体每况愈下。1982 年 7 月的一个夜间，他突发心脏病去世，年仅 51 岁。

也许，在他所坚信的众多平行世界里，艾弗雷特还会活得好好的。那里的骰子掷出了不同的结果。也许在某些世界中，他的理论从一开始就得到玻尔、惠勒乃至整个物理学界的认同。他在那里是当代最为著名的理论物理学家。

---

① it from bit

② 尤其是他与史蒂芬·霍金（Stephen Hawking）等人发现“黑洞”（black hole）因为信息变化而有着温度和熵。

③ 参阅《宇宙史话》第 19 章。

④ 参阅《宇宙史话》第 32 章。

⑤ 严格来说，艾弗雷特的多世界与宇宙学的多重宇宙不完全是同一个概念。它们在各个宇宙或世界中物理定律和参数的异同上有着不同的假设。但寻根问底，它们可以归结为同一理念。

与德维特全力推荐艾弗雷特的理论不同，惠勒只是尽力为他这位过去的学生提供精神上的鼓励。他仍然无法接受多世界诠释，曾当面对艾弗雷特开玩笑地说自己已经基本上相信这个理论，但每个月会保留一个星期二作为不信的一天。而当他看到有人将该理论称为“艾弗雷特 – 惠勒诠释”时，惠勒总会忙不迭地出言纠正。他的动机并不是出于不愿意占学生之功的谦逊。艾弗雷特去世后，惠勒对多世界诠释的反对态度也变得更为明朗。[33]252

但在那个物理学蓬勃发展的年代，艾弗雷特却在牛津大学获得一位新的铁杆知音。那是埃克特的导师戴维·多伊奇(David Deutsch)。他的兴趣在于量子计算机。

多伊奇其实并不是牛津大学的正式雇员。他个性奇特，认为逼迫学生坐在教室里听教授讲课有悖情理。因此，他只为自愿的听众讲学，以收取演讲费、稿费和自己争取的科研资助为生。他在牛津只是挂名，偶尔到学校点个卯。经济的自立也为他的科研提供了最大的自主权。

在 20 世纪 80 年代初，多伊奇对费曼提出的量子计算机概念发生了浓厚兴趣。

费曼知道以经典物理为基础的图灵机无法模拟计算量子的世界，其原因还不仅是贝尔不等式中的非局域性。因为海森堡的不确定性和叠加态的存在，量子世界的信息量实在过于庞大，绝非传统的计算机所能胜任。

比如一个光子经过一个分光镜时可能直接穿过，也可能被反射到另一个方向。那便是一个惠勒式的问题。计算机模拟时没有实际的测量发生，故必须同时兼顾“是”与“否”两个答案分别进行下一步的演算。这就如同计算机模拟下棋时对每一步中的每一个可能走法都必须深究到底一样，每一个逻辑的节点都会带来数据量的翻倍。这样，需要存储、计算的数据会像印度传说中棋盘格子里的麦粒一样不断地翻番，呈指数增长而很快超越现实的资源。[101]82-91,[104]367-370

30 年前，费曼在听到师弟的多世界诠释时曾一针见血地指出那个理论会导致无穷多个同样现实的世界。他认为那是一个概念性的荒唐。然而，要在计算机中精确地模拟量子的世界，艾弗雷特那抽象的概念性荒唐却会成为计算中的实在性困难。费曼自己的路径积分中的路径数目也有着同样的表现。作为数值计算时只能通过合理的有限取样获取一定精确度的近似结果。

在 IBM 公司钻研计算技术复杂性问题的班尼特也与费曼一样意识到基于量子力学新型计算机的重要性。他在访问牛津时告诉多伊奇，其实有着一种最基础性的计算机，那就是物理本身：① 物理世界正是一个量子的世界。

受班尼特的启发，多伊奇在 1985 年将费曼的高瞻远瞩赋予严格的数学意义，重蹈着当年图灵的足迹定义了抽象、通用的量子计算机。在这个划时代的新机器中，纸带上 0 和 1 编码的比特换成了威斯纳的量子比特；简单的布尔逻辑也改为能够对量子叠加态实施运算的泡利式矩阵。

与图灵一样，多伊奇证明这样的计算机能够像图灵机模拟经典世界那样模拟整个量子世界，那之中也包含着日常的经典物理世界。②[33]225,252-254,[106]

量子计算机之所以有能力涵盖全部的可能量子态，关键就在于威斯纳那个具备共轭特性的量子比特。与传统的非 0 即 1 的比特不同，量子比特本身就是一个量子的叠加态，像薛定谔的猫一样同时拥有着活着和死去两个状态，或者惠勒“是”与“否”两个答案。因此，量子比特的编码从一开始就包含了量子世界的全部信息，不会像传统计算机那样面临越来越多的可能性而陷入资源需求指数性增长的困境。

多伊奇捎带着还证明了费曼的另一个预测：这样的量子计算机同时也会具备远胜于经典计算机的天然优越性。一些同样因为所需计算资源指数性增长而让经典计算机望而却步的数学问题可以在量子计算机面前迎刃而解。[101]92-106

短短几年后，贝尔实验室的数学家彼得·肖尔（Peter Shor）为费曼的预见和多伊奇的证明提供了一个具体的实例。肖尔在 1992 年发表了一个可以在（未来的）量子计算机上实施的算法，能够行之有效地分解一个大整数的因子。

这个听起来很简单的代数问题在现有的经典计算机上即使穷尽所有资源也无法在有生之年得到答案。而它的反问题——已知两个因子计算它们的乘积——却是轻而易举。正是这个计算能力的强烈不对称促成了通用的 RSA 加密算法，允许通信双方以公开交换信息的方式获取通信密码。“肖尔算法”（Shor's algorithm）正式宣告了这个方便、安全途径即将面临的末日。一旦量子计算机成为实用的工具，RSA 加密算法便不再具备实用价值。[101]114,120-125

分解大整数因子的肖尔算法也只是量子计算机能够大举超越传统计算机的实例之一。随着更多例子的相继涌现，加州理工学院的理论物理教授约翰·普雷斯

---

① Well, the thing is, there is a fundamental computer. The fundamental computer is physics itself.

② 因为过于“哲学性”，多伊奇关于量子计算的论文经常被科学期刊拒稿。

基尔（John Preskill）① 为这个会在可见的未来成为现实的非凡表现赋予一个铿锵有力的名称："量子霸权"（quantum supremacy）。

多伊奇认为量子计算机的霸权地位理所当然。在得克萨斯大学听过艾弗雷特的演讲后，他已经成为多世界诠释的忠实信徒。在他的心目中，与艾弗雷特描述的世界"分裂"相对应，运用量子比特叠加态的量子计算机是同时在几乎无数个世界里进行平行的演算，每个世界都担负着其中的一个可能性。它因而具备远远超越人们想象的威力。那是肖尔算法能够成功的唯一可能解释。只在单一世界中存在、运行的经典计算机自然无法望其项背。[33]252-253,[106]

无论多伊奇的信念是否属实，现实中的 RSA 加密算法很可能成为量子霸权的第一位牺牲者。因为它在现代通信中所担负的至关重要角色，那一时刻将为人类的日常生活带来颠覆性变革。好在量子力学还是公平的。在即将引爆这个破坏性作用的同时，它也为我们准备好了应付的预案。那便是基于量子密钥分发的下一代更为安全的密码技术。

而那让爱因斯坦无法理解、接受的鬼魅般量子行为作为实用技术走进寻常百姓家的脚步才刚刚迈出。

---

① 《宇宙史话》的读者也许会记得这个名字。普雷斯基尔曾在研究生期间发现宇宙初期"磁单极"（magnetic monopole）的奇异性。他博士毕业后即转向研究量子信息。参阅《宇宙史话》第 18 章。

第 55 章 鬼魅般的远距传送

与贝尔一样，塞林格也是直到 1991 年听了埃克特的一次演讲后才恍然大悟：那虚无缥缈的量子纠缠居然可能有极大的实用价值。那年，埃克特改良了班尼特和布拉萨德七年前提出的“BB84”量子密钥分发方案，将其升级为“E91”新版。

在误打误撞地参加 1976 年意大利西西里会议而初识量子纠缠后不久，塞林格在维也纳大学博士毕业。借助会上的机遇，他有机会到美国的麻省理工学院深造，师从中子散射实验专家克利福德·沙尔（Clifford Shull），继续他从维也纳开始的单个中子双缝干涉实验。

塞林格在那次会议上结识的好朋友霍恩那时也是沙尔实验室中的常客。霍恩任教的学院距离麻省理工学院不远。为了延续科研生涯，他在每周唯一没有课时安排的星期二都会来到沙尔的实验室义务“打工”。节假日更是如此。塞林格的到来让他兴致倍增。

颇为巧合，这两个年轻人都是低音大提琴手。他们的演奏风格不尽相同但意气相投。在科学领域，他们也一样志同道合。在进行中子实验的同时，他们没有忘却在西西里日日夜夜的交谈，时刻关注着量子纠缠领域的进展。[54]288-289,297

那是 20 世纪 80 年代中期，当年启迪薛定谔提出“纠缠”这个新术语的 EPR 论文转眼间已经有了半个世纪的历史。

在科学界，一篇论文的影响力往往是以它被其他作者引用的次数来衡量的。按照这个标准，爱因斯坦与波多尔斯基、罗森合著的这篇论文实在乏善可陈。在 1935 年问世的那两年，它只有寥寥无几的引用，大都还来自玻尔等人的反驳文章。在玻尔一锤定音后，EPR 论文更是销声匿迹，基本上不再有人问津。

因为玻姆、艾弗雷特的异军突起，EPR 论文才在 50 年代开始又有了零星的引用，逐渐在贝尔的不等式引起关注后的 70 年代初达到两位数。但在 80年代，这篇已经有半个世纪历史的老论文却逐渐有了每年被引用约 50 次的不俗表现。

那时没有人预料到这篇曾经被玻尔不屑一顾的论文还会再度焕发青春。在其后的几十年里，EPR 论文的引用次数突然呈现爆炸性增长，成为物理学史中里程碑式的建树（图 55.1）。相应地，爱因斯坦当年孤独而不尽情理的固执也在催生

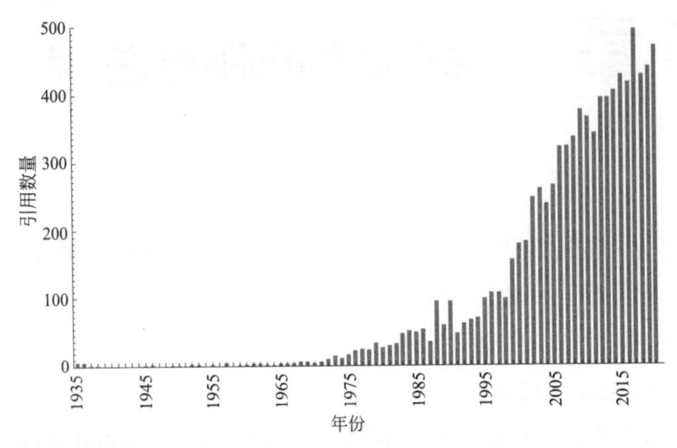

图 55.1　EPR 论文自 1935 年发表以来历年的被引用数量

出一个崭新的量子时代。

而在 1985 年，只有芬兰的一所大学意识到这历史的一刻。他们以“EPR 假想实验 50 年”为主题举办了一场学术会议。在美国的霍恩和塞林格看到通知后非常感兴趣。为参加会议，他们合作提交了一篇论文。

贝尔提出他的不等式时采用的是玻姆版的爱因斯坦光子对假想实验，即以光子自旋方向的量子态表征两个光子间的纠缠效应。霍恩和塞林格重仿爱因斯坦的初衷，采用光子的动量作为纠缠的量子态，证明贝尔不等式会同样地适用。[54]298,[103]

这是塞林格初涉量子纠缠领域的处女作。

两年后的 1987 年，塞林格结束他在美国的访学，回到维也纳的母校任教。①

那年适逢薛定谔诞生 100 周年，欧洲各大学纷纷举办学术会议纪念这位量子力学奠基者。在维也纳大学富丽堂皇的会议厅里，42 岁的塞林格与他的偶像贝尔同台亮相，共同主持一场围绕量子力学的讨论会。

那是他俩 12 年前在西西里会议上碰面后的第二次握手，但境况已经十分不同。59 岁的贝尔已经是欧洲核子研究中心德高望重的权威，而塞林格也不再是一个懵懵懂懂的学生。这两位在学术上大体相差一代，也都熟谙爱因斯坦对量子力学质疑的物理学家对哥本哈根诠释的看法也不尽一致。他们在兴趣盎然的听众面前展开了一场针锋相对但态度友好的辩论。

① 他的导师沙尔那年退休，很希望业已表现突出的塞林格能留在麻省理工学院继承他的实验室。校方却没有采纳这个建议。沙尔后来在 1994 年赢得诺贝尔物理学奖。

玻尔和爱因斯坦关于量子力学局限性的争论曾经集中于本体与认知层面的区别。爱因斯坦认为量子力学无法确定箱子里猫的死活而必须打开箱子观察说明这个理论中存在认知层面的缺陷。玻尔则针锋相对，他认为猫在被打开箱子观察之前压根就不存在死或活的问题。我们所能观察到的已经是量子世界的本体。

贝尔持有与爱因斯坦相近的传统观念，坚持物理学应该能够解释具体事件的发生过程。年轻的塞林格自称他更为激进、浪漫，觉得量子世界中的具体事件可能永远无法解释。那里没有本体和认知的区别，只有通过观察获取的知识。这更接近于惠勒的“一切都是信息”。[54]295-296,[42]113-120,[107]

但与理论家贝尔相比，塞林格更注重具体的实验。他和霍恩很遗憾地发现无论是用反应堆里产生的中子还是级联辐射的光子对都无法实现他们以测量粒子动量方式来验证贝尔不等式的设想。无奈，他们又去研究早先惠勒提出、吴健雄曾经测量并由玻姆重新诠释过的正电子素湮没所产生的纠缠 γ 光子对。这时他们注意到一个有意思的现象：虽然绝大多数正电子素湮没时会产生一对 γ 光子，偶尔也会出现同时产生出三个 γ 光子的情形。

无论是爱因斯坦的光子箱还是玻姆、贝尔等人的后续分析，他们推演的都只是两个粒子之间的纠缠，从来没有涉及过两个以上的情形。正在塞林格的维也纳实验室访问的朋友丹尼尔·格林伯格（Daniel Greenberger）得知后深感兴趣，一头扎进这个“三胞胎”问题，试图仿照贝尔的方式找出三个纠缠中光子会有的量子行为。

在物理学中，两个物体相互作用的简单系统往往容易求解。比如按照牛顿动力学，地球绕太阳的运动可以推导出优美的椭圆轨道。但如果在两者之中再包括进月球，这样的一个“三体问题”（three-body problem）便不再能精确求解，只能运用繁复费力的近似手段逐步逼近所需的答案。

格林伯格很快也陷入类似的数学推演泥潭，不得要领。他发觉三个纠缠光子的行为更为诡异，似乎不需要贝尔那样的不等式就能发现其中鬼魅般的超距作用。在 1989 年西西里举行的纪念“不确定性原理 62 年”的学术会议上，格林伯格忐忑不安地介绍了他这一“不可能”的发现。

在那个年代以“闭嘴、计算”简洁地总结了哥本哈根诠释对年轻一代影响的梅尔敏也参加了这个会议。虽然“本职”是固体物理，但梅尔敏也时常涉猎量子基础问题，相继发表了多篇简化贝尔不等式的推导并通俗地介绍贝尔理论内涵的文章。费曼曾专门给他写信，由衷地赞誉梅尔敏清楚地叙述出他自己尚未能完全理解的物理内容。[33]224

但即使是梅尔敏也对格林伯格的描述完全摸不着头脑，认定他们肯定在推导中犯了错误。然而，参加了那次会议的英国数学家却在一年后严格地证明了同样的结论，促使梅尔敏重新审视这一物理问题。他随即恍然大悟，格林伯格和霍恩、塞林格共同发现的这个量子三胞胎的确非同凡响：三个粒子纠缠时的量子非局域性果然不需要贝尔的不等式，因为它们已经处于一个非局域的量子态。

在贝尔的设计中，如果只是一对双胞胎分别被询问，他们各自给出的答案或者一致或者相异都无法辨别局域与非局域因素的区别。只有在大量的双胞胎相继被以特定的方式提问后，他们的答案才会在统计上呈现出源自量子力学非局域性的异常。但在类似三胞胎的情形，只要向一组三胞胎询问就能立刻确定他们之间是否存在心灵感应，无需另外的样本。

于是，量子力学的非局域性并不只是大样本中的统计现象，也并非来自随机性。它的确是微观世界的一个基本特性，从根本上违反爱因斯坦坚持的“局域性现实”。

这个独特的三体量子态以发现者的姓氏字母命名为“GHZ 量子态”（GHZ state）。[108],[54]298-302,[103],[92]218-223

量子力学中的惊奇并不止于三个粒子的纠缠。

无论是正电子素的自我湮没还是克劳泽使用的原子级联辐射，不同的粒子要进入同一个纠缠的量子态必须通过近距离的相互作用或碰撞。最早意识到纠缠——虽然那时薛定谔尚未发明这个术语——存在的是海森堡针对氦原子中两个电子波函数的研究。那两个电子因为处于同一个原子中而享有同一个量子态。爱因斯坦也是假想两个光子或电子在近距离因为相互作用发生纠缠后才相揖而别，还为此专门设计了他的光子箱。如果两个粒子从来未曾有过近距离接触的机遇，它们不会知道彼此的存在，更何况进入相同的量子态。

假设有两对各自纠缠着的光子：光子甲与光子乙纠缠着，光子丙则与光子丁纠缠着。甲乙和丙丁之间却毫无关系。这时，如果让光子乙与光子丙在近距离发生相互作用，它们也可以进入新的量子纠缠态。这相当于光子乙被光子丙“观测”，其波函数坍缩进入新的量子态。反之亦然，光子丙因为光子乙的观测而进入同一个量子态。同时，它们自身状态的改变会影响到并不在当地的光子甲和光子丁。

因为纠缠的联系，远处的光子甲也会同时发生波函数坍缩，进入与光子乙相对的新量子态。同样，光子丁也进入了与光子丙相对的新量子态。

因为乙和丙的新量子态互为纠缠，它们对应的量子态亦会如是。这样，光子甲与光子丁也发生了量子纠缠。而它们可能相距十万八千里，从来未曾近距离接触过，却因为彼此同伴的缘故鬼魅般地超越时空纠缠在一起。

像阴差阳错的恋人，这样的两对光子可以优雅地完成一个量子纠缠的“情侣交换”（entanglement swapping）。[92]224-226

1993 年，曾经发明“BB84”密钥分发方案的班尼特和布拉萨德与佩雷斯、伍特斯等六人联名发表了一篇题为《利用经典和 EPR 两条通道远距传送一个未知量子态》① 的论文，再度引起轰动。

论文题目中所用的“远距传送”（teleport）一词很可能是第一次出现在科研论文中。但它在科幻小说、电影中早已是一个司空见惯的出行方式。尤其是在经典电视连续剧《星际迷航》② 中，外出执行任务的小分队总是在飞船中的一个“远距传送机”中接受扫描。他们的身影随即消失。紧接着，他们纹丝不变的身影会在远方一个星球表面逐渐浮现，继而复活。这些人以及他们携带的物品便在极短的时间内被从飞船传送到星球表面，无需另外的运输、登陆设备。

作为虚构的艺术，科幻作品注重的是想象力和观赏、阅读效果，无需深究技术原理或可行性。但即使是以现实的眼光来看，“远距传送”也绝非毫无根据的臆想。在这个幻想的过程中，被传送的人在起点站由一个特殊的仪器扫描，记录下构成人体所有成分所处的状态，比如每个质子、中子、电子等所在的位置和具备的速度。这些构成了这具人体的全部信息。在终点站，机器可以利用当地的质子、中子、电子等依照传送来的蓝图再一一构造出原子、分子，重新组装出与原件丝毫无差的人体。这样，起点处的那个人体便在终点处复活如初，完成他这一不同寻常的旅程。

这个原理可以溯源于拉普拉斯。他在 19 世纪初信心十足地宣布，宇宙将来的演化完全取决于今天所有物体的位置和速度。只要完整地掌握这些参数，它的未来便由牛顿的动力学方程完全确定。这样，一个参数完全相同的人体无论在哪

① “Teleporting an Unknown Quantum State via Dual Classical and Einstein-Podolsky-Rosen Channels”

② *Star Trek*

个地点重新组合都会与原件毫无差异。如果忽略对所需技术、信息量以及能量的要求，远距传送不失为一种可行或至少可幻想的手段。

拉普拉斯的信心完全来自牛顿的经典力学。一个世纪后，海森堡的不确定性原理击碎了这个完美的想象。微观粒子的位置和速度不可能同时精确地获得，也就无法不失真地扫描、传送、复制。在量子世界里，囊括量子态全部信息并能够完全决定未来发展的只有波函数。那却不是一个可测量的物理量，而任何测量的操作都会同时破坏原有的量子态，于事无补。

在《星际迷航》里，这个问题不难解决。编剧们发明了一个“海森堡补偿器”[①]弥补不确定性原理的“缺陷”，保证他们的远距传送机正常运行。现实世界的物理学家当然无法如此随心所欲。

但班尼特他们意识到量子纠缠那鬼魅般的超距作用也为远距传送打开了一个方便之门。既然量子力学不允许掌握需要传送的全部信息，他们干脆反其道而行之，直接传送一个“未知量子态”。像秘密信件一样，传送者无需知道自己传送的是什么内容。他只保证将信件——量子态——原封不动地从起点传送到终点。

为此，他们设想先制备一对相互纠缠着的光子甲和光子乙，将它们分别送往起点和终点。在起点处，将被传送的是另一个光子X。像威斯纳量子钱币的序号一样，X所处的量子态是不可知的。如果用《星际迷航》那样的远距传送机去“扫描”，它的量子态会瞬时被破坏。但起点处的工作人员却能够以特定方式让光子X与光子甲发生相互作用，造成它们的波函数坍缩。

在那个时刻，光子甲进入一个与光子X的量子态相关联的新量子态。同时，远在终点处的光子乙也会随之进入相应的新量子态，其中便包含光子X的量子态信息。这样，因为光子甲、乙之间的纠缠，光子X的量子态便瞬时地从起点处传送到了终点处。

这几乎就是当年赫伯特超光速通信的翻版，即通过量子纠缠瞬时传递量子态中蕴含的信息。班尼特他们已经有了赫伯特欠考虑的前车之鉴，深知量子力学随机性的不可避免。当光子甲与光子X在起点处相互作用时，它们所能进入的新量子态并不止一个——对于具有自旋向上、向下、左旋、右旋量子态的光子而言，这时会有四个新量子态可供选择——而光子甲以及光子乙实际会进入哪一个是完

① Heisenberg compensator

全随机的。这样，终点处的工作人员虽然知道他们手中光子乙的量子态中已经含有光子 X 量子态成分，却也束手无策，不知如何“解码”。这正是赫伯特实验失败的原因：对方收到的只是无意义的噪声。

但班尼特他们随即提出，起点处的工作人员可以针对他们这边的光子实施测量，确定它们进入的是哪一个新量子态。这个测量的过程会破坏光子 X 原先拥有的量子态，但获取的信息可以通过常规的通信渠道转告给终点处的同行。那里的人再依据这一信息对光子乙进行反方向操作，让其从新量子态“回复”到其中包含着的光子 X 的原始量子态。

经过这一番操作，光子 X 最初拥有的量子态便从起点处完整无误地传送到终点处，成为那里光子乙所处的量子态。

这也就是他们论文题目中所谓的“两条通道”：量子态本身通过 EPR 量子纠缠通道瞬时传送，与之相应的辅助信息则需要使用另一条经典通道。这个辅助信息的传送过程与日常的电报电话一样，速度受到光速的限制，不会违反狭义相对论。同时，因为光子 X 在起点处被测量后已经失去原有的量子态，终点处光子乙重现出的光子 X 最初量子态成为那个量子态的唯一存在。那个量子态只是远距被传送而未被复制，也没有违反祖瑞克和伍特斯的量子态不可克隆定理。

在这整个传送过程中，所有工作人员对所传送的光子 X 量子态都一无所知。起点处的人员甚至不需要知道他需要传送的终点所在。他只须将自己的测量结果广而告之，像电台那样四面播放，只要终点处的人员能接收到该信息即可。[101]256-263;[92]42-47,50-55;[109]

也许出于这一原因，班尼特等人发现的这个机制在中文里通常被翻译为“量子隐形传态”①。

费曼没能看到梅尔敏诠释 GHZ 量子态的文章。他在 1989 年初因癌症去世，终年 69 岁。文章发表后，梅尔敏再次收到一封热情洋溢的来信。贝尔在信中表示梅尔敏的解释让他“充满了钦佩”②。[54]302

短短几个月后的 1990 年 10 月 1 日，贝尔突发脑溢血，意外地离开了人间。

① quantum teleportation

② This fills me with admiration.

他那时年仅 62 岁，已经成为诺贝尔物理学奖的热门人选。①[91]374

两年后，74 岁的玻姆在伦敦辞世。

他们都没能看到，甚至想象到一个即将来临的新时代。

当 20 世纪进入最后一个年代时，现实社会再度发生巨变。苏联和东欧社会主义集团的解体宣告了近半个世纪的冷战终于结束，世界进入新时代。

但这个大好形势并没能眷顾物理学界。随着国际威胁的消失，美国的国防军工和相关科研投资因为失去必要性而被大幅裁减，科技人员再度陷入失业困境。象牙塔中的学术界刚刚从 20 世纪 70 年代的萧条中恢复元气就立刻面临新的打击。这次，大量无法继续学术前程的新科物理博士务实地挺进硅谷和华尔街，投入以互联网为标志的新一轮信息工业革命。与 20 年前不同，嬉皮士运动已经基本销声匿迹，特异功能也退出了历史舞台。[48]279

但曾经与心灵感应、超感官知觉并驾齐驱，属于旁门别类的量子纠缠却在那个年代进入大众的视野。量子密钥的不可破解、量子计算机的霸权优势、量子隐形传态的新颖通信方式正预示着下一轮技术革命即将来临。当年曾跟在嬉皮士背后追逐特异功能、超光速通信的美国国防部、中央情报局等政府机构这时也与时俱进，将目光转向这些更为实际的发展。他们这时还有着大量的竞争者和同路人。无论是传统工业界的巨头还是在互联网大潮中异军突起的科技新秀都对这些富有巨大应用潜力的新技术青睐有加。他们齐心协力地倾注大量资金，合力催生新时代的到来。

① 与霍尔特当初的想法一致，很多物理学家相信如果克劳泽、阿斯佩的实验没有发现对贝尔不等式的违反，因而说明量子力学与实验结果不符，贝尔很可能已经因为这一重大发现获得诺贝尔物理学奖。实验的结果正相反，量子力学再次得到验证。量子纠缠之匪夷所思反而成为贝尔得到承认的障碍。

第 56 章 实在的量子世界

在实现从爱因斯坦到费曼几代物理学家心向往之的单一光子双缝实验后，阿斯佩最希望的莫过于再接再厉，将惠勒在那个实验中进一步假想的延迟选择也变成实验室中的现实。但这一次，他却力不从心。

双缝实验是 19 世纪初杨的经典之作，经过两条缝隙的光束在屏幕上产生的干涉条纹曾经无可辩驳地证明了光的波动性。然而，当爱因斯坦、玻尔、海森堡等人在索尔维会议上设想用单一的光子进行这个实验时，他们在这个纯粹的假想情形下达成难得的一致看法：如果在实验的光路上设置仪器探测光子“实际”所走的途径，那光子就只会表现出粒子性。而杨那个标志光波动性的干涉条纹只是在对光子的行径一无所知的情况下才会出现。

海森堡认定那是光子与测量仪器相互作用时不确定性原理的使然，并为之提供了演算证明。他的导师玻尔更为高瞻远瞩，指出光子的粒子或波动行为完全取决于测量的选择，并不拘泥于相互作用。是为互补原理。

几十年后，惠勒异想天开地提出一个分辨海森堡与玻尔孰是孰非的途径：等光子已经通过狭缝之后再插入测量光子行径的仪器。这样，测量粒子性的选择被延迟到光子不再有机会与仪器发生相互作用之后才出现。这个延迟的选择应该也会影响光子的表现。

理论物理学家马兰·斯卡利（Marlan Scully）更为大胆地补充，如果延迟选择实验中设置的仪器并没有直接干预光子的运动却排除了干涉条纹的出现，那么即使已经测量（干预）过光子的运动，也应该可以在随后的某一个时刻完全清除该测量所能获得的结果，使得测量者对光子路径仍然一无所知。这相当于测量光子路径的选择无法奏效，这个实验便应该能回归原初，重现干涉条纹。他这个假想实验无异于一次抹杀历史记录的操作，因而叫作“量子擦除”（quantum eraser）。

这一系列延续了半个世纪之久的思想火花在阿斯佩 1985 年的单光子双缝实验后才开始有了现实检验的可能。但他那时能采用的纠缠光子对来自钙原子的受激级联辐射。在那个过程中，钙原子接连两次发出光子的方向都是随机的，因而实验中很难同时捕捉到成对的两个光子，只能碰运气而效率很低。能捕捉到的光子也极其难以聚焦。阿斯佩花费了好几年的功夫才得以让纠缠中的光子对在各自方向走上 6 米的距离到达探测器，排除互相之间作弊的可能。

光的速度非常快。光子走过 6 米的距离只需要 20 纳秒①。在用同样的装置实现双缝实验后，阿斯佩明白他不可能在那么短的刹那间在光路中插入仪器进行延迟选择实验。而要加长这个运行时间，他需要更好的光源以便聚焦。但他那时候已失去了耐心。[6]88-89[92]204

在那个年代，量子纠缠还没有得到广泛的注意。阿斯佩的实验虽然有过一时轰动，却也很快与过去的克劳泽实验一样被遗忘。不久，他发现持续关心他实验结果的人群中特异功能爱好者远远多于物理学家，甚是尴尬。审时度势后，他急流勇退，转向研究恩师科昂－唐努德日那时倡导的激光制冷新技术。那个领域正生机勃勃，没有令人烦恼丧气的争议。[48]272-273

阿斯佩没有预料到，他希冀的纠缠光子对新光源居然很快就出现了。

20 世纪 80 年代，美国、欧洲大学物理系的研究生似乎一夜间面貌迥异。那是中国的改革开放之初，逐年增多的留学生正走出国门，出现在西方国家的校园里。物理专业学生是这支大军的先锋，很快在美国大学中成为研究生主力。相应地，物理期刊上也出现了越来越多的中国姓名。

1987 年，美国东部罗切斯特大学的中国留学生区泽宇（Zeyu Ou）和韩国同学洪庭基（Chung Ki Hong）在他们的导师伦纳德 · 曼德尔（Leonard Mandel）指导下做了一个有意思的实验。

当一个光子以 45 度角入射一片分光镜时，它有 50% 的机会被反射，也有 50% 机会穿过镜片到达另一侧。洪庭基、区泽宇他们别出心裁地在分光镜两侧各发射一个光子，让它们同时抵达镜面的同一个地点。两个光子都各有穿过和被反射的可能。如果它们双双被反射或者都穿过，那么分光镜的两侧会各有一个光子出现。如果其中一个光子被反射而另一个光子穿过，两个光子则会出现在分光镜的同一侧。这样总共存在四个可能性，各有 25% 的概率（图 56.1）。

或者说，在分光镜两侧各有一个光子和两个光子出现在分光镜同一侧的可能性各为一半。

① 0.000 000 02 秒

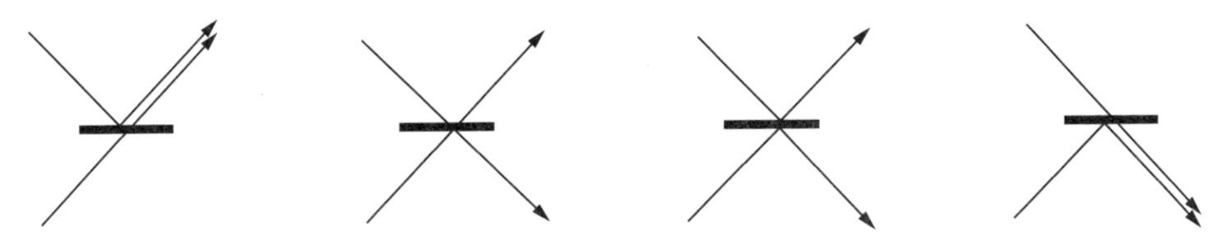

图 56.1　HOM 实验中光子从分光镜两侧入射时能产生的四种可能结果示意图

然而，实际测量下来，他们却发现两个光子总是会出现在分光镜的同一侧。如果一个光子被反射，那另一个光子就一定会穿过分光镜与之汇合。两个光子各自穿过或各自被反射而分别出现在分光镜两侧的情形几乎从来不会出现。

洪庭基、区泽宇和曼德尔观察到的是又一个量子世界的奇异。他们实验中的两个光子可以来自不同的光源，互相之间没有联系，也不存在纠缠。但因为有着相同的频率和自旋，它们是一模一样的光子，彼此不可分辨。虽然只是单个的光子，它们在分光镜所在之处呈现波动性，像两道水波相遇时一样发生了干涉。这时，一个光子穿过分光镜而另一个光子被反射的情形恰好是两个波互为增强的“明亮”部分，而两个光子各自被反射或穿透的情形则是波互相抵消的“暗淡”所在。于是，他们在实验中看不到这后一种情形。

进一步，他们让两个光子到达分光镜的时间略有差异，使它们彼此有了可分辨的依据。他们观察到两个光子分别出现在分光镜两侧的机会随时间差逐渐增加。当这个时间差足够大时，它们分别出现在分光镜两侧的机会与出现在同一侧等同。那时两个光子已经完全可以分辨，恢复四种可能性机会等同的经典行为，不再有量子的奇异。当然，如果干脆改用频率或自旋不同因而可分辨的两个光子，它们就只会表现出经典行为。这在后续的实验中被证实。[92]181-184

还是在量子力学尚未诞生的 1924 年，名不见经传的印度小伙玻色无意中启发爱因斯坦认识到微观的粒子如果具备同样的物理性质就会彼此之间无从分辨。它们因而具备与经典粒子完全不同的统计规律。这个观点在当时如此地超前，以至于连薛定谔也无法领会，需要爱因斯坦在私信中耐心地释疑。光子正是符合这个新统计的玻色子。

与格林伯格等人发现的 GHZ 量子态一样，洪庭基他们三人发现的“HOM 效应”（HOM effect）也超越了爱因斯坦当时的理解。微观粒子的不可分辨并不一定需要大样本的统计，完全可以在个别粒子的行为中直接体现。HOM 效应更进一步展示了从经典可分辨到量子不可分辨的渐进过渡，引起广泛注意。及至 2007

年，仍未死心的赫伯特还在试图利用这一效应实现他的超光速通信。[48]250

在那个年代，利用激光等新技术探测单个光子表现的研究异军突起，形成一个“量子光学”（quantum optics）专业。曼德尔正是这个新领域的先驱之一。

那时，物理学家已经知道某些晶体可以“分解”激光束。比如一束蓝色的激光入射后，会在晶体后侧成为两束红光射出。曼德尔和他的学生们经过一系列实验证明那也是一个微观的过程：每个入射的蓝色光子被晶体转换成两个红色的光子，以不同的角度射出。因为红光的能量比蓝光低，这个过程满足能量守恒。但更让他们兴奋的是，由此产生的两个红色光子既可以发生类似 HOM 效应的干涉行为，也具备违反贝尔不等式的表现。它们正是一对纠缠中的光子。

几乎同时，马里兰大学的中国留学生史砚华（Yanhua Shih）在研究中做出了同样的发现。这个产生纠缠光子对的新方法叫作“自发参数下转换”（spontaneous parametric down-conversion）。它将一个高能的光子转换为一对能量较低、互相纠缠的光子。

霍恩在无意中翻阅到曼德尔小组的论文时大吃一惊。他意识到他们检验这些光子对的贝尔不等式行为时所做的正是他与塞林格当初设计过，却因钙原子级联辐射的缺陷未能实现的实验。霍恩立即给远在奥地利的塞林格打国际长途电话，督促他查阅这篇论文。

还在埋头于中子实验的塞林格阅读论文后立刻拨打越洋电话，直接向曼德尔请教应该购买什么样的激光器。那时，塞林格对量子光学几近一无所知，也从来没有接触过激光器。但他敏锐地察觉这个新的纠缠光子源会是一个革命性的突破。

由“自发参数下转换”产生的两个光子从晶体中射出时既彼此分离又各自具备既定的方向，可以很方便地被导入不同的光路进行实验。这会大大地提高效率和聚焦能力，其功能与钙原子级联辐射相比不可同日而语。

在亲赴曼德尔的实验室取经之后，塞林格果断地做出决定。他告别中子，全力以赴投入光子的纠缠。[54]299-300,[92]204-207

在实现了观测单一的光子、电子、中子之后，物理学家又把目光转向了质量大得多的原子和离子，试图将它们单独地隔离开来观测其量子行为。在这里，他们得心应手的工具正是阿斯佩移情别恋的激光制冷技术。

爱因斯坦最先提出光子概念时即指出光子不仅携带能量，而且也有动量。

原子在吸收光子的能量同时也会获取其动量。有了能够精准调控的激光后，物理学家可以巧妙地用光子从各个方向连续撞击原子，让光子的动量减缓原子本身的热运动。这样累积的效果是原子在空间被“冻结”，一个个静止着被“捕获”(trap)。它们甚至还能被激光束锁定，任由研究人员随心所欲地牵引着运动。因为这样被捕获的原子几乎不再有任何热运动，处于接近绝对零度的极低温，这个方法叫作激光制冷。1997 年，科昂 – 唐努德日、朱棣文（Steven Chu）[①] 和威廉 · 菲利普斯（William Phillips）因为激光制冷和捕获原子技术上的突破获得诺贝尔物理学奖。

在美国科罗拉多州国家标准技术研究所，激光制冷是精密测量时不可或缺的手段。那里有全世界最精准的铯原子钟，用以计时的便是在激光捕获下没有热运动干扰的铯原子的光谱频率。

在 20 世纪 80 年代末，这个研究所里的戴维 · 怀恩兰（David Wineland）在如此捕获的离子中观察到了量子跃迁的发生。

为了解释氢原子的光谱，玻尔在 1913 年提出量子跃迁的概念：电子在不同轨道之间跳跃，同时吸收或发射光子。后来，玻尔的轨道被薛定谔的波函数分布取代，电子在不同量子态间的变迁也在狄拉克的量子电动力学中有了更精确的数学表达。但量子跃迁的概念依然存在着。与波函数的坍缩一样，跃迁的过程不需要时间，并且随机、自发，因而同样地不可思议。爱因斯坦曾为它发出“上帝不会掷骰子”的名言进行揶揄。晚年的薛定谔更以《量子跃迁存在吗？》为题撰文不甘心地表达他的异议。

但与双缝实验中的干涉条纹一样，光谱线来自众多原子的统计效应，无法从中分辨个别原子的行为。因此，无论是否认可，量子跃迁一直只是理论家的假想。

在怀恩兰的激光制冷仪器中，一个个原子孤零零地被捕获冻结。在激光的激发下，它们不断地吸收、发射光子，同时完成着量子态之间的跃迁。因为巧妙的实验设计，研究人员可以实时地观测到每一个单独的跃迁过程。[②][110]

更有甚者，这个跃迁过程本身也能被冻结。这个奇妙的可能性最先是由发明计算机原理的数学家图灵注意到。根据冯 · 诺依曼的测量理论，如果针对一个处于高能量的激发态正要向低能量的基态跃迁时的原子实施测量，使其波函数再度坍缩在激发态上，就能延迟它向基态的跃迁。而假如这样的测量能连续不断地进行，那原

① 朱棣文曾经是康明斯的研究生。

② 另外两个实验室也同时观察到这一现象。

子的波函数一次又一次地坍缩，便不再有机会实现跃迁而被冻结在那激发态上。

这个情景很像古希腊先哲芝诺的“飞矢不动”——射出去的箭在每一时刻都处于静止状态——悖论，因而被称为“量子芝诺效应”（quantum Zeno effect）。

1989 年，怀恩兰用频率极高的激光脉冲连续照射处于激发态的离子，果然抑制了它们返回基态的跃迁。如同芝诺想象中悬浮在空中的飞矢，这些离子蓄着势却不得发，同时在空间和时间上被冻结。上帝那只正在掷骰子的手竟被经典世界中的凡人生生遏制。[111]

短短几年后，量子世界的帷幕再一次被揭开。怀恩兰的同事埃里克·康奈尔（Eric Cornell）和卡尔·威曼（Carl Wieman）在 1995 年运用激光制冷将大量的铷原子降至史无前例的极低温。他们如愿以偿地观察到这些原子突然间失去各自独立性，形成一个完美的整体。那正是爱因斯坦 70 年前预测的一个新奇量子态：玻色–爱因斯坦凝聚。因为这一贡献，康奈尔和威曼获得 2001 年的诺贝尔物理学奖。

那时怀恩兰自己的科研兴趣已经有所转移。1994 年，一场国际会议在他所在的科罗拉多大学召开。埃克特在会上系统地介绍了量子计算机的概念和进展。那时，肖尔用量子计算机分解大整数因子的算法刚发表不久。那独特的潜在计算能力以及对现有 RSA 加密方式的威胁引起人们对量子计算机的莫大兴趣。与先前的贝尔和塞林格一样，怀恩兰和众多与会者如梦初醒：原来量子纠缠还真会大有用场。

就在那次会后，怀恩兰一头扎进实验室。按照理论家已有的设计，他很快在 1995 年以操纵两个被捕获离子的量子态方式实现了第一个实施量子计算所必需的逻辑门。那相当于经典计算机中不可或缺的电路。在那之后，量子计算机不再只是理论家的梦想，开始步入真真切切的实在。[101]132-133

当班尼特等人的量子隐形传态设想在 1993 年发表时，塞林格已经是奥地利因斯布鲁克大学的教授。他在那里建立自己的实验室，大张旗鼓地展开量子光学实验。他的预感没有错。以“自发参数下转换”作为产生纠缠光子对的光源无论从数量还是质量上都大大超越了原先的钙原子级联辐射，使得过去可想而不可为的实验成为可能。

与当年的阿斯佩一样，塞林格花费了几年时间不断地设计、改进他的仪器，提高探测效率。他最关心的还是自己与格林伯格、霍恩在理论上发现的三个光子所形成的 GHZ 量子态，为之倾注了大量心血。但当他听到更为奇异的量子隐形传态时，塞林格意识到涉及两对纠缠光子的运作所需的条件与 GHZ 量子态相当接近，他的实验室其实已经万事俱备。

1997 年年底，来自塞林格实验室的一篇论文在《自然》杂志发表。论文的题目简单明了:《实验量子隐形传态》①。他们报告了将一个光子的自旋量子态通过量子纠缠远距传送到另一个光子的成功尝试。这个奇葩的量子过程遂成为实验室中的现实。[92]218-223

在 20 世纪快结束的那几年里，塞林格厚积薄发，连续取得一系列引人注目的进展。1998 年，他们将贝尔不等式实验中光子经历的途径延长至 200 米，更进一步排除它们互相“作弊”的可能。[101]68 那年，他们也分别实现了量子纠缠交换和量子密钥分发。量子世界的秘密一个个活生生地展现在人们的眼前。[103],[54]317-318

当 2000 年这个千禧年到来之时，美国的史砚华与斯卡利携手在实验室中实现了惠勒的延迟选择和斯卡利的量子擦除。结果都没有悬念。基于量子力学理论的预言一如既往地得到实验的证实。玻尔那语焉不详的互补原理经受了考验。爱因斯坦顽固坚持的局域性实在则依然只是一厢情愿的海市蜃楼。[6]116

经过索尔维会议上的坐而论道，爱因斯坦和薛定谔的不屈不挠，玻姆、艾弗雷特、贝尔的不懈质疑，直至克劳泽、阿斯佩、塞林格等人的实际验证，量子纠缠终于彻底摆脱了哲学、玄学乃至超自然伪科学、非科学的羁绊，登堂入室成为物理实验室中的实实在在。

而在那个世纪之交，量子纠缠也完成了从科学到技术的转变。量子计算机、量子密钥分发、量子隐形传态这些神秘但前途不可限量的新技术均已完成了可行性检验，只待进入大规模实用范畴。因为它们所拥有的战略重要性，一场全球性的技术竞赛迫在眉睫。

那时，没有人会想到在已然一马当先的塞林格之外，将在这场时代大潮中引领风骚的会是一名刚到他实验室不久的中国留学生。

---

① “Experimental Quantum Teleportation”

第 57 章　中国的量子卫星

在鬼魅般超距作用终于成为活生生的物理实在后，这一神奇的量子新技术在进入实用领域之际却偏偏面临着一个难以逾越的障碍：距离。

虽然量子纠缠本身能够瞬时地跨越任何空间阻隔，这个效应却需要一个前提条件：传送的两端已经各有着互为纠缠中的粒子。显然，以光速运动的光子是发挥这一潜能的首选。但如何安全、可靠地将光子派送到所需要的地点并保持它们的纠缠量子态却是一大技术甚至工程难题。

克劳泽和阿斯佩在最初的实验中只能将纠缠的光子对分离区区几米的距离。有了“自发参数下转换”的新光源后，塞林格将这个距离扩展至几百米的范围。这在检验贝尔不等式的学术问题上已能胜任，却还远远不具实用价值。

由于麦克斯韦、赫兹等人的贡献，电磁波在 20 世纪已经成为日常生活中不可或缺的通信工具。利用其波动性，电台、电视台可以同时向四面八方播放信息。但量子的新技术要求的却是电磁波作为粒子的另一面：将个体的光子传送到既定的目的地。在技术上，这有两种不同途径：用聚焦能力极强的激光定向地发射光束，或利用光导纤维制作的光缆像水管输水一样将光束引导至需要的地点。

无论是在大气中还是在光纤内，光在传播中都会因为被散射、吸收等因素而损耗，信号随距离越来越微弱。以微观的量子视角，那就是光源发出的光子能够抵达目的地的可能性因距离降低，很快会成为强弩之末而力所不能及。

这个问题在传统的电磁波通信中不难解决，只需在传播路径上建立一连串的中继站接收上游的信号进行高保真放大，然后将增强的信号发往下游。它们犹如中国古代的烽火台，一站站接力传送宝贵的讯息。

然而，这个历史悠久并行之有效的方法在量子技术中却失去用武之地。为实施量子纠缠而准备的光子在传送过程中必须保持其未知、未定的量子态。因为祖瑞克和伍特斯的发现，这样的量子态不可克隆，也就无法被复制放大。在提出“BB84”密钥分发的 1984 年，班尼特和布拉萨德就曾指出这一尴尬：量子态不可克隆定理保证他们的方案近乎绝对的安全性，却也同时限制了其实用性。传播密钥的信号无法中继放大，所能传达的距离会非常有限。

如果中继站像终点端一样在接收到量子密钥的分发后获得密码本身，也可以将密码再度以同样的保密方式传送给下一站。这样的中继站像《红灯记》中通讯员、李玉和、铁梅、磨刀人构成的传送链一样，每个中继站都会拥有需要保密的信息，因而会成为安全隐患和敌方攻击的目标。只有具备额外安全保护条件的“可信中继”才能发挥这样的作用。这类可信中继的可信度完全依赖于量子技术之外的人为措施，因而只是无可奈何的权宜之计。理想的密钥分发应该杜绝所有可能漏洞，保证全程安全性。对此，班尼特和布拉萨德在 1984 年时并不特别乐观。

好在道高一尺，魔高一丈。十来年后，班尼特、布拉萨德和其他合作者又发现了更为奇异的量子隐形传态。虽然一个光子的未知量子态无法克隆，它却能在保持其未定特性的前提下通过另外的纠缠光子对传递到一定距离以外的另一个光子上。如果能持续地施行这样的隐形传态，光子的量子态便同样可以接力般地一站一站地传送下去。被传送的量子态在这些中继过程中不会暴露真身，因而不可能泄密。即使中继站里出现了王连举那样的叛徒，他也会因为没法染指密电码而无能为力。

于是，安全可靠的远距离纠缠光子对传送和量子隐形传态成为实现量子通信的关键步骤。

当新世纪到来时，塞林格已经成为国际知名的量子实验专家。他告别因斯布鲁克大学衣锦还乡，回到母校维也纳大学。

维也纳是著名的音乐之都，也是欧洲传统的文化、艺术中心。塞林格挂牌成立的量子光学和量子信息研究所坐落在以玻尔兹曼命名的大街上。不远处便是以薛定谔命名的国际数学物理研究所。这两个历史性的名字标志着这所大学引以为傲的物理传承。[6]111

因小约翰·施特劳斯（Johann Strauss II）圆舞曲名闻天下的多瑙河在市内流过。当塞林格带着他的学生们来到这个烂漫、热情的旅游胜地时，他们却一头钻进河边不起眼的小楼。楼里的电梯直达地下横穿河底的城市排污管道，那正是可供铺设光缆的现成通道。他们分别在岸边和河心岛的两个小楼里安装起测量仪器，开始走出象牙塔的第一个量子实验。

这两个简陋的实验室彼此相距 600 米，这是一个比实验室中已有记录长得多的距离。无论是地下污水管中的光缆还是架设在房顶上的激光设备都不再只是温室里的花朵，它们时刻经受着现实环境干扰的考验。[92]4-8,208-217

在他们的手中，量子纠缠在 2003 年成功地跨越了多瑙河。由“自发参数下转换”产生的光子对在这个距离和环境中保持了彼此纠缠的量子态，顺利完成量子隐形传态，证明量子通信的实际可行性。

不久，他们又在维也纳市内一座古老的天文台和一幢为纪念千禧年修建的大厦顶端分别设置发射光子的激光器和接收光子的望远镜进行收发实验。这两栋建筑相距 7800 米，也没能难倒纠缠的光子对。

在这个破晓之初的新世纪，塞林格对量子技术的未来充满着信心。他的下一个目标是位于摩洛哥外海但隶属西班牙的加纳利群岛。当然他所钟情的不是阳光海滩，而是那里夜晚清新明澈的空气。在海岛的高山之巅，他们发射的激光束应该能够在大气分子的散射、吸收中顽强地抵达遥远的另一个岛屿。那些岛上还建有天文台，有着威力强大的天文望远镜可以捕捉接收幸存的微弱光信号。

虽然光缆有着能够屏蔽环境影响、随意引导光束绕开障碍物的优势，但光束在光导纤维内部连续不断的反射和被吸收会带来很强的损失。对于无法中继放大的量子实验来说，光子在大气层中传播时的损失会比光缆中小得多。只要具备强有力的光源和高灵敏度的望远镜，他们便能够克服气候环境的干扰，将保持着纠缠状态的光子对分送到遥远的地点。

塞林格团队的成就和努力逐渐引起国际性的回响，但最关注他们进展的却是遥远东方的中国，那里的科学家正在奋力追逐他们的脚步。

1970 年出生的潘建伟属于在中国改革开放后长大的新一代。他 17 岁时进入中国科技大学，在那里获得理论物理学士、硕士学位。在中国的物理毕业生纷纷留学美国的大潮中，潘建伟却在 1996 年来到奥地利的因斯布鲁克大学深造。

他在塞林格的实验室中是一个异数。虽然潘建伟在中国科技大学时已经对量子世界的奇葩有所体会，甚至曾在毕业论文中质疑过量子力学，但他从事的是纯理论研究，并没有动手实验的经历。塞林格不以为意。他看出这个小青年的潜力，接受他进实验室摸索、学习。

潘建伟来得正逢其时。他加入实验室后即刻参与当时正在进行的人类首次量子隐形传态实验，成为 1997 年那篇里程碑论文的第二作者。随后，他很快成为实验室骨干，卓有成效地完成一系列改进、推广和创新的量子纠缠实验。

2001 年，已经在塞林格指导下学习、工作五年的潘建伟告别奥地利，回到他自己的母校中国科技大学。在那里，他仿照导师组建起一个量子物理与量子信息研究所。

那正是他的梦想。五年前塞林格第一次见到时年 26 岁的潘建伟时问起过他将来的打算。潘建伟似乎早有准备，干脆利落地回答将来要在中国也建立起像这样领先世界的实验室。一帆风顺的潘建伟又一次适逢完美的时机。

在那个世纪之交，中国开始以新的面貌（重新）出现在世界舞台。这个古老国度终于摆脱了历史性的战乱、贫困和闭关锁国，开始现代化的崛起。

潘建伟不负众望，回国仅四年后就在中国科技大学所在的合肥实现了距离长达 13 千米的纠缠光子对分发。这一成果引起世界的惊奇，也激发了奥地利导师的好胜心。师徒俩远隔半个地球的竞争旋即拉开序幕。

2012 年 8 月，潘建伟实验室率先在《自然》杂志报告他们在青海湖高原的清澈大气中成功地将纠缠的光子对传送至 97 千米的距离。仅仅一个月后，塞林格实验室就在同一刊物上宣布他们在加纳利群岛把这个距离扩展到 143 千米。这篇论文的作者名单中又出现了两个新的中国名字，包括第一作者马晓松。

青海湖和加纳利群岛有着一望无际的视野，适合激光束的直线传播。地球上绝大多数人生活的城乡却没有这样的理想条件，一般都有着各种天然或人为的障碍物。地球表面的弯曲也不允许光束传播更远的距离。与传统的电磁波依靠高悬天外的通信卫星作中继才能传遍全球一样，纠缠光子对的远距离分发最终也需要卫星帮忙。

潘建伟和塞林格的实验表明光子的确能够在大气层的远距离传播中保持其量子态，足以胜任通往卫星的旅途。①2008 年，意大利科学家成功地探测到由地面发射、经由轨道上卫星反射回来的光子，也证明了地面与卫星瞄准锁定和光子往返穿越大气层的实际可能。[92]258-259,[112]

为了赢得下一场竞赛，塞林格很早就向欧洲航天局提交了发射人造卫星进行量子通信实验的方案。这一次，他发现自己处于劣势。欧洲航天局的官僚黑洞吞噬了他的申请，迫使他止步不前。终于，他收到旧日学生的来信。中国政府已经批准了发射“量子卫星”计划。潘建伟在信中提议携手合作，共同将他们的设想付诸现实，

早在 2003 年，才回国不久的潘建伟就提出卫星实验的设想。2011 年，中国

---

① 地面与卫星的联络需要穿透整个大气层。虽然大气层的高度将近 500 千米，但它对光子运动能产生显著干扰的只是地面附近几十千米的距离。那之外的大气层非常稀薄，影响力可忽略。

科学院将“量子卫星”列入国家第12个五年计划的“空间科学先导专项”，并将第一颗卫星命名为“墨子号”，纪念历史上早在2400来年前曾进行过光学研究的中国先哲墨子。

那年年底，中国与奥地利签署卫星实验合作协议。塞林格与潘建伟师徒俩从竞争对手再度变为亲密合作者。同时，两个团队在地面的竞赛依然如火如荼。2012年，他们各自在青海湖和加纳利群岛分别实现跨越97千米和143千米距离的量子隐形传态。[112]2015年，潘建伟和他曾经的学生、这时的同事陆朝阳在中国科技大学又取得一个让全球物理学界瞩目的突破：在量子隐形传态时，他们不仅一如既往地传送光子的自旋量子态，还同时传送了光子的轨道角动量量子态。[113]这相当于他们不仅传送了一个人的身高，还同时传送了体重。这样，目标光子的量子态在整体上更为接近于被传送的本源光子，使得科幻式的“远距传送”向现实又接近了一大步。

2016年8月16日，“墨子号”卫星搭乘中国的长征二号运载火箭升空入轨。在5个月的调试后，她正式成为人类第一颗专用于量子科学实验的人造卫星。这颗耗资一亿美元的卫星在距离地面500千米的近地轨道上翱翔。困惑了物理学家80年的量子纠缠也随之摆脱地球的束缚，进入太空时代。

2017年6月，“墨子号”在悄无声息地掠过中国夜空时，分别向青海的德令哈和云南的丽江发出两道绿色激光束。那里的地面站也同时发射出指向卫星的红色激光束。天上地下交相呼应地锁定了目标。卫星上装置的仪器随即以“自发参数下转换”方式产生大量的纠缠光子对，分别发送给两个地面站。这是一个复杂而精巧的过程。“墨子号”所发出的光子对大约只有六百万分之一能够被两个地面站同时接收到。但即便如是，在卫星同时覆盖德令哈和丽江的短短四分半钟，两个地面站采集到1000多个这样的光子进行测量，证实它们的量子态违反了贝尔的不等式。[114-115]

在地面上，德令哈与丽江直线距离约1200千米，其间阻隔着中国西部的崇山峻岭。因为两地都处于空气稀薄的高原，光子从卫星到地面站路程中所受大气干扰相对较少，适合“墨子号”的初试锋芒。“墨子号”也果然不负众望，有史以来第一次在如此之远的距离上展示出量子力学的非局域性。

接下来，“墨子号”又毫无悬念地完成了量子隐形传态和密钥分发的实验，相继打破这些奇异运作的距离纪录。

塞林格所在的维也纳与中国相隔着六个时区。卫星无法同时出现在它们的上空。2017 年 9 月，“墨子号”实施了一次新的操作。在相继通过奥地利的格拉兹和中国河北的兴隆地面站上空时，“墨子号”依照“BB84”方案分别与两个地面站完成量子密钥的分发，建立保密的通信渠道。随后,“墨子号”作为“可信中继”，为这两个相距 7600 千米的地点传送了密电码。通过这个高度保密渠道，中国物理学家给他们的奥地利同行传送了一幅墨子的画像。奥地利人投桃报李，也回送了一幅他们的骄傲：量子力学创始人、“纠缠”命名者薛定谔的照片。作为这个离子通道更实际应用的象征，塞林格还代表奥地利与中国科学院院长白春礼进行了一次长达 75 分钟的视频通话。[116]

班尼特和布拉萨德的“BB84”量子密钥分发是让通信的一方产生纠缠的光子对，然后将其中之一送往对方。经过一番互为独立的随机测量，双方剔除测量中没有对上号的光子，然后将对上号的光子随机选取一部分作为样品进行核对，确认过程中没有被人偷听或干扰。最后剩余光子的量子态便可以用来作为加密通信的密钥。

那时还是牛津大学研究生的埃克特在 1991 年意识到这个过程中所用的纠缠光子对其实并不需要来自通信中的一方。任何第三方——甚至就是企图偷听的敌方——都可以提供这样的光子对。因为量子态和纠缠的绝对保真性，光子对的来源和获取途径完全不需要保密。因为任何做手脚的企图都会在通信双方核对过程中被察觉，不存在得计的可能。

埃克特还指出用测量时对上号的光子核查也是不必要地浪费了资源。当甲方和乙方在互不通气条件下进行随机测量时，他们所进行的正是贝尔对量子力学的检验。那些没有对上号的光子不是只能作废的边角料，它们的测量结果中含有重要的信息：只有“纯真”的纠缠光子对会在这样的测量中表现出违反贝尔不等式的行为。如果它们被做过手脚就不可能再保持量子世界独有的非局域性。因此，埃克特提议将那些被剔除的光子的测量信息“废物利用”为核对的样本。这样所有对上号的光子都可以被充分利用为密钥信息，减少光子对数量的需求。

那便是“E91”量子密钥分发方案。它不仅改进了原先“BB84”方案，也是贝尔不等式在现实世界获得的第一个实际运用——正如埃克特让贝尔本人大为惊讶的预测。[48]231,316;[101]239

2020 年，“墨子号”作为只负责产生、分发纠缠光子对的“第三方”为德令哈和新疆的南山地面站实现了基于“E91”方案的量子密钥分发。这两个地点相距 1120 千米，也相隔着千山万水。两地只能借助卫星才能取得直接联系。与三年前不同，“墨子号”这次不再需要充当仍然含有安全隐患的“可信中继”。在分发纠缠光子对后，她完全置身事外。德令哈与南山之间利用那些光子对构造密钥，实现了全程无中继的安全保密通信。[117]

第 58 章　量子的霸权

在量子通信大张旗鼓进入现实世界的 21 世纪，另一场科技竞赛也在蓬勃展开。这场竞赛不限于象牙之塔。政府机构、私营企业尤其是高科技工业界也纷纷大举投资，加入角逐的行列。他们的共同目标是费曼的梦想和普雷斯基尔心目中的“霸权”：量子计算。

早在 1935 年时，薛定谔呼应爱因斯坦对量子力学的质疑，冷嘲热讽地提出自己的假想实验。他没料到那只猫会在几十年后变得广为人知，成为量子世界之匪夷所思的代表形象。当然，他更不会意识到那个戈德堡机器式无意义且冗杂的装置其实也是一个简单的量子计算机。

那个假想的实验中有一个箱子，将其内部的量子世界与外部的经典世界完全隔离。两个世界只有在箱子被打开时才会有所交流。实验开始时，箱子里有一只活着的猫，还有一个随时可能发生衰变的放射性原子[①]。这个原子处于由“衰变了”和“未衰变”两个本征态构成的叠加态中。与光子的自旋量子态一样，那是一个量子比特。

这个量子比特本身意义不大：一个原子在何时——或是否——发生衰变只是一个没人在乎的概率问题。但如果原子的衰变会决定一只猫的性命，那这个量子比特的数值便有了更实际的含义——尤其是对于爱猫人而言。正是出于这么个哗众取宠的动机，薛定谔想象那只宏观的猫也会处于“活着”和“死了”的叠加态，也是一个量子比特。

当然，如果箱子里只有原子和猫，那这两个量子比特之间并没有直接的联系。即使原子发生衰变放出一个 α 粒子也不可能杀死一只活生生的猫。猫的量子态也就不会随原子的量子态变化。无论人们什么时候打开箱子观察，都会看到猫活得好好的——除非猫已经自己饿死或被闷死了。

于是薛定谔又在箱子里放置了探测 α 粒子的盖革计数器和毒药瓶、锤子等部件，人为地将猫和原子的两个量子态“纠缠”起来。猫的死活与原子的衰变息息相关，两个量子比特因而有了新的意义。箱子里面不再只是一个简单的概率问题。

---

① 薛定谔的假想实验中放射性原子的数目可多可少。为便于叙述，这里以一个原子为例。

它成为一个模拟着“现实世界”中可能发生场景的计算机：两个量子比特在箱子的庇护下没有外在干扰，共同依照量子规律演化。当箱子被打开时，人们可以清晰地看到计算的结果：猫或者已经死了或者还活着。

纠缠着的量子比特、与外在环境的隔绝、可设置的初始条件和可观测的最后结果，这些便是量子计算机的基本要素。

光子在量子通信中得天独厚。它以光速运动，可以在大气中、光缆里上天入地，在极短时间内被派送或将信息传输到遥远的所在。然而，距离在量子计算机中却不重要，反而会是一个累赘。如果承担着计算任务的光子各奔东西跑得远不可及，显然不适合观测其计算的结果。

如同降伏一个跟斗能行十万八千里的孙悟空，物理学家可以在光子的行进路线上布置镜子，让它只能在镜面之间来回反射，无法飞出这个如来佛的手掌心。这样的“光腔”（optical cavity）可以长时间地将光子束缚在不大的空间，相当于薛定谔的箱子。当年，威斯纳正是想象用极其微小的光腔囚禁单独的光子，长期保持其量子态作为无法假冒的钱币序列号。他没能料到这样的“共轭编码”会在几十年后成为举世瞩目的量子比特。

因为不需要远距离分发，能够胜任量子比特角色的材料丰富多彩，不像量子通信中光子一枝独秀。激光制冷后的原子、离子也是相当理想的选择。它们基本上没有热运动，因而其量子态很“纯正”，不受噪声干扰。被激光束捕获后，它们孤悬空中，与外界环境几乎完全隔离。同时，它们的量子态可以方便地通过激光或无线电波操纵和测量。怀恩兰就是在两个被捕获的离子间实现了最早的量子计算逻辑门。

但无论是光腔中的光子还是被捕获的原子、离子，它们只能在实验室的特定条件下保持其精巧的量子态。在 20 世纪下半叶，物理学家已经在诸如半导体、超导体等材料中观察到各种宏观尺度的量子现象。这些量子态同样可以用作量子比特。众多不同专长的物理学家、工程师因而有了用武之地。他们各显神通，创制多种多样更便于普及推广的量子计算设备。[101]153-165

在图灵设计的传统计算机中，比特只能存储一个简单的数值：0 或 1。威斯纳发明的量子比特却是一个量子力学才有的叠加态，可以同时拥有从 0 到 1 的所有可能状态。因而量子比特的信息量远胜于传统的比特。但量子计算之霸权所在却远远不止于此。

比特是信息的最小单位。现代电子计算机之所以威力强大，是因为它们可以同时运作数量惊人的比特。今天，一个普通的手机能处理的比特数量就已经堪比天文数字。

传统计算机中的这些比特互相之间没有内在的联系。当计算机读取硬盘上单独的一个磁头时，它获得一个比特的数据。如果它同时读取 100 万个磁头，便会获得 100 万比特的信息。信息量与比特数目成正比，是一个线性关系。

那相当于只有原子和猫的薛定谔箱子。那两个量子比特所含的信息与传统比特一样是简单相加。但有了盖革计数器和毒药瓶等之后，箱子里的两个量子比特发生纠缠，就与传统的比特有了质的区别。[101]135-138

还在新量子理论的草创之初，海森堡用薛定谔的波动方程求解氦原子的光谱。他发现了量子力学中的一大惊奇：描述氦原子两个电子的波函数不是它们各自在三维空间中波函数的简单合并。它们共同的波函数只能在抽象的六维希尔伯特空间中表述。两个电子之间因之若有灵犀，存在更深层次的联系。正是这个鬼魅般的超距作用让爱因斯坦寝食不安，孤独而顽固地花费了十年光阴挑战量子力学的合理性，由此启发薛定谔提出他的箱子和猫。

氦原子只有两个电子，是仅次于氢的最简单原子。在元素周期表的另一端有着电子数量在 100 上下的“大型”原子。它们的波函数占据着几百个维度的希尔伯特空间。这样的波函数拥有的信息量随空间的维度——也就是电子的数目——指数增长。这不仅超越人类大脑的想象力，也会让传统的计算机束手无策。费曼正是从那些大原子中看出经典计算机的局限，认定它们无法胜任模拟物理世界的任务。

但相应地，如果像置放盖革计数器和毒药瓶那样让量子比特发生纠缠，它们就会如同氦原子的两个电子一样有能力存储比两个孤立的量子比特多得多的信息。这样的纠缠量子比特自然地具备与数目呈指数增长的存储和运算能力，正好与所需求解的量子问题势均力敌。

费曼意识到这样的量子计算机不仅可以像薛定谔的假想实验那样模拟量子世界中猫的死活，也同样可以用来对付那些所需资源也会指数增长的经典计算难题。将一个大整数分解为它所含的因子正是这样一个让现有计算机无能为力的问题。肖尔后来证明量子计算机果然完全可以胜任，从而对行之有效的 RSA 密码方式构成潜在的威胁。

自那以后，其他一些能够显示量子计算机霸权的算法也陆续被发现。它们万事俱备，只等量子计算机的横空出世。

无论是原子的级联辐射还是“自发参数下转换”，它们能产生的只是一对纠缠光子。迟至 1998 年，塞林格才与潘建伟等学生一起实现了自己 8 年前理论预测且一直梦寐以求的由 3 个光子组成的 GHZ 量子态。[92]222 它们在测试贝尔不等式、探讨量子力学非定域性等学术问题上意义重大。但作为量子计算，区区两三个量子比特只是杯水车薪，无法体现出指数增长的运算实力。

2007 年，还是中国科技大学研究生的陆朝阳在导师潘建伟的指导下实现了 6 个光子的纠缠态（图 58.1）。他们还成功地用这些量子比特实施肖尔的算法，完成了将整数 15 分解为 3 和 5 两个因子的运算。①[118]

图 58.1 陆朝阳（左）和潘建伟在中国科技大学的实验室中

这当然只是一个小学生都会做的算术题，对于今天已有的计算机、计算器甚至古老的算盘来说都不值一哂。但对量子计算机而言却是迈出了一大步。

其实，美国的 IBM 公司早在 2001 年就曾宣布完成对 15 的因数分解。他们采用的是那时流行的一种设计，利用早已成熟的磁共振实验中原子核的自旋量子态作为量子比特。这样的量子计算机曾经轰动一时，也率先成为在市场上销售的商品。但因为磁共振中的量子态只是独立的量子比特，互相之间不能形成纠缠，其结果备受争议。像缺少了毒药瓶的薛定谔箱子，这样的设备不具备计算能力随量子比特数目指数增长的优势，不被认可为“真正的”量子计算机。[101]192-216

2018 年，已经成为中国科技大学教授的陆朝阳和潘建伟合作，再度施展他们在量子隐形传态中一箭双雕的故技。他们同时运用光子的自旋、位置和轨道角动量 3 个不同自由度，在仅有 6 个纠缠光子的系统中发展出具备 18 个量子比特的计算能力。[119]

2019 年，美国的新兴高科技公司谷歌宣布他们已经生产出 53 个量子比特的“悬铃木”（Sycamore）计算机芯片。这个芯片采用的是超导体材料，在极低温度下运行。他们用这个芯片在 200 秒的时间内完成了现今最强大的超级计算机需要花费一万年的运算。因此，他们激动地发布新闻，宣告量子计算机已经第一次展

① 澳大利亚和加拿大的一个团队也同时发表了同样的结果。

示出霸权的风采。

已经有近一个世纪历史的 IBM 对后起之秀的冒失不以为然。他们随即质疑，认为谷歌对经典计算机有失公平：如果为经典的计算机提供更优化的条件，那它也能在两天半内完成同样的运算。所以，谷歌的量子计算机虽然的确已经显示出计算上的优势，但与解决传统计算机力所不及难题的宝座却依然遥不可及。①[120]

当年正是以商务机器特别是超大型计算机起家的 IBM 在这场竞争中自然不甘落后。2020 年 9 月，他们推出了 65 个量子比特的芯片，并大张旗鼓地宣布将在 2023 年上市多达 1000 个量子比特的计算机。这个规模的计算机将不再只是科学家、工程师手里的玩具，会具备一定的实用价值。更长远地，IBM 和谷歌都已经在积极地为未来十年内建成具备 100 万量子比特的量子计算机做前期准备。[121]

尽管有着政府部门、大专院校、商业公司的共同努力，量子计算机至今能完成因子分解的最大整数还只是 21。显然，这根本无法对使用几百位大整数的 RSA 加密算法构成任何威胁。依照肖尔的算法，未来将出现的 1000 甚至 100 万量子比特计算机对 RSA 的密码也还是无可奈何：目前估计破解大数因子分解的 RSA 密码需要 10 000 亿个量子比特。[101]358 况且，数学家、密码学家也正紧锣密鼓地寻找比大数因子分解更难以破解的非对称运算，增强 RSA 的防御能力。也许，当能够破解 RSA 的量子计算机终于出现时，RSA 本身也早已被更先进的密码技术——包括量子密钥传送——取而代之。

犹如当年的心灵感应特异功能，量子计算对 RSA 的威胁虽然不尽实际、迫切，它还是引起了从政府到民间的广泛兴趣和投资支持，由此催生 21 世纪初的量子技术新风潮。而与此同时，科学家也在想方设法为量子计算机寻找别的突破点和有限的成功机会。

今天人们熟悉的计算机运行着五花八门的应用程序，涵盖日常工作、学习和休闲的方方面面，成为不可或缺的得力工具。这正是图灵在第二次世界大战之前就已经提出的通用计算机概念：计算机可以在随时更新的应用程序操纵下胜任所有的计算任务。

但在现代计算机问世之初，这样的通用工具并不存在。图灵自己在战争期间

---

① “量子霸权”的说法近年来逐渐被“量子优势”（quantum advantage）取代。但后者显然不足以表达量子计算与经典计算之间的天壤之别。

埋头研制的也只是为破译德国军队通信密码而量身定制的专用计算机。那样的机器目标单一，无法随意改弦更张去解决其他问题。

也是在那场大战期间，美国军方研制了一台“电子数值积分和计算机”①，专门用来制订战场上需要的火炮瞄准参数表格。但这台缩写为 ENIAC 的机器在 1945 年年底建成时战争已经结束，错过了它的使命。在冯·诺依曼的推动下，ENIAC 最终被“废物利用”，改为研制氢弹的模拟计算工具。在那个脱胎换骨的过程中，ENIAC 也一举成为历史上第一台图灵式的可编程通用电子计算机。[101]91-92,365

历史也许会重复。最先达到使用目的、展现量子霸权身姿的可能并不是通用的量子计算机，而是为某个特定目的设计的专用机器。为此，麻省理工学院的斯科特·阿伦森（Scott Aaronson）教授和他的研究生亚力克斯·阿尔希波夫（Alex Arkhipov）提出“玻色子取样”②问题，作为一个可以直接实现的量子复杂性样本。

当一个光子遭遇一片分光镜时，它会有两条可能的路径：被镜片反射或透射到镜片的另一侧。设想在实验台上随机地放置有很多个分光镜。光子进入这个“迷宫”后会不断地被反射和透射。最终它会从哪个方向逃出有着极强的随机性。如果用大量的光子重复这个过程，光子在不同出口处出现的概率会呈现出一定的统计分布。

这是一个颇为普通的概率习题。在给定的条件下，使用普通计算机可以很容易地模拟出结果。然而，如果在实验中让大量具有相同量子态的光子一起进入这个迷宫，情形却会大相迥异。

因为洪庭基、区泽宇和曼德尔发现的 HOM 效应，当两个光子恰巧在同一时间来到同一片分光镜的两侧时，它们作为不可分辨的玻色子会发生干涉而总是出现在镜片的同一侧。也就是光子路径选择的概率发生了变化。但如果仅此而已，这个问题的复杂性也没有增加太多。只要稍微修改模拟程序中的逻辑参数就能解决。

然而，如果有三个、四个或更多的光子同时来到一片分光镜时，计算程序会很快遇到困难。因为这是一个量子的过程，光子路径选择的可能性不只是随光子的数目成正比地线性递增，而是会急剧地增长。当迷宫中同时有着大量的光子和分光镜时，这个问题的复杂性会很快超越经典计算机所能有的资源和能力。

阿伦森和阿尔希波夫证明这个玻色子取样其实是一个求解矩阵“积和式”

① Electronic Numerical Integrator and Computer

② boson sampling

（permanent）的数学问题。那正是一个已知的复杂性随矩阵大小急剧增长的计算难题。作为物理过程，这也恰好是一个费曼式的范例：光子表现出的量子行为超越经典计算机的模拟计算能力，但应该可以直接以量子行为进行模拟。[122]

这个并没有实际应用价值但很有启迪意义的问题因此引起了物理学家的注意。因为能操作、探测的光子数目有限，早期的实验并没能真正体现出其中的复杂性。直到 2020 年年底，潘建伟和陆朝阳的团队再次发表引人注目的突破。

在他们的实验室里，300 个随机置放的分光镜组成一个巨大的迷宫。它有着 100 个不同的进口和 100 个不同的出口。每次实验时，大量光子随机地由那些入口进入迷宫，在历时 200 秒的反射、透射、干涉后在出口处被逐一探测，显示出这个玻色子取样的“计算”结果①。他们实验中探测到最多的光子数曾达到 76 个。潘建伟估算当代最先进的超级计算机需要 25 亿年才能计算出这么多光子在各个出口处出现的概率。而在这个实验中，这个结果在 200 秒内便揭晓。

在谷歌的量子霸权新闻亮相短短几个月后，这个结果再度引起媒体轰动。像薛定谔的箱子只能模拟猫的死活这一特定问题一样，这个以古代计算经典著作《九章》命名的实验属于为玻色子取样问题专门设计、运作的“计算机”（图 58.2）。但毫无疑问，它成功地获取了一个无法通过经典计算机模拟演算的物理、数学结果。

图 58.2　中国科学技术大学完成“玻色取样”运算的“九章”计算机

在陆朝阳和潘建伟所在的中国，他们的一系列成就有着更深层的含义。在分别以墨子卫星和九章为标志的量子通信和量子计算领域，这个东方古国在 20 世纪 80 年代的改革开放几十年后，终于在全球性的科技竞赛中脱颖而出。他们不仅跻身领跑行列，甚至已经取得一马当先的优势。对这个曾经灾难深重的国度和国民来说，这是一个史无前例的时刻。

① 这个实验中实际运用的是一个叫作“高斯玻色子取样”的特例。

第 59 章　量子的回归

美国谷歌的悬铃木和中国科技大学的九章都是在 200 秒内完成经典计算机至少需要多年甚至压根不可能的运算。这个短暂的时间不仅仅是一个有趣的巧合，也基本体现了目前量子计算机的极限所在。

薛定谔假想中的箱子是一个理想的屏障，保证在被打开之前里面的量子世界不会受外面经典世界的干扰。如果那个箱子有着缝隙，那么箱外任何有意无意的偷窥对箱子内的量子态来说都是一次“测量”，会导致其波函数坍缩而提前终止实验。

无论是怎样的设计，现实的量子计算机都不可能将它们的量子比特完全与世隔绝。光子在光腔中不断的反射过程中不可避免地会被吸收、散射而损失。被激光捕获的原子、离子时刻会受温度、电磁场随机涨落的影响。超导体、半导体等宏观材料中的量子态则更容易被其所在环境干扰。它们或者会失去彼此之间好不容易形成的纠缠，不再具备计算能力随量子比特数目指数增长的霸权优势；或者干脆完全失去它们拥有的量子态。

当然，即使是经典的计算机也时常会遭遇环境干扰或自身硬件故障所造成的问题。为了保证计算的顺利进行，计算机中用于数据存储和运作的芯片、硬盘等都会采用冗余的设计。它们将到来的信号复制多份，分别在不同区域施行同样的操作，然后通过比较结果的一致性来察觉、刨除随机因素带来的错误。

这个行之有效的手段却无法在量子计算机上使用。由于量子态的不可克隆，它们也就不能被复制多份用以重复操作。这个难题曾经一度让专家们灰心丧气，怀疑量子计算机的根本可行性。好在肖尔及时发现了一个利用多个量子比特之间的纠缠查找、纠正错误的方法，挽救了这个新兴技术。[101]148-152 陆朝阳和潘建伟在 2007 年实现的 6 个光子纠缠便是第一个拥有足够数目量子比特可以执行纠错程序的量子计算系统。

在 21 世纪，量子计算领域有着一个新的行业术语：“退相干”（decoherence）。量子计算机中精巧、娇嫩的量子态及之间的纠缠只能在有限时间内保持其量子的

“相干性”(coherence),[①] 然后就会因为各种因素发生退化，导致计算的失败。因此，与量子通信竭力扩展光子对分发的距离相应，量子计算则是在与时间赛跑。设计人员想方设法通过更有效的屏蔽以及自动检测、更正错误等方式延迟退相干的发生，抢在量子态消失之前完成计算任务。

其实，退相干是祖瑞克早在 1981 年就已经提出的一个概念。它并非针对量子计算机，而是对量子力学行为的普遍描述。祖瑞克那时还是在得克萨斯大学旁听惠勒量子力学课程的研究生。在惠勒的邀请下，被主流物理学界排斥的艾弗雷特、泽赫、多伊奇等人相继来到他们学校讲解各自的“异端邪说”。祖瑞克因而接触到众多新思想，尤其对艾弗雷特的多世界诠释有了深刻的印象。泽赫在对那个诠释的推广中也已经提出退相干的想法。

那年，祖瑞克在一篇论文里正式提出所谓量子世界就是一个相干态。薛定谔箱子里的猫处于既死又活的叠加态时是一只量子的猫，具备着不同量子态之间的相干性。在箱子被打开查看之后，那只猫或死或活，不再具备原有的相干性。猫的状态在箱子打开的那一刻发生了退相干，从此“只是”一只经典的猫。

这个描述似乎就是冯·诺依曼测量理论的翻版：原来的波函数坍缩被换成退相干这么一个听起来似乎更时髦的名称，测量的过程则被改成比较泛泛的外界影响。但祖瑞克的用意在于那个年代物理学家开始意识到的一个问题：日常生活中的经典世界是怎么出现的？

曾几何时，索尔维会议上的先辈们对新发现的量子现象莫衷一是，无法理解自然界怎么会突然冒出那么一个熟知的经典定律甚至语言都无法描述的奇异新世界。玻尔认定宏观与微观是两个分立的世界，遵从不同的物理定律。它们只在宏观的仪器对微观的现象进行测量时才会有所交流。但无论爱因斯坦在会上如何追问，玻尔也没法具体地给出这两个世界之间的界限。他心目中有一个薛定谔箱子的存在，却无法阐明箱子所在何处，又是如何发挥其功能的。

在 1905 那个奇迹年，专利局中的青年爱因斯坦相继发表光电效应的量子解释和狭义相对论，揭开现代物理学两场革命的序幕。相对于他的光量子在其后十来年无人喝彩，相对论很快得到了广泛的认可[②]。虽然颠覆了人类的时空观、宇宙

---

① 激光束的相干便是相干性的一种。

② 除了诺贝尔奖委员会和当时德国一些怀有政治性动机的物理学家。

观，相对论依然是牛顿经典力学的自然延伸。当物体的运动速度远小于光速、质量不足以产生极强的引力场时，狭义和广义相对论都会自然地以近似方式回归牛顿动力学。无论数学形式还是逻辑理解，这里没有难以接受的困惑。

这就是说，自然界中不存在奇异的相对论世界与日常的非相对论世界的区别和分野。相对论中没有相应的薛定谔箱子。即使静止不动时，我们也是生活在狭义相对论的世界里。只不过其特有的“钟慢尺缩”过于微小，我们无法觉察。同样，我们身边的物体、地球和太阳都不足以造成可探测的时空弯曲。但毫无疑问，我们日日夜夜都生活在广义相对论的世界中。

量子力学却没有同样自然回归经典动力学的途径。玻尔在哥廷根与海森堡第一次见面散步时就已经言及这个难题。他后来为此提出对应原理作为弥补。但他那微观和宏观属于两个不同世界的观念甚是突兀，即使在哥本哈根诠释成为物理学正统后也没能得到认可。后代物理学家普遍相信作为对物理世界更深层次的描述，量子力学是与相对论一样的普适理论，适用于整个自然界。与相对论效应一样，我们在日常生活中看不到量子的神奇不过是因为其效应过于微小。况且，在超导、超流、激光等一些极端条件下，量子效应也已经在宏观世界中显现。

然而，从玻尔的原子、德布罗意的波、海森堡的矩阵、薛定谔的方程到狄拉克、费曼的表述都是人为地将表征量子行为的普朗克常数强行嵌入经典的动力学。他们这些量子化过程清晰地表明量子世界与普朗克常数息息相关。当这个数值趋于零时，量子力学也就自然地回归经典力学。

只是普朗克常数不像速度、质量那样是一个数值可变化的物理量。它顾名思义是一个常数，不具备改变其数值的机制。因此，量子力学无法像相对论那样在日常的条件下平稳有序地回归为熟悉的经典力学。量子的定律与经典的定律之间因而存在一道无可逾越的鸿沟。如果我们其实是生活在量子的世界，为什么却从来看不到波函数的坍缩？身边这个经典的世界是在什么时候、又是如何从量子定律中脱胎而出的？

在正统的哥本哈根诠释中，“测量”是这个转变的契机。当箱子被打开的一刹那，原来处于既死又活叠加态的量子的猫变成了或死或活的经典的猫。对于箱子里的世界来说，这是一个突然而瞬时的转变，其间没有可描述的物理过程。而作为触发的测量又是如此诡异，以至于维格纳不得不断定必须有人类意识的参与才能奏效。

“测量”也无法解释我们今天为什么生活在一个经典的世界里，除非某个意识的上帝曾在某个时刻打开过宇宙的“箱子”。

祖瑞克的退相干摒弃了测量的过程和观测者存在。除了宇宙作为一个整体，任何量子系统都时时刻刻会受到外在环境的影响而失去原有的相干性，“退化”为不再有叠加态的经典系统。这个简单的概念因而可以同样地适用于没有人类存在的远古，以及地球之外的浩瀚世界。

与早年玻姆非局域的隐变量、艾弗雷特的世界分裂不同，退相干不是一个不需要时间的神秘突变。恰恰相反，相干性的退化——量子系统向经典系统的转变——是一个随时间演化的物理过程。祖瑞克的模型表明完成退相干所需要的时间与系统的质量成反比。这样，微观世界中的粒子因为质量微乎其微有着相当长的退相干时间，足以让我们观察到它们尚未退化的量子行为。反之，宏观世界的质量巨大，退相干时间极短。其量子行为也就稍纵即逝，无从捕捉。所以，我们日常所能看到的只是一个经典的世界。[33]228-233 量子世界走向经典世界的回归因而取决于系统的质量。

这样一个简明、清晰的概念首先在整天担忧量子态丧失的量子计算机领域引起共鸣，成为他们的日常语言。

在 20 世纪末，年轻的祖瑞克没有因为离经叛道而沦为持不同政见者。他有着越来越多的同道。主流的物理学家那时也纷纷加入挑战、修补哥本哈根正统的战团。

曾经一针见血地指出赫伯特超光速通信设计中漏洞却错过了发现量子态不可克隆定理的意大利物理学家吉拉迪、里米尼和韦博推出了以他们姓氏命名的 GRW 理论。他们在薛定谔方程中引入描述波函数坍缩过程的附加函数，描述坍缩过程随时间的演化。与退相干相似，他们的理论也能体现出宏观世界与微观世界相比有着极快的坍缩速度，因此只会表现出经典行为。[6]193-195,[33]235-238

牛津的著名理论物理学家罗杰·彭罗斯（Roger Penrose）① 也在改写薛定谔方程。他引入的附加因素却来自物理的实际：引力。彭罗斯论证，如果双缝实验中的一个物体处于两个不同地点的叠加态，它的质量就会同时引起那两个不同地点的时空弯曲。这会造成一个不稳定状态，触发波函数的坍缩，或退相干。这也是

① 罗杰·彭罗斯在 2020 年因为黑洞的理论研究获得诺贝尔物理学奖。

一个无须测量也不需要人类存在的客观过程。[6]188-193,[32]134-141

因为提出基本粒子夸克模型获得诺贝尔物理学奖的盖尔曼也在艾弗雷特、泽赫、祖瑞克等人的基础上提出他自己的“退相干历史”（decoherent histories）诠释。他并不主张有多个世界的存在，但认为我们这个世界在演化进程中曾经有着多重的历史。我们只是碰巧生活在其中之一。[33]253

在20世纪初的索尔维会议上，物理学家也曾经同样地众说纷纭。但在世纪之末，理论的思辨已经不再是理解量子世界的唯一途径。即便在量子力学的基础问题上，物理学也在回归其作为实验科学的本性。与波函数坍缩的莫名其妙相反，退相干或其他类似的机制是可以接受实际检验的物理过程。在理论学家的滔滔不绝面前，实验物理学家也不再只是作壁上观。他们有了更大的发言权。

1976年，塞林格在研究生期间与导师劳赫一起进行了单个中子的双缝实验，证实中子有着量子的叠加态。在那之前，还只是没有质量的光子和质量微不足道的电子表现过这样直接的量子特性。当然，即使中子的质量是电子的近2000倍，它也还只是一个微不足道的“基本粒子”。

在20世纪90年代初，世界各地的物理学家已经分别用惰性原子氦和氖进行了同样的双缝实验。虽然原子比中子又大得多，氦和氖也只是由区区几个中子和质量与之相应的质子组成的小原子。正当他们稳扎稳打地逐步尝试质量更大的原子甚至小分子时，已经是维也纳大学教授的塞林格在1999年突然独树一帜。他和博士后马库斯·阿恩特（Markus Arndt）果断地采用十多年前才发现，由60个碳原子组成状如空心足球的“富勒烯”（Buckminsterfullerene）分子进行了双缝实验，成功地看到了它们的干涉条纹。

阿恩特后来成为维也纳大学的教授。他20年孜孜不倦，试图突破观察量子叠加态的质量上限，终于在2019年放出一颗大“卫星”。他们使用一个有着284个碳原子、190个氢原子、320个氟原子、4个氮原子和12个硫原子的“巨型”分子完成了双缝实验。这个有着10 000多个质子、中子质量的“庞然大物”也经受了考验，展现出量子的叠加态。①[6]196-205,[112]

塞林格认为只要能够逐步克服技术上的困难，更大的分子，甚至接近宏观的微粒也能完成这一实验，在退相干之前展示出其内在的量子态。也许会有一天，

① 这个分子是精心设计和人工合成的产物。它既能保持自身的稳定性又几乎不与其他物质发生反应。因而可以不受仪器干扰地完成双缝实验。

有生命的病毒、细菌也能在实验室中走向双缝，真实地进入薛定谔的猫那样的生死叠加态。[92]249

当薛定谔把他假想的猫关进装有放射性原子和毒药瓶的箱子里时，他只是为了揭露量子力学叠加态在日常熟悉的宏观物体上会表现出的荒诞。正如爱因斯坦未曾预料他“鬼魅般超距作用”讥讽竟会成为物理实在，薛定谔也断然不会想到后世的物理学家会一本正经地在实验室里试图实现他这个自认为“恶魔”式的装置。

诚然，现在还没有人能够按字面意义去做那样一个实验①。物理学家只能退而求其次，寻找逐步接近的方式。

1996 年，怀恩兰在美国利用激光制冷的铍离子进行了一次有意思的观测。被捕获的铍离子只能在激光束形成的囚牢中作极为轻微的振动。由于铍原子质量相对较大，这样的振动基本上不具量子特征，可以看作经典的猫。同时，这个铍离子中的电子可以在激光的激发下进入同时处于两个能级的叠加态中，相应于既衰变了又未衰变的放射性原子。在他们精心的操纵下，铍离子这两个不同的自由度实现了耦合。也就是离子振动的“猫”与电子跃迁的“放射性原子”发生了量子纠缠。

几乎同时，法国的塞尔吉·阿罗什（Serge Haroche）也开展了同样性质的实验。他们将光子囚禁在由两面镜子组成的光腔之中。光子在其中的来回运动成为这个实验中的“猫”。然后，阿罗什让一个处于高激发态的铷原子穿过光子的路径。因为频率差异，铷原子无法吸收光子，但能在与光子的碰撞过程中与光子所处的量子态耦合而纠缠。

这两个实验都制备出两个质量差异明显的量子态之间的纠缠，在一定程度上近似于薛定谔箱子里宏观的猫和微观的放射性原子。但更具意义的是，他们都能够对这些纠缠叠加态进行细致的测量，实时地观察它们逐渐失去纠缠——退相干——的过程。那完全不是冯·诺依曼和玻尔所想象的瞬时坍缩。[123]

因为这些匪夷所思的实验和对单一光子、离子、原子等量子系统测量中的贡献，怀恩兰和阿罗什在 2012 年分享了诺贝尔物理学奖。

---

① 更何况那一定会激怒所有的爱猫人士和动物保护者。

第 60 章 量子的随机

1978 年，33 岁的莱因霍尔德·伯特曼（Reinhold Bertlmann）刚出校门不久，来到欧洲核子研究中心工作。几个星期后，他与那里比他大 17 岁的贝尔一见如故。两人合作基本粒子理论研究，成为亲密无间的朋友。

奥地利出生的伯特曼每天穿着整洁。但那笔挺的裤腿掩藏着一个小小的秘密：他永远会穿着两只不配对的袜子。在激情的 20 世纪 60 年代度过求学生涯后，这成为他为当年反叛精神保留的一丝怀念。

他万万没想到这个不引人注意的细节会成为自己在知识界出名的原因。

1980 年 6 月，贝尔应邀在巴黎做一个通俗讲座。听众是当地的哲学家和其他非物理专业学者。当伯特曼后来看到贝尔的讲稿时，他震惊得差点晕倒。贝尔的题目赫然是《伯特曼的袜子和实在的本质》[①]。

演讲伊始，贝尔煞有介事却又漫不经心地娓娓道来：没吃过量子力学课程苦头的哲学家不会觉得爱因斯坦、波多尔斯基和罗森对量子力学的质疑有什么大不了。因为日常生活中有关联的事件比比皆是，比如那个“经常被提及”的伯特曼的袜子。

图 60.1 贝尔手绘的“伯特曼的袜子”

贝尔专门绘制了一幅草图（图 60.1）。图中的伯特曼正气宇轩昂地走来。他迈出的左脚已经进了门，裤腿下露出一小截袜子。贝尔标记那是一只“粉红”的袜子。伯特曼的右脚还留在门外看不见。贝尔用箭头指明那只脚上的袜子肯定“不是粉红色”。

只有小孩子才会天真地询问两只袜子为什么总能挑出不同的颜色，或者那第二只袜子是如何知道第一只袜子的颜色选择的。对成年人来说，这背后完全不会有什么神秘可言。贝尔承认，那 EPR 论文中的质疑听起来就像是这样的傻孩子问题。

---

① “Bertlmann’s Socks and the Nature of Reality”

贝尔解释伯特曼那两只袜子的颜色是伯特曼在那天早上选好了的。无论有没有人看到、如何看到，他左脚的袜子都会是粉红色而右脚袜子会是另一种颜色。这是不以人的意志为转移的客观实在，因而并不奇怪。

但在 EPR 的纠缠光子对中，光子的量子态是未定而随机的。它们只是在被观察时会同时展示出彼此相反的量子态。这个“左脚”的袜子不会总是粉红，但两只袜子的颜色却又有着神秘的关联。贝尔的不等式证明那不会是因为曾有个“伯特曼”为它们事先设定（隐变量），也不可能是两只袜子临时联络串通（特异功能）。那才是量子力学的诡异、爱因斯坦的心病。[33]219-221

在他这个不等式被克劳泽和阿斯佩的实验证实之后，贝尔并未满足。1989 年，就在格林伯格发表 GHZ 量子态的“不确定性原理 62 年”会议上，贝尔发表了他最后的演讲抨击量子力学理论的现状。他认为需要有一个更为准确的理论，解决量子与经典、微观与宏观、观测仪器与被观测系统等这些人为、随意的割裂。

与爱因斯坦一样，贝尔相信量子的世界是一个真实的物理实在。只是那是一个具有与经典世界截然不同的非局域性——因而在爱因斯坦看来属于不可能——的实在。对于惠勒“一切都是信息”的看法，他曾不无鄙夷地质问：“信息？谁的信息？关于什么的信息？”① 皮之不存，毛将焉附。如果没有了物理的实在，便无从谈起虚无缥缈的信息。[91]365-366

贝尔在 1990 年去世时，量子力学领域里正百花齐放，不断地涌现出各种新诠释、新思想。贝尔曾对其中的 GRW 理论情有独钟，希望能解决波函数坍缩的难题。[33]236-239 但他终究没能看到另一个新颖别致的诠释在十年后的世纪之交问世。

球赛开始时经常用抛掷硬币来决定哪个队先开球，因为硬币落地时正面或反面向上的概率各为 50%。只要没有作弊，这个来自大量投掷硬币积累数据的统计结果不会因人因时因地改变。这样的概率属于客观的事实。

还存在另外一类概率。我们看着天上的黑云会猜测是否马上就会下大雨。即将来临的大赛里，我们的球队有几分胜算？股票市场、房价有多大的可能会上涨或下跌？在这些问题上，每个人会做出自己的判断，并依此做出也许微不足道也许事关重大的生活决策。这类属于主观判断、信念的概率叫作“贝叶斯概率”（Bayesian probability），以 18 世纪的英国数学家托马斯・贝叶斯（Thomas Bayes）命名。

---

① Information? Whose information? Information about what?

贝叶斯的概率不仅因人而异，也会随时改变。一个球迷本来很悲观，觉得自己的球队只有 20% 的概率能赢。当他听到对方球队主力负伤的消息时就会大喜过望，立刻将自己的预期提升到 80%，甚至更高。

在克里斯托弗·福克斯（Christopher Fuchs）看来，这个生活中司空见惯的场景包含着量子力学的真谛。

比如爱因斯坦最早用来演示量子力学中问题的泡泡悖论。光子从光源发出后有一个随时间膨胀的球面形波函数。光子的位置无法确定，在球面的每个点都有着同样的概率。而一旦光子撞击到荧屏发出闪光，它的位置便瞬时确定。其概率在闪光点变为 100%，而在其他地点都骤降为零。这个在爱因斯坦看来不可思议的“过程”后来被冯·诺依曼和玻尔归结为波函数的坍缩，让后代物理学家费尽了周折。

福克斯认为他们都只是无事生非小题大做。光子在荧屏上发出闪光是一个新的信息。就像对方球员受伤的新闻会促使球迷更改他们的赢球概率一样，这个信号让观察这一现象的物理学家修改了他们对光子所在位置的判断：从球面上处处均等到只在那一个点上。这是他们主观意识对新信息的反应，因而是在瞬时中发生的。

而人们在打开薛定谔的箱子那一刻看到——从而知道——猫的死活更是不言而喻。

假如是维格纳的朋友先在实验室里打开了箱子，他即刻便知道了猫的死活。身在实验室之外的维格纳却还会继续认为那只猫的命运未卜，生死概率各为 50%。这也丝毫不值得大惊小怪。那个时刻的维格纳不过是一个尚未获知对方球员受伤新闻的球迷，仍然在悲观之中。而他消息灵通的朋友却已经在欢欣鼓舞。

当两个纠缠的光子被分别发送到北京和上海时，它们的量子态是一个谜。所有人只能猜测光子的自旋有同样概率会向上、向下、左旋、右旋等。北京的实验员对他们那里的光子实施了测量，获知其自旋向上。根据这一信息，他们同时判断出上海那个光子的自旋向下。在那个时刻，只有北京实验室里的人拥有着这个信息。实验室之外的人依然会像维格纳一样继续认为两个光子的量子态不确定。只有等到这个信息以口传、电话、电报、电邮等方式被广为告知后，得到消息的人才会及时修正他们的看法，知道北京那个光子自旋向上、上海那个光子则自旋向下。

这个过程合理自然，没有任何神秘莫测之处。那期间从未发生过超距作用，更谈不上鬼魅。

在北京进行的测量没有——也不可能——瞬时地影响到上海的任何行为。在北京的测量结果传到上海之前，那里的人对他们手中光子的认识与北京测量之前没有任何变化。而北京的测量结果也只能以不超过光速的传统通信方式传到上海，才会改变上海人的看法。这就是为什么赫伯特的超光速通信无法奏效，为什么量子隐形传态必须依靠另外设置的经典通道传递信息才可能成功。

这个新观点因而轻松地解决或避免了爱因斯坦的上帝掷骰子和鬼魅般超距作用以及维格纳的朋友悖论，在 21 世纪初的众说纷纭中独树一帜。因为它的基础是主观的贝叶斯概率，因而叫作“量子贝叶斯”（quantum Bayesianism）诠释。福克斯干脆把它简称为“QBism”。[6]243-254,[124],[125]

惠勒在 2008 年以 96 岁高龄去世时，他是最后一位曾经分别与玻尔和爱因斯坦合作过的物理学家。在“二战”前协助玻尔发展原子核裂变模型、战争期间和战后全力投入美国的核武器事业之后，惠勒先在 20 世纪 50 年代以他的“一切都是场”复活了爱因斯坦的广义相对论，又在 70 年代末以“一切都是信息”引领了学术界重新审视量子力学基础问题的新潮流。

在他硕果累累的科研生涯中，惠勒最为人津津乐道的还是他的学生群体。从早年的费曼、艾弗雷特到后代的祖瑞克，他直接影响了数以百计的青年才俊，间接的更不计其数。作为亲身聆听过玻尔教诲、经历过玻尔研究所辉煌的那一代，惠勒无疑是继承、重现哥本哈根精神的佼佼者。

福克斯也是惠勒的学生。他在大学期间通过惠勒的讲课和论文接触了以信息为主体的量子力学理解。从得克萨斯大学毕业后，福克斯转到新墨西哥大学师从卡尔顿·凯夫斯（Carlton Caves）攻读博士学位。凯夫斯也师出同门，曾是惠勒的学生基普·索恩（Kip Thorne）① 的学生。他们在那里进一步发展了惠勒的思想，形成量子贝叶斯的新诠释。

无论是哥本哈根的正统、玻姆的隐变量、艾弗雷特的多世界还是后来五花八门的各种诠释，它们彼此迥异的观点背后有着一个共同的出发点：量子力学中的波函数是描述诸如光子、电子等物体行为的指南。波函数的形状决定这些粒子在

① 关于索恩和他在引力波探测中的贡献，参阅《捕捉引力波背后的故事》。

受到某种测量时会呈现某个物理量数值的概率。薛定谔方程则决定性地描述了这些概率随时间的演变。概率和波函数描述的是粒子的客观行为，不以人的意志为转移。爱因斯坦因而把量子力学中的“骰子”指认为出自上帝之手。

凯夫斯和福克斯完全颠倒了这样的世界。在他们的量子贝叶斯诠释中，光子、电子没有自身的波函数或概率。量子力学所描述的完全是每个观察者头脑中的主观判断。这样的概率因人、因时而异，所以会存在维格纳和他的朋友、北京和上海之间的区别。所谓波函数的坍缩不过是人们通过测量或被告知而获得新信息时对自己原有判断、信念的更新。维格纳和他的朋友都没有造成猫的波函数坍缩，他们只是分别在不同的时间经历了自己认知中的“波函数”坍缩。

年幼无知的孩子不会知道硬币落地时会有 50% 的概率正面朝上。他们只会随意地瞎猜。在长大过程中，他们或许在很多次的投掷中有所领悟，或许在书本里、课堂上学到这一知识。那以后，他们会自然地预期硬币有一半机会正面朝上。除非情绪化使然，他们的主观预期与客观规律达成了一致。显然，光子、电子的量子态比硬币复杂得多，超越一般公众的知识能力。但专业的物理学家其实也与受过教育的孩子无异。他们吃过量子力学课程的苦头，在多年“闭嘴、计算”中掌握了求解薛定谔方程的技巧，能够娴熟地在同样的条件、信息下给出同样的答案，以至于他们的主观贝叶斯概率在与客观世界所表现出的概率如出一辙。他们只会在掌握不同信息的情况下才发现彼此之间的差异，导致“维格纳的朋友”“鬼魅般超距作用”等奇谈怪论。

贝尔如果在世，他也许会欣慰地看到量子贝叶斯诠释抹平了微观与客观、经典与量子之间的人为鸿沟。作为对将来某个事件发生概率的主观判断，这些区别自然地完全消失。在伯特曼到来之前，大家对他所穿袜子的颜色只能是随机的猜测。当他左脚迈进而露出一截袜子时，人们根据这一信息和对伯特曼怪癖的了解可以立刻做出判断：他今天左脚穿着粉红色的袜子，右脚穿的一定不是粉红色的袜子。这与根据观察到的现象和薛定谔方程判断光子、电子的行为概率没有任何区别。

爱因斯坦曾在惠勒和艾弗雷特的课堂上戏谑地发问：如果是一只老鼠在观察，宇宙的状态会改变吗？他的疑惑其实并非荒唐。出于同样原因，维格纳认为只有人类意识的参与才能导致波函数的坍缩。贝尔更是纳闷，难道这个世界的波函数会一直在“挂”着，等到一个有物理博士学位的人出现才突然坍缩？[33]240

量子贝叶斯答曰，非物理专业的人对量子态概念一无所知，他们不会去猜测、计算光子自旋方向的概率。所谓“波函数坍缩”只是在有这个知识基础的脑子里发生。所以，无须担心一只老鼠会随意地改变世界。

维格纳自己晚年时放弃了原来的想法。他终究无法接受作为客观科学的物理学中出现人类意识这样的唯心成分。他的好朋友惠勒无所顾忌。在他的“参与式宇宙”中，自然世界的观察者就像深信自己一言一行会直接影响千里之外球赛进展的球迷一样也是那个世界的参与者。这也就是贝尔“谁的信息”之问的答案。

在索尔维会议前后，爱因斯坦和玻尔曾为量子力学的本体性和认知性争论不休。爱因斯坦认定量子力学是对物理实在的一种认知。因为随机性、非局域性等悖论的存在，它还只是一个不完备的认知。玻尔则坚持有着哥本哈根诠释的量子力学已经描述了物理实在的本体，不存在尚待发掘的更深层理论。在那之后的各种诠释中，波函数和薛定谔方程都是作为描述物理实在本体的理论。只有量子贝叶斯别开生面，将它们看作描述“物理学家”主观认识的模型。至于这个主观认识背后是否还存在客观的物理实在，对福克斯等量子贝叶斯信奉者来说并不重要。

虽然最为独特，可量子贝叶斯仍是今天量子力学百家争鸣的众多诠释之一。因为带有浓厚的主观因素，所以它没能赢得多数物理学家的认同。但业已浸淫量子力学基础问题几十年的梅尔敏承认这是现有诠释中最说得通的一个。

1993 年，20 岁的特里 · 鲁道夫（Terry Rudolph）是澳大利亚一所大学的毕业班学生。他那年在吃量子力学课程的苦头时对自己的物理专业渐生厌倦，只盼尽快通过考试毕业。一天，他的教授没有如预期地讲解考试内容，却在课堂上分发了梅尔敏一篇通俗文章，介绍薛定谔方程中隐藏着的违反贝尔不等式内容。鲁道夫读后难以置信，又重新唤醒了对量子力学的兴趣。一年后，他大学毕业获得出国深造的机会。但他决定先花一年时间周游世界。他尤其对母亲幼年生长的非洲故乡深为好奇。

临行前，鲁道夫的妈妈给他讲述了一个家族隐秘：早在第二次世界大战期间，鲁道夫的外婆还是一位天真烂漫的爱尔兰少女。她与一位年长但风流倜傥的大教授坠入爱河，才有了她。

一年前刚刚接触到量子力学的鲁道夫这才得知那教科书中的薛定谔竟然是自己的外祖父。

鲁道夫后来成为英国伦敦帝国学院的教授，专注于量子力学及量子计算、信息的研究。他是索尔维会议上唇枪舌剑并奠定量子力学根基的英才群体在这个领域留下的唯一血缘传继。与他外祖父一脉相承，鲁道夫对量子力学的看法接近于爱因斯坦和薛定谔的观点，相信量子力学理论背后还藏有一个物理实在。

与他的前辈一样，鲁道夫发现自己在当今学术界中属于少数派。[54]333-336;[19]418-423,442-443

没人能知道爱因斯坦和薛定谔会如何看待贝尔的不等式及其实验验证，还有今天基于量子纠缠的量子隐形传态、量子密钥分发、量子计算机等技术发展。也许在啼笑皆非之余，他们还是会倍感欣慰。

爱因斯坦曾经抱怨玻姆的隐变量理论“过于廉价”，因为其中含有非局域的超距作用。可以想象，他也不会接受量子贝叶斯那样的“先验”解释，尽管那其中已经不再有让他厌恶的上帝骰子和鬼魅般超距作用。多半，像他晚年坚持以统一场论解决量子困境那样，这个无所畏惧的施瓦本人依然会孤独但执着地坚持着自己的信念：一个有着局域性因果关系，不会因为波塞冬一声咆哮就满世界恶浪滔天的客观宇宙。一个独立而不以人的意志为转移的物理实在。

在爱因斯坦早已不在人世的21世纪，他与波多尔斯基和罗森合著、在生前没有引起过太多注意的EPR论文终于成为他一生所有论文中被引用次数最多的一篇。[107]

2014年，马晓松、塞林格和他们的团队在加纳利群岛热火朝天地进行远距离纠缠光子对传送、量子隐形传态的同时，也“顺带”做了一个经典的“双缝”实验。

他们的设计中并没有两条供光子通过的狭缝。光子在通过他们的装置时会随机地进入自旋向上和向下的量子态，等价于双缝的叠加态。这样的光子因而会在其后被探测时显示出波动性。与双缝实验一样，如果在那之前先探测光子的自旋态，因而获知它所走过的“路径”，那波动性即刻消失，改为表现出粒子性。

他们有着成对的纠缠光子。实验时，他们只让其中之一的光子甲进入“双缝”装置，而与之纠缠的光子乙留在外面。这样，他们可以随时方便地测量光子乙的自旋量子态。如果发现光子乙自旋向下，他们便“知道”光子甲在装置中走了自旋向上的“路径”。

果然，如此测量光子乙后，光子甲就只表现出粒子性。虽然光子甲自身并没有经历过这样的观测，它行踪的暴露已经足以迫使它隐藏波动性。当这个测量是在光子甲已经通过了“双缝”之后进行时，这便是惠勒的“延迟选择”。而如果他们在测量光子乙之后随即“消除”测得的信息，光子甲便又恢复了波动性——

正如史砚华和斯卡利已经成功演示过的“量子擦除”实验。

马晓松他们还有更新的把戏。在光子甲进入装置进行“双缝”实验时，他们像分送纠缠光子对一样让光子乙独自飞往 143 千米之外的另一个海岛。因为飞行所需的时间，光子乙抵达那边时光子甲早已完成了全部实验步骤，其数据已被采集记录归案。直到那时，他们才随机地决定是否探测光子乙的量子态。如若探测，他们可以得知光子甲曾经走过的“路径”。如果不探测，他们就直接“销毁”光子乙的量子态——光子甲当初走过的“路径”便永远无从得知。

在对光子乙如此操作之后，他们再回头查找早已归档的光子甲数据。果不其然，那些被观测的光子乙所相应的光子甲表现着粒子性。而那些被销毁的光子乙所相应的光子甲则表现了波动性。

或者光子甲预先已经知道这些人会在未来为光子乙做出的选择；或者他们针对光子乙所做出的选择穿越到过去，决定着光子甲当初的行为。[6]121-130

爱因斯坦和玻尔又一次相约在餐桌旁坐下。玻尔叼着从不离口的烟斗，脸上依然是在索尔维会议上用爱因斯坦的广义相对论击溃爱因斯坦最新挑战后的那副志得意满。他继续苦口婆心地规劝道：“互补原理，爱因斯坦，要理解这个世界必须运用互补原理。只要还存在获知光子途径这个信息的可能，那光子都只会表现出粒子性。”

爱因斯坦却只是心不在焉地重复着，“难道你没有抬头看，月亮就真的不存在吗？”

一旁的贝尔默默无语。出于对前辈的尊敬，他没有介入这一旷日经年的大师对话。但他的内心里也在焦灼：“信息？谁的信息？关于什么的信息？”

在他们俯瞰之下的人世间，芸芸众生还在一如既往地忙碌着。

2004 年，维也纳市长和银行家在塞林格团队的协助下运用量子密钥完成了一次转账付款交易。在瑞士 2007 年大选期间，那里的物理学家则使用量子密钥保证选票计数的安全传送。[48]xi

2017 年，中国连接北京和上海两大城市的“京沪干线”正式开通。这是一个途中采用“可信中继”方式实现远距离量子密钥传送的通道，属于全球首创。

在世界各地的实验室里，以量子纠缠为根基的各种量子通信、量子计算技术也在紧锣密鼓的发展之中。

参考文献

[1] PAIS A. "Subtle is the Lord...": The Science and the Life of Albert Einstein[M]. Oxford: Oxford University Press, 1982.

[2] ISAACSON W. Einstein: His Life and Universe[M]. New York: Simon and Schuster, 2007.

[3] OVERBYE D. Einstein in Love: A Scientific Romance[M]. New York: Viking, 2000.

[4] HOFFMANN B. The Strange Story of the Quantum[M]. 2nd ed. New York: Dover, 1959.

[5] STONE A. Einstein and the Quantum: The Quest of the Valiant Swabian[M]. Princeton: Princeton University Press, 2013.

[6] ANANTHASWAMY A. Through Two Doors at Once: The Elegant Experiment that Captures the Enigma of our Quantum Reality[M]. New York: Dutton, 2018.

[7] WEINBERG S. To Explain the World: The Discovery of Modern Science[M]. New York: Harper, 2015.

[8] PAIS A. Einstein and the Quantum Theory[J]. Reviews of Modern Physics, 1979, 51:863.

[9] SEGRE G. Faust in Copenhagen: A Struggle for the Soul of Physics[M]. New York: Viking, 2007.

[10] APS: This Month in Physics History: June 16, 1874: Opening of the Cavendish Laboratory[J/OL].APS News. (2020-06-29) [2020-06-30]. https://www.aps.org/publications/apsnews/202006/physicshistory.cfm.

[11] BODANIS D. Einstein's Greatest Mistake: A Biography[M]. Boston: Houghton Mifflin Harcourt, 2016.

[12] KLEIN M J. Einstein, Specific Heats, and the Early Quantum Theory[J]. Science, 1965, 148:173.

[13] WIKIPEDIA. Paul Drude[EB/OL]. [2020-07-12]. https://en.wikipedia.org/wiki/Paul_Drude.

[14] WOLF E. Einstein's Researches on the Nature of Light[J]. Optics News, 1979, 5:24.

[15] STRAUMANN N. On the First Solvay Congress in 1911[J]. European Physical Journal H, 2011, 36:379.

[16] KUMAR M. Quantum: Einstein, Bohr and the Great Debate about the Nature of Reality[M]. New York: W. W. Norton & Company, 2011.

[17] RHODES R. The Making of the Atomic Bomb[M]. New York: Simon and Shuster, 1986.

[18] AIP Rutherford's Nuclear World[EB/OL]. [2020-07-27]. https://history.aip.org/exhibits/rutherford/.

[19] MOORE W. Schrodinger: Life and Thought[M]. Cambridge: Cambridge University Press, 2015.

[20] HALPERN P. Einstein's Dice and Schrodinger's Cat: How Two Great Minds Battled Quantum Randomness to Create a Unified Theory of Physics[M]. New York: Basic Books, 2015.

[21] LINDLEY D. Uncertainty: Einstein, Heisenberg, Bohr, and the Struggle for the Soul of Science[M]. New York: Anchor Books, 2007.

[22] HEILBRON J L, KUHN T S. The Genesis of the Bohr Atom[J]. Historical Studies in the Physical Sciences, 1969, 1:211.

[23] Encyclopedia Britannica. Bohr's Shell Model[EB/OL]. [2020-08-03]. https://www.britannica.com/science/atom/Bohrs-shell-model.

[24] RICE S A, JORTNER J. James Franck 1882-1964: A Biographical Memoir[J]. National Academy of Sciences, 2010, 11:53.

[25] KLEPPNER D. Rereading Einstein on Radiation[J]. Physics Today, 2005, 58:30.

[26] WIKIPEDIA. Charles Galton Darwin[EB/OL]. [2020-08-22]. https://en.wikipedia.org/wiki/Charles_Galton_Darwin.

[27] RUTHERFORD E. Henry Gwyn Jeffreys Moseley[J]. Nature, 1915, 96:33.

[28] FRIEDMAN R M. Quantum Theory and the Nobel Prize[EB/OL]. [2020-09-01]. Physics World, 2002, https://physicsworld.com/a/quantum-theory-and-the-nobel-prize/.

[29] CASSIDY D C. Heisenberg's First Paper[J]. Physics Today, 1978, 31:23.

[30] ENCYCLOPEDIA. Sommerfeld, Arnold Johannes Wilhelm[EB/OL]. [2020-09- 01]. https://www.encyclopedia.com/people/science-and-technology/ physics-biographies/arnold-johannes-wilhelm-sommerfeld.

[31] AIP. Atop the Physcis Wave: Rutherford Back in Cambridge, 1919-1937[EB/OL]. [2020-09-06]. https://history.aip.org/exhibits/rutherford/sections/atop-physics-wave.html.

[32] SMOLIN L. Einstein's Unfinished Revolution: The Search for What Lies beyond the

Quantum[M]. New York: Penguin Press, 2019.

[33] BECKER A. What is Real? The Unfinished Quest for the Meaning of Quantum Physics[M]. New York: Basic Books, 2018.

[34] WEISSKOPF V F. Personal Memories of Pauli[J]. Physics Today, 1985, 38:36.

[35] HOLTON G. Werner Heisenberg and Albert Einstein[J]. Physics Today, 2000, 53:38.

[36] FARMELO G. The Strangest Man: The Hidden Life of Paul Dirac, Mystic of the Atom[M]. New York: Basic Books, 2009.

[37] SCHUCKING E L. Jordan, Pauli, Politics, Brecht, and a Variable Gravitational Constant[J]. Physics Today, 1999, 52:26.

[38] PAIS A. George Uhlenbeck and the Discovery of Electron Spin[J]. Physics Today, 1989, 42:34.

[39] PANCALDI G. The Social Uses of Past Science: Celebrating Volta in Fascist Italy[A] //ZWILLING R. Natural Sciences and Human Thought. Berlin: Springer: 1995.

[40] DE GREGORIO A. Bohr's Way to Defining Complementarity[J]. Studies in History and Philosophy of Modern Physics, 2014, 45:72.

[41] WIKIPEDIA. Pierre-Simon Laplace[EB/OL]. [2020-11-05]. https://en.wikipedia.org/wiki/Pierre-Simon_Laplace.

[42] MUSSER G. Spooky Action at a Distance: The Phenomenon that Reimagines Space and Time – and What it Means for Black Holes, the Big Bang, and Theories of Everything[M]. New York: Scientific American / Farrar, Straus and Giroux, 2015.

[43] BACCIAGALUPPI G, VALENTINI A. Quantum Theory at the Crossroads: Reconsidering the 1927 Solvay Conference[M]. Cambridge: Cambridge University Press, 2009.

[44] CREASE R P, GOLDHABER A S. The Quantum Moment: How Planck, Bohr, Einstein, and Heisenberg Taught Us to Love Uncertainty[M]. New York: W. W. Norton & Company, 2015.

[45] BAGGOTT J. The Quantum Story: A History in 40 Moments[M]. Oxford: Oxford University Press, 2011.

[46] PANEK R. The 4 Percent Universe: Dark Matter, Dark Energy, and the Race to Discover the Rest of Reality[M]. Boston: Mariner Books, 2011.

[47] HOWARD D. Revisiting the Einstein-Bohr Dialogue[J]. The Jerusalem Philosophical Quarterly, 2007, 56:57.

[48] KAISER D. How the Hippies Saved Physics: Science, Counterculture, and the

Quantum Revival[M]. New York: W. W. Norton & Company, 2011.

[49] KRAGH H. Niels Bohr between Physics and Chemistry[J]. Physics Today, 2013, 66:36.

[50] 胡升华 . 王守竞的量子力学研究成果及其学术背景 [J]. 中国科技史料 , 2000, 21:235.

[51] ORNDORFF B. George Gamow: The Whimsical Mind behind the Big Bang[M]. Charleston: CreateSpace, 2013.

[52] 金忠玉 , 王士平 . 海森伯与中国物理学界 [J]. 物理 , 2010, 39:136.

[53] HOWARD D."Nicht Sein Kann was Nicht Sein Darf,"or the Prehistory of EPR, 1909–1935: Einstein's Early Worries about the Quantum Mechanics of Composite Systems[A] //MILLER A I. Sixty-Two Years of Uncertainty, Boston: Springer: 1990.

[54] GILDER L. The Age of Entanglement: When Quantum Physics was Born[M]. New York: Vintage Books, 2008.

[55] BROWN B. Planck: Driven by Vision, Broken by War[M]. Oxford: Oxford University Press, 2015.

[56] HOFFMANN D, WALKER M. The German Physical Society under National Socialism[J]. Physics Today, 2004, 57:52.

[57] LARSSON M, BALATSKY A. Paul Dirac and the Nobel Prize in Physics[J]. Physics Today, 2019, 72:46.

[58] DYSON G. Turing's Cathedral: The Origins of the Digital Universe[M]. New York: Pantheon Books, 2012.

[59] THOMAS K D. The Advent and Fallout of EPR: An IAS Teatime Conversation in 1935 Introduces an Ongoing Debate over Quantum Physics[J/OL]. [2020-10-01]. The Institute Letter, 2013 Fall. http://www.ias.edu/ideas/2013/epr-fallout.

[60] EINSTEIN A, PODOLSKY B, ROSEN N. Can Quantum-Mechanical Description of Physical Reality Be Considered Complete?[J]. Physical Review, 1935, 47:777.

[61] HALPERN P. Synchronicity: The Epic Quest to Understand the Quantum Nature of Cause and Effect[M]. New York: Basic Books, 2020.

[62] BOHR N. Can Quantum-Mechanical Description of Physical Reality Be Considered Complete?[J]. Physical Review, 1935, 48:696.

[63] WIKIPEDIA. Rube Goldberg Machine[EB/OL]. [2021-02-15]. https://en.wikipedia.org/wiki/Rube_Goldberg_machine.

[64] RAMASWAMY K. When Raman Brought Born to Bangalore[EB/OL]. (2019-12-12)[2020-02-15] Connect, Indian Institute of Science. https://connect.iisc.ac.

in/2019/12/when-raman-brought-born-to-bangalore.

[65] MACTUTOR. Arnold Johannes Wilhelm Sommerfeld[EB/OL]. [2021-02-20]. https://mathshistory.st-andrews.ac.uk/Biographies/Sommerfeld/.

[66] 尹晓冬，胡大年 . 王竹溪留学剑桥 [J]. 自然科学史研究，2014,33:445.

[67] 范岱年 . 尼耳斯・玻尔与中国：纪念玻尔逝世 50 周年 [R]. 中华读书报，2012-10-24.

[68] WHEELER J R. Geons, Black Holes & Quantum Foam: A Life in Physics[M]. New York: W. W. Norton & Company, 1998.

[69] HALPERN P. The Quantum Labyrinth: How Richard Feynman and John Wheeler Revolutionized Time and Reality[M]. New York: Basic Books, 2017.

[70] POWERS T. Heisenberg's War: The Secret History of the German Bomb[M]. New York: Da Capo Press, 1993.

[71] GLEICK J. Genius: The Life and Science of Richard Feynman[M]. New York: Vintage Books, 1992.

[72] FEYNMAN R P. The Development of the Space-Time View of Quantum Electrodynamics[J]. Physics Today, 1966, 19:31.

[73] CLOSE F. The Infitinity Puzzle: Quantum Field Theory and the Hunt for an Orderly Universe[M]. New York: Basic Books, 2011.

[74] BROWN L M, NAMBU Y. Physicists in Wartime Japan[J]. Scientific American, 1998, 279:96.

[75] BIRD K, SHERWIN M. American Prometheus: The Triumph and Tragedy of J. Robert Oppenheimer[M]. New York: Vintage Books, 2005.

[76] HISTORY WORK GROUP. Einstein, Plumbers, and McCarthyism: Einstein's Response to a Political Climate Increasingly Hostile to Scientists and Teachers[EB/OL]. [2021-03-24]. Institute of Advanded Studies. https://www.ias.edu/ideas/2017/einstein-mccarthyism.

[77] OVERBYE D. From Companion's Lost Diary, A Portrait of Einstein in Old Age[N]. New York Times, 2004-04-24.

[78] HALPERN P. Einstein and the Mentalists[EB/OL]. [2021-04-05]. https://phalpern.medium.com/einstein-and-the-mentalists-f7eec1ad2e21.

[79] THE NEW REPUBLIC. Albert Einstein Endorsed a Popular Psychic in 1932. This Is the Controversy that Ensued[EB/OL]. [2021-04-05]. https://newrepublic.com/article/119292/controversy-einsteins-endorsement-psychic-upton-sinclair-defends.

[80] HALPERN P. Mileva Einstein's Desperate Plea To Carl Jung: Help Me With My

Son![EB/OL]. [2021-04-20]. https://phalpern.medium.com/mileva-einsteins-desperate-plea-to-carl-jung-help-me-with-my-son-f3d2d01556f9.

[81] MOSS R. The Secret History of Dreaming[M]. Novato: New World Library, 2010.

[82] WIKIPEDIA. Chien-Shiung Wu[EB/OL]. [2021-04-11]. https://en.wikipedia.org/wiki/Chien-Shiung_Wu.

[83] AIP. Interview of Abner Shimony by Joan Bromberg on 2002 September 9 and 10[EB/OL]. [2021-04-11]. https://www.aip.org/history-programs/niels-bohr-library/oral-histories/25643.

[84] BITBOL M. Schrodinger's Philosophy of Quantum Mechanics[M]. Dordrecht: Kluwer Academic Publishers, 1996.

[85] VOGT E. Eugene Paul Wigner: A Towering Figure of Modern Physics[J]. Physics Today, 1995 48:40.

[86] WEINBERG A. Eugene Wigner, Nuclear Engineer[J]. Physics Today, 2002, 55:42.

[87] WIGNER E P. Remarks on the Mind-Body Question[A] //GOOD I J. The Scientist Speculates. London: Heinemann, 1961.

[88] ANDERSON P W. Thinking Big[J]. Nature, 2005, 437:625.

[89] MERMIN N D. What's Wrong with this Pillow?[J]. Physics Today, 1989, 42:9.

[90] MERMIN N D. Could Feynman have said this?[J]. Physics Today, 2004, 57:10.

[91] WHITAKER A. John Stewart Bell and Twentieth-Century Physics: Vision and Integrity[M]. Oxford: Oxford University Press, 2020.

[92] ZEILINGER A. Dance of the Photons: from Einstein to Quantum Teleportation[M]. New York: Farrar, Straus and Giroux, 2010.

[93] C. Francis Clauser[EB/OL] [2021-05-03]. https://www.caltech.edu/about/news/francis-clauser-38833.

[94] FREIRE O. Orthodoxy and Heterodoxy in the Research on the Foundations of Quantum Physics: E. P. Wigner's Case[A] //SANTOS B S. Cognitive Justice in a Global World. Madison: University of Wisconsin Press, 2005.

[95] FREIRE O. Philosophy Enters the Optics Laboratory: Bell's Theorem and its First Experimental Tests (1965-1982)[J]. Studies in History and Philosophy of Modern Physics, 2006, 37:577.

[96] DEWITT B S. Quantum Mechanics and Reality[J]. Physics Today, 1970, 23:30.

[97] OSNAGHI S, FREITAS F, FREIRE O. The Origin of the Everttian Heresy[J]. Studies in History and Philosophy of Modern Physics, 2009, 40:97.

[98] 惠勒 . 物理学和质朴性：惠勒演讲集 [M]. 合肥：安徽科学技术出版社 , 1982.

[99] FEYNMAN R. The Character of Physical Law[M]. New York: The Modern Library, 1994.

[100] WHITAKER A. Richard Feynman and Bell's Theorem[J]. American Journal of Physics, 2016, 84:493.

[101] DOWLING J P. Schrodinger's Killer App: Race to Build the World's First Quantum Computer[M]. Boca Raton: CRC Press, 2013.

[102] PERES A. How the No-Cloning Theorem Got its Name[J]. Fortschritte der Physik, 2003, 51:458.

[103] ZEILINGER A. Light for the Quantum. Entangled Photons and their Applications: A Very Personal Perspective[J]. Physica Scripta, 2017, 92:072501.

[104] GLEICK J. The Information: A History, A Theory, A Flood[M]. New York: Vintage Books, 2011.

[105] FUCHS C A.My Struggles with the Block Universe[EB/OL]. [2021-06-12]. https://doi.org/10.48550/arXiv.1405.2390.

[106] GALCHEN R. Dream Machine: The Mind-Expanding World of Quantum Computing[N]. The New Yorker, 2011-05-02.

[107] OVERBYE D. Quantum Trickery: Testing Einstein's Strangest Theory[N]. New York Times, 2005-12-27.

[108] MERMIN N D. What's Wrong with These Elements of Reality?[J]. Physics Today, 1990, 43:9.

[109] BENNETT C H, BRASSARD G, CREPEAU C, et al. Teleporting an Unknown Quantum State via Dual Classical and Einstein-Podolsky-Rosen Channels[J]. Physical Review Letters, 1993, 70:1895.

[110] GLEICK J. Physicists Finally Get to See Quantum Jump with Own Eyes[N]. New York Times, 1986-10-21.

[111] WIKIPEDIA. Quantum Zeno Effect[EB/OL]. [2021-07-25]. https://en.wikipedia.org/wiki/Quantum_Zeno_effect.

[112] MERALI Z. The Quantum Space Race[J]. Nature, 2012, 492:22.

[113] PHYSICS WORLD. Double Quantum-Teleportation Milestone is Physics World 2015 Breakthrough of the Year[EB/OL]. [2021-08-04]. https://physicsworld.com/a/double-quantum-teleportation-milestone-is-physics-world-2015-breakthrough-of-the-year/.

[114] POPKIN G. China's Quantum Satellite Achieves "Spooky Action" at Record Distance[EB/OL]. [2021-08-04]. https://www.sciencemag.org/news/2017/06/ china-

s-quantum-satellite-achieves-spooky-action-record-distance.

[115] SMART A G. Quantum Entanglement Reaches New Heights[J]. Physics Today, 2017, 70:14.

[116] GRANT A. Intercontinental Quantum Communication[J]. Physics Today, 2018, 71:24.

[117] YIN J, et al. Entanglement-Based Secure Quantum Cryptography over 1,120 Kilometres[J]. Nature, 2020, 582:501.

[118] WIKIPEDIA. Shor's Algorithm[EB/OL]. [2021-08-10]. https://en.wikipedia.org/wiki/ Shor% 27s_algorithm.

[119] CARTLIDGE E. Record-Breaking Entanglement Uses Photon Polarization, Position, and Orbital Angular Momentum[EB/OL]. (2018-07-06) [2021-08-10]. Physics World. https://physicsworld. com/a/record-breaking-entanglement-uses-photon-polarization-position-and-orbital-angular-momentum/.

[120] SAVAGE N. Hands-on with Google's Quantum Computer[EB/OL]. (2019-10-24) [2021-08-10]. Scientific American. https://www.scientificamerican.com/article/hands-on-with-googles-quantum-computer/.

[121] CHO A. IBM Promises 1000-Qubit Quantum Computer-a Milestone-by 2023[EB/OL]. (2020-09-15) [2021-08-12]. Science. https://www.sciencemag.org/news/2020/09/ibm-promises-1000-qubit-quantum-computer-milestone-2023.

[122] JOHNSTON H. Quantum Advantage Demonstrated using Gaussian Boson Sampling[EB/OL]. (2020-12-03) [2021-08-13]. Physics World. https://physicsworld.com/a/quantum-advantage-demonstrated-using-gaussian-boson-sampling/.

[123] HAROCHE S. Entanglement, Decoherence and the Quantum/Classical Boundary[J]. Physics Today, 1998, 51:36.

[124] MERMIN N D. Physics: QBism Puts the Scientist back into Science[J]. Nature, 2014, 507:421.

[125] GEFTER A. A Private View of Quantum Reality[EB/OL].(2015-06-04) [2021-08-25]. Quanta Magzine, https://www.quantamagazine.org/quantum-bayesianism-explained-by-its-founder-20150604/.

索引